ハンス・ウェストルンド｜ティグラン・ハース｜編著

小林潔司｜監訳　堤 研二｜松島格也｜訳

ポストアーバン
都市・地域論

スーパーメガリージョンを考えるために

EMERGENT TRANSFORMATION OF CITIES AND
REGIONS IN THE INNOVATIVE GLOBAL ECONOMY
EDITED BY TIGRAN HAAS AND HANS WESTLUND

ウェッジ

ポストアーバン都市・地域論——スーパーメガリージョンを考えるために

IN THE POST-URBAN WORLD
Emergent Transformation of Cities and Regions in the Innovative Global Economy
First Edition

Edited by Tigran Haas, Hans Westlund

Copyright ©2018 selection and editorial matter,
Tigran Haas and Hans Westlund chapters, the contributors

All rights reserved.

Authorised translation from the English language edition
published by Routledge, a member of the Taylor & Francis Group LLC,
arranged through Japan UNI Agency, Inc., Tokyo

Cover: photo by Getty Images

監訳者序文『ポストアーバン都市・地域論』によせて

小林潔司

1　スーパーメガリージョンが現れる

　リニア中央新幹線の着工がスタートし、やがて国際的メガ都市が、リニア新幹線により1時間程度で連結される。過去1世紀にわたる経済発展により、交通費用が所得に占める相対的割合は継続的に減少してきた。このトレンドが継続すれば、リニア中央新幹線による都市圏間移動の経済的負担感は次第に減少する。都市圏間の移動時間の短縮により、それまで一つの都市圏内で閉じていた行動が、都市の境界を越えて広がっていく。いわゆる、「スーパーメガリージョン」の誕生である。さらに、メガ都市からアジアの各都市に、数時間以内で到達できる。このような「メガ・コリドー」の形成が日本社会に計り知れない影響をもたらす。都市圏間の交通時間の短縮と比較して、都市圏内のアクセシビリティの改善の速度は大きくない。しかし、さまざまな交通インフラの継続的な蓄積により、都市内アクセシビリティが改善している。一つ一つのプロジェクトの効果が小規模で限定的であっても、このような局所的改善が結果的に都市圏内アクセシビリティの改善につながっていく。都市圏のコンパクト化の効果をあなどってはいけない。アクセシビリティの高い都市圏が、グローバル経済の中で国際競争力を持つようになる。

　このような高速交通システムで連結された都市のコリドー化の進展と、それを構成する各都市の内部においてコンパクト化・高密度化が進展する現象は、まさに本書が主張する「ポストアーバン」世界の一つの姿である。世界都市のコリドー化と都市のコンパクト化が世界中で同時に進行している。世界都市間の競争から都市コリドー間の競争に移行しつつある。先進都市圏のポストアーバン化が、文化や経済、宗教が異なる世界の多くの先進地域において同時代的に進展している。そのことは、現代社会の変革をもたす大きな力が、世界的なスケールで同時代的に作用しているからにほかならない。技術の発展がめざましく、人が学んだ知識が陳腐化するスピードが速くなった。そのため、人が新しい知識や技術を習得するために時間を追加的に消費することが必要となった。その結果、時間の価

iii

値がこのうえもなく増大しようとしている。

　一つの思考実験として、IT 技術が極端に発達し、E- コマース、E- バンキング、E- 製造業、テレコミューティングが、あまねく行きわたったような社会を考えよう。伝統的な新都市経済学が想定したように、都市を人が仕事・消費が行うための場と考えれば、IT 技術が高度に発達した社会では、都市の存在意義は消滅してしまう。もちろん、物流・配達の効率性のためには人は集積した方がいい。しかし、物流の効率化を求めて、人が集積するとは考えにくい。それでも都市が存在するとすれば、なぜだろうか？　IT 技術の発展により、人は家庭内労働の多くをアウトソーシングすることが可能となった。しかし、人の活動の中で、アウトソーシングできない活動がある。睡眠、食事、学習、レジャー活動などである。レジャー活動を行うためには、都市空間が必ず必要となる。都市は人のフェイス・ツゥ・フェイスのコミュニケーションを行う場である。お稽古事、豊かな環境での食事や気の置けない友人との語らい。それは、人にとって本源的な活動である。もちろん、都市空間において買い物や、労働通勤といった活動の重要性が消滅することはない。しかし、将来のポストアーバン社会においては、次第にその相対的重要度は低下していくように思える。スーパーメガリージョンは、ポストアーバン化された社会の到来でもある。

2　ポストアーバン世界

　スーパーメガリージョンは、人々のフェイス・ツゥ・フェイスのコミュニケーションに高度に依存した知識社会である。周知のように、アルフレッド・マーシャルは「知識経済」という概念を最初に用いた経済学者である。マーシャルはインフラ基盤を共有化すること、労働市場におけるマッチング、そして、学習 (learning) によって「知識生産」が創発されると論じている。知識経済のグローバル化は、技術や政治的／制度的なイノベーションと密接に結びついている。一方で、IT 技術の発展による国際金融システムの進化により、各国政府が国境を越えた資金の流れをもはや管理できなくなった。このような知識経済の進化と世界経済のグローバル化は、さまざまなレベルにおける世界システムに多大な変化をもたらしつつある。本書では、グローバルな知識経済のブレイクスルーの結果として生じた都市の変容や進化について焦点をあて、全世界で同時代的に起こりつつある変化について考察することを目的としている。もちろん、このような問題を取り上げるのは、本書が初めてではない。しかし、本書の編著者らが述べて

いるように、1) 都市の内部で起こりつつある多様な変容と、2) 複数の都市が共進化するようなグローバルなネットワークの形成の問題を同時に扱う初めての書籍である。

　本書は序章のほかに21の章から構成されており、それぞれの章の執筆者は経済学者・社会学者・地理学者・政治学者・建築家・プランナーなど多岐にわたる。リチャード・フロリダ、ポール・ノックス、ロバート・パットナム、エドワード・ソジャ、マニュエル・カステル、サスキア・サッセンなどのビッグネームが専門分野を超えて寄稿しているが、若手の執筆者らも渾身の論文を提供している点がアトラクティブである。従来の都市研究、あるいは、1960年代を中心に日本人にも少なからぬ影響を与えたジェイン・ジェイコブズやアンリ・ルフェーブルの都市論もふまえたうえで、パッチワーク・メトロポリス、短命なアーバニズム、都市のレジリエンスなどの新しいコンセプトによる、これまでにない、新しい時代に沿った都市論が小気味よく展開されている。

　本書は、三つの主要なセクション (1) 空間変容と都市および地域の新たな地理、(2)都市化、知識経済、および社会構造化、(3)ポストポリティカルおよびポストアーバン世界に現れ始めたカルチャー、に分かれ、各々が七つの章から構成されている。これらの各章で描かれた都市の変容の総体をポストアーバン世界の到来と位置付けることができる。その内容の詳細を理解するためには、各章を詳細に読み解くことが必要である。本書は、決して読み易い本ではない。各章の内容を深く理解するためには、既往の都市論や都市思想に関する知識が必要であり、初学者には理解が難しいかもしれない。しかし、本書を通じて、現在展開されつつあるポストアーバン世界論に関するフロンティアの議論に接する醍醐味を味わっていただければ望外の幸せである。

　ポストアーバン世界における都市の変容は、極めて多様であり複雑である。しかし、世界の先端的な都市システムの変容の中に、ある共通した特徴を見出すことも可能である。ポストアーバン世界における先進的都市では、1) 都市の再生・再都市化、2) 都市のコンパクト化 (高密度化)、3) 都市圏を越えた市場の統合、4) 複数の都市による都市システム (コリドー) の形成が進展しつつある。その結果の一つが、たとえばソジャの章で主張されているように、場所という考え方が薄れ、何が都市で何が非都市かの境界が消失するという新たな空間的枠組みが生まれつつある変化である。さらに、知識経済の拡大にともなって、人的資本 (ヒューマン・キャピタル) のストックが国際的企業の主要な生産要素であり立地

要因となったことも重要な帰結である。都市を支えるさまざまなインフラはシステム的に構造化されたインフラネットワークとなり、絶えることのない物、人、情報、知識の流れを見事に処理していく。このようなシステムのシステム化がポストアーバン世界を支えている。

3　日本における本和訳書刊行の意義

　都市のポストアーバン化は、それぞれの都市が置かれた歴史的な意味や社会・文化的文脈の中で、さまざまな内容や形態となって現れている。欧米におけるポストアーバン化は第三世界におけるポストアーバン化とは異なって当然である。本書は日本の都市のポストアーバン化については言及していないが、本書が、日本における新たな都市論の展開の嚆矢となるであろうことは容易に想起できる。さらに、現在大きな国土計画的な課題になっているスーパーメガリージョンの歴史的意義や変容のダイナミズムを分析していくうえで、日本の文脈におけるポストアーバン化の意義や原理について深い洞察を行うことが求められる。そのために、本書におけるポストアーバン世界に関する考察は、日本型ポストアーバン世界論を展開していくうえで、重要なヒントを与えてくれる。

　来るべき近未来の社会形態として、日本政府は "Society5.0" という一定の社会像を提示している。狩猟・採集社会、農耕社会、工業化社会、情報化社会を経て、さらに高度・ハイスペックな情報網のもとで、AIやビッグデータが活用され知識経済が中心となる社会の第5段階への移行が想定されているのである。こうした流れの中で、ポストアーバン時代の特徴も日本の地域空間において重層的に現れ始めている。このような情勢は、AI支配が強まる社会の中での人間の権利や尊厳をどう維持するのかという議論へと連動し始めているし、地域構造や地域間関係がどうなりゆくのかという、現実的な不安や課題の源となっている。新しい時代の到来を考えるべき時期にあって、各々2度目となる東京オリンピックや大阪万博を弾みとしつつ、リニア中央新幹線によって三つの大都市圏が一つに統合された世界最大規模のスーパーメガリージョンが形成されようとしている。スーパーメガリージョンが日本経済の牽引力となって、低成長・人口減少時代を乗り切っていくことが期待されている。しかしながら、スーパーメガリージョン内部の地域構造や都市体系はどのように再編成されるのであろうか？　また、三つの大都市圏の一体化は、実際にはどのように実現するのであろうか？　そして一方で、スーパーメガリージョンの外側に位置する地域はどうなるのであろうか？

いまだ震災の傷がいえない東北・北海道、台風・豪雨の被害を受けた北部九州・中国四国・房総半島は、スーパーメガリージョンの恩恵をどのように被ることができるのか？　過疎地域の指定エリアが6割に達する我が国において、地域格差が拡大する恐れはないのか？

　もちろん、交通・通信インフラ等の基盤ネットワークは、知識経済の発展のために必要な要素ではあるが、それだけで十分ではない。もし、基盤ネットワークのみで知識経済が形成されるのであれば、農山村地域において知識経済を発展させることは不可能となる。知識経済の発展のために人的資本やソーシャルキャピタルの重要性を指摘したい。ポストアーバン世界論に基づけば、コミュニティ内における学習は、その地域の市場原理よりも重要なものであると指摘できる。地域における重要な資源は、人的資本や社会的紐帯である。このようなポストアーバン世界論の観点から、新たな時代の日本の都市や日本全体の地域構造の在り方を考え、社会経済のレジリエンスを確保する方策を真剣に考えないといけない時代が目前に迫っている。本書の副題を「スーパーメガリージョンを考えるために」としている理由がここにある。また、こうした日本の現況を考えるとき、本書は多様で新しい都市・地域研究の視点を多く提示している点で多くの人に読まれるべきものとなっている。学界・行政・業界の関係者のみならず、広く一般市民の方々の手にもわたり、来るべき困難な時代の都市と地域を考え、変えていくための一助となることを期待したい。

　なお、本書の編著者・著者の1人であるウェストルンド教授は、私たちとともに20年余にわたり国際的な過疎地域研究組織 Marginal Areas Research Group (MARG) のメンバーとして活動してきた。MARG では、ポストアーバン世界における縁辺地域の将来について継続的に議論を続けていく予定である。本書の日本語版の出版にあたり、同教授から多くの支援を賜った。ここに感謝の意を表します。また、本書の刊行に際しては、一般社団法人近畿建設協会および一般社団法人建設コンサルタンツ協会近畿支部のご支援を頂いた。謝して記します。

2刷刊行によせて（2022年2月）

　この邦訳書は2019年11月に刊行された。初版の序文の中で、「テレワーキング
とE-コマースが遍く世界を覆った時に、都市は何のために存在するのか」とい
う問いを掲げた。思考実験と但し書きを付けたけれど、それから1年も経たない
間に地球規模でその問いに答えを出さないといけない状況に陥った。しかも、コ
ロナという計り知れない人類の痛みを伴って。「それでも都市は必要である」と
いうのがポストアーバン論の出発点であった。ポストアーバン化は、新型コロナ
禍の前に始まっていた。新型コロナ禍は、都市のポストアーバン化を一気に加速
させるのか、あるいは別の動きが現れるのか。それが問われている。

　IT技術やSNSの恩恵で、コロナ禍の中でモビリティをはく奪されながらも、
人的ネットワークは休んでいない。オンライン技術の世界的な浸透により、空間
を超えて人々がつながることが可能になった。その一方で、新しい出会い、人的
ネットワークの発展が停滞している。高速交通技術でフェイス・ツゥ・フェイス
のコミュニケーションは著しく容易になったけれど、われわれは同じ顔触れの固
定的な人的ネットワークの中で、ルーチン的なコミュニケーションを繰り返して
いるに過ぎないのではないか。それであれば、ウェブミーティングで十分に代替
しうる。

　オンライン技術によりリアル世界とバーチャル世界のハイブリッド化が進み始
めた。コロナ禍が20年前に起こっていれば、世界経済は致命的に停滞しただろ
う。リアル世界とバーチャル世界のハイブリッド化は、オンライン技術の利用可
能性を前提とした現象である。その意味で同時代的なのである。リアル世界とバ
ーチャル世界は重層的に重なり合う。世界の次元が増加したのである。リアル世
界のポストアーバン化が進展しながら、バーチャル世界のポストアーバン化が共
進化していく。本書は21世紀のこれまでに生起したリアル世界、バーチャル世
界のポストアーバン化について議論した書である。冒頭で述べたように、コロナ
禍により世界のポストアーバン化が加速した。それと同時に、リアル世界とバー
チャル世界の共進化により予期しえない新しいハイブリッド社会が生まれる可能
性がある。そうした中で、本書が重版によってより多くの方々の目にふれる機会
が増えるであろうことは望外の喜びであり、本書が「新しい社会」を考えるため
の礎石となることを祈念してやまない。

viii

目次

iii 監訳者序文『ポストアーバン都市・地域論』によせて
viii 2刷刊行によせて（2022年2月）
小林潔司

001 **序**

003 **はじめに　ポストアーバン世界で**
ハンス・ウェストルンド｜ティグラン・ハース

018 **執筆者紹介**

―――― 第1部
空間変容と都市および地域の新たな地理

022 第1章
都市部の変容と都市の未来
エドワード・L・グレイザー

040 第2章
分断された都市とパッチワーク・メトロポリス
リチャード・フロリダ｜パトリック・アドラー

056 第3章
エフェメラル・アーバニズム――極度の一時性を考える
ラフール・メロトラ｜フェリペ・ベラ

071 第4章
ネットワークおよびフローのシステムとしての都市
マイケル・バティ

088 第5章
ポストアーバン世界における都市－農村関係
ハンス・ウェストルンド

102 第6章
再帰的新自由主義、都市デザインおよび再生機構
ポール・L・ノックス

ix

121 第7章
開放都市
リチャード・セネット

―――― 第2部
都市化、知識経済、および社会構造化

134 第8章
腕力から頭脳へ――ラストベルト、南部および南東部サンベルトの大都市
ジェシー・P・H・ブーン｜ウェイ・イェン

159 第9章
エンゲージメント・ギャップ――アメリカの若者の社会移動と課外参加
カイサ・スネルマン｜ジェニファー・M・シルバ
カール・B・フレデリック｜ロバート・D・パットナム

174 第10章
急速な都市成長と公共空間の将来
――アジェンダの変更および新たなロードマップ
カイル・ファレル｜ティグラン・ハース

190 第11章
台頭する中国の都市――グローバルな都市研究への影響
フーロン・ウー

210 第12章
「ニュー・アーバン・ワールド」における
デジタルプランニング・マーケティングツールとしての
アーバン・フェイスブック
カリーマ・コーティット｜ペーター・ナイカンプ

237 第13章
地域の強調
エドワード・ソジャ

252 第14章
商品か、それともコモンズか――知識、不平等、そして都市
フラン・トンキス

第3部
ポスト・ポリティカル、ポストアーバン世界に現れ始めたカルチャー

268 　第15章
新たなアーバン・パラダイムにむけて
ローラ・ブルクハルター｜マニュエル・カステル

296 　第16章
都市のパーツ買い?
サスキア・サッセン

309 　第17章
レジリエンスと公平性
スーザン・フェインスタイン

326 　第18章
区域の社会的多様性と大都市での分離
エミリー・タレン

348 　第19章
単独、連座、そして新種の集合体——ローマでの非公式アーバニズム
マイケル・ニューマン｜ナディア・ヌアー

363 　第20章
レジリエンスとデザイン
——人新世（Anthropocene）に向けたポストアーバン型景観インフラ
ニーナ–マリー・リスター

383 　第21章
スマートで持続可能な未来のための共有型都市
ダンカン・マクラーレン｜ジュリアン・アーギュマン

xi

序

　この何十年かのうちに、多くのグローバル都市、町、そして自治体は予期せぬ経済的、社会的、そして空間的な構造的変化を経験してきた。今日、私たちは自身がポストアーバンとポストポリティカルな世界の分岐点にいることを見出しており、その両世界は私たちの大都市地域、自治体、そして都市に対する新たな課題を提示している。これらの課題は、明らかに空間的、経済的、人口学的、生態学的、文化的、および社会的性質のものから成っている。巨大都市と衰退しつつある地域および町は、内部的な関係、ガバナンス、そして外部的なつながりに関して、複合的な諸問題の数的な増加を経験してきている。とりわけ、衰退する物理的および経済的地域の内部にあって、社会的に排除されている市民たちと、繁栄している地理的領域に位置づけられている市民たちとの間で、増大する格差が存在する。

　本書を通じて著者らは、種々の方法論的アプローチおよび視点と同様に、異なる理論的な立場から、グローバルな経済で相互につながった都市と地域にとっての課題と新しい解決法について議論している。これらの解決法は、相互に結合した諸力の複合的産物と同じく、計算された政策、計画、そして発展方策の結果である。そのような諸力は、市民のインプットおよび諸活動と同様に、構造的変化の経済的、社会的、そして空間的なプロセスから引き出されるものである。本書の諸章は、生じつつある様々な重要問題に加えて、相互作用からなるこの複合的な事柄と将来の諸課題に対する解決法を際立たせながら、三つの主たるテーマのもとに組み立てられている。一つの重要な主題は、私たちの地域、都市、そして近隣社会を形成する空間的かつ経済的な諸力に加えて、社会的、文化的、生態学的、そして心理的な視点もまた重要性をもって巻き込まれている、ということである。さらに、経済的、社会的、そして空間的な構造的変化に関して、諸都市のすみずみで生じている都市的な変容が徹底的に議論されている。全体的にみて本書は、構造的な変化の諸力がいかに都市景観を形成しているのか、ということを伝えている。

　それぞれの章は、今日をリードしている都市的知性の持ち主たちによって執筆されており、彼らの各々の分野と進展中の研究テーマにおける、最前線のトピッ

クをカバーしている。本書は、信じられぬくらい多様で、しかしお互いに結びついている、世界クラスの研究者のグループを、初めて結集させている。その上、地域科学、都市開発、経済学、社会および都市理論、そして生態学に関する彼らの最新の分野横断的な思想のコンビネーションが、とくに大都市地域が直面している主要な諸課題に関連して示されている。さらに、そのようなトピックと視点から成る多様なミクスチャーは、構造的で変容を引き起こすグローバルおよびローカルな変化に関する諸力が、いかに現代の都市景観を形成するのかを強調している。

　本書は、三つの主要なセクションに分かれ、各々が七つの章から構成されている。三つのセクションとは、すなわち、

　(1)空間変容と都市および地域の新たな地理

　(2)都市化、知識経済、および社会構造化、そして

　(3)ポストポリティカルおよびポストアーバン世界に現れ始めたカルチャー、である。

はじめに　ポストアーバン世界で

ハンス・ウェストルンド｜ティグラン・ハース

　現代のグローバルな都市、政治、経済、環境問題の複雑さは誰の目にも明らかである。現在、人類はこれまでに遭遇したことのない最大の困難に直面していると言っても過言ではなく、実際に、それは生死を分ける問題である。この惑星は最近、我々の生涯で先例を見ない自然と人為による危機の集中を経験している。我々はまた、加速し続ける急速な都市化の結果、すなわち天然資源の不足やその誤った管理、災害対応の重大な誤りの影響、大きく拡張する交通流への需要およびその複雑さの増大にも直面している (Haas, 2012)。さらに、我々の社会は年齢および階級の点で迅速かつ根本的な変化を遂げ、貧富間の不公平さおよび購入可能な質の高い住宅に対する極めて強い需要が増大している。これらの重大な困難のすべてには建築家、都市プランナー、都市デザイナー、景観設計者、都市計画専門家による緊急の解決策が必要で、実際に、都市の物理的条件および将来に関わるすべての適任者による、複合的な取り組みが求められる。これらのプロフェッショナルやエキスパートは、最も想像力に富んだ、実利的かつ弾力性のある、革新的で正しい解決策を提供するために必要である。

　人類はその歴史を通じて、大部分を今日で言うところの田園地域で過ごしてきた。農業が非農業人口をも養える状態になった時、「田園地域の海」の小さな島として都市が出現した。今日の基準で見ると、強力な管理体制と交通システムを備えた少数の都市(古代ローマなど)を除き、ほとんどの都市は産業革命まで小規模なままであった。1800年における世界の都市化率は、多くて3%と推定されている (Raven, Hassenzahl, & Berg, 2011)。エドワード・L・グレイザーの指摘によると、1800年より前に100万人が居住する都市はすべて帝国の首都で、その規模を達成できた理由は、それらの都市が世界中で最も適切に管理されたことにあった。

　産業革命は都市—農村間バランスの永久的な変化をもたらすと考えられる。工業化は、既存の都市の成長または新たな都市的地域の台頭による都市化を意味した。しかし、都市化はまた、食物、建築資材、薪、とりわけ新たな産業のための

原材料など、農村の産物に対する需要の増加も意味した。このようにして、工業化は農村地域の発展をも誘導した——しかし、充分ではなかったため、何百万人ものヨーロッパ人がより良い生活を手に入れるための機会は、アメリカへの移民であった。

　1970年代に西洋世界で生じた産業恐慌は、世界経済の変容を示した。旧来の工業生産経済は大きく後退し、機械技術からデジタル技術への技術的変化に基づく新経済、すなわち知識経済が台頭し始めた。

　知識経済の拡大は、技術開発、さらには政治的／制度的決定によって促進されたグローバル化と強く結びついている。一方で、銀行のデジタル化と国際金融システムは、本質的に金融部門のグローバル化、そして中央政府が国境を越えた資金の流れをもはや管理できないことを意味した。もう一方で、1978年の中国の経済改革、1989年の鉄のカーテンの崩壊、そして1993年の欧州経済共同体(EEC)の欧州連合(EU)への変容およびその後の拡大は、世界のグローバル化における重要な政治的／組織的段階の一部であった。

　知識経済とグローバル化の統合は、世界に極めて大きな変化をもたらした。本書では、このような変化の多くの側面の一つ、すなわちグローバルな知識経済のブレイクスルーの結果として生じた、都市の変容に焦点を合わせる。もちろん、このような問題を取り上げるのは、本書が初めてではない。しかし、本書は都市の内的な空間変容と新たな種類の都市領域への拡大、さらにエドワード・ソジャの言葉を借りれば、このような「ポストメトロポリタン」領域のグローバル・ネットワークを同時に扱う初めての書籍である。これらの二つの側面を統合すると、我々はポストアーバン世界に入りつつあるという結論に達する。

　1970年代の産業恐慌は、原油価格の上昇のみならず、西洋世界の基盤産業の一部：自動車産業のような先端産業までをも含めた、製鋼やエンジニアリング産業における新たな競合者の台頭の結果でもあった。知識経済のブレイクスルーは、西洋諸国を経済不況から救ったが、すべての地域がこの変容の負の側面から救われたわけではなかった。都市および地域の中には勝者もあれば、敗者もあった。しかし、国家レベルで見ると、知識経済のブレイクスルーは保護政策を回避できるほど強力で、斜陽部門に有利に働いた。ここから、中国および他の発展途上国の急速な工業化、それとともに世界がそれまでに経験した中で最も迅速な都市化が始まった[*1]。

　ポストアーバン世界の第1の特性は、1970年代の恐慌に多くの先進国での反都

004

市化がともなった (Beale, 1975; Champion, 1992) のとは対照的に、その後の数十年が主に再都市化を特徴としてきた点にある。田園地域から都市への (そして、しばしば同じ地域内での) 移動からなる従来的な都市化とは異なり、この西洋世界の再都市化は、以下のような他の源を基盤としていた：

　　1　衰退する工業都市と地域から拡大する知識——およびサービス部門都市と地域——、または衰退する工業都市の中心部から郊外への移動；
　　2　国内の都市階層内における、すなわち小規模な都市集落から大規模な都市集落への上方移動、および；
　　3　低所得国または紛争国からの移民の増加。

　現在の都市化の波における、もう一つの強力な傾向は、都市領域の高密度化、特に郊外の高密度化である。エドワード・ソジャは、無秩序に広がった低密度の郊外をともなう高密度の中心から、全体として比較的密度が高い多核心都市領域への、大都市の変容について考察した。

　　この過程が最も顕著な場合には、大規模な郊外化の時代が大規模な地域都市化の一つ、いわゆる大都市圏全体の充填に移行するため、大都市の都市化における長年の都市—郊外の二元性がほとんど消失した。

(Soja, 2011, p. 684)

　ソジャによると、その結果が「ポストメトロポリタン」領域；場所という考え方が薄れ、何が都市で何が非都市かの境界が曖昧で、消失する傾向にある、新たな空間的枠組みである。
　第3の重要な傾向は、輸送インフラおよび公共交通機関の改善による労働市場の空間的拡張、とりわけ通勤電車のアップグレードおよび増発という形を取った「地域の拡大」である。この輸送インフラおよびその交通の強化は、いずれも上で述べた郊外の高密度化に加え、通勤交通の拡張およびその結果として生じる労働市場の規模拡大に貢献してきた。これは、都市領域が特定の地域内で高密度化してきたことのみならず、より遠く離れた中心 (さらにはその郊外と近隣の農村地域) がメトロポリタンの輸送ネットワークに統合された時点で「低密度化」してきたことをも意味する。

ここで最後に取り上げたい新興のポストアーバン世界の第4の傾向は、知識経済の拡大にともなって生じてきた、都市領域とその後背地域の関係のダウングレード、および他の都市領域へのネットワークのアップグレードである。知識経済とその前にあったものとの最も重要な違いの一つは、ヒューマン・キャピタルが原材料および主要な生産と立地の要素としての物的資本に取って代わってきたことである。都市領域の大規模で多様な労働市場は、事業および労働力の双方にとっての重要な立地要素となってきた。より縁辺の都市、町、農村地域は、現在の最も重要な生産要素、ヒューマン・キャピタルの集中が不十分であることに悩んでおり、これは、その労働市場が依然として小さく、そこでの知識経済の発展が困難であることを意味する。原材料の相対的な重要性の低下により、これらの地域が都市領域に提供するものは減少の一途をたどっている。その代わりに、都市領域の交流は主に、その周辺後背地域より輸入および輸出市場がはるかに大きい他の都市領域との間で生じる。田園地域の視点から見ると、これは二つの部分：拡大した都市領域に統合されつつある都市に近い部分と知識経済における必要性がますます低下している周辺部分に分かれることを意味する。このような変化は、都市および田園地域のいずれもがかつてと同じではなく、ポストアーバンと呼ぶことができる段階が生じていることを表す *2。

　上で概説したポストアーバン世界の四つの特性は、都市の発展に関する我々の考えの大部分を形成してきた2種類の二分法：都市—農村の二分法および都市—郊外の二分法の消滅を表す。これらの二分法はいずれも、都市と農村および都市と郊外が何か根本的に異なるという、充分な根拠のある認識に基づいていた。もはや、これは当てはまらない。小さな町に加え、農村および自然地域をも含む一方で、より周辺の他の農村地域や小都市が肯定的な影響領域外にあり、次第に消えていくような都市領域の出現は、従来的な都市—農村の二分法が消滅しつつあることを意味する。密度の高い、多核心都市領域の出現からは、高密度の都市中心部と低密度の郊外という二分法の衰退も見て取れる。この後者の過程は、エドワード・ソジャによって「ポストメトロポリタン」と名づけられた。全体としては、これら二つの過程がポストアーバン世界の基礎を形成してきた。

　このようなポストアーバン世界の特性とは別に、グローバル都市発展の時代における、以下のような優れた考え方や考察のいくつかには、これまでも、そして現在も都市が関連している：*the concept of global cities*（世界都市の概念）(Sassen, 2005)、*rise of the creative class*（クリエイティブ・クラスの台頭）(Florida, 2003)、 the network society（ネットワーク社会）(Castells, 1996)、city of bits（シティ・オブ・ビット）(Mitchell, 1995)、そして最後に triumph of the city（都市の勝利）(Glaeser, 2011) および well-tempered city（温厚な都市）(Rose, 2016)。これらの言説は、場所において、起こりつつある、あるいは、常に「なりつつある」、構造的変容や新興パターンで満ち溢れている。都市は創造的な人々に依存しているため、すなわち、成長をもたらす創造的な人々のヒューマン・キャピタルを呼び込む必要があるため、創造性は経済のより重要な部分になりつつあり、したがって、この「創造性」を例証した時点で、都市は成長および経済的繁栄の原動力となる。我々は情報化時代の社会および経済動学、仮想の場所ならびに実存する場所、通信リンクに加え、歩行者回遊性や機械化された輸送システムによる相互関連の重要な流れを目の当たりにしている。新たなネットワーク社会は個別のアクターではなく構造化されたネットワークとなり、技術を通じて、絶えることのない情報の流れを見事に処理する。これは、エレクトロニクスの継続的な小型化、ビットの商品化、実現したフォームのソフトウェアによる成長支配と密接に関連する。都市による戦略的なトランスナショナル・ネットワーク形成のきっかけとなる国境を越えたダイナミクス成立の重視は、領土を得て広がる動態および過程が世界的であるグローバル都市の場合に見られる。都市礼賛は熱のこもった議論となる；都市の重要性および栄華、人類による最大の創造、将来に対する我々の最大の希望には、このような困難かつ危機に陥った時代で重要な問題に対処する際の主要な役割が備わっている。最終的に、都市は 21 世紀の環境的、経済的、政治的、社会的課題に対する取り組み、そして最後には戦い（あるいは敗北）が生じる戦場となる。

　ポストアーバン世界はまた、哲学的枠組みからも控除することができる。都市―農村関係の変容は、ヘーゲル派哲学の弁証法的枠組み、すなわちテーゼがアンチテーゼによって満たされ、最終的には二つが新たな、「より高い」何かに変容すること：統合で説明できる[*3]。この枠組みでは、農村が最初のテーゼとなり、都市がアンチテーゼとして現れる。何世紀にもわたり、農村のテーゼと都市のアンチテーゼは、空間的相互作用の主要な二極として機能している。産業革命は、都市に有利な二極間バランスの大きな変化を意味する。知識経済の台頭によって統合が生じたことは明らかで、大都市は周囲の町および田園地域を組み入れ、それらをグローバル都市ネットワークでつながる多機能都市領域の一部に変容させた。以前の後背地の辺境は範囲外で、Lefebvre (2003, p. 3) の言葉を借りれば、

ゆっくりと「自然に託される」。都市─農村の二分法が消滅し、統合が生じた状況においては、都市および田園地域のいずれもがかつてと同じではない。これらの新たな空間的関係をともなう世界がポストアーバン世界である。

本書の内容

■ 第1部　空間変容と都市および地域の新たな地理

　第1章では、エドワード・L・グレイザーが世界各地の都市化とその農業および工業開発とのつながりを広く概説する。同氏は、現在のサブ＝サハラ・アフリカの多くの国々を特徴づける、成長なき都市化に対する説明を検討する。つづいては、貧しい世界の大規模な都市化の肯定的および否定的な結果に目を向ける。それには良い面も悪い面もあり、近隣の密集地域で生じる負の外部性に対処するための有効な都市管理の必要性が暗示される。グレイザーは発展途上世界の都市には無秩序と独裁政権間のトレードオフが存在し、都市化は政府規制に対する需要の増大、または自由に対する需要の増大のいずれかにつながり得ることを示唆する。グレイザーは、都市には貿易を行う、教育を受けた人々から成る、社会的につながった集団を構築する能力があると結論づけている。その集団は、安定した政府、法の支配、経済的自由に関心がある。大きな希望は、都市がゆっくりと時間をかけて最貧国の政府を大きく改善するための民間資本を構築することである。

　第2章では、リチャード・フロリダとパトリック・アドラーが分断の度合いを増す都市とパッチワーク・メトロポリスの姿形に関する大規模な研究プロジェクトの重要な所見を要約する。プロジェクトでは、多くのアメリカ最大の大都市圏およびその中核都市全体において、三つの主要な階層に関する近隣地域の立地の地図が作成された。最も目を引くパターンは、近代都市およびメトロポリスにおける階層分断の度合いが大きいことである。この新たな分断都市およびパッチワーク・メトロポリスは、アメリカ人の生活パターンの顕著な変化を示す。知識経済の台頭が雇用市場を高賃金の知識労働と低賃金のサービス職とに分割したように、中産階級の近隣地域もまた、都市および大都市圏の地理的配置が次第に高所得と低所得の近隣地域間で分断されつつあるため、空洞化している。都市および大都市圏は分断され、恵まれた人または恵まれない人のいずれかが明らかに優勢な孤立した、階層に基づく、経済的に隔離された島となった。都市と郊外との間

に存在した旧来の著しい格差は、その双方に及ぶ新たな階層分断および地理的分離パターンに取って代わられた。

第3章では、ラフール・メロトラとフェリペ・ベラが現代の都市の景観を見つめ、今日のアーバニズムが二つの対照的な状況間の絶え間ない折衝の中で浮遊しているように見える、と論じている。一つ目は、発展は蓄積にほかならない、という仮定に由来する。これによって生じる共通の不安は、資本投資で都市を駆り立て、「ハイパーシティ」と称されるものを生み出す。アーバニズムの基本単位としての建築は、資本に固有のせっかちさをしばしば駆り立てている、壮観が中心化したものとしての都市という考え方に固執しているようである。二つ目は、空間および時間の双方の現代アーバニズムと都市社会での空間形成における人々の影響との曖昧な境界線のさらなる理解を可能にする説得力のあるビジョンで、エフェメラル・アーバニズムという見出しの下に記載された、動的な都市という考え方を拡大したものである。著者らの結論によると、アーバンデザインは、エフェメラル・アーバニズムの領域に該当する景観への意味のある政治的介入によって、この人間の「行為」の空間に戻る方法を見出す必要がある。最後に、メロトラとベラが考えるように、エフェメラル（短命であること）は真に、より繊細で包含的な都市空間の想像、さらには建造に役立つ生産力および創造力を提供する。

第4章ではマイケル・バティが、現代都市は、都市形態を支え続けてはいるが、どちらかといえば形態は機能に従うという考え方を打ち壊すネットワークおよびフローの集まりである、と論じる。そのため、場所のみを重視しても都市を適切に理解することができず、場所を相互作用の集合体、このような相互作用を可能にする物理的ネットワークを決めるフローの集合体と見なす必要がある。これは産業革命の開始以降、都市解析の中心となってきた旧来の主張であるが、世界が脱工業化デジタル時代に入っているため、距離の重要性が過去に比べてますます低下している複数ネットワークを通じて都市が機能していると見なすことは、これまでになく重要である。バティは、ネットワークおよびフローの様々な視覚化が我々に都市の複雑さの迅速な描写をどのように提供するかを記述し、つづいてはこの複雑さをどう測定すればよいかを示す。そして、ネットワークの多重化がいかにして急激に、どのように「形態は常に機能に従う」かを解釈するための支配的パラダイムになりつつあるかをいくつか推論して話を終える。

第5章では、ハンス・ウェストルンドがルフェーヴル、ソジャおよびヘーゲルストランドについて書くことから始め、ポストアーバン世界への都市変容の様々

な側面を検討する。ポストアーバン世界の概念は、統合された都市領域およびその外部および内部ネットワークの将来に関する広範な問題につながるだけではない。都市および農村のいずれもがかつてと同じではないという事実は、都市—農村関係の将来に関する疑問にもつながる。ウェストルンドの章は、都市—農村関係が産業革命以前の時代以降における空間理論でどのように解釈されてきたかの概説から始まる。つづいては、知識経済における都市—農村関係、さらにはポストアーバン世界における都市—農村の二分法の消滅について検討する。最後に、周辺の田園地域が「自然に」戻ることを避けるために可能な開発戦略を検討する。

第6章では、ポール・L・ノックスがグローバル都市、特に西洋のグローバル都市が現地で土地利用制限、政策、意思決定をめぐる戦術的な政治に関与しながら、不動産、金融、建設、専門的な関心の連立およびパートナーシップ：国際資本および市場を利用する「再生機構」を通じて静かに一新されつつあることについて書く。これらの再生機構は、中央および首都政府の反動的な新自由主義、さらには度合いを増す都市間競争の国際的重要性の産物である。ノックスは、特にロンドンに焦点を合わせて、計画および建築における反動的な新自由主義の結果を検討する。

第7章では、リチャード・セネットが社会生活と物理的設計の関係に目を向ける。この開放都市という新規の概念および構成物に関する章において、セネットは共に暮らす人々の複雑さや対立を認めるために、都市はどのような形をとるべきかを独特の方法で探る。セネットは都市内の周辺条件に焦点を合わせ、国境と境界を区別し、多孔性のデザインおよび互いに異なる人々の混交を探求する。繊細な議論は、国境を軸としても展開する。すなわち、人類文化の領域において、領土は同様に国境と境界から成り、最も簡単に言うと、都市にはゲーテッド・コミュニティと複雑なオープン・ストリートの対比が見られる。しかし、都市計画における区別はさらに深い。近代都市という状況の中で設定された段階で、セネットの開放と閉鎖は、閉じられた助言と開かれた想像力のバランスという考え方に由来する。まとめると、開放系は成長が対立および不一致を認めると定義できる。

■ 第2部　都市化、知識経済、および社会構造化

第8章では、ジェシー・P・H・プーンとウェイ・イェンがアメリカのラストベルト都市の復活でヒューマン・キャピタルが果たす役割を記述する。サンベル

ト都市の比較解析を用いて、彼らはある旧来の工業都市が生産の大きな地理的変化にもかかわらず、何とかヒューマン・キャピタルのストックを構築または保持してきた様々な状況を示す。今日ではラストベルト諸都市のスキル比は、南東部の諸都市のそれに相当するが、1980年にはそうではなかった。不動産の値ごろ感と優秀な学校との融合は、才能に恵まれた人々を呼び込んで地域内の他の大都市に滞在または移住させ、スキルの高い新たな移民がそこに定住することを奨励した。

　第9章では、カイサ・スネルマン、ジェニファー・M・シルバ、カール・B・フレデリック、ロバート・D・パットナムが若者の「エンゲージメント・ギャップ」に焦点を合わせる。1970年代以降、上流中産階級の学生は次第に学校のクラブやスポーツチームで活動を始めるようになったが、労働者階級の学生は反対方向に進んだ。これらの格差拡大は、所得不平等の増大、「定額課金」プログラムの導入、子どもの成長に対する上流中産階級の時間的および金銭的投資の増加の結果として生じた。著者らは、組織的活動への参加が社会移動のパターンを形成する限りにおいて、新規イニシアティブでの移動監視の際にこれらの傾向を考慮する必要があること、さらにはこれらの傾向が機会均等というアメリカの考え方にとっての課題であることをも強く主張する。

　第10章では、カイル・ファレルとティグラン・ハースが、直近では *Third United Nations Conference on Housing and Sustainable Urban Development*（第3回国連人間居住会議 ）(Habitat III) に反映されたグローバル都市政策を分析する。その結論は、都市アメニティの量的供給に焦点を合わせた街づくりへの取り組みから居住性および都市における生活の質向上の重要性を奨励する傾向の増大に重点が変わったことを強調する。この変化の中心には、公共空間の委任に対する認識の高まりがある。他のインフラストラクチャーとは異なり、公共空間は都市に人的要素を供給し、居住者に自らの健康、繁栄、生活の質を改善し、全体として自らの人間関係および文化的理解を豊かにするための機会を提供する。重要な決定はすでに2015年および2016年の政治の場で下されているが、都市の未来は依然としてそれらを構成する利害関係者の手中にある。ファレルおよびハースは、市民をその中心に据えない公共空間アジェンダを確立しようとすれば、住みやすい都市を構築する試みで厳しい制限に直面すると結論づけている。

　第11章では、フーロン・ウーが複数の意味で中国の都市が台頭しつつある状況を検討した：国の迅速な都市化を受け入れるための新たな物理的空間が創出され

たが、それと同時に新たな特質と特性、それに加えて都市の変容も生じた。中国の新興都市が創出した新規性を簡単に西洋の都市理論に当てはめることはできない。この章では、中国の都市変容のダイナミズム、特に、いわゆる新自由主義に相対する政治経済的変化、そして公式および非公式の多様かつ対照的な空間としての空間的成果物について検討する。自由市場優位のイデオロギーとは対照的に、中国における地方の開発は発展志向型国家の特性と市場で生み出される商品を組み合わせたハイブリッド型を示す。この国家を正当化するため、経済成長の重要な促進要因として実用主義が導入されている。最後に、ウーはグローバル都市研究の所見の意味合いについて論ずる。

　第12章は、カリーマ・コーティットとペーター・ナイカンプによる、グローバルな「ポストアーバン世界」で都市が新しい、複雑な空間的発展の求心力および遠心力の場として機能している新興の「都市の世紀」の検討から始まる。新興のデジタル技術は、専用のマーケティングおよび戦略的プランニング・ツールを通じて、都市部の地位強化のための前例のない機会を提供する。この章は、持続可能な都市の未来を構築するための最新の双方向デジタル情報ツールの戦略的重要性を明らかにする。この章では、「アーバン・フェイス・リフト（都市の改装）」に向けた "urban Facebooks" を双方向の参加型都市計画のための重要かつ効果的な機構として紹介し、説明する。体系的な類型学的アプローチに基づき、いくつかのヨーロッパの都市におけるこの新規プランニング・ツールの様々な使用例を示す。結論として、デジタル 'urban faces' の使用は、「ポストアーバン世界」の戦略的都市計画に多くの斬新な機会を提供する。

　第13章では、エドワード・ソジャが本書の普遍的なテーマに即して、我々は現在、以前は互いに遠く離れていた都市と地方が混ざりあって全く違う新しい何かを規定しつつある前例のない時代に直面している、と主張する。都市研究で地域的アプローチがこれほど重要であったこと、そして都市に対する注目が地域の開発理論および計画にこれほど影響を及ぼしたことは一度もない。この章では、革新的かつ極めて重要な、比較による地域研究の八つの困難なテーマ：新リージョナリズム；都市および地域の原動力；地域の都市化；大都市時代の終焉；地域の都市化の拡大；多層的リージョナリズム；地域の統治および計画；地域民主主義の探求、を確認する。ソジャの見解によると、これらのテーマはそれぞれが新たな空間的洞察によって活気づけられ、革新的な研究可能性に溢れている。

　第14章では、フラン・トンキスが知識、不平等、および都市についての問題

を検討する。トンキスは、都市における不平等の構造、そして都市の公平さの増大、さらには社会的および経済的な組み入れを促進する試みに影響を及ぼす、個人資産として、および集合財としての二重の知識に注目する。考察では、現代都市で知識を分配する、都市労働市場でのスキル分類を通じた主要な方法の一つに注目する。さらに、トンキスは、情報とオープン・ソース都市との関連で、いわゆる知識の社会化を指摘する。考察は、推定上は都市が消滅ではなく繁栄する情報化時代に入ることを指摘する、都市の情報的な役割についての考え方を問題視して終了する。トンキスにとっての問題は、引き続き誰が、そしてどのくらい多くの人がその中で繁栄できるかである。

■ 第3部　ポストポリティカル、ポストアーバン世界に現れ始めたカルチャー

　第15章では、ローラ・ブルクハルターとマニュエル・カステルが基本的に、提案された都市パラダイムを通じて、生活を提唱し、それを中心に据える。目的は、人々が大都市地域または都市と見なされる、特定の密度および規模を生み出す地理的に近い場所で共に暮らすことができる他の方法の存在を示すことである。ブルクハルターとカステルが提唱しているものは、このような基礎的要素の妥当性および別の種類の都市が見込まれる可能性の根本的な再検討である。焦点は創造的な都市とその先鋒としての共有経済をともなう、People Centered Infrastructural Possibilities（人々を重視したインフラストラクチャーの可能性）にある。これは、コミュニティに根ざした自己決定と、都市全体をつなぐ結合型の、人を中心としたインフラストラクチャーおよび公園などを手段としてなされ、その多核心都市の表現は、生活そのものと同じように多元主義的で創造的で多様なものになりえる。彼らは密度とマルチモーダルな輸送システムの内在的な相互関連の重要性、ショッピングモールから都市農園までの範囲における都市自立の問題および人間中心の土地利用パターンに対する注目の重要性を指摘する。最後に、著者らはインテリジェントで情報に通じた都市の成長に関する考え方に注目するが、そこでは諸規制が構成要素の変化するニーズおよび需要と同様に、進展するデータおよびインテリジェンスと並行して進化を続けるために、それらの規制は意図に基づくことと本質的に適応性が高く柔軟であることとが求められる。

　第16章では、サスキア・サッセンが力強く現れた傾向、そして都市を民営化し、これらの都市に長期間居住して活動する可能性がある多数の労働者および企業を移すための能力に注目する。それは、国内および外国の民間団体および企業

体による大規模な建物の購入およびその大部分の高所得者向け高額資産への変容である。サッセンは、この建造物の密度がほとんど都市中心部の都市的性質に貢献しないことを示唆する。実際に、最も極端な場合では、都市の脱都市化が見られる。この進展を踏まえ、サッセンは都市の未来について、以下のようないくつかの挑発的な質問を投げかけている：都会性が近隣地域——しばしば偏狭で均質的と見なされる場所に部分的に移りつつある可能性があるか？　その密度の上昇と同時に都市中心部が都市的性質を失いつつあるか？　高密度ではあるが都市的性質を失った都市中心部は実際には非都市か？　すなわち、かつては都市の範囲や境界を示していたものが現在ではその中心にあるため、その統合された中心部に入ることは都市を出ることを意味するか？

　第17章では、スーザン・フェインスタインが災害への備えに取り組む計画の形態として、レジリエンスという用語が普及してきている、と記述する。フェインスタインにとって、それは危機前の状態への回復ではなく、適応を意味する。その語の使用は環境事象から社会および経済危機にまで拡大し、その短所は根底にあるコンフリクトおよび政策選択から生じた利益の分配を不明瞭にすることである。本章では、レジリエンスが現在どのように定義されているかを検討すると同時に、それがどのようにして勢力関係を曖昧にするかを考察する。フェインスタインはレジリエンス政策の進展が複雑性および不確実性をともなった、わかりにくいモデルで覆い隠されていると指摘する。マルクス主義的な分析は、エージェンシーに割り当てるためのモデルの失敗に切り込む洞察を提示するが、現代的な計画を支援するための革命的というまでのアプローチは提供しない。スーザン・フェインスタインによる本章の啓発的な結論は、破壊的な出来事のインパクトに対処する計画のさらなる正当化につながり得る戦略である。

　第18章では、エミリー・タレンが近隣地域の社会的多様性および大都市の隔離について説明し、評価するという複雑な問題を深く掘り下げ、20世紀のアーバニズムの話が歴然とした社会的分割の話である、と述べる。社会的に入り混じった近隣地域の場合には、微妙な差異、敏感さ、順応がさらに多く存在し得る、とタレンは記述し、分析する。社会的混合に対する要求は、文化的背景によって様々に異なる。我々は、多種多様な人が暮らす近隣地域の創出および状況に応じた適切な精緻化のための何十年もの試みから学ぶ必要がある。その意味で、近接性のみで統合的な複合社会は達成されない。多様性に富んだ状況で、人々は社会的距離を維持するための他の非空間的な方法を見出す。タレンは、「貧困の空間

的解決」について、それが提供する、物理的近隣性がもはや問題視されない場所と機会があたかも不適切であるかのように、社会的混合の討論によってそれを放棄する必要はない、と記述する。

第19章では、マイケル・ニューマンとナディア・ヌアーが自らの分析を通じて、近隣地域との関わり合いが都市の統治に対する抵抗および自己管理された空間のレジリエンスに必須であることを明らかにする。本章は、一つの都市、イタリアのローマの市民活動家たちが示した、自らが直面する複数の危機への対応を明らかにする。戦後民主主義時代に得られた市民の関与および自己決定に対する姿勢は現在、根本的な代替政策を構築するための強力な手段に変わりつつある。これは、新たな社会運動、本章で最初に分析する Scup!、そしてもう一つの Communia に表れている。本章は、Scup! および Communia が属するネットワークが主に、都市空間を再度割り当てて「共通の何か」に変容させるための経路を形成するという目的を持った共通のプロジェクトを統合する他の占有空間、社会的中心、連携、そして集合体から成るという事実に注目する。その結論によると、ネットワークは、慣例または代表民主主義の全体的な否定は望んでいないようである。そうではなく、ニューマンおよびヌアーが論じ、示しているように、それはより先見的かつ参加的な方法で政治を理解することができる重要な新しい慣行を導入してきた。

第20章において、新たな方向性およびエンファシス・エコロジーの出現は、アーバニズムの変化および気候変動の現実性に付随するもう一つの重要な転換を示す。ニーナ‐マリー・リスターは、安定性、変化、そしてレジリエンス─生活システムに内在する特性と生活システムに固有の適応サイクル機能の間に重要なつながりがあることを明確に記述する。リスターは以下のよう重要な疑問を呈する：「レジリエンスを考慮した設計はどのようなものか？」ポストアーバン・プランナーおよびデザイナーはどのような戦術を実施してレジリエンスを達成する必要があるか？ レジリエント・システムは、多様性および固有ではあるが軽減できない不確実性によって規定される。結論として、リスターは、レジリエンスの作動には、文脈に関連した、判読可能かつ繊細で答えを示すもの、規模は小さいが累積的影響が大きなものを設計するための緻密で入念なアプローチが必要である、と記述している。リスターは、この鋭敏な感覚をともなう変更の設計においては、ここで定義したポストアーバンの景観変化を用いた、レジリエンスの文化および単なる生存を超えて繁栄する──長期的な持続可能性のための適応性の

ある変革能力の育成がすでに始まっている、と指摘する。

　第21章では、ダンカン・マクラーレンとジュリアン・アーギュマンがスマート
で持続可能な未来のための都市の共有に向けた道筋を示し、現代の領域、論争、
都市の共有という変容をこの章で探求して、これらをどのように利用すればグロー
バルに相互関連する、ポストモダンの異文化世界に適した形で社会的結合を再
構築できるかの説明を試みる。繊細な分析を通じて、著者らは都市における共有
慣行の幅、その進化の根源、そして歴史的に重要な所産について概説する。次に、
従来的な進化を遂げた地域社会形態から中間にある商業的形態までの最新の共有
の変容について記述し、理論化する。つづいては、商業を超えた都市の共有形態
を特定する考察で、社会的アーバニズムのような都市に関する共通の概念に焦点
を合わせて明らかにする。著者らは、反体制文化の認識およびそれに対する敬意
を含めたソーシャル・インクルージョンおよびインターカルチャリズムが共有パ
ラダイムの中で暗示された価値および規範の変化の中心になる形を強調する。ま
た、共有都市で可能となる、集団的な政治の新しい、復活した形態を探求する。
最後に、真にスマートで持続可能な共有都市の構築に必要な具体的な手順の一部
を指摘する。彼らにとっての共有都市は都市にとっての新たなパラダイムで、国
家と市場間に正真正銘の第3の道を開く。

注記

*1—— 発展途上国における現在の急速な都市化は、工業化のみによって生じたものではないことを
　　　強調しておく必要がある。

*2—— 都市—農村関係の変化についてのさらなる考察は、Westlund (2014) および本書のウェスト
　　　ルンドの章(第5章)を参照。

*3—— ドイツの哲学者、ゲオルク・ヴィルヘルム・フリードリヒ・ヘーゲル(1770–1831) は一般
　　　的に、この枠組みの父と見なされている。ヘーゲルはテーゼ—アンチテーゼ—統合の枠組み
　　　を「生命のないスキーマ」と見なし、自らの研究では使用しなかったと主張されている。そ
　　　れよりも、この枠組みはカントおよびフィヒテに由来するとすべきであった(Mueller,
　　　1958)。しかし、ヘーゲルの弁証法の主流の解釈で、この主張は受け入れられていないよう
　　　である。

参照文献

Beale, C. L. (1975). *The revival of population growth in non-metropolitan America.* Economic
　　Research Service, publication 605, US Department of Agriculture, Washington, DC.

Castells, M. (1996). *The rise of the network society: The information age: Economy, society, and culture*
　　(Vol. 1). New York: John Wiley & Sons.

Champion, A. G. (1992). Urban and regional demographic trends in the developed world. *Urban
　　Studies, 29,* 461–482.

Florida, R. (2003). Cities and the creative class. *City & Community Journal,* 2(1)（March）. American Sociological Association, 3–19.

Glaeser, E. (2011). *The triumph of the city: How our greatest invention makes us richer, smarter, greener, healthier and happier.* New York: Pan Macmillan.

Haas, T. (Ed.). (2012). *Sustainable urbanism and beyond: Rethinking cities for the future.* New York: Rizzoli.

Lefebvre, H. (2003). *The urban revolution.* Minneapolis: University of Minnesota Press（French original first published 1970）.（今井茂美 訳『都市革命』, 晶文社, 1974年）

Mitchell, W. J. (1995). *City of bits: Space, place, and the infobahn.* Cambridge, MA: MIT Press.（掛井秀一・仲隆介・田島則行・本江正茂 訳『シティ・オブ・ビット：情報革命は都市・建築をどう変えるか』, 彰国社, 1996年）

Mueller, G. E. (1958). The Hegel legend of 'thesis-antithesis-synthesis.' *Journal of the History of Ideas, 19*(3)（June）, 411–414.

Raven, P. H., Hassenzahl, D. M., & Berg, L. L. (2011). *Environment* (8th ed.). New York: John Wiley & Sons.

Rose, J. (2016). *The well-tempered city.* New York: Harper Wave.

Sassen, S. (2005). The global city: Introducing a concept. *Brown Journal of World Affairs*, XI (2), 27–43.

Soja, E. W. (2011). Regional urbanization and the end of the metropolis era. In G. Bridge & S. Watson (Eds.), *The new Blackwell companion to the city* (pp. 679–689). Oxford: Blackwell.

Westlund, H. (2014). Urban futures in planning, policy and regional science: Are we entering a post-urban world? *Built Environment*, 40(4), 447–457.

執筆者紹介

第1章 エドワード・L・グレイザー（Edward L. Glaeser）
ハーバード大学教授

第2章 リチャード・フロリダ（Richard Florida）
トロント大学教授

パトリック・アドラー（Patrick Adler）
トロント大学研究員

第3章 ラフール・メロトラ（Rahul Mehrotra）
ムンバイRMA建設会社代表、ハーバード・デザイン大学院教授

フェリペ・ベラ（Felipe Vera）
ハーバード・デザイン大学院ファカルティ・インストラクター

第4章 マイケル・バティ（Michael Batty）
ユニバーシティ・カレッジ・ロンドン教授

第5章 ハンス・ウェストルンド（Hans Westlund）
スウェーデン王立工科大学教授、イェンシェーピング国際ビジネス・スクール教授

第6章 ポール・L・ノックス（Paul L. Knox）
バージニア工科大学特別栄誉教授

第7章 リチャード・セネット（Richard Sennett）
ロンドン・スクール・オブ・エコノミクス　センテニアル・プロフェッサー、
前ニューヨーク大学教授

第8章 ジェシー・P・H・プーン（Jessie P. H. Poon）
ニューヨーク州立大学バッファロー校教授

ウェイ・イェン（Wei Yin）
ニューヨーク州立大学博士研究員

第9章 カイサ・スネルマン（Kaisa Snellman）
INSEAD（インシアード）助教

ジェニファー・M・シルバ（Jennifer M. Silva）
バックネル大学助教

カール・B・フレデリック（Carl B. Frederick）
ハーバード・ケネディ・スクール　ポスト博士研究員

ロバート・D・パットナム（Robert D. Putnam）
ハーバード大学教授

第10章 カイル・ファレル（Kyle Farrell）
スウェーデン王立工科大学博士研究員

ティグラン・ハース(Tigran Haas)
スウェーデン王立工科大学准教授

第11章　フーロン・ウー（Fulong Wu）
ユニバーシティ・カレッジ・ロンドン　バートレット・プロフェッサー

第12章　カリーマ・コーティット（karima Kourtit）
スウェーデン王立工科大学ポスト博士研究員

ペーター・ナイカンプ(Peter Nijkamp)
アムステルダム自由大学名誉教授

第13章　エドワード・ソジャ（Edward Soja）
故人(1940-2015)。カリフォルニア大学ロサンゼルス校特別栄誉名誉教授

第14章　フラン・トンキス(Fran Tonkiss)
ロンドン・スクール・オブ・エコノミクス教授

第15章　ローラ・ブルクハルター（Laura Burkhalter）
ローラ・ブルクハルター・デザイン・スタジオ代表

マニュエル・カステル(Manuel Castells)
南カリフォルニア大学教授

第16章　サスキア・サッセン(Saskia Sassen)
コロンビア大学 教授

第17章　スーザン・フェインスタイン(Susan Fainstein)
ハーバード・デザイン大学院主任研究員

第18章　エミリー・タレン(Emily Talen)
シカゴ大学教授

第19章　マイケル・ニューマン(Michael Neuman)
ウェストミンスター大学教授

ナディア・ヌアー（Nadia Nur）
ローマ・トレ大学主任研究員

第20章　ニーナ–マリー・リスター（Nina-Marie Lister）
ライアソン大学准教授

第21章　ダンカン・マクラーレン（Duncan McLaren）
フリーランス研究者

ジュリアン・アーギュマン（Julian Agyeman）
タフツ大学教授

(所属は2018年現在)

第1部

空間変容と都市および地域の新たな地理

1 都市部の変容と
都市の未来

エドワード・L・グレイザー

序論

　10万年以上にわたり、我々の種は人口密度の低い狩猟採集民として存在していた。過去1万年間、人間は農村部に住む農民として暮らし、1900年になってようやく人類の15%が都市に住むようになった。1世紀のうち驚くほど短期間に人間の体験は劇的に変化し、我々は今や都市部に住む種となっている。西洋および東アジアでは、都市化は所得の急増と関連してきたが、まだ極めて貧しいコンゴ民主共和国等の国においても驚くべき数の大都市が出現してきている。

　本章の第2節では、ともに人類を都市部の種にしてきた三つの流れについて論じる。裕福な西洋では、かつて工業都市だった多くの都市が知識創造とビジネスサービスの中心として自らを改良し、著しい復興を経験してきた。特にヨーロッパの一部の事例では、こうした裕福な都市は、生産のみならず消費の中心としても成功してきた。東アジアでは、都市化は急速な工業化の集合的プロセスの一環であった。こうしたプロセスはかつての西洋の産業革命を再現するものだが、それをより強化した形となっている。

　現在のサハラ以南のアフリカおよび1960年代のラテンアメリカは、成長なき都市化を経験した (Fay & Opal, 2000; Gollin, Jedwab, & Vollrath, 2016)。第2節では、こうした現象に対する二つの相反する説明について論じる。中央集権化された権力の仮説は、これらの比較的貧しい場所における都市化は、首都において拡大し、農村部の移住者を引きつける政治的力を反映していると主張する (Ades

& Glaeser, 1995)。農産物取引の仮説は、今日の比較的貧しい国々は農業において比較的不利であり、結果として、より都会的な仕事に特化してきたと主張する (Glaeser, 2014)。第2節では、農産物取引の仮説はなぜ比較的貧しい国々が都市化したかを説明するかもしれないが、中央集権化された権力の仮説はなぜこれによって大都市が生まれたかを説明するということを提案する (Davis & Henderson, 2003)。

　第3節では、貧しい世界が大規模に都市化したことによるプラスの結果とマイナスの結果に目を向ける。最も明白な都市化のメリットは経済である。集積の経済は、大規模な都市化は生産性の短期的上昇につながることを示唆している。さらに示唆的な証拠は、都市の経済成長のスピードがアップすればダイナミックな利益がある可能性をほのめかしている。都市は、知識の流れの増加と新しいアイディアの生産により直接的に、また物的・人的資本への投資の促進により間接的に、長期的成長を生み出す可能性がある。

　密集状態のデメリットは、これらのメリットと天秤にかけられる。都市部の混雑は、交通渋滞および伝染病の蔓延につながる。都市部の近接性はまた犯罪も助長し、密集した都市部に家を建てるにはより多額の費用がかかる。こうしたデメリットは、密集した地区で発生する負の外部性に対処するための、有効な都市管理の必要性を示唆している。

　第4節では、都市における管理の問題に目を向ける。この問題は政治と政策に分けて考える。大都市の管理に対するテクノクラシー的アプローチは、スラムの住民が清潔な上下水道を使用できるようにしたり、渋滞緩和を目的とした道路課金を行ったりなどの、より良い政策を強調する。しかし政府に力がなく、公共の利益のために行動する意思がなければ、こうした政策の実現はあり得ない。よって、私は世界の大都市開発の政治的発展についても論じる。

　一つ疑問なのは、民営化や独立公共機関は都市生活の質を有意義に向上させることができるのか否かということである。良い民営化や良い半官半民の例もあるが、大規模な汚職や怠惰の例もある。私は Djankov, Glaeser, La Porta, Lopez-de-Silanes & Shleifer (2003) に続き、世界の都市の開発には無秩序と専制政治との間のトレードオフがあること、ならびに都市化は政府による管理を求める声の増加か、自由を求める声の増加のいずれかにつながる可能性があることを示唆する。最後に、Glaeser & Steinberg (2017) が提唱した「ボストンの仮説」について論じる。これは、都市は民主的革命と平和な改革を通じて自らの政府を改善するこ

第 1 部　空間変容と都市および地域の新たな地理

とを示唆するものである。都市集中により体制変革の可能性は高まるが、成功した蜂起からでさえ、安定した民主主義が自然発生するかどうかは不明確である。

人類の都市化

1910年、私の祖父母が若かった頃、ヨーロッパ人のうち人口5000人以上の都市に住む者は、全体の3分の1未満であった。地球上で最も都市化された国はベルギー、オランダ、イギリスのみであった (Bairoch & Goertz, 1986)。アメリカが圧倒的に都市化された国になったのは1920年代になってからのことで、当時の1人当たり所得水準は2016年現在の価値で8000ドルを超えていた。私が生まれた1967年には、ヨーロッパおよび北米は圧倒的に都市部が多く、ラテンアメリカも急速に都市化していたが、アフリカやアジアはまだ圧倒的に農村部が多かった。この年、都市部に住む人の数は36%未満であった。現在、人類の54%が都市部に居住しており、豊かな国ばかりでなく貧しい国もまたそのメリットを享受し、人口密度の高い都市の代償を経験している。

この変化は前例のないものである。歴史上ほぼすべての期間を通じて、人類の体験は都市ではない場所におけるものであった。我々は現在のエチオピアにあるアファール三角地帯を流れるアワッシュ川の暑い土手沿いで進化した。我々は狩猟採集民として、生きるために広大な土地を必要としていたため、長い年月をかけて世界中に広がっていった。

およそ1万年前、新石器革命により我々の祖先は決まった広さの土地からはるかに多くのカロリーを産生することができるようになった。それは人間がより定住できるようになり、アナトリア地方南部のチャタル・ヒュユクのような村が現れ始めたことを意味していた。最初の都市は、紀元前4000～3000年頃にメソポタミアに現れた (Smith, Ur, & Feinman, 2014) が、これらは当然のごとく最初の農耕民が居住していた中心地の近くであった。農業生産性により、その後人類の歴史のほぼすべてにわたって続くアーバニズムが実現した。

政治および商業が、人間を都市部へと移動させた力であったと思われる。メンフィスは古代エジプトの首都として大きく成長し、4000年前におそらく6万人が住む世界最大の都市であったと推定される。ティルスは地中海地方一帯で紫色の染料を売る貿易大国として台頭した。以後ずっと商業都市と帝都は共存してきたが、1800年までは、本物の大都市はほぼ必ず大帝国の首都であった。

ローマ、西安、バグダッド、開封、杭州、イスタンブール、北京はすべて、産

業革命前に人口100万人を達成していた可能性がある*1。これらの都市の経済発展の水準は、現代の基準によれば低いものであるが、すべて大帝国の首都であった。一般に、帝国は征服と管理における公的キャパシティを通じて拡大し、結果としてこれらの都市は当時最強だった国によって統治されていた。

ジュリアス・シーザーは電子的ロードプライシングを利用できなかったかもしれないが、馬車が日中の時間帯にローマから出ていくことを禁止することができた。西安には驚くほど高度な、衛生的な運河があった。開封は火事を発見し対処するための高い塔を建設した。密集状態のデメリットは、市民の能力により緩和された。

中世には、ヨーロッパに比較的小規模な商業都市が再び現れ始めた。1300年には、フィレンツェ、ジェノバ、ヴェネチアの人口はそれぞれ約10万人になっていた。北部では、商業と織物の中心であるブルージュに5万人が住んでいた。商業が地中海から大西洋に移動するにつれて、アントワープやアムステルダム、ロンドンといった北部の大都市が台頭した。大西洋の対岸では、ボストン、ニューヨーク、フィラデルフィアなど類似した貿易のハブが現れた。

都市の成長における重大な転換点は産業革命の際に発生したが、これに先立って農業および輸送における革命があった。輪作やダッチプラウ（17世紀に中国から借りたもの）、およびジャガイモの普及により、農地の生産性は劇的に向上した (Nunn & Qian, 2011)。イギリスにおける運河建設の急増により、食物の運搬が容易になった。イギリスの工業化の際の都市部の拡大は、こうしたそれ以前の利点により多くの都市生活者に食糧を供給することが可能になったからこそ実現した。

工業化は次に、都市の織物工場や自動車工場で仕事を見つけることのできた元農民やその子どもたちに対して引力として働いた。最も初期の工場は、マサチューセッツのメリマック川やダービーシャーのクロムフォード運河のように、古い都市の中心部の外にある水源近くに位置するのが典型的であった。蒸気機関の効率における継続的な向上は、工業生産が水ではなく石炭によって動力を得ることができ、よって都市部の大気の質を犠牲にしてではあるが、都市化できることを意味していた。港へのアクセス、そしてのちには鉄道により、デトロイトやマンチェスター、イェーテボリなどの都市にある工場は、工業供給品をすぐに入荷し、最終製品を出荷することを可能にした。

ある意味で、重工業は常に都市の密集状態にとって奇妙な組み合わせであった。

工場は広い空間を必要とし、居住地としての都市の魅力を低減する汚染を生み出す。ヘンリー・フォードの時代、工場は大規模な自己充足型ユニットになり、なぜこのような存在が他の都市生活者との近接性から利益を得るのかを理解することは困難であった。フォード自身は、第1次世界大戦後に、自らの工場をデトロイトの下町から郊外にあるリバールージュ・コンプレックスに移転した。第2次世界大戦後、重工業はさらに劇的に大都市から撤退し、多くの都市が産業の空洞化とともに人口減少を経験した。

　20世紀半ばは自動車とエアコンの時代であり、アメリカはサンベルトのスプロール空間を無限に建設した。より裕福な都市生活者はカリフォルニアか、少なくともウエストチェスターに逃れ、都市の人口は1950年代に減少し始めた。1970年代になると、アメリカの古い寒い都市のほぼすべてが、歴史のゴミの山に向かっているように思われた。シアトルはセントルイスと同様の運命にあるように思われた。ニューヨークの将来はデトロイト同然であるように見えた。

　しかしそのとき予期せぬことが起こった。1990年代、裕福な西部で都市の人口は安定し、2000年以降、一部の都市は力強く成長し始めた。ニューヨークやロンドン、パリ、フランクフルトをはじめとする古い都市の一部は、途方もなく豊かな場所となった。高い住宅価格は都市型ライフスタイルに対する需要のサインとなった。

　こうした成長は均一なものではなかった。技能のある都市は技能のない都市と比べて、人口の点でも所得の伸びの点でも、はるかに大きな成功を収めた (Glaeser & Saiz, 2004)。デトロイトと比較したシアトルの成功は、シアトルに住む成人の57.5% が大卒以上の学歴を持っているのに対し、デトロイトに住む成人で同等の学歴を持つのはわずか13.1% であるという事実によって容易に説明できる。少なくとも平均的な組織の規模、または新しい組織における雇用のシェアによって評価される起業的人的資本もまた、都市部における雇用成長の強力な予測因子である (Glaeser, Kerr, & Kerr, 2015)。

　こうした事実の一つの解釈は、グローバル化と新技術は、初めは都市に住む人を追い散らすが、これらの力は同時に人的資本およびイノベーションへの回帰も高めるというものである。文字通り何百もの研究が、1970年代以降技能への回帰の上昇を確認している (Goldin & Katz, 2009など)。都市には、学校と同じように、技能を構築するための能力がある。なぜなら都市は、労働者が自分の周囲の人々から学ぶことを可能にするからだ (Glaeser,1999)。電子的コミュニケーシ

ョンにかかる費用の低下は、最終的には都市の密集状態に有利に働く、よりインタラクティブな社会につながる可能性がある（Gaspar & Glaeser, 1998）。あまりに多くの西洋の都市による金融サービスへの依存は、おそらく驚くにあたらない。それはこのセクターでは、より良い情報への回帰が非常に高いためである。

西洋の都市は、生産のみならず消費の中心としても成功してきた（Glaeser, Kolko, & Saiz, 2001）。街の通りがより安全になるにつれ、裕福な人々は割増料金を払っても、美術館やレストラン、斬新で都会的な店といった都市のアメニティを享受したいと考えるようになった。消費者都市の台頭は、都市のアメニティと都市の成長との間の相関関係によって、また逆方向通勤者——郊外で働きながら、都市に住むために喜んで高い金を払う人々——の増加によって実証されている。増大する都市のアメニティの重要性は、しばしば都市部の住宅価格が都市部の賃金を上回って上昇する理由を説明するのに役立つ。

実際、一つの妥当な見方は、21世紀には、最良の地方経済開発戦略は、賢い人々を引きつけ訓練して、その後彼らに任せることだというものである。賢い人々を引きつけられるかどうかは、生活の質にかかっている。それは若者をミラノに呼び寄せ、古いラストベルトの街に彼らを寄せつけないものである。ロンドンやストックホルム、サンフランシスコの持続的な成功は、部分的には働く場所としてだけでなく、住む場所としてのこれらの都市の魅力を反映しているのである。

東アジアにおける都市化

東アジアの都市の成長は、ほぼ西洋の産業革命を早送りしたようなものである。高いレベルの農業生産性は、日本が1850年のフランスやドイツ、アメリカよりもはるかに都市化されていることを意味していた。日本の都市の人口は特に首都に集中していたが、これは部分的には政治権力が徳川幕府に著しく集中していたことによる。明治維新後、日本が西洋に対して開国すると、急速に工業化および都市化が進み、1950年には日本の人口の4分の3が都市に居住するようになった。

対照的に、朝鮮は20世紀初めの時点では圧倒的に農村国家であった。1930年代、朝鮮を治めていた日本人は軍需産業の成長を促進し、ソウルが拡大し始めた。それでも朝鮮の都市化率は、第2次世界大戦終了時でわずか14%であった。朝鮮戦争時の韓国の都市、とりわけソウルへの爆撃は、韓国の都市化率が1960年に30%近くを維持することを確実にした。

しかしその後40年間で、韓国の都市化率は30%から90%へと急上昇した。これはほとんど信じがたい変化である。19世紀の都市は天然資源の近くにある必要があったこともあり、アメリカおよびヨーロッパの都市システムが分散しているのに対し、韓国の都市化は主として今やニューヨーク市よりも大きいソウルの拡大によるものである。韓国は国民自身の機知以外にほとんど天然資源をもたず、結果として製造業を高度に中央化することができた。ソウル周辺地域には2400万人が住み、世界でも有数の大都市経済となっている。

韓国の都市化は政府の支援による輸出主導型の工業化の劇的な発展により推進され、技術の階段を駆け上った。こうした動きの典型は、精糖業（昔ながらの前近代的都市産業）から1950年代に繊維製品製造、1960年代にエレクトロニクスへと移行したサムスンである。現在、ソウルを本拠地とするこの巨大企業は世界的なテクノロジーのリーダーである。政府が人的資本に極めて多額の投資を行ったため、韓国は比較的容易に工業経済から脱工業経済へと移行した。これは、ソウルがデトロイトよりもシアトルにはるかに似ていることを意味する。

中国の都市化はさらに大規模で、劇的である。中国の大都市には長い歴史があるにもかかわらず、1953年の中国全体に都市が占める割合はわずか13%に過ぎなかった。30年後、中国の都市部の割合はわずか21%であったが、鄧小平とその後継者の下、中国経済は大きく拡大し、かつて例を見ないほどの都市の成長が起こった。ただし、中国の都市化率の拡大——30年間で30%——は、韓国の成長率と比べるとさほど劇的でないように思われる。主な違いは、韓国の都市化が何千万人単位であるのに対し、中国の都市化は何億人単位であるという点だ。

この規模は前例のないものである可能性があり、中国には多くの独特な特性があるが、全体的なパターンは韓国や日本、そして19世紀の西洋で見られたものと類似している。中国の実質的な農業生産性は、1985年から2007年まで年間5.1%上昇した。さらに生産性の高い農場や、増加する農産物の輸入により、都市の工場に移ってきた何百万人もの労働者に食糧を供給することができた。韓国同様、中国の製造業者も衣類のような基本的な製品から、より精緻な工業製品へと移行した。都市化と経済成長は密接にかかわりながら移行した。

ラテンアメリカおよびアフリカにおける成長なき都市化

西洋における都市化への道のりは時間がかかり、農業生産性の向上および工業化の両方と密接に関連していた。東アジアにおける都市化への道のりは速いもの

だが、やはり急速な工業化および経済成長と結びついていた。ラテンアメリカおよびサハラ以南のアフリカにおける都市化への道のりは異なっていた。いずれの国々でも、工業化の前に都市化が起こり、一部の国では農業生産性の向上を示す証拠がほとんど見られない。

まずラテンアメリカが動いた。国連の人口予測によれば、ラテンアメリカおよびカリブ海地域では1950年には41%が都市部に居住し、1961年に50%を超えた。現在、この地域の79.5%が都市に居住し、北米に次いで世界で最も都市化された地域となっている。南アメリカの2014年の都市化率は83%を超え、地球上で最も都市化の進んだ大陸となっている。

ラテンアメリカの都市化の注目すべき特徴は、まだかなり貧しかったときにそれが起こっているということだ。たとえば、メキシコは1960年に都市化率が50%に達したが、当時の1人当たり所得は340ドル、2016年の価値で2700ドルであった。ブラジルは1964年に都市化率が50%に達したが、当時の1人当たり所得は2016年の価値でわずか2000ドルであった。ラテンアメリカは豊かになる前、あるいは工業化するはるか以前に都市化した。これは当時の多くの学者が指摘している (Arriaga, 1968; Browning, 1958など)。

なぜラテンアメリカは工業化する前に都市化したのか？ おそらく最も単純な説明は、農業生産性と商業の組み合わせである。生きるために必要なカロリーに対して、ほぼすべての都市の製品は贅沢なものである。都市の膨大な人口は食べることができる必要があり、それが過去ヨーロッパでは都市の成長を制約した。19世紀から20世紀にかけて、北米でも南米でも農業の生産性は飛躍的に高くなった。緑の革命は特に、南の発展途上国において食糧生産の拡大を可能にした。そして余剰食糧は全体的な富の中のかなり低いレベルにおいても、都市化を可能にした。

農業生産性向上を示す最もわかりやすい証拠は、農産物価格の低下である。アイオワの農民に支払われた1ブッシェル当たりの金額は、1925年から1960年までの間に実質ベースで50%下落した。大豆の価格は同じ期間に65%下落した[*2]。1940年以降の数十年間に、メキシコおよびブラジルも緑の革命によってアメリカの農業技術を輸入した。

メキシコの場合、安い食糧価格は第2次世界大戦時に始まった価格統制によっても維持された。これは農業を犠牲にして、都市化を効果的に支援した。たとえば1944年、トウモロコシの販売価格は1トン当たり242ペソと上限が定められた

が、これには1トン当たり60ペソの助成金が必要であった (Ochoa, 2000)。1962年、メキシコは半官半民の全国的食糧機関を設立した。この機関はトウモロコシのような商品の国としての購入を管理し、助成価格で消費者に提供した。安価な食糧がメキシコの都市化を可能にした。

都市化率が50%に達したとき、ブラジルはメキシコよりさらに貧しかったが、後のアフリカの都市化した国々のように、ブラジルの農園は増加する同国の都市居住者に食糧を提供する必要はなかった。Porcile (1995) が述べているように、第2次世界大戦およびアメリカとの紛争により、アルゼンチンは従来の輸出市場から締め出された。アルゼンチンは豊富な小麦のための新たな市場を求め、ブラジルにたどり着いた。ブラジルは1940年代に、ほぼ完全にアルゼンチンから、大量の小麦を輸入し始めた。1950年以降、アメリカもブラジルに大量の小麦を供給するようになった。

次第に発展途上国の都市は開放経済となっていったが、開放経済においては、農業生産性は都市生活を支えるために必要ではない。経済が開放されていると、農業の強さではなく農業の弱さがアーバニズムにつながる。なぜなら、相対的優位性を享受できるセクターに経済が特化するからである (Glaeser, 2014)。結果として、アフリカ諸国が世界との交易に対して市場を開いたとき、ブラジルのモデルに続き、その弱い農業部門は自ずと急速な都市化につながった。

メキシコおよびブラジルの例では、都市化の後に石油による多額の収入が流入したが、天然資源による富は都市の強みを一層増強した。天然資源の産生は、ときとして直接都市における雇用を生むが、発展途上国では、天然資源による富が一般に首都における政府の仕事と、場合によっては都市のアメニティを提供するために用いられることの方が多い。2016年のリオデジャネイロの財政問題は、部分的には石油関連収入の欠点を反映している。

天然資源はアフリカの都市化において、この公的セクターのチャネルを通じて、明らかに極めて大きな役割を果たしている。石油および金やダイヤモンドをはじめとする鉱物は、コンゴ民主共和国やガーナ、ナイジェリア、ザンビア、ジンバブエを含むアフリカの多くの国の主要輸出品である。これらの資源は首都における公的セクターの雇用のための賃金を支払い、農村から都市への移住者によって提供されるサービスに対する需要につながっている。都市は貧しいが、もう一つの選択肢である自給自足農業の極貧状態を考えると、多くの人々にとって依然として魅力的なのである。

密度と専制政治

天然資源による富は発展途上国の政府の資金源となるが、そうした国々の政府は不安定であったり、専制的であったりする可能性が高い。いずれの場合も、天然資源を首都の近くに配分する傾向がある。首都への資源の流れは、農村の貧困から逃れる多くの人々を引きつける。

最も単純な都市化の政治的原因は、専制君主は自分が住んでいる場所に金をかけることが多いというものである。彼らは自分の宮殿やその周りを美しく飾ることに金をかけることもある。また、自国の廷臣やロビイストの影響に応えて金を支払うこともある。コネクションのある現地人への資金の流れは、サービス提供者が君主の寛大さの恩恵に直接あずかることのできる少数の幸運な者の要求に応じるとき、フードチェーンへと向かう。これはサンクトペテルブルクからニネベまで、歴史を通じた帝都のモデルである。

2番目のチャネルはもう少し戦略的だ。不安定な政権では、遠く離れた辺境の地よりも、国内の混乱の心配の方が大きい。その結果、政権は国内の平和を買うため資源を首都に向け、これらの資源はより多くの人々を首都へ引きつける。先見の明のある専制君主は多くの人間を首都に引きつけることのデメリットを認識し、こうした効果にもかかわらずより安全で遠く離れた土地に転居するかもしれないが、一般的にはまだ首都の住民を優遇する傾向がある。

これらのチャネルはいずれも専制政治や不安定さのある国における過剰なアーバニズムを予測しているが、アーバニズムは第1に肥大化した首都の形をとるものである。このような首都は実際、専制政治や不安定さのある政権に多く見られる (Ades & Glaeser, 1995)。この理論は、それ自体で世界の比較的貧しい地域におけるより一般的なアーバニズムの成長を説明するものではない (Davis & Henderson, 2003)。

大規模な都市化の結果

1960年代のラテンアメリカの都市と同様に、サハラ以南のアフリカの都市は、外部の人間が望むよりも生産性が低い。それでも、それらの都市が経済的損害の原因になっていると考える理由はほとんどない。豊かな国でも貧しい国でも同様に都市の賃金の方が高く、何らかの理由で企業は大都市に位置している。

アフリカにおける都市化に関する主要な懸念は、生産性ではなく、健康や汚染

をはじめとするクオリティ・オブ・ライフに関連している。都市化に反対する人々は、密集状態のデメリットを正しく理解している。人口密度の高い都市に人々が押し寄せることは、伝染病の蔓延を促進したり、病気を繰り返し引き起こす水や大気の汚染を生み出したりする可能性がある。街の通りで運転する人が増えれば、交通渋滞は悪化する。都市の近接性により、犯罪も促進される。

都市化に賛成する主張は、代償を上回る都市の規模による利点に依存しており、代償は政府の質に依存している。シンガポール政府のような有能な政府は、電子的ロードプライシングや整備された公共輸送機関によって交通渋滞に対処することができる。彼らは整備された上下水道によって伝染病に、法の施行によって犯罪に対処することができる。能力の低い政府は多くの面で失敗し、都市生活をはるかに悪いものにしてしまう。貧しい世界の都市化は、公的セクターの能力の低さを明らかにするだけでなく、より多額の費用がかかる。

伝染病は、都市の密集状態の最も重大なデメリットである可能性がある。かつて疫病は西洋の大都市に大きな被害を与えたが、AIDSのような伝染病は今なお都市に偏っている。都市は細菌の流れを促進するが、こうしたデメリットは公衆衛生への投資と、ワクチン接種など病気に対する有効な医学的対応によって緩和することができる。コレラは今もアフリカの都市で多くの人の命を奪い続けているが、19世紀のコレラ大流行の際と比べて、死者数ははるかに少なくなっている。これは、利用可能な医学的対応が格段に有効なものになったためである。

上下水道整備の問題には、インフラ支出と規制の堅固な組み合わせが必要である。上下水道インフラの技術的側面はよく理解されており、価格については、裕福な世界のエンジニアリング企業が喜んで下水処理施設や水道本管を建設している。当然ながら世界の最貧困都市では、GDPに対する下水処理の費用はかなり高くなる可能性がある。

さらに、1次インフラの建設だけでは十分ではない。個々の顧客をインフラに接続する必要があり、これは一般的に、彼らが接続のためにいくらか支払う必要があることを意味する。しかし多くの貧しい都市生活者は上下水道を使用するために1000ドルを支払うことを厭い、その結果多くの貧困世界の都市が共通してラストマイル問題を抱えている。この問題は19世紀のニューヨークでも現れた。貧しいニューヨーカーたちが使用料を支払いたがらなかったため、クロトン導水路の開通後25年にわたりコレラの流行が続いたのだ。

Ashraf, Glaeser & Ponzetto (2016) は、ラストマイル問題を分析する枠組みを

提供している。上下水道を利用するよう説得する方法の一つ目は多額の助成金を出すことだが、これは公費の浪費につながる。2番目の方法は、19世紀のニューヨークの例に倣い、使用しない者に罰則を科すというものだが、このアプローチは乱用や強要につながる恐れがある。幅広いパラメータ値について、正しいアプローチは軽い罰則——罪のない者が強要されない程度に軽いもの——と、助成金を組み合わせることであることをこのモデルは示唆している。本章では、こうした規制の施行は財産権が十分に定義されていない発展途上国の都市において特に困難であることを強調している。

　輸送の場合も同様に、インフラのみでジャカルタやバンコクの渋滞を緩和することを想像することは難しい。道路が延びればドライバーが増えるが（Duranton & Turner, 2011）、渋滞税によりドライバーが自らの行動の社会的コストを自分のものとして考えるようになれば、これは回避することができる。渋滞税による収入を公共輸送機関、とりわけバスのために使用すれば、比較的貧しい都市生活者がこうした政策の恩恵を特に受けるであろう。

　高い住宅価格は、当然ながら都市の土地価格が高いことによるものである。高層ビルはより多くの都市のスペースを決まった面積の土地に押し込むための自然な方法であるが、通常高く建設することは広く建設するよりも費用がかかる。高い住宅費用は避けられないが、世界の大半の場所で、土地利用に関する規制により住宅建設費用が本来あるべき価格よりも高くなっている。

　世界中の都市が、土地利用、最大高さ、および建設のその他の面を規制している。こうした規制は、完璧に理に適ったものである場合もある。住宅密集地域に、大規模な環境汚染産業を置くことのデメリットは明白であるにちがいない。火災が起こる頻度を低下させることを保証するのに役立つ建築基準もまた、実に正当なものと思われる。しかし、一部の建築基準が理に適ったものであるのに対し、世界の大半で、真剣な費用対効果分析がほとんど行われずに土地利用規制が採用されている。

　インドは過剰な土地利用規制を実施している極端な例の一つである。ムンバイは、平均で1.25階以上の建物を建てることを困難にしている容積率（FAR）規制に苦労している。このような規制は、中央の地区において十分な居住スペースを提供することが困難であることを意味している。超高層ビルを建設する場合は、FARの規則に適合するため広い面積を使用しなければならず、歩いて回れる街を作ることを困難にしている。様々な形の建築物が、実際に街全体に測定可能な

負の外部性を生むのであれば、最も理に適ったアプローチは、そうした新しい構造の社会的コストを建築者に負担させる開発税を課すことである。

政策アナリストたちはしばしば些細な反論をするが、密集状態のデメリットに対処するための政策ツールは不足していない。より大きな問題は、発展途上国の政府が実際にそうした政策を実施できるのかどうかということである。次に、発展途上国における公共政策実施の問題に目を向ける。

ポストアーバン世界の管理に向けて

交通渋滞や水質汚染のような問題に対しては、テクノクラシー的なソリューションが存在する。しかし、これらのソリューションや、採用したソリューションを実施するために国の能力を利用する政治的意思が政府にあるかどうかは不明確である。たとえば渋滞税には、頻繁に運転するドライバーの大半において認知度が低いであろう政策を実施するための政治的強さと、運転者から実際に料金を徴収する公的セクターの強さが必要になる。

公的セクターの課題は措置——渋滞税の徴収など——を講じることである場合もある。また、公的セクターの責任はバス専用レーンの走行などの身勝手な行動をやめさせることである場合もある。先進国および発展途上国の市役所は、両方の仕事において問題を抱えていることが多い。

公共、民間、半官半民

一つのよくある提案は、官民連携によって政府が民間企業からキャパシティを借りることが可能になるというものである。公的セクターが有料道路を建設、運営することができないとしても、おそらくそれを行うことができる民間セクターの企業が存在するだろう。民間セクターの企業は、国際的な人材を雇用し報酬を提供するための、より強力な動機および能力を持っている。残念ながら、彼らはまた、政府の役人に賄賂を贈る動機と能力も持っている。Engel, Fischer & Galetovic (2014) は、官民連携実施に関する多種多様な課題を記している。チリの経験は全般的に肯定的なものであるが、より公的機関が弱い国々の実績は、能力が高まるよりも汚職が増えることを示している。

汚職の問題は、税収によってそのサービスに助成金を出す必要がある場合に特に深刻である。民間のプロバイダーには、より多額の助成金を受けるためにロビー活動と贈賄を行う強い動機がある。民間のプロバイダーがうまく再交渉して、

より多額の助成金を得た事例は多数ある。

19世紀のアメリカ人は、民間による公的サービスの提供で発生する可能性のある、汚職やサービスの質に関する問題を認識していた。彼らは、一度はモデル公的機関として認められたニューヨーク・ニュージャージー港湾公社のような独立公的組織のモデルへと動いた。原則として、独立公的機関は政治および業績関連の支払いや成績不良の労働者の解雇を規制する公的セクターのルールとは無関係に活動することができる。

しかし、しばしば半官半民と呼ばれる独立政府組織は、現在の発展途上国ではかつてのアメリカにおけるものほど機能していない。一般的に、アメリカにおけるこうした機関の初期のリーダーには際立った公の業績があり、そのパフォーマンスは公的な評価と民間セクターの機会の両方を保証していた。多くの発展途上国の都市で、利益の上がる民間セクターの機会はほとんどないため、半官半民の組織は主として政治的リーダーに取り入るために活動している。結果として、独立機関は直接的な民間による提供よりも悪い可能性がある。なぜなら公的リーダーは、自分はその予算的苦悩および質の低いサービスとは一切関係ないと言いながら、同時にその機関を利益源として利用することができるからである。

専制政治と無秩序の間のトレードオフ

民間または半官半民への移行は、公的セクターの質の低さに対する特効薬ではない。公的セクターの能力および清廉さの向上には何が役立つのだろうか?

アメリカの経験は、相互に監視し合う競合する政治団体を強調している。ニューヨークの代表的な共和党州政府は、ニューヨークの代表的な民主党の市役所の汚職調査を喜んで実施するだろう。市レベルでのニューディール支出は、連邦政府が地方の腐敗を減らしたように思われる会計基準を課したことを意味した。イギリスでは、役人の不正行為を罰することができるように、官僚を政治的圧力から切り離す強力な公務員改革と、十分に質の高い法的諸制度を組み合わせた。

これらの経験は発展途上国において確かに貴重なものであるが、アメリカやイギリスの制度をすぐに実施することは容易ではない。おそらく、シンガポールが発展途上国の環境における腐敗から有能さへの迅速な移行のより良いモデルを提供してくれるだろう。リー・クアンユー政権下のシンガポールのモデルは、公務員に対する高い給与と、汚職に見えただけでも科される厳格な罰則とを組み合わせたものであった。制度の中央管理により、実施ははるかに容易になった。突き

詰めると、シンガポールの経験が示唆しているのは、心から政府を改善したいと考える、大きな権限を持ったリーダーがいれば、腐敗を迅速に有能さに変えることができるということだ。

当然ながら、リーダーへの権限付与にともなう大きな危険性は、リーダー自身にさらに大きな損失を与えるかもしれないということである。このことは、制度に関するトレードオフの中の基本的なトレードオフを浮き彫りにする専制政治と無秩序である。大きな権限を持つリーダーは、犯罪や交通渋滞をはじめとする密集状態のデメリットを厳重に取り締まる力も大きいだろう。しかしそうしたリーダーは、私的な目的のために商業を規制したり、地代を搾り取ったりする力も持っているだろう。

Djankov et al(2003)は、各国は制度可能性フロンティア(IPF)に沿って、私的乱用による損失量(これを無秩序と呼んでいる)と、公的乱用による損失量(これを専制政治と呼んでいる)の間のいずれかの位置を選択することができると論じている。各国は抑制と均衡を設定したり廃止したりすることによって専制政治の程度を選ぶことができるが、私的乱用、公的乱用の両方からの損失レベルを減らすことはできない。

専制政治と無秩序の間の理想的なトレードオフから、都市化がもたらす結論はどのようなものだろうか? 経済の領域では、都市化は商業の能力を高め、商業を規制する公的規則をより費用のかかるものにする。16世紀オランダの中産階級は、18世紀のボストンの商人のように、君主である国王によって課された規則に不満を持っていた。しかしながら、都市における負の外部性は、きっぱりした対応の魅力を高める可能性もある。フィリピンの絶対的指導者、ロドリゴ・ドゥテルテの大衆における人気は、この前市長の密集状態のデメリットを緩和するという約束を反映している部分もある。

ある意味で、経済的自由といくらかの社会的管理の両方に対する都市の欲求は、東アジアにおける都市化がおしなべて民主主義を生まなかった理由を理解するのに役立つかもしれない。おそらくシンガポールは、人種紛争の可能性を減らすための公営住宅への強制的統合をはじめとして、社会的問題に対しては厳格な管理を維持する一方、経済的問題においては広い裁量権を認めている国の極端な例である。中国の鄧小平後のリーダーたちもまた、こうした混合的アプローチを採っているとみることができる。

ボストンの仮説とシビック・キャピタル

　制度的な可能性のフロンティアはある時点でしばらく安定するかもしれないが、時間の経過とともに確実に進化する可能性がある。Djankov et al (2003) は、より高いレベルの人的資本は曲線を内向きにシフトさせ、公的乱用および私的乱用の代償を少なくするシビック・キャピタルを生み出す可能性があることを示唆している。教育と政府の質との関連は、より教育程度の高い市民の能力、とりわけ相互に意思疎通を図るより高い能力を反映している。

　都市化はシビック・キャピタルを生み出し、民主主義と無秩序の社会的コストを低減する可能性もある。一つのチャネルは、人間は周囲にいる人間から学ぶため、都市化自体が人的資本を生み出すというものである。アルフレッド・マーシャルは都市における「商業の謎」を学ぶことに着目したかもしれないが、おそらくいかにして有能な市民になるかを学ぶことも可能であろう。

　もう一つの可能性は、都市は特に組織化のコストを低減し、これによって政府の変革を推し進めるために必要な集合的アクションが可能になる。都市の組織は、中世ブルージュの織工ギルドのように、政治的機能を持つようになる非政治団体である場合もある。また、都市の組織は明確に政治的で、変化を生むことを意図している場合もある。こうした例としては、独立戦争前にアメリカの植民都市において登場した「自由の息子達」や、ニューヨーク市の腐敗したボス・トゥイードと対決した「コミッティ・オブ・セブンティ」などがある。

　特に面白い可能性としては、都市は民族グループを超えた結束を生むことを可能にするというものがあるが、これは真に効果的な政治的変化のために必要なものである。おそらく小さい村は小規模で同質なコミュニティを組織することができるだろうが、異質なものが混在する都市において成功するには、民族や社会的グループの枠を超えることが必要である。そうした能力は、小さな抗議の声を大衆運動へ変えるのに役立つ可能性がある。

　政治動員についても、都市化のデメリットはある。都市の近接性は、リーダーらが大衆を偵察したり、その行動を管理したりすることを容易にする可能性がある。各民族グループがそれぞれのゲットーに厳格に隔離された場合、都市の持つ橋渡しのメリットはおそらく消えるであろう。

　結果として、1776年ボストンの都市生活者が成し遂げたように発展途上国の都市が民主主義と統治に至ることができるというのは、仮説にとどまっている。

未来は不明瞭だが、西洋の都市は大きな政治的影響力を達成し、貧しい農村部の政治的未来に関して楽観的になることは難しい。最終的には政府の質を高めることで、都市は自らの悪魔を飼いならすことが、少なくとももっともらしく思われる。

結論

　世界は急速に都市化しており、これによって機会と課題の両方が生まれている。地球規模での食糧の交易や、緑の革命のような農業生産性の向上は、貧しい世界の都市化を促進してきた。こうした流れの結果、貧しい地域、および統治が不十分な地域において大都市が出現した。

　キンシャサやポルトー・プランスの機能不全に目を向け、貧しい世界の都市化は恐ろしい間違いだと考えたくなるかもしれない。確かに、統治が不十分な場合に都市を悩ます負の外部性は恐ろしいものである可能性がある。だが、こうしたデメリットが現実のものである一方、経済を超えて拡大する都市にはメリットもある。

　都市には、教養のある商人による社会的つながりを持つ集団を構築する能力がある。こうした集団は安定した政府や法による支配、経済的自由に関心がある。経時的に、最貧国の政府を大きく改善するためのシビック・キャピタルを都市が構築することは、大きな希望である。

注記

*1——これら六つの都市を私が選んだのは、Chandler (1987)、Modelski (2003)、およびMorris (2010) が作成したリストの少なくとも二つにそれらが含まれていたことに基づく。いずれの場合も、過去の推定人口は相当の不確実性を持つものである。

*2——www.extension.iastate.edu/agdm/crops/pdf/a211.pdf.

参照文献

Ades, A. F., & Glaeser, E. L. (1995). Trade and circuses: Explaining urban giants. *The Quarterly Journal of Economics, 110*(1), 195–227.

Arriaga, E. E. (1968). Components of city growth in selected Latin American countries. *The Milbank Memorial Fund Quarterly, 46*(2), 237–252.

Ashraf, N., Glaeser, E. L., & Ponzetto, G. A. (2016). Infrastructure and development infrastructure, incentives, and institutions. *The American Economic Review, 106*(5), 77–82.

Bairoch, P., & Goertz, G. (1986). Factors of urbanisation in the nineteenth century developed countries: A descriptive and econometric analysis. *Urban Studies, 23*(4), 285–305.

Browning, H. L. (1958). Recent trends in Latin American urbanization. *The Annals of the American*

Academy of Political and Social Science, 316(1), 111–120.

Chandler, T. (1987). *Four thousand years of urban growth: An historical census.* Lewiston, NY: Edwin Mellen Press.

Davis, J. C., & Henderson, J. V. (2003). Evidence on the political economy of the urbanization process. *Journal of Urban Economics, 53*(1), 98–125.

Djankov, S., Glaeser, E., La Porta, R., Lopez-de-Silanes, F., & Shleifer, A. (2003). The new comparative economics. *Journal of Comparative Economics, 31*(4), 595–619.

Duranton, G., & Turner, M. A. (2011). The fundamental law of road congestion: Evidence from US cities. *The American Economic Review, 101*(6), 2616–2652.

Engel, E., Fischer, R. D., & Galetovic, A. (2014). *The economics of public–private partnerships: A basic guide.* Cambridge, U.K.: Cambridge University Press.（安間匡明 訳『インフラPPPの経済学』, きんざい, 2017年）

Fay, M., & Opal, C. (2000). *Urbanization without growth: A not so uncommon phenomenon* (Vol. 2412). Washington, DC: World Bank Publications.

Gaspar, J., & Glaeser, E. L. (1998). Information technology and the future of cities. *Journal of Urban Economics, 43*(1), 136–156.

Glaeser, E. L. (1999). Learning in cities. *Journal of Urban Economics, 46*(2), 254–277.

Glaeser, E. L. (2014). A world of cities: The causes and consequences of urbanization in poorer countries. *Journal of the European Economic Association, 12*(5), 1154–1199.

Glaeser, E. L., Kerr, S. P., & Kerr, W. R. (2015). Entrepreneurship and urban growth: An empirical assessment with historical mines. *Review of Economics and Statistics, 97*(2), 498–520.

Glaeser, E. L., Kolko, J., & Saiz, A. (2001). Consumer city. *Journal of Economic Geography, 1*(1), 27–50.

Glaeser, E. L., & Saiz, A. (2004). The rise of the skilled city. *Brookings–Wharton Papers on Urban Affairs, 5*, 47–94.

Glaeser, E. L., & Steinberg, B. M. (2017). Transforming cities: Does urbanization promote democratic change? *Regional Studies, 51*(1), 58–68.

Goldin, C. D., & Katz, L. F. (2009). *The race between education and technology.* Cambridge, MA: Harvard University Press.

Gollin, D., Jedwab, R., & Vollrath, D. (2016). Urbanization with and without industrialization. *Journal of Economic Growth, 21*(1), 35–70.

Modelski, G. (2003). *World cities: 3000 to 2000.* Washington, DC: FAROS 2000.

Morris, I. (2010). *Social development.* Unpublished manuscript, accessed online at ianmorris.org/docs/social-development.pdf.

Nunn, N., & Qian, N. (2011). The potato's contribution to population and urbanization: Evidence from a historical experiment. *The Quarterly Journal of Economics, 126*(2), 593–650.

Ochoa, E. C. (2000). *Feeding Mexico: The political uses of food since 1910.* Wilmington, DE: Scholarly Resources.

Porcile, G. (1995). The challenge of cooperation: Argentina and Brazil, 1939–1955. *Journal of Latin American Studies, 27*(01), 129–159.

Smith, M. E., Ur, J., & Feinman, G. M. (2014). Jane Jacobs' "cities first" model and archaeological reality. *International Journal of Urban and Regional Research, 38*(4), 1525–1535.

2 分断された都市と
パッチワーク・メトロポリス

リチャード・フロリダ｜パトリック・アドラー

序論

　都市生活者および地理学者は、長い間都市および大都市圏を形成し構成する要素に関心を寄せてきた。都市の構造に対する我々の基本的理解は、アーバニズムを研究するシカゴ学派に由来する。1920年代および1930年代から、パーク、バージェスおよびシカゴ大学の同僚らは、まず「同心円」に基づく都市および大都市の形を示す一連の基本モデルを開発した (Park, Burgess, & McKenzie,1925)。彼らは後に追加で「セクターモデル」と「多核心モデル」という二つのモデルを提示した (Hoyt, 1939; Harris & Ullman, 1945)。その最も基本的で単純な形において、これらのモデルは都市の中心部を商業地区、工業地区、恵まれない人々や労働者階級の住宅地が占め、その周囲により裕福な中流階級や上流階級の住宅地が位置するとしている。それから1世紀以上の間、都市と郊外の地理的分断は、アメリカの全体的階級的分断でもあった。上流階級、中流階級は郊外に住み、貧しい人々は恵まれない都市または開発されていない田園地域に住んだ。この外向き指向の郊外型パターンは1980年代に頂点に達し、いわゆる「エッジシティ・モデル」によって記録された。このモデルでは、郊外のオフィスパークや都心から離れたショッピングモールが、昔ながらの都心の商業地区の機能を再現した (Garreau,1992)。

　過去20〜30年の間、主に若者や裕福な人々に主導されて、都市の形は幾分変化してきた。エーレンハルトは新しい都市形態論を「大逆転」と呼んだ。ここで

は、ビジネスおよび裕福な人々がダウンタウン地区に戻る一方、貧困層や労働者階級は郊外に移動する (Ehrenhalt, 2012)。ハルチャンスキーとその同僚によるトロントについての詳細な研究は、トロント近郊の新しい階級構成と変化の構造をはっきりと描いている。彼らは、中流階級の居住地区が消失し、裕福な人々は都心部および公共交通機関沿線に集まる一方、貧困層および労働者階級は郊外へ押しやられていることに気づいた(Hulchanski, 2010)。

ベバレッジはシカゴ、ロサンゼルス、ニューヨーク市の都市開発と形態の変化のパターンを比較し、ニューヨークおよびシカゴにおける都市回帰の動きと、ロサンゼルスにおける継続する外向き指向の成長の両方を示す証拠を発見した (Beveridge, 2011)。デルメルは1970年から2010年までのシカゴとロサンゼルス近郊の変化のパターンを調査し、シカゴ都市部の高級化を示す証拠を発見したが、裕福な人々やエリート層が高所得者向けの郊外や海岸沿いに住む傾向のあるロサンゼルスでは、そうした傾向はそれほど見られなかった(Delmelle, 2016)。

本章では、分断の進む都市およびパッチワーク・メトロポリスの形に関する大規模研究プロジェクトの重要所見を要約する (Florida, Matheson, Adler, & Brydges, 2014)。このプロジェクトは、アメリカでも有数の大都市圏とその中核都市における三大階級の居住地区の地図を描き出した。

分断された都市とメトロポリスの地図作成

教育・雇用から収入、政治、健康に至るまで社会構造のほぼすべての面にわたり、階級は依然としてアメリカに避けがたく存在している。我々は、人々の仕事および従事する職業に基づいて階級を定義する (Florida, 2002, 2012)。アメリカの労働力の約3分の1は成長する知識集約型のクリエイティブ階級に属している。これには研究者や科学者、学者、デザイナー、起業家、エンターテイナー、芸術家、その他頭を使って仕事をする人々が含まれる。ちょうど20%はブルーカラーの労働者階級である。これには工場労働者、商業従事者、その他の技能を持つ、しばしば労働組合に加入している労働者が含まれ、20世紀半ばの40%から減少した。最大かつ最も急速に増加している階級は、労働力の約半数を占めるサービス階級である。この階級の人々は、調理や清掃、介護、小売などのあまり技能を必要としない低賃金のルーティンワークをあくせくこなしている。

本章の地図は、2010年アメリカ・コミュニティ調査のデータに基づき、国勢調査の国勢統計区レベルにより、これら三大階級の居住地区の位置を描いている

(United States Census Bureau, 2012)。居住地区は、多くの住民が住んでいる階級に基づいて色分けした。地図はまた、クリエイティブ階級を構成する恵まれた知識労働者・専門職の人々の居住地区を、したがって分断された都市および大都市圏を形成する傾向のある四つの重要因子も明らかにしている。1番目の因子は都心部への近接性である。国勢調査局はこれを中心となる街の市庁舎から2マイル以内の地区として実行している(Wilson, Plane, Mackun, Fischetti, & Goworowska, 2012)。第2の因子は大学や政府の研究所、シンクタンクなど知識集約型機関への近接性である。知識集約型機関は多数の科学技術職、クリエイティブ職、専門職を直接雇用しており、こうした人々を引きつける磁石としても機能する。第3の因子は公共交通機関への近接性である。多くの研究が、公共交通機関に近い場所を好む知識労働者が増えていることを示している (Duncan, 2011)。我々はライトレール(軽快軌道)および地下鉄の路線を地図化したが、高速バスサービスや路面電車、ケーブルカーの位置は地図に示していない。第4の因子は自然環境の良さである。ここでも研究により、学歴の高いクリエイティブ職の人々が自然環境の良い場所の周囲に集まり、そうした場所では住宅価格が高くなっていることが示されている (Clark, 2004; Glaeser, Kolko, & Saiz, 2001)。我々は、国立公園や森林、記念碑、州立公園および森林、郡や地域の公園を含む大きな公園や緑地を地図に示した。

これに基づき、分断された都市および大都市には3種類のパターンがあることを特定した。「都心指向型」、「階級ブロック型」、「フラクタル型」である。それぞれを順に説明する。

■ 都心指向型

都心指向型の大都市では、都心部およびその周辺におけるクリエイティブ階級の密度が高いことがわかった。それでもこのパターンは、恵まれたクリエイティブ階級が郊外にも同様にかなり拡大しているため、逆転パターンに完全に対応するものではない。図2.1 〜 2.4は、都心指向型パターンの例となる、ニューヨーク、シカゴ、サンフランシスコ、ボストンの四つの大都市のパターンを示している。

ニューヨーク

ニューヨークでは、恵まれたクリエイティブ階級はマンハッタンからブルック

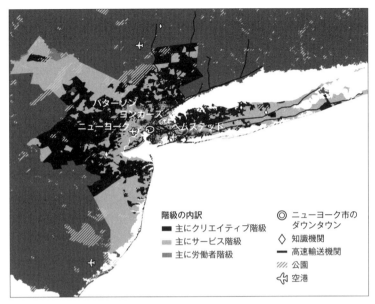

図2.1　ニューヨーク

リンにかけての都心部に居住している。そこからロングアイランドやニュージャージー、コネチカットなどの郊外にも広範に拡大している。あまり恵まれていないサービス階級は都心部と郊外の中間、特にニュージャージーに位置している。

ニューヨーク市自体にクリエイティブ階級が高度に集住しており、特にフィナンシャル・ディストリクトの南端からトライベッカ、ソーホー、ザ・ヴィレッジ、チェルシー、ミッドタウン、アッパー・イーストおよびウェストサイドに至るマンハッタンに集中している。ブルックリンにおける高級化についての話すべてについて、クリエイティブ階級の居住地はほぼ完全に区の北側に限定されているが、そこから外側に拡大し始めている。サービス階級は大半が街の外側の区に集まっている。この地域に残っている労働者階級はわずかであり、ほとんどがニュージャージー州のニューアーク、エリザベス、パターソン、パサイク周辺に居住している。

シカゴ

シカゴでは、クリエイティブ階級はダウンタウン周辺の湖畔に沿って居住して

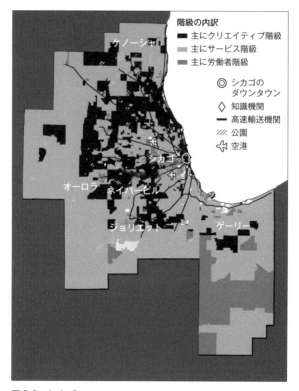

図2.2 シカゴ

おり、そこからノースウェスタン大学のあるエヴァンストンを通り北に広がっている。

　実際、クリエイティブ階級はシカゴ学派のいう悪名高い漸移地帯の旧工業・倉庫地区の多くに進出してきた。シカゴ自体に、北はループからリグリービル、南はシカゴ大学を囲むハイドパーク地区までのミシガン湖畔に沿ってクリエイティブ階級が高度に集中している。そこから三日月形にネイパービル方面に広がっている。

　裕福な人々が外側に移動する代わりに、恵まれないサービス階級はこの地域の遠く離れた辺縁部および都市部と郊外のクリエイティブ階級集住地の中間を占めている。しかし、恵まれない階級はシカゴ市自体にもとどまっている。サービス階級の割合が最も高い10の居住地区のうち九つが市域にある。かつては巨大な工場地区を擁する偉大な工業都市だったこの街に、労働者階級の居住地区はほと

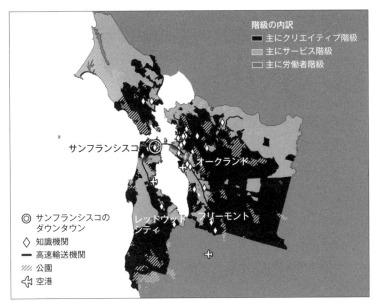

図2.3 サンフランシスコ

んど残っていない。現在この地域に残っている労働者階級の居住地区は、シカゴ市から遠く離れたジョリエットやゲーリーに位置している。

サンフランシスコ・ベイエリア

サンフランシスコ・ベイエリア(サンフランシスコ、オークランド、サンノゼという三つの大都市にまたがる地域)には、主として恵まれたクリエイティブ階級が居住し、街のダウンタウン周辺やバークレーのカリフォルニア大学周辺、北のマリン郡、南東および南西のスタンフォード大学周辺およびシリコンバレーの広範な帯状の地域を占めている。

クリエイティブ階級はサンフランシスコ市自体、特に高級化した都心部周辺の大部分を占めており、この地域はスタートアップやハイテク企業の本拠地となっている。クリエイティブ階級はまた、イーストベイにも集中している。ここにはクリエイティブ階級が最も集中している10の居住地区のうち六つがある。

地域的に、階級による分断は断片化したパターンをとる。マリン郡の北端およびオークランドの東端、オークランドからフリーモントにかけての長い一帯、メンローパーク、シリコンバレーの中心にあるイースト・パロアルトには大規模な

サービス階級地区がある。こうしたパターンはサンフランシスコ市自体にも見られ、サービス階級の集団が、市内でも有数の裕福で恵まれた人々の居住地区を囲んでいる。かなりの数のクリエイティブ階級に加え、サンフランシスコ市にはベイエリアで最もサービス階級の割合が高い10の居住地区のうち八つがある——うち六つはチャイナタウンやテンダーロインを含む約1.5マイル圏内にある。実質的に、地図上に労働者階級地区は見られない。

ボストン

　恵まれたクリエイティブ階級は、大きな楔形のダウンタウンの中心から、北および南西方向に延びる郊外、ならびに南東の大西洋岸に沿って居住している。クリエイティブ階級はフィナンシャル・ディストリクトおよびファニエル・ホールから、高級住宅街であるビーコンヒルやバックベイ、ゲイコミュニティの中心地であるサウスエンド、フェンウェイ・ケンモア地区に至る、ボストンのダウンタウン周辺に集まっている。

　歴史学者サム・バス・ワーナーにより半世紀前に特定されたパターンに従って、ボストン市およびボストン圏は、公共交通機関インフラストラクチャーによって強力に形成されてきた (Bass Warner, 1962)。地下鉄レッドラインはケンブリッジを通る。この町は工業都市から、クリエイティブ階級が集中し (なんと住民の3分の2がこの階級に属している)、ベンチャーキャピタルに10億ドル以上を集める本格的な知的集住地域へと変貌を遂げた。クリエイティブ階級の集中する地区は、西に向かってベルモントを通り、レキシントンやコンコードといった歴史ある植民都市や、高級住宅街であるニュートン、ウェルズリー、サドベリーへと延びている。これらの町の大半は、公共交通機関や通勤鉄道によりボストン中心部に接続している。大規模なクリエイティブ階級の集中地区は、この地域のハイテク街道ルート128沿いにもある。またマンチェスター・バイ・ザ・シーやスワンプスコット、マーブルヘッドのような北部の海岸沿いの裕福なコミュニティにも、相当数のクリエイティブ階級が集中している。この地域のクリエイティブ階級が多い10の地区のうち三つがボストン市域にあり、四つがケンブリッジにある。残りの三つは、ボストン大学近くのグリーンライン沿いに位置する郊外のニュートンにある。

　サービス階級は、マーブルヘッドを通って北に延び、南は海岸沿いにクインシーまで続く、ボストンのダウンタウンの外の狭い地帯に位置しており、ボストン

2 分断された都市とパッチワーク・メトロポリス

図2.4　ボストン

圏の北と南の端に二つの大きな集住地域を形成している。サービス階級が最も集中している10の地区のうち九つがボストン市域にあり、主に歴史的に黒人が多いロックスベリーおよびローガン空港周辺のボストン南部および東部にある。

ブルーカラーの労働者階級に属するのは、この地域の労働者の15％未満に過ぎない。これは全国平均をはるかに下回るもので、ボストンが突出した製造業の中心地であった半世紀前と比べると対照的な変化である。

■ 階級ブロック

階級ブロックのモデルまたは種類において、大都市圏は本質的にクリエイティブ階級地区とサービス階級地区に分かれる。恵まれた階級は、中心部よりも郊外に多く居住している。図2.5および2.6は、二つの大都市圏——アトランタとダラス——についての階級ブロックのパターンを示している。

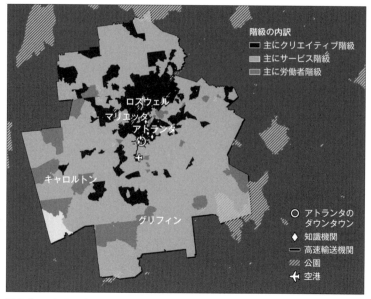

図2.5 アトランタ

アトランタ

　アトランタのクリエイティブ階級はダウンタウンからミッドタウンまでの中心部の北東エリアおよび街のバックヘッドから、高級住宅街である北方の郊外までを占めている。南東部はほぼすべてサービス階級の居住地区で、クリエイティブ階級の小島がわずかにあるだけである。労働者階級は、遠く外れた地域に追いやられている。

　この街の階級による分断は他の都市と似ているが、はるかにはっきりしたパターンを示している。クリエイティブ階級は、街の北東部全体を占めている。クリエイティブ階級の割合が最も高い地区は、アトランタ市域からディカーブ郡に広がる、19世紀後半から20世紀初頭にかけて計画的に作られた牧歌的コミュニティであるドゥルイドヒルズである。サービス階級はこの広範なクリエイティブ階級集住地の端に追いやられ、街の南西部全体を占めている。この地域でサービス階級の割合が最も高い10地区のうち七つが、アトランタ市の境界線内にある。これらの地区の多くには貧困層や黒人が住み、地理的な人種差別と階級格差が重なっている。労働者階級は、この大都市圏の遠く外れた一画を占めている。主な

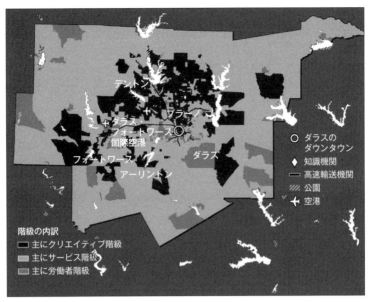

図2.6 ダラス

労働者階級居住地区のうち二つはフォレストパークにある。ここは街の南10マイルのところにあるマイノリティが多数派を占める街で、30%もの住民が貧困ライン以下の暮らしをしている。

ダラス

　この地域の階級による分断は南北の軸を中心に形成されている。ダラス圏の10のクリエイティブ階級居住地区のうち六つが、プラーノ、フリスコ、アーヴィングという裕福な北部の郊外に位置している。この地域の南部はほぼ全体がサービス階級であり、クリエイティブ階級の集住地区がわずかに散在している。労働者階級は、この地域の遠く外れた地域に集まっている。ダラスの階級による分断は同様に南北の軸に沿っており、州間高速道路30号線と、ダラスのダウンタウン中心部の印象的な金属と鉄でできた摩天楼が境界線となっている。ダウンタウンのすぐ南を流れるトリニティ川に沿って、それほど明白ではないが、労働者階級とサービス階級の居住地区を分ける東西の分断もある。

第 1 部　空間変容と都市および地域の新たな地理

■ フラクタル型

フラクタル型は、他の2種類と比べて組織化されていない。恵まれた階級は大都市圏全体に広がる島に居住している。図2.7および2.8は、二つの大都市圏——ロサンゼルスとヒューストン——についてのフラクタル型のパターンを示している。ロサンゼルスでは、このパターンはウォーターフロントへの近接性によって、少なくとも部分的には組織化されているように見える。いずれの大都市圏も、第2次世界大戦後に現在の人口に到達した車指向の地域である。高速道路への依存および無秩序に広がった地理的範囲は、これらの都市の無秩序なフラクタル型の構造形成に一役買っている。

ロサンゼルス

ロンドンやニューヨークとは異なり、ロサンゼルスのクリエイティブ階級居住地区は、北はマリブから南はアーヴァイン、ラグナビーチ、ダナポイントまですばらしい海岸線に沿って延びて並び、東方に広く、また南北にも拡大している。主なクリエイティブ階級の集住地区は、ハリウッド、ベルエアー、UCLA のあるウエストウッドからヴェニスにまで広がっている。次に大きいのはカリフォルニア工科大学やジェット推進研究所のあるパサデナ、3番目に大きいのは南東部のカリフォルニア大学アーヴァイン校周辺である。ずっと規模が小さい新進のクリエイティブ階級の集住地区は、ダウンタウンの古いロフトや工場、高層建築に見ることができる。こうした場所はアーティストやアートギャラリーの中心となっており、最近ニューヨークから移ってきた人々もいる。

サービス階級および労働者階級は、ロサンゼルス圏の中心に大きく広がるいわゆるドーナッツホールや、遠く離れた周辺部に居住している。

西のサンタモニカと東のパサデナの間には、サービス階級の割合が高い地区が非常に多くあり、南のアナハイムやサンタアナにまで広がっている。ロサンゼルス圏の北および北東の隅にもさらに二つ大規模な集住地区がある。また、市内のハリウッドとダウンタウンの間の地区にも存在する。かつては繁栄したロサンゼルスの労働者階級居住地区はほとんどが消失し、地図上では中心部や北東部のバーバンク付近、南部の歴史的に黒人が多いコンプトン、ロングビーチの大きな港周辺に点在している。

050

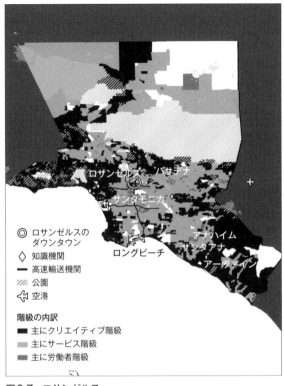

図2.7 ロサンゼルス

ヒューストン

　ヒューストンの階級による分断は複数の散在する環の形をとっている。大規模なサービス階級ブロックが、ダウンタウン内部および周辺のクリエイティブ階級集住地区と、郊外にある別のクリエイティブ階級集住地区の間に存在する。恵まれたクリエイティブ階級の居住地区は、南東のシュガーランド、北東のウッドランズに向かって、市およびヒューストン圏の中心を囲む幅広い帯の中に位置し、都市の中心部およびその周囲に、小さな塊がある。おもしろいことに、ヒューストン圏のクリエイティブ階級居住地区トップ10のうち九つが市域に位置している。七つはライス大学および医療センター周辺の高級住宅地に位置している。クリア湖のジョンソン宇宙センター付近にも、別のクリエイティブ階級集住地区がある。
　サービス階級の割合が最も高い10の居住地区のうち九つもまた、この帯の中

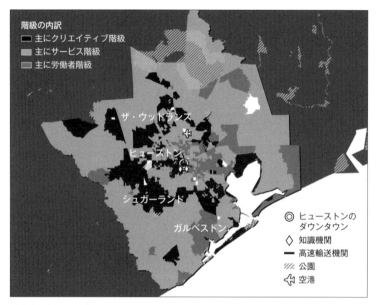

図2.8　ヒューストン

に位置している。五つは窮乏した市の南東部および南西部に、二つはジョージ・ブッシュ国際空港の近くに、一つはウエストチェースの北のはずれに、そしてもう一つは市の北東部にある。残りのサービス階級は、ヒューストン圏から遠く離れた辺縁部に押しやられている。これまで地図化してきた他の都市と比べてヒューストンにかなりの数がいる労働者階級は、ダウンタウンの南部および北部、ならびにヒューストン港周辺に集中している。

結論および考察

　これまで見てきたように、分断された都市とメトロポリスには三つの基本パターンがある。（もちろん実際、都市および大都市圏はしばしばこれら三つのアーキタイプの要素を共有している。）

　1番目のパターンでは、恵まれたクリエイティブ階級は効果的に都心に再移住し、郊外に放射状に広がってサービス階級や労働者階級を中心部の残りの場所や、主に郊外や準郊外の辺縁部に追いやる。

　2番目のパターンでは、都市および大都市圏が本質的に半分に分割され、恵まれたクリエイティブ階級と恵まれないサービス階級が完全に別々のブロックに居

住している。恵まれた階級は、郊外により多く居住しているが、市内に居住している例もある。

　3番目のパターンでは、恵まれた階級は一連の諸島や半島のように、またはモザイク状に都市や郊外全体に広がっている。

　この研究で姿を現した最も目立つパターンは、現代の都市および大都市圏における階級格差の深刻さである。分析の結果、調査を行ったすべての大都市圏で、地理的な階級格差の明白なパターンが確認された。パターンの現れ方は様々だが、それぞれ都心およびその周囲にクリエイティブ階級の明白な集団が存在する。サービス階級はこうしたクリエイティブ階級の集団を取り囲んでいるか、これらの都市および地域の周辺部に追いやられている。残っている労働者階級の集団はごくわずかで、やはり概ね周辺部に追いやられている。

　この研究はさらに、分断された都市および大都市圏を分割する四つの主要な軸を特定している。

都心： 都心は現代の大都市圏の階級地理の重要な軸となっている。そのクリエイティブ階級にとっての位置的中心への変容は、工業や商業、ショッピングの中心としてのかつての役割、ならびにその後の1960年代、1970年代に見捨てられたことからの顕著な逆転である。

公共輸送機関： 調査した大都市圏のほぼすべてにおいて、クリエイティブ階級は主要公共輸送機関の路線に沿って集まることを示す証拠を発見した。公共輸送機関は、知的労働者や専門職に就く人々が自家用車で通勤する機会費用を負担することなく都心にアクセスする方法を提供する一方、彼らが移動中に仕事をしたり交流したりすることを可能にすることで、その生産性を高めている。

知識機関： 各大都市圏において、大きな大学や研究施設の周辺にはクリエイティブ階級が相当数居住している。これは、大学が、学生にとって職業生活やキャリアを得るに至る過程で知識と学位を取得するための通過点として機能していた過去からの変化を表している。大都市のダウンタウンにある大学の多くは障害やデメリットに囲まれていたが、こうした地区の中には主に大学や医療センターに勤める大学教授や医療従事者などの高所得～中所得者を保持しているところもあった。

自然環境の良さ： 自然環境の良さは4番目の、そして最後の集住の要因となっている。特に重要なのは、水辺のロケーションである。多くの事例で、水辺は工業用途から再利用され、都心への近接性、およびロフトオフィスや住宅として転用

第 1 部　空間変容と都市および地域の新たな地理

可能な倉庫が豊富にあるという追加的メリットを提供している。

　これらの分割の軸は、相互に関連し重複していることが多い。多くの都市および大都市圏の都心は、天然の港や航行可能な湖や川の側で発展した。歴史ある大学はもともと都心でも発展した。新しい階級によって分断された都市および大都市圏はこれら四つの軸に対する機械的反応ではなく、進行する歴史的・経済的プロセスの結果次第に生まれたものである。

　我々が特定したパターンは、従来の外向き指向のシカゴ学派のモデルとは異なるし、「大逆転」の内向き指向モデルよりも複雑なものである。代わりに、我々は都市と郊外に広がる階級による分断を発見した。我々はこの恵まれた階級の集中する地区と恵まれない階級の集中する地区がどこにでも並存している様を、「パッチワーク・メトロポリス」と呼ぶ。我々はさらに、恵まれた階級の居住場所の選択によって、パッチワーク・メトロポリスの進化する階級による分断が形成され構築されることも発見した。どの都市でも、どの大都市圏でも、裕福な人々は最も経済的に機能的で望ましい場所——すなわち都心およびその周辺、公共輸送機関の沿線、大学や知識集約型機関の近く、ウォーターフロントやその他自然環境の良い場所に移住していた。比較的恵まれない階級は残った場所、または、インナーシティの昔から貧しい地区や、ずっと離れた郊外や準郊外の辺縁部に追いやられている。

　この新しい分断された都市およびパッチワーク・メトロポリスは、アメリカ人の生活パターンにおける大きな変化を示している。これまでも常に、ゲートのある高級住宅街や伝説的な富の砦、近所——同じ地方議会の議員や判事、市会議員、教育委員会の委員に投票するのに十分近い場所——に住むための大きな家で芝生を刈り、料理をして食事を出し、配管を修理するといった裕福な地区はあった。たとえ上流階級の子どもたちがチョートやエクセターに行ったとしても、彼らは地元の学校やその他のサービスを支える地方税を支払っていた。軍隊に招集されれば、貧しい家の子も金持ちの家の子も並んで兵役についた。

　だが、今やそうではない。ちょうど知識経済の台頭が労働市場を高賃金の知識労働と低賃金のサービス職に分断したように、中流階級の居住地区もまた、都市および大都市圏の地理が次第に高所得と低所得の居住地区に分断されつつあるため、空洞化している。都市および大都市圏は分断され、恵まれた人々または恵まれない人々のいずれかが明らかに多く居住する、孤立した、階級に基づく、経済

054

的に隔離された島となった。都市と郊外との間に存在した旧来の著しい分断は、その双方に及ぶ新たな階級による分断および地理的分離のパターンに移行した。

参照文献

Bass Warner Jr., S. (1962). Streetcar suburbs: *The process of growth in Boston 1870–1900*. Cambridge, MA: Harvard University Press.

Beveridge, A. A. (2011). Commonalities and contrasts in the development of major United States urban areas: A spatial and temporal analysis from 1910 to 2000. In M. P. Gutmann, G. D. Deane, E. R. Merchant, & K. Sylvester (Eds.), *Navigating time and space in population studies* (pp. 185–216). Netherlands: Springer.

Clark, T. N. (Ed.). (2004). *The city as an entertainment machine* (Vol. 9, Research in urban policy). London: Elsevier.

Delmelle, E. C. (2016). Mapping the DNA of urban neighborhoods: Clustering longitudinal sequences of neighborhood socioeconomic change. *Annals of the American Association of Geographers, 106*(1), 36–56.

Duncan, M. (2011). The impact of transit-oriented development on housing prices in San Diego, CA. *Urban Studies, 48*(1), 101–127.

Ehrenhalt, A. (2012). *The great inversion and the future of the American city*. New York: Vintage.

Florida, R. (2002). *The rise of the creative class: And how it's transforming work, leisure, community and everyday life*. New York: Basic Books.

Florida, R. (2012). *The rise of the creative class - revisited: 10th anniversary edition - revised and expanded* (2nd ed.). New York: Basic Books. (井口典夫 訳『新クリエイティブ資本論：才能が経済と都市の主役となる』, ダイヤモンド社, 2014年)

Florida, R., Matheson, Z., Adler, P., & Brydges, T. (2014). *The divided city: And the shape of the new metropolis*. Toronto: Martin Prosperity Institute. Retrieved June 28, 2017, from http://martinprosperity.org/content/the-divided-city-and-the-shape-of-thenew-metropolis/.

Garreau, J. (1992). *Edge city: Life on the new frontier*. New York: Anchor Books.

Glaeser, E. L., Kolko, J., & Saiz, A. (2001). Consumer city. *Journal of Economic Geography, 1*(1), 27–50.

Harris, C. D., & Ullman, E. L. (1945). The nature of cities. *The Annals of the American Academy of Political and Social Science, 242*(1), 7–17.

Hoyt, H. (1939). *The structure and growth of residential neighborhoods in American cities*. Transportation Research Board. Retrieved June 28, 2017, from https://trid.trb.org/view.aspx?id=131170.

Hulchanski, J. D. (2010). *The three cities within Toronto: Income polarization among Toronto's neighbourhoods, 1970–2005*. Toronto: Cities Centre, University of Toronto.

Park, R. E., Burgess, E. W., & McKenzie, R. D. (1925). *The city*. Chicago: University of Chicago Press. (大道安次郎・倉田和四生 訳『都市：人間生態学とコミュニティ論』, 鹿島出版会, 1972年)

United States Census Bureau. (2012). *5-Year 2010 American community survey*. Retrieved May 2, 2015, from www.census.gov/acs/www/data_documentation/summary_file/.

Wilson, S. G., Plane, D. A., Mackun, P. J., Fischetti, T. R., & Goworowska, J. (2012). Patterns of metropolitan and micropolitan population change: 2000 to 2010. *2010 census special reports*. Washington, DC: US Census Bureau.

3 エフェメラル・アーバニズム
極度の一時性を考える

ラフール・メロトラ｜フェリペ・ベラ

　現代の都市の景観を考えるとき、今日のアーバニズムは二つの対照的な状況の間で常に論議されているように思えるという主張がなされるかもしれない。第1の状況は、発展とは累積であるという仮定から生じるものである。これによって生じる共通の不安は、資本投資で都市を駆り立て、「ハイパーシティ」と称されるものを生み出す。この現象は、正式な都市の属性を悪化させる集落の形で現れる。このより伝統的な背景において、建築および都市デザインは、しばしばアーバニズムの社会的結果から切り離された、ほぼ純粋に物質的な運動として発現する。アーバニズムの基本単位としての建築は、資本に固有の性急さをしばしば引き起こす、スペクタルを集中化したものとしての都市という考え方に取りつかれているようである。現在、これは最も広く実践されている学問上の焦点である。アーバニズムに関する議論における2番目の状況は、「キネティック・シティ（動的都市）」と呼ばれる、より弾性があり、そしておそらく脆弱な都市環境の発現があるという考え方に由来している (Mehrotra, 2008)。この都市性に関する完全に異なる観察は、常に流動している状態にある都市について考える。この持続的で動的な性質は、累積という典型的概念の基本構造を変化させる物理的変容と、その発展との関係によって特徴づけられる。さらに、キネティック・シティを2次元の存在として理解することはできない。キネティック・シティはあたかも動いているかのように感知される、多面的な、3次元の漸増的発展の集塊である。ここでは、都市は建築物の建設よりも機能的配置を考える方が重要である場所である。そこではオープンさが厳密さに優先し、柔軟性が厳格性より重視される。

それが、孤立を前提とした都市である。こうした文脈において、持続可能性は過去の反復を破壊し、分解し、再構成し、覆す都市の能力により依存している。

　こうしたキネティック・シティとして都市を解釈することは、現代のアーバニズムのあいまいな輪郭および都市社会における人々と空間の変化する役割をよりよく理解することを可能にする、説得力のあるビジョンを提示する。高まる世界の人口密度は、社会的階級間の不公平さや空間的分断を悪化させる。こうした観点から、アーバニズムの公平な適用は、人口密度の高い環境において蔓延する不公平さを増す経済環境に対処することが可能である。ある意味、キネティック・シティは、商業および市民の交流の規範的な国際的ネットワークから除外された新興集団にとっての故郷なのである。これは、キネティック・シティが貧困層だけのためのものであるということではない。むしろ、それは空間の一時的な表現および占有であり、人口密度の高い都市環境において以前は想像されなかった用途を含む、空間的理論のより豊かな感受性を生み出している。多くの意味で、キネティック・シティは住んでいる場所に関連して、人々のニーズに反応する特別な「ローカル」の論理を持つ固有のアーバニズムに依存している。キネティック・シティにおいてどのように活動するかという考え方を理解することは、急速な成長、ならびに未解決または永続的に流動する状態にあるという特定の状況に固有のものである。ゆえに、より極端な環境を含めようとする試みにおいて、この解釈をより広く生産的に共鳴させるため、キネティック・シティという概念は「キネティック」から「エフェメラル（短命な）」へ、単なる「シティ」からより包括的な「アーバニズム」へと拡大することができるかもしれない。カテゴリーを再構築することにより、新たな焦点はいくつかの特別な地域的環境を描写するための手段としてのキネティック・シティの概念から、より広範な「エフェメラル・アーバニズム」のそれへと移行する可能性がある。こうした再構築は、都市を動的なものとして描写する際に表現される一時的性質のより正確な認知を提供する。それは、より多様な地域にわたるアーバニズムの代替的形態を含む、概念上の手段となる。例として、それは人口密度が最優先の基準ではなく、より意義深く、生産的で包括的な都市表現を確立するために都市の境界線内外の環境が同時に論議される場合に、アーバニズムに対するアプローチを提供する。

　今日、都市環境はかつてないほどの人の動きからなるフローと、資本を都市の物理的構成要素に配分することを決定づける、頻度を増す自然災害や繰り返す経済危機に直面している。その結果、都市環境は外的・内的圧力に対する備えを増

強し、それらを取りまとめ、抵抗するために、一層柔軟になることが求められている。不確実性が新たな規範であるとき、可逆性やオープンさといった都市の属性は、より持続可能な都市開発の形にとって不可欠であるように思われる。ゆえに、世界中の現代のアーバニズムにおいて、都市が持続可能であるためには、静的で物質的な構成によって制限されるのではなく、動いている活性フラックスを模し、促進する必要がある。

このエフェメラル・アーバニズムという範疇の下でのキネティック・シティという概念の拡大版は、現代のアーバニズム——空間的にも時間的にも——および都市社会の空間形成における人々の影響力の不鮮明な境界線をよりよく理解することを可能にする、説得力のあるビジョンを提示する。したがって、この議論に参加するため、一時的な景観を探求することは、様々な都市環境に対する一義的な解決策としての永続性という概念に疑問を唱えるための潜在的空間を開く。その代わりに、都市の未来は建造物やインフラストラクチャーの再編成よりも、より柔軟な技術的・物質的・社会的・経済的景観を自由に想像する我々の能力にかかっていると主張することができるかもしれない。これらのコミュニティから、我々は現代の、そして新興の建造環境の一時的で弾性のある性質を認識し、より巧みにそれらを取り扱うアーバニズムをどのように見るかを学ぶことができる。これらの変化に対処するための有効な戦略には、現代の都市環境の建設において不可欠な要素となる可能性がある。そうすると、課題は都市社会の中の大規模でしばしば無視されている新しいニーズに対応しながら、アーバニズムの各層を管理しうまく切り抜けるために、これらの極度に動的な環境から学ぶことである。その意図は、以下のページに含まれる証拠が、新しい現実により即した、より柔軟な都市デザインのためのインスピレーションとして機能し、我々がさらに複雑な状況に対処することを可能にすることである。

一時的な都市には、アーバニズムの研究と応用において提供するべきものが多くある。しかしながら、その異質性に鑑みて、そこから主流の応用へと移行するまとまりのある学問分野を組織することは難しい。通常一時的な都市は、同時にその継続性を支援する一連の要素を持つより永続的な都市とは異なり、ある目的を中心として構成される。この modus operandi（運用方法）は、エフェメラル・シティの次元および複雑性を定義する中心的力であるばかりでなく、コミュニティのライフサイクル、その物的組成、その社会の文化的記憶における位置でもある。こうした思考の流れに従い、エフェメラル・シティを一時性という共通の特

性によって融合した、多様な分類で構成された事例の集団に分類することが可能である。各分類について述べることのできる可能性のある数多くのその他の属性の中には、配備プロセスの時間的継起や、支援制度の構造、形態学的形状のような類似点がある。

　これらの多様な分類は、長さ、規模、代謝、認知されるリスクレベル、空間利用パターン、グリッドの形態および複雑性、テクノロジー、物流の実施などの変数によって差別化される事例を系統化する有用な方法となる可能性がある。それらは有効期限の確実性——あるいは少なくとも見込み——を共有する一方、特定の環境や背景に反応する。このように、それらはアーバニズムに関する言説の中での正当かつ生産的なカテゴリーとしての非永続的な配置について、干渉し考えるためのツールを開発するという課題を我々に突きつける。実際、それらはしばしば極度に余裕のない時間的尺度で成長し消失する代理的な都市生態系全体を表している。一時的な都市の景観をアーバニズムの特徴的形態の発現と見るとき、エフェメラルなコミュニティの間で生産的な対話が確立される。これらのコミュニティは、難民キャンプから週末に行われる長期の祝祭、その他祝福のために構成される一時的な都市化まで、多様な範囲にわたる。

　アンドレア・ブランジによる「新アテネ憲章」の作成に関する10の提言は、都市的なものを、よりインクルーシブでよりヨーロッパ中心主義性が低いプロジェクトとしてラディカルに再考することに対する、クリティカルな挑発を示した。その10の提言のうち3番目のものは、そこにおいて設計者が「人間と動物、テクノロジーと神性、生者と死者」の間の「地球的共存」を奨励することのできる、「宇宙的ホスピタリティ」のための場所として考えられるべき都市における新しい時間の概念の構築を、直接指摘しているように思われる。そうする中で、「従来ほど人間中心ではなく、生物多様性や聖なるもの、人間の美に対してより開かれた」都市のモデルを発見できる可能性がある (Branzi, 2015)。エフェメラル・アーバニズムの分類としての宗教は、この一連の思考を前進させ、ある意味でまさにこの都市のモデルを垣間見せる都市の一時的な再構成を提示する。この意味において、宗教のエフェメラルな景観は、信仰の実践を促進するために都市空間が修正され、完全に変形され、または創造されることさえある事例によって構成されている。これらの事例は宗教的信念を祝福するために展開されるエフェメラルな構成に関して、思慮深い戦略を提示している。ペルーのコイヨリッティのような一部の事例は、ほとんど何もないところから一時的な巨大都市を生み出すこ

とさえある。また、コルカタのドゥルガー・プージャを迎えるため年に1回作られる軽量建築物群のように、通りをして開かれた寺院へと変えるものもあれば、チリのロ・バスケスにおけるもののように大規模な地域的インフラストラクチャーを行進路に変えるものもある。

　これらの事例はいかにイベントの強度が日常的な機能的空間の物理的・象徴的境界線を拡大するかを我々に示し、一般的な都市が徐々に建設されるペースについて問いかけている。例として、近年巡礼活動が並外れて強化されてきており、集まった大勢の人々を収容するためにより大規模かつ頻繁に建築物を建設する必要性が生まれている。一時的な宗教都市の極端な例は、ハッジに設置されるエフェメラルな建築物や、ドゥルガー・プージャやガネーシュ・フェスティバル、クンブ・メーラ——公式の数字によれば100万人以上の人々が集まる宗教的巡礼——等の祝祭を受け入れるためにインドに建設される一連の一時的な都市である。これらの事例から、エフェメラルの多くの属性を引き出すことができる。こうした一時的環境の建設においては、割り当て、変容、可逆性、再活性化、境界策定、およびその他の戦略が展開される。都市とは永遠であると認知されるメカニズムの上に構築される停滞したアーチファクトであるという概念に異議を唱えるこれらの場所のエフェメラルな機能から、教訓を得ることができる。

　これらの事例の多く、特に都市の配備に関するものは、事前に自らの破壊の可能性を考慮するからこそ発生し得る。こうした景観は実際そうであるのと同程度に強力であり得る。なぜなら、これらの事例のそれぞれにおいて、このような再構成の再吸収が検討されるからだ。可逆性の重要性を示す例となる典型的事例は、クンブ・メーラのためのエフェメラルな巨大都市である。これは世界最大のエフェメラル・シティであり、解散後にはほぼ何の痕跡も残さない。12年ごとに行われるクンブ・メーラは世界最大の宗教的集会であり、地球最大の一時的な都市を展開することになる。これはインドのアラハバードの隣、聖なる二つの川、ガンジス川とヤムナー川が合流する地点に位置する。このイベントは、これらの二つの聖なる川と、神話に出てくる第3の川であるサラスワティ川が合流するまさにその地点で、サンガム（すなわち合流）する聖なる水での沐浴という儀式を通じて地球全体から来た人々を一つにする。55日間にわたり、川の氾濫原は巨大なインフラ投資を必要とする、完全に機能的な宗教都市となる。道路、舟橋、様々な大きさのテント、いくつかの種類の社会組織など、より永続的な都市の一連の機能的要素が急速に再現される。ユニットの集合は、道路や電気、廃棄物管理な

どのインフラ基盤によって組織された、綿、プラスチック、ベニヤ板、その他何種類もの素材の終わりのないテクスチャーに収束する。この街には700万人の住民に加え、主要な沐浴の日には24時間サイクルで訪れる1000万〜2000万人の役に立つ設備が整備されている[*1]。土地のグリッド（街区）および割り当ては公共機関と住民との間の交渉で決定され、過去の反復に基づいて街区と位置の全体構造が決められる。各キャンプの内部組織は各コミュニティに決定が委ねられる。この街は12年ごとに出現し、その正式な構成、特に権力構造、階層的組織、および旧住民と新住民との間の関係を表現する。この大規模な活動は、過去のバージョンを模すことにより、都市の形態と価値の両方を生み出す。

　宗教的でエフェメラルな集落が貴重で記憶に残るものとして社会が認知するもののための手段であるのと同じように、その他のエフェメラルな形態も類似しているが世俗的な役割を果たす。一時的な祝祭の景観は、結合の価値を強化し、カタルシスを生む集まりの形態での相互作用を可能にして、社会的伝統の保存のための空間および場所を提供する方法でもある。このようにして、聖なるものとの遭遇を促進するエフェメラルな集落に加え、その他多くの非永続的景観が、世俗的なものの祝賀を支援して、都市の内外に出現する。神聖なエフェメラルな景観は階層を逆転し、都市における水平な社会的関係を作るための機会を開く。それらはまた、閾値を柔軟にして変容させる。いずれも、差異を結合させる主な共通の目的の注入によって達成される。

　祝祭のエフェメラルな発現は、通常日常の都市では達成されない社会的既定事項の解消および多様性を見ることができる異所性を持つ空間を提供するため、同じ効果を達成する。歴史的に、非宗教的な文化的祝祭は、社会的強度と文化表現の場であった。世界中に数多くのコミュニティが定期的に誕生し、そうでなければ交流することがなく、互いを知ることさえない人々の集団にとっての「接触地帯」を生み出している。これらの構造は都市空間を活性化するラテンアメリカのカーニバルやパーティー、または大規模な芸術的パフォーマンスの事例や、世界中の都市中心の外またはそこに隣接する、ばらばらのコミュニティの形におけるものと同様に、永続的都市に浸透する、より柔軟な2次層においても表れている。セルビアのイグジットやカリフォルニアのコーチェラ、ブダペストのシゲットなどの音楽フェスティバルは、短期間に大勢の人々を集める拡張されたエフェメラルなコミュニティを建設する動機となる。それらはネバダ州のバーニングマンや日本のフジロックのように約4万人を集める比較的小規模の集まりから、全体で

35万人を集めるイングランドのグラストンベリーやデンマークのロスキルド・フェスティバル、ベルギーのロック・ウェルフテルのようなイベントまで様々である。一時的な祝祭の景観は、都市の「通常営業」を中断するものである。それらはおそらくその最も急進的な環境における文化的表現を可能にし、都市空間を物理的に変容させる非常に強力な短期的交流への道を開く。これらの文脈においては、社会的・空間的結合のための偉大な戦略によって、個人およびコミュニティが中心に置かれている。永続的な都市は、共有の文化的つながりという概念に次ぐものとなる。

　建築および都市デザインが祝祭のエフェメラル・シティのものとは正反対に機能するその他の形態の一時的都市もある。これはグリッドやユニットならびに一切のアイデンティティの表現を捨て、生活をより基本的で「飾り気のない」状態に単純化した、中和のアーバニズムである。例として、これらは規模においても頻度においても近年増加しているように思われるカテゴリーである、避難によるエフェメラルな景観などである。この分類のエフェメラル・アーバニズムを検討することは、より永続的な都市の同時代の状態を理解するための基礎である。その理由は、難民キャンプの必要性が高まるにつれ、永続的な都市はこうしたキャンプの運営のモダリティを模倣し始めるということである。この議論を進め、より急進的な状態にある生政治的キャンプ、強制収容所のそれに言及して、ジョルジョ・アガンベンは都市の一時的側面を強調する必要性という理由のみならず、「今日」、「西洋の基本的な生政治的パラダイム」であるのは「都市ではなくキャンプである」という理由から、「あらゆるメタモルフォセス（変態）においてキャンプの構造を認識する」ことが不可欠であると主張している (Agamben, 1998, p. 181)。

　我々は難民キャンプを、民族学者であるミシェル・アジエが「望ましくないものの管理」(Agier, 2011) と呼ぶものの間に出現したアーバニズムの形態の産物と呼ぶことができる。彼のコメントは世界中の人々が難民となる原因となった政治的緊張に応えて述べられた。象牙海岸にある90万人以上——主としてリベリアからの難民だが、その他の隣接する地域からの人々もいる——を収容する難民キャンプは、最も極端ないくつかの例を提示する。しかしながら、最も目を引く事例は、ケニア北東部に位置するダダーブである。これらのキャンプは20年前から存在し、現在約50万人を収容している。チャドのブレイジンキャンプ（20万人を収容）およびスリランカにあるいくつかのキャンプ（合計で30万人を収容）もま

た、この種の暫定的対応の例となっている。国連高等難民弁務官事務所 (UNHCR) によれば、驚くべきことに、これらのキャンプは現在世界中で難民となり仮設住居に住んでいる 5950 万人のごく一部しか収容していない (UNHCR, 2015)。

これらの事例は、暫定的であることを目指していたかもしれないが実際は永続性を意図しない構成要素で構築されている、許容できない永続的解決策となっている可能性のあるエフェメラル・シティの矛盾のいくつかを実証している。たとえば、ダダーブ——ソマリアと国境を接するケニア東部のガリッサ県に位置する——は、1990 年代初頭から運営されている。このキャンプは約 50 万人の難民を収容しており、難民の大半はソマリアから来ているが、その数は今なお増え続けている。これらの数字をもって、ダダーブはケニアの大半の都市を超え、国内最大のコミュニティかつ世界最大の難民キャンプとなっており、日々拡大している。UNHCR によれば、毎日 1000 人近くがソマリアやエチオピアから歩いて到着する。世間の人々が砂漠に並ぶテントの画像をオンラインで見るだけで想像するよりも、実際は都市化のレベルははるかに進んでいる。このコミュニティには仮設滑走路があり、UNHCR の運営基地としても機能している。

他方で、軍事活動を支援するため、非常に軽いが高度な影響力を持つ層の領土管理のダイナミクスが展開されている。エフェメラルで軍事的な景観は、防衛、管理、攻撃のための国または多国籍の軍事行動として、実際に国内外に現れている。こうした軍事行動の資本的、人的、空間的結果の規模はとてつもなく大きい。それらはいずれもアフガニスタンにあるシャラナ基地およびジョン・プラット・キャンプのように非常に短く圧縮された時間的枠組み (2 〜 3 年) から、ライトニング作戦基地 (アフガニスタン)、アル・アサド前線基地 (イラク)、キャンプ・モンティース (コソボ)、キャンプ・ジュリアン (アフガニスタン)、キャンプ・ドーハ (クウェート) に見られるように、より長い期間 (8 〜 15 年) を想定して作られた基地に至るまでのライフサイクルを持つ。ドーハは本論文の中で活動していない期間が最も長い。遠方から作戦を行う際の地域的展開の複雑性に鑑みて、彼らが組み込まれているテリトリーとその関与は可能な限り最低限のものである。基地はしばしばよそ者とみなされ、その居住者は自分たちのニーズに応じてつながりや孤立を求めて地域全体を軽々と移動する。

一時的な軍事的景観は都市開発のプロセスを劇的に変え、永続的な領土や都市に多大な影響力を持つ。ある意味、エフェメラルな軍事コミュニティは拮抗的に

一時性と永続性を並列する一方、成長の推進力を変化させることによってその地域に混乱を生む。軍事活動は現状を混乱させ、人生と同じ不確実性を日常にももたらすことで、現地を消耗させる。この場合のエフェメラルには三つの面がある。一つ目は、軍事コミュニティの軽量建築という面である。二つ目は彼らが活動する場所に与えられる破壊である。そして三つ目は軍事活動の結果、苦しむ人々に対する一時的対応である。エフェメラルな軍事状況は、より過激な表現をするならばキャンプの副産物として、逃げることのできない苦痛と恐怖の状況を生み出す。

このタイプの延長として、人々が住む場所を失うことや時には死への対処をともないつつ建造環境に影響を及ぼすような、災害を取り扱う。土地や経済、社会の中の様々な集団の増大した脆弱性、持続的な方法で救援・復興計画を開始する緊急の必要性などの問題に関連して、被災地は緊張に満ちた状態であるため、一時的対応は災害後の状況管理に重点を置くことが多い。その他の形態のエフェメラルとは異なり、自然災害および人為的災害への対応は、はるかに複雑な形で永続性が問題となる。一方、たとえば難民キャンプでは、非永続性は疑わしく、多数の因子に左右される。一般に、よそ者または軍隊がコミュニティの場所および状態を決定する。これが権限付与と管理に対する不安と軋轢を生む。このため、保護が衝突の景観においてエフェメラルを推進するものである。避難およびその地域における破壊された関係の再構築のために、一時的なコミュニティの建設が必要である。こうして、エフェメラルなコミュニティは、脆弱性を低減しレジリエンスを高めるための計画の重要部分である短期的再建のための取り組みとして機能する。国連災害救済調整官事務所 (UNDRO) は、災害発生時に一時的対応が救済戦略に提示する物流面での課題にしばしば言及してきた。彼らは、物的対応が次第に厚みを増す様々な段階を定義している。この定義は初日の緊急対応（時間数および日数で評価される）、早期復興のための場所の建設（月単位で予測される）、そしてよりレジリエントなコミュニティの建設（年単位で計画される）に適用される。この場合、最大の問題は、救済戦略はしばしば時間的思考と空間的思考との間の調整の欠如によって生まれるということであるため、一時的な都市の思考と対応のための物的状態の間の平行は不可避である。

歴史的に、災害管理の問題はシェルターの基準および対応の効率に重点が置かれてきた。今日、議論ははるかに微妙なものである。実際に一過性であるべきエフェメラルな対応の意図は、常に達成されるとは限らない。過去に打撃を受けた場所に戻ろうとして、仮設住宅をすぐに出て行く例もよくある。洪水災害の後に

コミュニティが自ら被害に遭いやすい場所に戻ることはよくあり、定期的に直面する課題の一つとなっている。管理構造の最上層部と大衆の希望との間の緊張が、実現可能なこと、妥当なことと、実際に行われることの間の緊張を生む。ゆえに、エフェメラルな衝突の景観は配備と分解ではなく、自らの危機管理に関するコミュニティの能力の調整に関する人々と公共機関との間の交渉、および実際的だが持続不可能な方法での危機管理に対するトップダウン構造の衝動である。

　「生活の実現」ではなく「管理」のための構造としてのキャンプという概念は、エフェメラル・アーバニズムのその他のカテゴリーにも存在する。採鉱、石油の採掘、林業における天然資源の利用のために建設された一連の一時的都市を検討することにより、この最も明白な例の一つを見出すことができる。1万人以上の一時的住民を擁するキャンプ——ペルーのヤナコチャ鉱山、ブルガリアのマリッツァ東鉱山、ルーマニアのモトル炭鉱、サルバドルのチュキカマタ、チリ北部のペランブレス鉱山——で実施されているような採掘活動の範囲は、全く異なる種類の一時的コミュニティを生み出す。さらに、環境に対する影響への対処の複雑性および地域的規模で一時的な景観のカテゴリーを絶えず修正する信じられないほど大規模な活動は、設計と管理に関する大きな問題を提示する。

　これらの事例において、一時的な都市のライフサイクルは、採掘活動および資源の存在の持続期間と合致する。ゆえに、これらのコミュニティの大半は、予測可能な有効期限があることを知って開発されている。これはグローバルな経済的フローに役立つアーバニズムの形態であり、天然資源へのアクセスに基づく一次産品に対する需要に関連して成長パターンを決定する。一次産品ベースの経済を持つ国々で起こる都市開発のかなりの部分が、採掘活動と関連する人間の職業によって定義される。これらの活動は、ときとして資源が存在する、または以前からあるインフラストラクチャーが利用される既存のコミュニティと結びついている。こうした意味で、採掘のエフェメラルな景観は、グローバルなニーズおよび希望によってその活動がローカルであることが決定される採掘活動の副産物である。それらは生産性を最大化し、プロセスを最適化し、自動化され標準化された結果を生む、高度に効率的なシステムとして出現する。

　その他のエフェメラルなコミュニティとして、採掘用キャンプは短期間で建設される能力を有している。また、ただ建設のプロセスを逆行することにより、採掘用キャンプは同じスピードで解体することもできる。コミュニティの一形態としてのキャンプは、都市空間の基本的ニーズのための効率を可能な限り促進しな

がら、人々や交通、物、コミュニケーションの流れに積極的に対応し反応するための空間を実現する。しかしながら、キャンプの枠組みの中で、軽さは材料の調整および政治制度、ならびに社会そのものの領域にとどまらない。材料の軽さはしばしば、制度の薄さ、個人の支配、および効率と生産性に役立たない要素を排除する傾向をともなう。キャンプまたは都市は——天然資源の採掘という文脈において——実際、常に衰退し消えゆくことを運命づけられた消費者であることを意図するのか？　この条件を受け入れることは、採掘地域を支えるコミュニティは都市にはならないことを運命づけられていると主張することを我々に余儀なくする。それらはむしろ、都市になるという願望をかなえようと奮闘する単なるキャンプに過ぎない。これは——あったとしても——めったにかなうことのない願望である。それはおそらく、採掘に関して、キャンプ（またはキャンプのような都市）は本質的に消費活動の副産物であるためである。

　しかし別の文脈において、消費は都市生活の重要な活性剤となり得、コミュニティの形成において重要な役割を果たす。またときには、都市空間の一時的な使用を通じて、社会を政治的により意義深く、代表的で、民主的なものにする上で機能する。次に、資源の採掘を支える都市構造ではなく、採掘する資源を用いた製造の交換を支える空間に出現する非永続的空間に着目する。これは、取引のエフェメラルな景観というカテゴリーの構築につながる。これらの景観は、一連の非永続的反応であり、都市の景観の構築における取引の役割を我々に思い起こさせる。これらは、採掘のために建設される景観よりもはるかに加速した期間に構築される事例である。採掘を支えるコミュニティの集合および離散、または再吸収において我々が見る何百年という期間とは異なり、取引の空間は1週間、1日、1時間、あるいは数分間の繰り返しに現れては消えるという、はるかに加速した期間で解決されることが多い。

　ゆえに、取引のエフェメラルな空間の景観は、市場変動や新しい機会に対応する一連の異なる戦略を通じて、取引のために空間を適応させる事例で構成される。これが最も明白な形で表れているのが、世界中のどの街でも見られるようになった路地裏の物売りや、その他の形態の移動型の／自由な物売りである。取引の空間および活動に対する、より流動的な反応として、エフェメラルな解決策は体系的な頑健さを提供し、しばしば都市空間に存在する多様な集団間の敷居を低くするのに役立つ。これらの事例は、より伝統的で管理された街路に線状に延びる物売りから、ファーマーズマーケットやはるかに複雑な取引を支えるインフラネッ

トワークの反応まで、多量の一時的な空間占拠の戦略的アプローチをカバーする可能性がある。これらは孤立したエリアにおける極端なベンダーの集団、非常に可逆的なインフラストラクチャー、予期しない利用の並列、取引のエフェメラルな景観を可能にする一連の反応の形をとり、都市の中のより永続的な、または制度化された枠組みと結合する。

　取引の景観は、実に様々な規模で機能する。屋台から取引のために自由に使える場所を徐々に大規模な土地に作り上げ、一つの広い場所に多数の小規模な売り手が存在することを可能にし、並外れた経済的多様性を実現した例から見てみよう。これはアルゼンチンのラ・サラダのような事例で発生する。ラ・サラダは、主に布地が売られている非公式の蚤の市である。週に2回、この取引のためのエフェメラルな空間は、数多くの地元の製造者が自社製品を国中から来る卸売業者に販売する、強力な経済を誘発する。市はマタンザ川沿いに立ち、土手にある空き倉庫を占拠して開催される。これはアルゼンチン最大の市で、同規模の通常のショッピングセンターの2倍の利益を生み、警備や保守点検、運営管理スタッフを含め約6000人を雇用する。このように、空間のエフェメラルな占拠は、地域経済の実に重要な構成要素の一つである。国境は、しばしばエフェメラルな取引の景観の出現を助長する、非物質的な境界である。数多くの小規模な商人を受け入れる土地環境によって作られる同様の多元的発現が、シウダー・デル・エステに見られるものである。これはイグアス川とパラナ川の合流地点、パラグアイ、ブラジル、アルゼンチンの間に位置する巨大なマーケット地帯である。

　これらの事例は、アーバニズムは異なる方法であることを思い起こさせる。都市は明らかに、より多元的な経済に空間を与え、都市の景観を活性化する小規模事業を生み出すための柔軟な機能的職業を可能にする代替的方法を必要としている。これに言及して、マーサ・チェンは次のように主張している：

　　最も基本的に必要なものは、新たな経済的枠組み——伝統的なものと現代的なもの、小規模なものと大規模なもの、非公式なものと公式なものを包含するハイブリッド経済モデル——である。必要なのは、最小単位および最も力のない労働者が、最大単位および最も力のある経済的プレイヤーとともに活動することを可能にする経済モデルである。

(Chen, 2012)

第1部　空間変容と都市および地域の新たな地理

　この分類に入る可能性のある事例の範囲は、そうした環境に介入するための都市デザイン・計画のエージェンシーを見つけるのに役立つ可能性がある。地元の製造者が世界的なバリュー・チェーンに組み込まれることを可能にする要素は、参入の障壁を管理すること、ならびにリスクに関して彼らを保護することと関係がある。この点において、デザインおよび計画に関する政策は、これらの条件を支援する空間的枠組みとともに作用する。単純な活動は、街の物売りが大手小売業および卸売業がビジネスを行う方法と同じことをするか、それらを改良することさえ可能にするかもしれない。大規模にエビデンスを収集すること、およびエフェメラルな景観の基本的機能は、先進経済および新興経済の両方における現代の都市に影響を及ぼす。これはそれらの属性を都市の想像力に組み入れるよう我々に影響を及ぼす。この点において、チェンの洞察に富む意見は我々をこうした想像へと駆り立てる——「何年か前、世界は生物多様性を受け入れていた——そして今も受け入れている。今日、世界は経済的多様性を受け入れる必要がある。いずれも持続可能で包括的な発展のために必要なものである」(Chen, 2012)。

　この一時性は都市のための代理的な生態環境を装うことにより、次第に多くの都市設計のための戦略的ツールを提供してきているが、その一部はアーバニズムに関する通常業務のような議論の中では現れていない。エフェメラルな景観は自らを高度に多様な方法で表現し、より永続的な既存の都市における小規模な空き地充填から、何百万もの人々を擁するエフェメラルな巨大都市の建設に至るまで、巨大な規模で展開されている。ここにおいて、都市の景観は必ずしも従来の永続性の探求に固執する必要はなく、必要性や機会、市場の需要や資源、規制や住民の願望に応じて可逆的に集合し離散する脈動である。ゆえに、空間の創出における多様な枠組みとして概念化できるため、その範囲は材料の性質の問題をはるかに超えたものである。最も穏健でより可視的な表現をするものは、開発の代替戦略に光を投げかける、都市における批判的、社会的、経済的プロセスの実現要因である。交流の、祝祭の、または宗教的なエフェメラルな景観に言及する際、これは真実である。それらは都市内外のあらゆるプロセスを支援しており、そこでは非永続性は前提条件であるように見える。このことが明らかなのは、我々が争いの事例に言及するとき、あるいはそのことが都市の構築および再構築の一過性の実現要因として機能するとき、またあるいは我々がその一時性が祝祭行動を支援するための主な物理的反応であることを知るときである。

　祝祭や宗教、取引などエフェメラルな景観の例は、都市における「行為」の展

068

開につながるボトムアップ状態を我々に提示する。エフェメラルな景観は、空間を変容させ活性化する力を持っているため、「行為」を可能にする。多くの形態のエフェメラルな景観は、当然本章で言及した事例の他にもあるが、特化された予期せぬ関係の場所として、現代のメトロポリスの機能を支えている。空間のエフェメラルな枠組みは、永続的なものの頑健な属性と共存し、より流動的な土地利用の創出を可能にする。エフェメラル・アーバニズムの文脈において、避難所と軍隊はそれらが代表する空間的カテゴリーが、制御、管理、またある意味で現代的な征服のモダリティのメカニズムから進化した絶対的で多元的な環境として一時性を表現しているという点において関連している。これは生産性を最大化し、プロセスを最適化し、自動化され標準化された結果を生む、高度に効率的なシステムを示唆している。それは蓄積を認めず、正反対に、効率に支配された通過場所となった枠組みの完璧な体現である。実際、これらの場所や物流組織、空間構成のレイアウトを推進するのは効率的である。それは人生自体が成功するための条件、退避するための「行為」が二次的な人間の活動になるための条件を構築するのと同じ効率である。

　効率のマトリクスが「行為」を従属させる空間は、法的、倫理的に容認可能なものの境界を曖昧にする。我々が、これらの非永続性の設定に介入し、それらについて考えるためのツールを開発する必要性に挑まれるのは、こうした状況においてである。成長と利用のパターン、ならびにより広範なグローバルな地域における新たな占有の形態を定義する願望に対する生産的理解を確立するよう我々を駆り立てるツールである。エフェメラル・アーバニズムの領域に該当する、これらの景観における意義のある政治的介入をもって、都市デザインはこの人間の「行為」の場所に立ち戻るための道を見つけなければならない。エフェメラル・アーバニズムは、キャンプのパラダイムの下で絶対条件を採用するときには問題となり、また厚い社会構造の永続的願望と共存して出現するときには解決策にもなり得る。それゆえ、そのエフェメラル性は、より繊細で包括的な都市空間の構築と同じく、想像力に資する生産的で創造的な力をきっと提供するだろう。

注記
*1——さらに詳細な説明については、Mehrotra & Vera (2013) を参照のこと。

参照文献
Agamben, G. (1998). The camp as nomos. In D. Heller-Roazen (trans.), *Homo sacer: Sovereign*

power and bare life. Stanford, CA: Stanford University Press.

Agier, M. (2011). *Managing the undesirables.* Malden, MA: Polity.

Branzi, A. (2015). From radical design to post-environmentalism. F. Vera & J. Sordi (Eds.). *Santiago:* ARQ Ediciones.

Chen, M. A. (2012). The informal economy: Definitions, theories and policies. *Women in informal economy globalizing and organizing: WIEGO Working Paper, 1.* Retrieved June 28, 2017, from http://wiego.org/sites/wiego.org/files/publications/files/Chen_WIEGO_WP1.pdf.

Mehrotra, R. (2008). Negotiating the static and kinetic cities: The emergent urbanism of Mumbai. In A. Huyssen (Ed.). *Other cities, other worlds: Urban imaginaries in a globalizing age* (pp. 113–140). Durham, NC: Duke University Press.

Mehrotra, R., & Vera, F. (2013). Reversibility. *FunctionLab, 720*(04). Retrieved June 28, 2017 from http://functionlab.net/wp-content/uploads/2014/06/720_Reversibility.pdf.

UNHCR (2015). *World at war: UNHCR global trends: Forced displacement 2014.* Retrieved February 15, 2016, from http://unhcr.org/556725e69.pdf.

4 ネットワークおよび フローのシステムとしての都市

マイケル・バティ

　都市とは、通常は様々な商品が生産されるより広範な後背地域における効率的な流通拠点を代表する中央市場の周囲で、経済的交流に参加するために人々が集まる場所である。我々の都市はまだ、中心業務地区 (CBD) および小売りセンターが市場の現代版であり、複数の輸送ネットワーク (物理的なものおよび仮想的なもの) が現代の生産および社会的プロセスを通じて労働の果実を共有するために人々を一つにするのに役立つ、この古い役割を示している。ネットワークは都市のこの合理的な基盤を支えているが、過去1世紀以内の主な焦点は、今も現代都市の形態を支配している放射状ルートと同心円の環によって主に定義される、諸人口集団をともなう様々な活動の立地におけるパターンの探査の上に置かれてきた。立地は交流やネットワークのための場の最高位を占めてきたが、これは主に立地にパターンを見出す方が簡単であるためと、都市は——確実に産業革命までは——交流におけるその役割を定義した流通ネットワークと、そうしたネットワークを支援するために出現した場所のパターンとの間の極めて密接な関係を明示してきたためである。

　しかし、主に立地に焦点を絞ることは、都市とは何であるのかについて完全に間違った意味を与える。ほとんどの都市には経済活動と社会活動を結びつけるよう機能する明確に定義された中核があるが、これらの中核を支持するネットワークはかつてないほど複雑化、多様化し、拡散してきている。急速にグローバル化する世界の中で、かつての世界を定義していたより単純で地域的な方法で、我々の都市を支えるネットワークの枝状構造を追跡することは、もはや不可能である。

071

たとえば、世界の都市には今も非常に強力な CBD があるものの、そうした中核における活動の量は、その都市の残りの部分におけるものと比べてかなり少ないことが多い。その行政地区に約 400 万人の雇用があるロンドンのように強度に単心的な都市においてさえ、拡大 CBD に位置するのはその半数に過ぎず、あとの半数はロンドン圏の残りの部分に分散している。次にこれに大都市圏を縦横に走る交通量を加え、毎日世界中から集まり街中で送信される膨大な電子情報の量を考えると、その立地のパターンのみに基づいて都市の機能を理解しようとすることは、我々の理解に極めて大きな制限を課す。我々は、それが主に立地に関するものであるという理解を超えなければならない。

都市における立地はもはや不可欠な焦点ではなく、おそらくこれまでもそうであったことはない——重要なのは、立地場所の間の相互作用、複数の立地場所にかかわる行為なのである。立地場所は、例えばある場所で働いているが別の場所に住んでいる人、都心で買物をするが別の場所に住んでいる買物客といった人々、より遠く広い後背地域から生産の中心地に運ばれてくる商品など、相互作用の集合または凝集と見ることができる。電子情報の送信を含む無数のフローをこれに加えれば、都市機能の集まりがいかに複雑で、そうしたシステムの機序を我々がつかむのに必要な理解に場所自体がアプローチするチャンスさえほとんどないことを理解することは容易である (Batty, 2013)。人々と商品のフローは物的交流を表し、それらをより見えにくくしている空中を占める電子的フローよりも目に見えてわかりやすい傾向がある。世界にはこうした様々なフローが急増し、都市の複雑性は今まで以上に大きくなり、我々の理解にとっての課題は今まで以上に手ごわいものとなっている。

歴史上の前例

最初の都市の地図は、主に立地場所を表していた。そのネットワークはその土地利用と非常に密接に結びついており、人口密度や都市の規模は、産業革命前は徒歩または乗馬によるものであった移動の技術によって制限されていた。村々の間の距離は 10km 以下である場合が多く、最も大きい都市でも 20 〜 30 万人を超えることはなく、現在よりもコンパクトな構造で人口密度は高かった。内燃機関の発明がこれらすべてを変え、20 世紀初頭には、列車や自動車を利用するための明確に定義されたネットワークが都市を支配するようになった。これにより、人々は自らの場所や、交流したり活動や社会的グループに参加する方法に関して

4 ネットワークおよびフローのシステムとしての都市

(a)

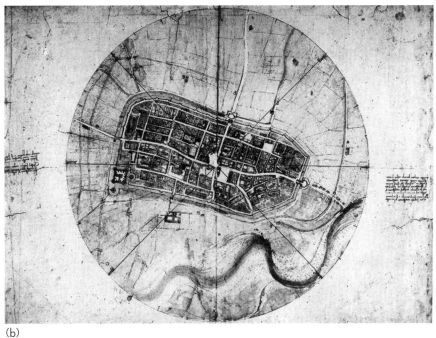

(b)

図4.1 (a)紀元前13世紀、粘土板に記されたニップールの街の地図
(b)レオナルド・ダ・ヴィンチによる1502年のイタリアの都市イモラの地図

073

第1部　空間変容と都市および地域の新たな地理

はるかに多くの選択肢から選ぶことができるようになり、立地と輸送の間の分離が可能になった。最も古い地図は、石器時代の洞窟に描かれたものだと直感的に推測できるが、紀元前1500年までに、古代メソポタミアで粘土板に描かれた地図が現れた。ニップールの街の地図を図4.1(a)に示す。これらの地図は原始的なネットワークを明白に表しているが、レオナルド・ダ・ヴィンチのような学者によって都市におけるネットワークが熟考されるようになるのはイタリアのルネッサンス期になってからである。ダ・ヴィンチは都市を人体およびそのネットワークに類似したものと考えた最初の人物である。しかしながら、レオナルドの地図はネットワークを街区に埋め込み、またその逆も行っており、1502年のイモラの地図は中世およびルネッサンス期の街における都市の形態を知る良い例となっている〔図4.1(b)〕。

　産業革命の到来とともに、街を流れ、その各部をまとめるエネルギーという概念が非常な勢いを得た。物や人を運ぶ機械が広まると、まず鉄道、次いで道路についてネットワークの階層が出現し、20世紀になると航空機のネットワークが新しい世界的なコミュニケーションのネットワークを強化した。ネットワークの抽象化という概念は200年ほど前に誕生した。

　経験的に、図4.2(a)に示したハーネスによる1837年のダブリンのペールの交通地図は、フローを現在「けもの道」と呼ばれるものに抽象表現している。また、図4.2(b)に示した1840年に作成されたコールによる町のネットワーク構造の理想化は、樹木状の——フラクタルな——道路ネットワークの役割をかなり明確に定義している。1850年代に作成されたミナードの地図は、図4.2(c)のようにこれらの種類のフローを実際のネットワークに割り当てている。ラヴェンシュタインは1888年に移住の平均ベクトルを定義することによってこれらのフローをさらに抽象化し、主な移動のパターンを示すとともに、必要な視覚化を単純化している〔図4.2(d)〕。

　19世紀、20世紀を通して、物理的チャネルが都市の景観の主な特性になるにつれて様々な種類のエネルギーを運ぶネットワークが都市の形を支配した。一般的に、これらのシステムは伝統的な都市の中核から放射状に延びた。そして都市が大きくなるにつれて、様々な規模で周辺の道——イギリス・アメリカなどで言う環状道路——が現れ始めた。多様な交通ハブの合流により様々な場所へのアクセスが大幅に向上した所では、周辺地域の新都心が成長した。20世紀に、都市の主流の形態は強度に単心的なものから、一つ一つの町が成長して凝集し大都市圏

4 ネットワークおよびフローのシステムとしての都市

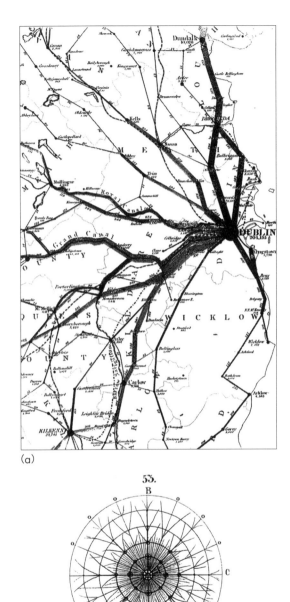

図4.2 最も古い抽象化された都市のネットワーク

075

第 1 部　空間変容と都市および地域の新たな地理

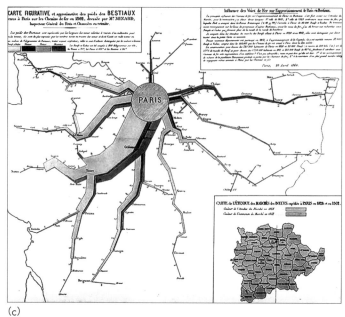

(c)

移住の流れ

(d)

図 4.2　続き

076

になったものに基づく多心的なものへと移行し、人々の需要の後背地域が、小売・商業活動の猛烈な発展が容易に維持できる地点に到達する地点に新しい「周辺」都市が現れた。ある程度まで、20世紀末までの都市の発展は、今世紀末までに我々の大半が都市に住む世界を明らかにし始めており、その割合は2008年に折り返し点を過ぎた。場所および交流の焦点を劇的に変化させる多くの電子的ネットワークが出現したのは、このような状況においてである。

都市、システムおよび生物学的アナロジー

20世紀は、都市は機械として扱うことができるという考え方に主に支配されていた。しかし、遠くレオナルドの時代まで遡ると、血流や神経系、その他多くの空間を埋める組織の点で、都市と人体の間のメタファーやアナロジーがちらほら見られた (Sennett, 1994)。ビクター・グルーエンの本 *"The Heart of Our Cities"* (1965) は、都市はその部分にエネルギーを運ぶフローのネットワークと見ることができるという考え方を訴えた。彼はさらに「私はそれぞれ細胞核と原形質で構成される細胞が組み合わさって塊となり、町のような専門化した組織を形成している大都市圏の組織を視覚化できる」として、立地場所に関連してこれをはっきりと述べた。彼のいう血流とのアナロジーは日周性の交通の流れから多くのアニメーションを生み出した。これは心拍を思い起こさせるが、朝夕のピークを反映するような活動における明確なピークおよびトラフに焦点を合わせたものである。本書の印刷されたページではそうしたアニメーションを見せることはできないが、読者にリード (2010) のビジュアライゼーション (https://vimeo.com/41760845) を紹介することは価値がある。というのも、これは都市が機械というよりもむしろ生物系として機能していることを示しているからだ。

フローはこのようにネットワークを補うものであり、伝統的にこうしたフローは測定することが困難であったが、世界がかつてないほどデジタル化するにつれ、上記の交通の「血流」地図にあるように、こうしたフローをしばしばリアルタイムで定期的に測定することができるようになった。ある程度まで、物理的インフラストラクチャーとしてのネットワークは測定が比較的容易であり、今では完全な方法でこうしたネットワークを使用する物理的交通を測定することができる。多くの結節点をともなうネットワークに基づく真に複雑なシステムは、図4.2(a)および4.2(c)に示すようにハーネスおよびミナードが初めて描いたような割り当てを含む視覚化を必要とするフローを含む。しかし、場所の機能的構造のよりよ

い図には、図4.2 (d) のラヴェンシュタインが初めて示したようなベクトルフローーが必要である。図4.3では、二つの規模での小規模な国勢調査単位間で作業をするための過程に基づいてこうしたフローを示している。すなわち、町の階層が非常に明白なイングランドおよびウェールズに関する調査と、都市の単心的バイアスが非常に明白であるロンドン圏および南東部に関する調査である。ここでのベクトルは自宅から職場までの移動に基づいており、ネットワークにおける各結節点からその他の結節点までの平均フローに比例して測定したものである。方向は、問題の場所からのすべての方向の平均である。

　形態はフローで構成されているという考え方は、科学自体と同じぐらい古い。すでに指摘したように、レオナルド・ダ・ヴィンチは景観が人体構造を流れる体液に酷似していると考え、その絵はしばしば景観における水と乱流のパターンを反映しているが、プラトンは「万物は流転し、とどまることはない」と言ったとされている。現代の人が住む場所の景観は、物理的流れだけでなく人の流れも反映し、特に興味をそそる景観は、人および物の移動によって織りなされる形でパターンを統合しようとするものである。これらの考え方は新しいものではない。ほぼ1世紀前、ベントン・マッケイは地域的景観を、そこから農業のパターンが進化し、ゆえに人造の構造に影響を受ける地質学的・気候的変動から生じるフローの合成であると定義した。彼はその著書である *The New Exploration*(1928)で、この見方を発表し、いかにして古い景観が新しい都市の景観に進化するかを定義した。彼は、我々がここでの議論の観点で拡大、応用するフローのモデルを用いてこのアプローチを述べた。これは奇妙なことに、かつては想像するしかなかった方法で、現在我々が複雑性について述べ、視覚化することを可能にする多くの新しいデジタルツールを用いて、都市で起こっていることを捉えシミュレーションすることに関する我々の現在の懸念を予知している。

　マッケイの発展した都市景観のモデルは、彼が固有構造と呼ぶものの点で、物理的に排出されている境界線の引かれた後背地域または盆地を仮定している。この景観を特徴づけるフローは、水から人間まであらゆるものの流れであり、すべては通常では物理的フローが排出する吸い込み点——市場の中心、すなわちCBDであることが多い——に焦点を絞っている。彼はこれをインフローと呼んだ。ほぼ対称だが反対の方法で、彼はアウトフローを市場から後背地域への人および物の移動と定義し、これら二つの可逆的フローは、バランスがとれているとき、持続可能な景観——生産と消費に酷似した循環するフローのパターン——を

4 ネットワークおよびフローのシステムとしての都市

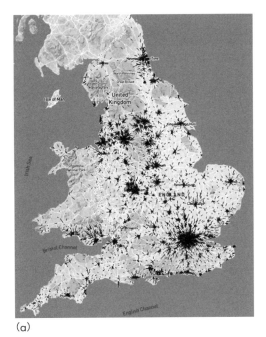

(a)

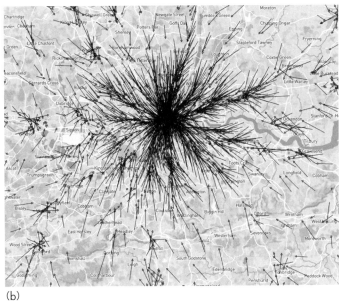

(b)

図4.3 自宅から職場への主なベクトルフロー
　　　（a）イングランドおよびウェールズ　（b）ロンドン圏

定義すると主張した。次に彼は、実際現代の都市システムにおいては、あまりに多くの活動が吸い込み点に引き寄せられた場合——例えば都市が大きくなりすぎたために凝集の経済が消失し、規模の不経済が発生した場合に結果として生じるバックフローによって、こうした持続可能性が破壊されていると主張した。

実際、このような景観の進化において、彼はインフローの第2の波であるリフローについて述べているが、本質的にそのモデルはいかなる景観もこれらのフローパターンの複雑な共進化および回旋として扱うものである。場所それ自体に関する我々の懸念は軽減され、ネットワークが都市の形態を確立する基盤となる主要な組み立て概念になるにつれて、アウトフローおよびインフロー、バックフローおよびリフローは現代の空間組織について論じるための新しい語彙を急速に創造している。

マッケイのボストンのアウトフローを図4.4(a)に示す。これは拡大するこの大都市圏の新興のスプロール現象に基づくものである。都市における集中させ分散させる力および流れを映すこうした図は数多くあるが、現在受動的および能動的なデジタル機器から日常的に達成・測定できる詳細なデジタルトレースにおけるものほど明確なものはどこにもない。図4.4(b)では、5年間にわたりフィッシャーが記録したFlickrからのジオタグ付きの写真の流れ(2016)を示している。この図は人々が写真を通じて都市の視覚的構造をどのように認知しているかを示す詳細なデジタルトレースを提示している。

ほぼ1世紀にわたり、電気通信ネットワークは都市において重要な役割を果たしてきたが、そうしたネットワークを測定・可視化した例の数は驚くほど少ない。最初は学術および科学的環境において1980年代後半から、その後はウェブにおいて1990年代から重要性を増した電子メールの出現により、今では都市や地域の形を支える大量のデジタルネットワークがあるが、測定や可視化の数はまだごく限られている。フィッシャーのFlickrへのフィードおよびツイートの視覚化は典型的な例だが、これらの視覚化は相も変わらず交流ではなく場所である。いかなる場合でもそうしたデータの大半はジオタグ付きであるが、ソーシャル・ネットワークからの交流を推論しなければならないため、ソーシャル・メディアのデータからネットワーク・データを抽出することは極めて困難である。オンライン・マーケティングやセールス、資本の流れなどの点で金融の流れは特に観察が難しいものである一方、ネットワークは空気中を通って送信され目に見えないものであるが、携帯電話の通話データからはネットワークフローデータが得られる。

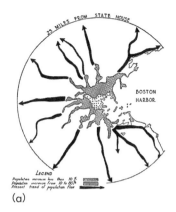

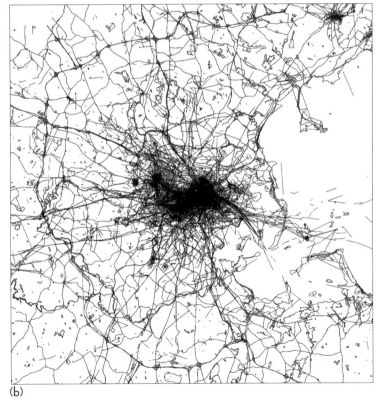

図4.4 現代の大都市圏における力と流れ
(a)マッケイによる、1920年代のボストンにおける人口のアウトフローを示す図
(b)フィッシャーによる、隣接したストリーミングから接続した Flickr からのジオタグ付き写真

このため、こうした視覚化の例はほとんどなく、これは都市を支える物理的・情報的世界が実際どのように機能しているかを理解する上での大きな問題を明らかにしている。都市における我々の生活様式に対する情報技術による支配が強くなればなるほど、この問題はますます重大になってきており、現代および未来の都市に対する我々の理解にいくつかの極めて新しい課題を提示する、都市の形態および機能の高まる複雑性の一部となっている。存在するこうした電子的トレースの視覚化は、物理的ネットワークおよびフローとしての都市に対する我々の見解と異なるものをそれほど多く明らかにしない (Lenormand et al, 2015 などを参照のこと)。しかし、今までのところ、電子的かつ情報的なフローの移ろいやすさに較べて、ほとんど観察されたものはなく、とても多くの都市の物理的ストックが長寿命で不活性化しているので、今世紀が進むにつれて都市が自らを打ちのめそうとするのかどうか、あるいは、新しい情報技術のインパクトのおかげで、より高密度でよりクラスター化するのかどうか、我々には全くわからない。

都市における複雑性および情報

　都市はトップダウンで計画されるのではなくボトムアップで成長し、製造されるのではなく進化するのだという概念は、機械とのアナロジーよりも有機体とのアナロジーの方が適切であることを強調するのに役立つ、必要な抽象化である。我々が示唆してきたように、都市は明確な管理者のいる厳格な階層——計画システム——において順序づけられているという考え方は、半世紀前から我々の理解の基盤であった。これは都市の発展方法において進化が主要な構成概念になるにつれて、ほぼ正確に反対の考え方に取って代わられ、とりわけ Patrick Geddes (1915)、Jane Jacobs (1961)、Chistopher Alexander (1965) によるものなどの古いメッセージを反映し強く印象づけた (Batty & Marshall, 2016)。

　複雑性の思考の結果は、都市は成長するにつれてますます複雑になるというものである。これは都市が大きくなり、その形態がより多くの人や物の交流を受け入れるよう適応する際に、その中で都市が質的に変化する複雑さを超えるものである。進行する都市のグローバル化や、多くの新しい種類のデジタル・インタラクションの出現および創出、自然および人体の構造に加え人工知能の成長は、しばしば都市の形態および機能に何が起こっているのかを我々が理解するのを凌ぐペースで、かつてないほど大きな複雑性につながっている。交流のパターンおよび場所の点で、このテーマにもう少し一貫性を与えることには価値があり、その

ためにごく簡単にではあるが、70年も前にShanon（1948）が定義した情報の標準的基準を紹介する。

　iとjという指標によって定義する場所に街を分けてみよう。こうした場所がn個あるとき、妥当な仮定はこの場所の数が増えるにつれて——これは都市または人口の規模と同義である——都市の複雑性も高まるというものである。よって複雑性または情報$I(n)$は、規模nに比例する。出発点である複雑性の最も単純な評価尺度——ただし後にわかるように最良の評価尺度ではない——は、場所iにおける占有または所在の確率がp_iであると仮定することである。このように、都市の情報または複雑性はこれらの確率の対数の加重和、すなわち、

$$I(n) = -\sum_i p_i \log_e p_i$$

である。これがシャノンの有名な公式である。すべての人が一つの場所に住んでいて、その場所を占める確率が1で他の場所を占める確率が0であるとき、情報または複雑は$I(n) = 0$である最低値となる。ある場所を占める確率と、どの場所も他の場所より好まれない確率が等しいとき、

$$p_i = \frac{1}{n}$$

であり、情報が最大である、すなわち$I(n) = \log_e n$であることを示すことは容易である。

　これらすべてが意味するのは以下の通りである。すべての人が一つの場所に住んでいるとき、人は、すべての人が人口密度が最大である地点に住んでいて、それ以外の場所の人口密度は0であると考えるかもしれない。これは全く柔軟性のない、非常に強力で明確に定義された都市構造を示唆し、このため単純だが考えるのがほぼ不可能な状態である。そのことは、フランク・ロイド・ライトが1957年に提案し略図を描いた1マイルの高さを持つ高層ビル——ザ・イリノイ——にすべての人が住んでいるようなものである。これはいまだに物理的に不可能である。しかしながら、すべての人が好きな場所に住み、ある場所が他の場所よりも好きだということがなければ、その街はn個の場所の景観全体に均等な密度で広がる。このため、情報または複雑性は最大であると言われる。もちろん本章では、場所は交流に従わなければならないと論じてきたが、この最も単純な評価尺度はnが大きくなるにつれて——すなわち都市が成長するにつれて——、与えられる複雑性または情報も大きくなることを明らかにしている。これらの考え方はそれ

ほど新しいものではない。Richard Meier（1962）は、コンピュータ時代の初期に
その著書である *"A Communications Theory of Urban Growth"* で、ほぼ同じように
主張している。

　今や我々は、交流のパターンに対処するために評価尺度を一般化することがで
きる。ある一つの場所 i に位置し、別の場所 j と交流する確率 p_{ij} があると仮定し
よう。すべての人が互いに交流する一つの場所（たとえば1マイルの高さのタワ
ー）を除き、これらの確率すべてが0であった場合、情報または複雑性は0になる
だろう。シャノンの公式は

$$I(n) = -\sum_{ij} p_{ij} \log_e p_{ij}$$

となり、これは $p_{ii} = 1$ であるとき0に等しく、$j \neq i$ である場合に $p_{ij} = 0$ である。次
に、もはや場所は問題ではなく、システムにおける任意の二つの場所の間の確率
が同じ状態ですべての人が互いに交流する状況を仮定してみよう。このとき、確
率はすべて等しく、すなわち

$$p_{ij} = \frac{1}{n^2}$$

であり、情報または複雑性は最大で $I(n) = 2\log_e n$ となる。1次元の事例における
場合と同様の考察が適用される——つまり n が大きくなるほど複雑性も増すが、
そのペースは低下する。この議論を強化する可能性があるため少々探求してみた
いのは、都市が成長し、人間がより多くの多様なコミュニケーションの方法を発
明するにつれて、複雑性のさらなるネットワーク層として新しいテクノロジーが
導入されており、これによって議論にさらに弾みがついているという事実である。

　いくつかの点で、我々は産業革命前の都市を存在し得る最も単純な配列——す
べての人が同じ場所に住み、同じ場所で交流する——を反映するものと考えるかも
しれない。対照的に、産業革命後の都市は、すべての人が様々な場所で他の
人々と交流する所である。「距離の死」が発生し、空間的交流に摩擦がない世界
である。我々の都市が急速に受け入れているグローバル社会は、我々が現在見て
いるものに近いように思われる。工業都市は、距離が問題でない世界と、すべて
の人が中心的場所——CBD——と交流する世界との中間にある。我々はこのよ
うにして、実際の物理的な都市の形態と動きのパターンを測定することができる。
$0 \leq I(n) \leq 2\log n$ により境界される二つの極致は限界を定義するが、K が正規化定
数であるとき $p_{ij} = K d_{ij}^{-2}$ と仮定すると、産業時代のこの典型的都市システムの複

雑性は二つの限界の間のどこかにあることを示すことは容易である。実際、我々はロンドン圏についてこれを算出した。

その際、複雑性の上位が $I(n) = 2\log_e 633 \cong 12.9$ であることに留意し、ロンドンを n = 633 のゾーンに分割した。最も単純なモデルから実際に測定した複雑性は、$I(n) \cong 5.62$ であり、これは上限値（上界）よりかなり小さく、ロンドンがもはや距離が問題にならない真にグローバル化した都市になるには、さらに広がらなければならないことを示している。実際、ロンドンは強度に単心性の都市である。フェニックスのような所は上界に近いであろう。しかしながら、この議論にさらなる現実性をもたせるには、物理的なものも仮想のものも、様々なネットワークに関するさらに豊かな討論によって我々の評価尺度を強化する必要がある。

フローの多様性を持つ複数のネットワークとしての都市

ネットワーク工学では、複数の異なる通信メディアを一つのチャネル、または少なくとも二つ以上の異なるフローを含むチャネルにまとめる技術を多重化という。実際、種類を問わず最も古いコミュニティから、複数の目的で物理的な小道が使用されてきた。その他の増強された動物を旅のために利用しながら、徒歩や馬で旅することは基本であり、産業革命が始まると、内燃機関を利用したあらゆる機器が同じ道の空間を占めるようになった。実際、鉄道は必ず路面電車と同じく特別な目的の線路の周囲に設計されているが、鉄道網では様々な種類の列車が同じ線路を使用している。一方、道路は分けられ、特別な移動、特に長距離移動のために取っておかれるようになった。過去50年間に、都市には様々な種類の移動が様々な種類の空間を様々なときに使用する、柔軟な空間が出現した。1日の様々な時間帯における渋滞税や交通封鎖課金におけるもののように、地域的状況に関するプログラミングの利用も一般的になってきた。

しかしながら、最大の課題は大部分が目に見えない電子的ネットワークの出現である。最初の多目的ネットワークは電報であったが、その後、電話やラジオ、テレビが現れた。しかし、ユーザーは主に受信をすることができたが、特別な状況においてのみそうしたメディアを双方向に能動的に利用できたという点で、これらのネットワークはすべて受動的なものであった。おそらく電話は例外であるが、デジタル・コンピュータ以前は、情報をアップロード、ダウンロードでき、その場で変更できるという双方向性はほとんど、あるいは全くなかった。イーサネットやインターネットのような新しいネットワーキング形態の発明はこうした

すべてを変え、過去20年またはそれ以上、多様な情報のフローが多目的に送信されることを可能にする汎用テクノロジーを用いて世界のネットワーク化が進んだ。

仕事から娯楽まで多くのタスクを進めるために、我々が調整された方法で様々なネットワークを利用することは極めて明白である。こうしたネットワークを静かに、または勢いよく流れるカスケードの研究はまだ始まったばかりであるが、エネルギーの物理的移動および情報の仮想の移動に関連するプロセスの混合を反映して、様々なネットワークが意図的に活性化されることは疑う余地がない。このような多重化されたフローをどのように測定、可視化すればよいかを我々はほとんど知らないため、これらが相互にどのように関連しているかは、極めて問題である。これらが空間・時間をどのように表し、どのように埋め込まれるのかもまた、困難をもたらす。我々がどのような情報を持っているかは、特に電子供給システムの混乱という点で、主に様々な形や大きさの災害や混乱に由来する (Buldyrev, Parshani, Paul, Stanley, & Havlin, 2010)。我々は、都市を定義するこうした多くの物理的ネットワーク・電子ネットワークの運営をいかに地図化し観察するかの、まさに始まりにいる。

結論として、都市はもはや場所のパターンで説明することはできない。過去にそうであった程度まで、これは常に都市の進化・形成方法を過度に単純化したものであった。最初の輸送モデルが開発される直前に Mitchell & Rapkin (1954) が主張したように、あらゆる種類の交通は土地利用の機能である。物理的チャネル——道路や鉄道、および関連する固定線路——は、電子メールやウェブなどを持つ有線の電子システムとともに、都市の景観を支配している。店頭からの専門的データ、ならびに地域および建造環境に埋め込まれたセンサーによるもののようなデータは、そのすべてが統合することが難しいデータの絶え間ない流れを提供している。これに加えて、現在多くの電子的トランザクションが Wi-Fi システムに基づいており、誰が何をどのように伝えているのかは、かつてないほど混乱している。不可欠なのは、協調努力のために、こうした多様性すべてを統合する新たな方法を提供することであり、これはスマート・シティの未来の科学にとって急速に大きな問題となってきている (Batty, 2013)。

参照文献

Alexander, C. (1965). A city is not a tree. *Architectural Forum, 122* (1) (April), 58–62 (Part I), and

Architectural Forum, 122(2)（May）, 58–62（Part II）.

Batty, M.（2013）. *The new science of cities.* Cambridge, MA: MIT Press.

Batty, M., & Marshall, S.（2016）. Thinking organic, acting civic: The paradox of planning for *Cities in Evolution. Landscape and Urban Planning.* Retrieved June 28, 2017, from http://dx.doi. org/10.1016/j.landurbplan.2016.06.002.

Buldyrev, S. V., Parshani, R., Paul, G., Stanley, H. E., & Havlin, S.（2010）. Catastrophic cascade of failures in interdependent networks. *Nature, 464*(7291), 1025–1028.

Fischer, E.（2016）. *The geotaggers' world atlas.* Retrieved June 28, 2017, from www.flickr.com/ photos/walkingsf/sets/72157623971287575/.

Geddes, P.（1915）. *The evolution of cities.* London: Williams and Norgate.（西村一朗 他訳『進化する都市』, 鹿島出版会, 1982年：同, 2015年）

Gruen, V.（1965）. *The heart of our cities: The urban crisis: Diagnosis and cure.* London: Thames and Hudson.

Jacobs, J.（1961）. *The death and life of great American cities.* New York: Random House.（山形浩生訳『アメリカ大都市の死と生』, 鹿島出版会, 2010年）

Lenormand, M., Louail, T., Cantú, O. G., Picornell, M., Herranz, R., Arias, J. M., ⋯ & Ramasco, J. J.（2015）. Influence of sociodemographic characteristics on human mobility. *Scientific Reports, 5*（10075）.

MacKaye, B.（1928）. *The new exploration.* New York: Harcourt and Brace.

Meier, R. L.（1962）. *A communications theory of urban growth.* Joint Center for Urban Studies of the Massachusetts Institute of Technology and Harvard University. Cambridge, MA: MIT Press.

Mitchell, R. B., & Rapkin, C.（1954）. *Urban traffic: A function of land use.* New York: Columbia University Press.

Reades, J.（2010）. *Pulse of the city.* Retrieved June 28, 2017, from https://vimeo.com/41760845.

Sennett, R.（1994）. *Flesh and stone: The body and the city in western civilization.* London: Faber and Faber.

Shannon, C.（1948）. A mathematical theory of communication. *Bell System Technical Journal, 27*（July and October）, 379–423, 623–656.

5 ポストアーバン世界における 都市—農村関係

ハンス・ウェストルンド

以下の仮定から始める——社会は完全に都市化された。この仮説はある定義を示唆している。それは、都市社会とは完全な都市化の過程から生まれる社会である、というものだ。こうした都市化は、現在は仮想のものだが、将来的には現実になるだろう。

(Lefebvre, 2003, p. 1)

都市部はグローバル化の現れであるだけでなく、都市化のプロセスにおけるより基本的な変化も表している。この変化は、現代のメトロポリスの地域化から生じ、人口密度の高い都市と無秩序に広がる人口密度の低い郊外化の典型的な単心的二元性から、都市化された地域全体において比較的人口密度が高い都市的集積地域の多心的ネットワークへの移行を含む。

(Soja, 2011, p. 684)

建造環境における地所の規模が大きくなるにつれて、様々な土地利用間の距離も大きくなり、これにより、同量の交換・交流に必要な移動の量も増加する。増大する場所間の移動の必要性を満たすため、交通専用の土地は長さも幅も拡大し、土地利用間の距離はさらに大きくなっている。

(Hägerstrand & Clark, 1998, p. 25)

上記の最初の引用は、1970年にフランスで出版された(ただし英語版が出版さ

れたのは2003年)、アンリ・ルフェーヴルの著書 *"The Urban Revolution"* の冒頭文である。序章において、ルフェーヴルはこの完全な都市化の結果を以下のように要約している——

> 農業生産は主な工業国における一切の自治権、およびグローバル経済の一部としての自治権を失っている。それはもはや経済の主要部門ではなく、際立った特徴を持つ部門ですらない(低開発という点を除いて)……その結果、農民の生活に典型的な単位、すなわち村は変容してしまった。村はより大きな単位によって吸収または消去され、工業生産および消費に不可欠な一部分となった……。この意味で、田園地域にある別荘や高速道路、スーパーマーケットはすべて、都市構造の部分なのである。様々な密度や厚さ、活動のうち、都市構造の影響を受けていないのは、停滞している村や瀕死の村、「自然」に身を任せている村だけである……。中小規模の都市は、メトロポリスの属領または半ば植民地となった。このように、私の仮説は既存の知識の到着点、ならびに完全な都市化という新たな研究およびプロジェクトの出発点の両方として機能する。この仮説は予測的なものであり、現在の基本的傾向を持続させる。
>
> (Lefebvre, 2003, p. 3f)

ルフェーヴルの本の英語版が出版されたのは2003年になってからであるため、その「予測的」陳述は長い間フランス語圏のみで知られていた。1970年代の反都市化(Beale,1975、Champion, 1992などを参照のこと)の際、彼の主張は挑発的で異論の多いものでもあった。しかしながら、ルフェーヴルが本を出してからわずか半世紀の間に、開発そのものによって、理論的にも経験的にも実際彼が正しかったことが証明された。社会は「完全に都市化」されたのだ。2008年以降、世界の人口の50%超が都市に住んでいる (The World Bank, 2016)。現在、人口が100万人を超える都市は世界に約500あり、2030年にはその数は663になると予測されている(The Globalist, 2015)。

上記の2番目の引用は、エドワード・ソジャのものである。Soja(2000)は主にロサンゼルス大都市圏の変容の経験に基づき、「ポストメトロポリス」地域の観点から、都市と郊外の変容について論じた。ソジャによれば、ポストメトロポリス地域の特徴の一つは、史上最高の「文化的・経済的に異質な都市」(Soja, 2011, p. 683)および増大する社会的・政治的両極化を生む、都市の住民のグローバル

化である。しかしながら、こうした増大する異質性は「建造環境、視覚的景観および大衆の趣味・ファッションの均質化」と同時進行する (Soja, 2011, p. 683)。「郊外および郊外の生活様式は変化しており、(人口統計学的・経済的な点で) より人口密度が高く異質な、かつて都市がそうであったようなものになっている」(Soja, 2011, p. 684)。その結果が、人口密度の高い中心部とその周囲に無秩序に広がる人口密度の低い郊外から、全体的に比較的人口密度の高い多心的な都市地域への大都市の変容である。

　3番目の引用は、トルステン・ヘーゲルストランドとエリック・クラークによる意見である。彼らの所見は世界的な都市化のもう一つの特徴、すなわち都市の活動および土地利用だけでなく、高密度の都市が都市的活動を土地利用だけでなく、「都市構造」へと統合されてきた。かつての農村的活動と土地利用をも含む、かなり低密度地域への労働市場、住宅および日常的消費 (娯楽を含む) は、都市化によって引き起こされた人口増加により空間的に拡大してきたが、交通インフラの拡張をともなわない空間的拡大はすぐに止まる。路面電車や鉄道、地下鉄、自動車、バス、トラックのためのインフラストラクチャーの計画および建設は、機能的な都市地域の形成を可能にした――また拡張された交通インフラは、都市のスプロール現象のような、都市地域の計画外の空間的拡大も可能にした。

　三つの引用はほとんど相容れないように見えるかもしれないが、これらはポストアーバン世界への都市の変容の異なる側面を明確に示していると言う方が妥当である。ルフェーブルは経済的、社会的、文化的観点から社会の都市化全体について、また農村部がどのようにこのプロセスに統合されているかについて論じているが、彼はグローバル化時代の前にその本を著しており、人口密度の面については分析していない。ソジャは都市と郊外の二分法から、前の段階におけるものよりもはるかに人口密度が均一化された多心的な都市地域への変容を強調している。ヘーゲルストランドとクラークの場所間の移動の必要性の増大に関する意見は、別の空間的レベルで密度の問題を懸念している。しかしながら、それは輸送の供給が向上した結果発生する都市郊外外縁の外での「地域の拡大」に関する交通インフラの役割とも強く結びついている。

　ポストアーバン世界という概念は、統合された都市地域の未来およびその内的・外的ネットワークに関する広範な問題のみにつながるものではない。都市も農村部も昔とは違うという事実もまた、都市と農村部の関係の未来に関する疑問につながる。本章は、産業革命前の時代以降、空間理論において都市と農村部の

関係がどのように解釈されてきたかの概要から始める。その後、知識経済における都市と農村部の関係、およびポストアーバン世界における都市と農村部の二分法の崩壊について論じる。最後に、縁辺の田園地域が「自然に」帰ることを避けるために考えられる開発戦略について論じる。

同心円から無秩序に広がる都市ネットワークへ

都市と農村部の二分法は都市の起源、すなわち余剰農産物が非農民の集積地域を養うのに十分なほど大きくなったとき以来存在してきた。前工業経済において、都市は小規模で（いくつかの例外を除き）、農業生産性は低かった。von Thünen (1826) が孤立国に関する理論を発表したとき —— 孤立国の周囲には様々な土地利用を同心円状に描くことができる —— 、それは空間的経済理論の確立を意味した。都市およびその後背地域は調和した相互関係で存在し、そこでは田園地域は都市のために生産し、土地利用はその土地の収率や製品価格、生産および都市への輸送にかかる費用によって決定された。この理論は前工業経済の主な空間的関係、すなわち都市の市場のための後背地域の農業生産(および生産地)を説明している。

農業革命および産業革命は、都市と農村部の関係を大きく変えた都市化の波を知らせるサインであった。成長する都市による後背地域からの食糧や建築資材、薪に対する需要は増加し、さらに都市は工業用の原料も必要とした。これらはすべて、都市と後背地域の開発が同調して進んだことを意味していた。Christaller (1933) の中心地理論は、一つの中心地とその後背地域から、階層的な複数の中心地へと、フォン・チューネンの理論を拡大した。中心地理論はまた、製造工業経済において発達したサービス部門も含んでいた —— しかし、製造自体は中心地理論には含まれていなかった。代わりに、製造業の場所理論が別の一連の思想に沿って発達し、この分野においては Hoover (1948)、Launhardt (1885)、Lösch (1940)、Palander (1935)、Weber (1909) の貢献が重要なランドマークとなった。これらの研究に共通する特徴は、製造場所と材料費、製造、およびその場所での輸送に焦点を絞っていることである。後背地域はもはや固定された地域ではなく、製造の種類によって異なった。中心地理論とのもう一つの重要な違いは、製造業の場所理論が製造の中心以外の市場にも重点を置いていることである。これは、製造の中心が、厳格な階層におけるより高位の場所または低位の場所だけでなく、世界のその他の地域とも交流しているという認識であった。それでも、こうした

立地理論は、原料の採掘、生産場所への原料の輸送、中間体や最終製品への原料の加工、市場への製品の輸送をともなう従来の工業生産に基づくものだった。

　知識経済はこのような関係にとてつもなく大きな変化をもたらした。農業および原料の採掘は、労働集約型の活動から資本集約型の活動に変化した。これは、これらの農村部における労働に対する需要がかつてそうであったもののほんの一部分にまで減少したことを意味していた。同時に、都市の経済の知識経済への変容は、農村部の後背地域から得られる原料が、減少する都市のインフローのシェアを表すこと、ならびに着実に後背地域に市場を見つける都市の生産シェアが減少していることを意味している。よって知識経済の出現は新しい理論をもたらした。もはや焦点となるのは一つの産業ではなく、生産と消費の凝集——都市——およびそれらの間の交流なのである。空間科学の幅広い分野において、様々な学問分野の一流の学者らにより、都市システム(Pred,1977)、世界都市(Friedmann & Wolff, 1982)、グローバル・シティ(Castells, 1996; Sassen, 1991)、都市ネットワーク(Taylor, Catalano, & Walker, 2002)、グローバル・シティ地域(Scott, 2001a, 2001b)およびグローバル・メガシティ地域(Hall & Pain, 2006)に関する多様なアプローチが開始された。今日、こうしたアプローチおよびそれらが示唆するものは、多かれ少なかれ当然とみなされているが、Taylor & Derudder(2015)が指摘するように、それらは半世紀前に主流だった枠組み、すなわち中心地理論とは全く異なる世界を反映している。主流のモデルとして、「都市ネットワーク」理論が中心地理論に取って代わった。その結果、都市ネットワークの関係および交流が、都市とその周囲の農村部との関係および交流よりもはるかに重要になった。こうした環境が、空間科学にこの「都市革命」をもたらした。

　前工業経済、工業経済および知識経済における空間交流に対する主な理論的アプローチは、上記の通り簡単に要約された。主流だった中心地と後背地域の関係から今日の都市ネットワークへの変容の背後にある原因は何か？　一般的な説明は、地域・国家規模の前工業・製造業経済からグローバルな知識経済への変容であろう(Westlund, 2006)。産業革命前の世界における一般に小規模な都市は、ほとんどの場合、食糧や建築資材、薪を後背地域に依存していた。数少ない比較的大規模な都市は、植民地化や征服、交易によって世界の他の地域とのネットワークを発達させた都市であったが、それでも後背地域は彼らにとって非常に重要であった。工業化は、多くの既存の都市の成長と、多くの新たな都市の台頭を意味した。典型的な工業化は、天然資源の採掘の上に成り立っていた。天然資源は

水路または新たな輸送手段である鉄道で輸送することができたが、地元で資源を利用し、最終製品を市場に輸送するには、しばしば費用を最小限に抑える明白な理由があった。このように、前工業時代および製造・工業期間の両方において、都市の大半がその期間の主流の生産因子、すなわち地方または地域の天然資源に基づいていた。

知識経済は、いろいろな意味でそれまでの経済とは異なっていた。最も大きな違いの一つは、主な生産および場所決定要因として、人的資本、すなわち知識やスキルを持った人々が原料や物的資本に取って代わったことである。これは広範囲に及ぶ結果である。"fly-in-fly-out" の労働力で採掘できるため、天然資源および原料はもはや地域開発の推進力ではない。代わりに、知識経済の企業にとって最も重要な場所の要因は、熟練した労働力である。こうした労働力は、通常大都市や大学都市に見られる。大規模で多様化した労働市場が、ビジネスと労働の両方にとって重要な場所決定要因となる一方、都市間の競争においてはアメニティのようなそれ以外の魅力的な特徴の重要性が高まる。

知識経済と製造経済のもう一つの重要な違いは、大都市と比較的小規模な都市および農村部との関係である。製造経済は地域の原料に大幅に依存して成り立っており、これが都市部と農村部の間に一定のバランスを生み出していた。製造経済期における周辺の農村部の開発は、Innis(1930)および North(1955)のステープルに依拠した理論を支持すると考えることができる。天然資源やエネルギー、農産物に対する外因性の需要は、消費に対する収入と採掘の中心地への投資をもたらした——しかし、資本／労働の比率または／および、縮小する需要により、その後拡大から逆行に転じた。

知識経済は、都市と田園地域の間に全く異なる関係を生み出した。成長著しい大都市は、近隣の小規模な都市や町、純粋な田園地域が統合された都市地域に変わり、機能的地域の一部となった。こうした地域にとっては、通勤の可能性がその地域の規模を決定する要因となった。大都市の外は、主に広大な田園地域および人口が減少している小規模な都市や町である。概して、こうした広大な地域は今や最も重要な生産因子、すなわち人的資本の密度が不十分である。これは、そこでは労働市場が小さいままであり、知識経済が成長することが難しいことを意味している。

小規模な町や農村部を含む大都市圏の出現は、より縁辺部の農村地域や、より小規模な町が「外側」になってしまったのに対し、従来の都市と農村部の二分法

が消失したことを意味している。成長する都市はかつてそうであったような農村部の中心としての機能が低下し、国境を超える都市ネットワークにおける多機能な地域および結節の中心としての機能が高まっている。広範な地域の外にある都市や町、農村部は、相対的な意味で都市地域およびそのグローバルなネットワークに提供するものが減ってくる。拡大する都市地域が何を求めているかに基づいて、都市地域との新たな交流を生み出すことができなければ、そうした都市や町、農村部は下方スパイラルに陥ることになる。

　当然、都市地域を囲む農村部は、都市にとって依然として重要であることが指摘されるべきである。多くの人々が都市で働いているが、田園地域に住んでいる。これは、ある面で都市と都市近郊の田園地域の関係が強化されてきていること、および都市近郊の田園地域が都市地域の統合された一部になっていることを意味する。しかしながら、周辺地域に対する都市の（プラスの）影響は距離とともに小さくなる。田園地域に住み都市で働くことの可能性は、通勤時間に左右される。スウェーデンで行われた研究 (Johansson, Klaesson, & Olsson, 2002) は、通勤時間が1時間を超すと、通勤者の割合が減少することを示した。たとえ許容できる通勤時間が伝統や社会環境のため国および地域によって異なっても、距離にともなって通勤者が減少するという一般的なパターンには議論の余地がない。

　また、都市は農産物や建築資材を必要としていること、都市の住民は田園地域にある別荘で楽しくくつろぐということも主張されるかもしれない――しかし、こうした以前は強力だった都市と後背地域のつながりは、今やかつて後背地域であったものをはるかに超えた、非常に広範な文脈を持つ都会と農村部の関係となっている。乳製品やレンガ、建築用木材は、現在地域内よりもはるかに拡大された取引の対象である。冬の間都市の家々を暖めるための後背地域の薪は、かつては多くの都市のインフローにおける唯一の主な商品であったが、現在では別の物――後背地域の物ではないエネルギー源に完全に取って代わられている。都市の農村環境にある農村部のサマーハウスは、都市の影響力の拡大および周辺地域に対する需要にとって今も重要なノードであるが、収入の増加に従って、レジャーハウス市場は国際的になるとともにネットワーク性を獲得し、近接性の重要性は低下した。

　まとめると、農業経済から製造工業経済を経て知識経済に至る変容は、都市と農村部の関係の劇的な変化を意味してきた。これは「実体」経済と空間経済学的理論の両方に反映されている。「完全な都市化」にともない、都市はかつての後

背地域への依存を弱め、他の都市とのつながりへの依存を強めている。我々は、こう問うことが必要な時点に来ている——従来の都市と農村部の二分法は、現在の都市地域とその外側の地域との関係に適用されるのか？　この問題については次節で論じる。

ポストアーバン世界における都市－農村二分法の崩壊

上述の発展は以下の3点に要約することができる：

- 都市は田園地域の海に浮かぶ小さい孤立した島から、グローバルな都市ネットワークのノードである都市地域へと発展した。都市地域の外側にある後背地域と都市との交流の重要性は徐々に低下しており、「完全な都市化」とともにほとんど無視できるほどになっている。
- こうした転換は、各期間における一般的な経済のタイプと密接に関連している。農業期には、都市は後背地域からの食糧に大きく依存していた。工業経済においては、都市は依然として後背地域からの食糧および原料に大きく依存していたが、市場および他の都市からのインプットに対する依存も高まっていった。現在の知識経済では、後背地域からの食糧および原料に対する依存度は小さい一方、他の都市地域との交流に対する依存度は高まった。
- 都市と農村部の関係のこのような変容は、各期間の一般的な理論上の空間経済的枠組みに反映されている。

図5.1は、三つの経済的期間における都市の主な経済的つながりを表している。図5.1(a)は、前工業期の孤立した都市における市場と、輪で示した農業主体の後背地域の様々な生産帯との間のつながりを示している。一方で、図5.1(b)は、工業期には以前と比べて都市の規模が大きくなったことを表している。産業革命および農業革命は、都市と農村部の関係を劇的に変えた。農業生産性の向上は、田園地域がはるかに多い都市の住民に食糧を提供できることを意味した。前工業時代と比べて複数のレベルでの都市と農村の交流により、成長する都市における工業生産は、この新しい関係のもう一つの面となった。他方で、図5.1(b)は後背地域、および今や都市の生産物の市場であると同時にこうした生産物のための材料供給源として機能する他の都市の両方と、都市とのつながりを表している。図5.1(c)は、知識経済において一般的な都市の関係は、都市との関係である一方、

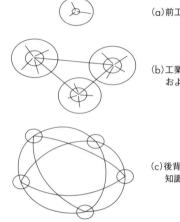

図5.1 （a）前工業経済、（b）工業経済、（c）知識経済における都市の主な空間経済学的つながり

かつての後背地域との関係は無視できるほどに弱まっていることを示している。これはルフェーヴルが予測した完全な都市化の一面である。都市と農村部の二分法は崩壊したのである。しかしながら、都市と後背地域という形で表現される二分法が存在しなくなった場合、この主張はどのように農村部から都市への通勤、農村部のサマーハウス、農村部における余暇活動に関する第2節で提示された例に適合するのだろうか？　その答えは、かつての農村部の後背地域は、「完全な都市化」と都市ネットワークの優勢にともない、都市のための食糧および原料の主要な提供者として存在することをやめ、これにともないそうした地域は伝統的な後背地域として存在することをやめたということである。代わりに、都市周辺の農村部は、全く異なる二つのタイプに発展した——「都市構造の一部」になった地域と、「停滞している地域や瀕死の地域、『自然』に身を任せている地域」である (Lefebvre, 2003, p. 3)。

　最初のタイプの農村部、すなわち都市に近い農村部は、地域拡大を通じて都市地域の一部となった。こうした農村部は、住宅および人口の密度を除き、あらゆる面で完全に都市化した（もっとも、この都市周辺の田園地域は農村部である周辺地域よりも人口密度が高い）。別の面では、住民は都会的な職業、価値観、規範および文化、消費パターン、ライフスタイルを持っている。住民のうち相当数の集団が、都市と農村部を組み合わせたライフスタイルを楽しんでいる、移住してきたアッパーミドルクラスであるという事実に基づいて、こうした都市に近い

田園地域の変容は、特にイギリスにおいては「ジェントリフィケーション」と呼ばれている (Phillips, 1993 などを参照のこと)。しかしながら、こうした変容の対象となっているのはかつての農村部だけではない。同様に、「中小規模の都市は、メトロポリスの属領または半ば植民地となった」のである (Lefebvre, 2003, p. 3)。このように、かつての後背地域のうち都市に近い部分は、拡大する都市地域に統合されている。こうした発展はかつての農村部の後背地域の一部を都市システムの構成部品に変えるだけではない——それは大都市を数多くの密度および活動をともなう都市地域に変えもする。そうした活動には、「都市型農業」となった特定の形態の農業も含まれる。

もう一つのタイプの農村部の場合、成長する都市地域の労働市場への通勤距離以外にも、発展の可能性は著しく低い。こうした地域は、ルフェーヴルの言葉を借りれば、ゆっくりと「『自然』に身を任せ」ているのだろうか？　次節では、ポストアーバン世界における農村部である周辺地域のための考えられる戦略について論じる。

農村部である周辺地域のための考えられる戦略

基本的な見方は、都市や町、都市地域のプラスの影響の外に位置する農村部は、内からの成長および発展の可能性を欠いており、その製品や資源に対する外からの需要のみがその経済の成長を刺激することができるというものである (Westlund & Kobayashi, 2013)。食糧や原料、エネルギーに対する外からの需要は、工業期にこれらの地域の多くを繁栄させたが、生産において高まり続ける資本集約度により、これらの部門における労働の必要性はかつてと比べて減少した。それでも、たとえ労働力のうち fly-in-fly-out の労働者の占める割合が増えていても、鉱石やオイル・シェール、その他の鉱物の採掘は、特定の周辺地域を繁栄させている——埋蔵物の採掘で利益が上がる限りにおいてであるが——。

旅行業界の成長により、アメニティという概念が注目されるようになった。アメニティとは、そこを居住したり働いたりするために魅力的な場所にする、場所または地域の性質と定義することができる (Green, Deller, & Marcouiller, 2005; Power, 1988)。この定義から、アメニティは来訪者にとって魅力的であるだけでなく、その地域への転入者や永住者にとっても魅力的であるということになる。たとえ天然資源の採掘が今も多くの農村部で重要であるとしても、農村部の経済においては資源の採取からアメニティの利用への転換があり、アメリカでは自然アメニ

097

ティを豊富に有する郡が広範なサービス部門において高い雇用成長率を経験した例が複数ある (Green et al., 2005; Shumway & Otterstrom,2001)。国際的研究概観で、Naldi, Nilsson, Westlund, & Wixe (2015a) は、自然アメニティに恵まれた農村部は、その他の地域と比べて成長の可能性がより高いように思われるとの結論を導き出した。スウェーデンの研究 (Naldi, Nilsson, Westlund, & Wixe, 2015b) は、外的な地方の状況および地方のアメニティ供給が新たな企業設立率を決定する重要因子であることを示した。都市と農村部の比較により、自然ベースおよび文化ベースのアメニティの供給は、都市地域よりも農村部地域において新たな企業の設立を説明する上でより重要であることが示された。

　しかしながら、たとえ特定の農村部に、旅先または居住地域としてその場所を魅力的なものにすることができる自然アメニティおよび文化アメニティがあったとしても、アメニティ自体だけでは不十分である。旅行者が手頃な費用でアメニティの豊富な地域を訪れることは可能に違いなく、そうした地域に居住する人々が都市に通勤することも可能に違いない。アメニティの豊富な地域でのビジネスライフは、整備された交通インフラとブロードバンド接続によって都市の市場にアクセスできなければならない。コミュニケーションおよび輸送のためのインフラストラクチャーがなければ、農村部の開発は不可能であろう。

　複数の研究により、社会的ネットワークおよび社会資本のその他の面が、農村部のコミュニティの成長にとって重要であることが示されている。Kilkenny, Nalbarte, & Besser (1999) は、アメリカ合衆国アイオワ州の小さい町における小規模ビジネスの成長にとっての相互的コミュニティサポートの重要性を示した。Eliasson, Westlund, Fölster, Westlund, & Kobayashi (2013) は、地方のビジネス関連社会資本の質に関するビジネスオーナーの意見と、スウェーデンの市町村における経済成長の間のプラスの関係、および社会資本の重要性は市町村の規模に応じて減少することを発見した。しかしながら、地方における連携は農村部の開発を達成するために十分ではないことを示唆する研究もある。スウェーデンの小規模な食品製造企業の研究において、Naldi, Nilsson, Westlund, & Wixe (2017) は農村部の企業のイノベーションにとっての地方の外や地域の外とのつながりの重要性を示した。これは、農村部の企業が、地方の外や地域の外の当事者および市場との関係を構築することにより、低いアクセシビリティを埋め合わせることができることを示唆している。

結論

　ポストアーバン世界の出現は、都市と農村部の関係における基本的変化を意味する。都市に近い田園地域は都市地域に統合される一方、縁辺部の田園地域は一部の例外を除き、都市地域によって次第に必要とされなくなってきている。先進国の交流相手で最も多いのが、発展途上国よりも他の先進国であるのと同様に、拡大して都市地域となった都市の交流相手で最も多いのは、かつての後背地域ではなく他の都市である。空間的交流の主要原則として、距離を超えるネットワークが線的距離に取って代わった。辺縁部の農村地域の生き残りのために、これは真に困難な課題である。

参照文献

Beale, C. L. (1975). *The revival of population growth in nonmetropolitan America.* Economic Research Service, publication 605, US Department of Agriculture, Washington, DC.

Castells, M. (1996). *The rise of the network society: The information age: Economy, society, and culture* (Vol. 1). New York: John Wiley & Sons.

Champion, A. G. (1992). Urban and regional demographic trends in the developed world. *Urban Studies, 29*(3–4), 461–482.

Christaller, W. (1933). *Die zentralen Orte in Süddeutschland: Eine ökonomisch–geographische Untersuchung über die Gesetzmässigkeit der Verbreitung und Entwicklung der Siedlungen mit städtischen Funktionen.* Jena: Gustav Fischer. (江沢譲爾 訳『都市の立地と発展』, 大明堂, 1969 年)

Eliasson, K., Westlund, H., Fölster, S., Westlund, H., & Kobayashi, K. (2013). Does social capital contribute to regional economic growth? Swedish experiences. In H. Westlund & K. Kobayashi (Eds.), *Social capital and rural development in the knowledge society* (pp. 113–126). Cheltenham, UK: Edward Elgar.

Friedmann, J., & Wolff, G. (1982). World city formation: An agenda for research and action. *International Journal of Urban and Regional Research, 6*(3), 309–344.

Green, P. G., Deller, S. C., & Marcouiller, D. W. (2005). Introduction. In P. G. Green, S. C. Deller, & D. W. Marcouiller (Eds.), *Amenities and rural development: Theory, methods and public policy* (pp. 1–5). Cheltenham, UK and Northampton, MA: Edward Elgar.

Hägerstrand, T., & Clark, E. (1998). On the political geography of transportation and land use policy coordination. Transport and Land-use Policies: Resistance and Hopes for Coordination. *COST, 332,* 19–31.

Hall, P., & Pain, K. (2006). *The polycentric metropolis.* London: Earthscan.

Hoover, E. M. (1948). *The location of economic activity.* New York: McGraw Hill. (春日茂男・笹田友三郎 訳『経済活動の立地：理論と政策』, 大明堂, 1970 年)

Innis, H. A. (1930). *The fur trade in Canada: An introduction to Canadian economic history.* Toronto: University of Toronto Press.

Johansson, B., Klaesson, J., & Olsson, M. (2002). On the non-linearity of the willingness to commute. Retrieved June 29, 2017, from www-sre.wu.ac.at/ersa/ersaconfs/ersa02/cd-rom/

papers/476.pdf.

Kilkenny, M., Nalbarte, L., & Besser, T. (1999). Reciprocated community support and small town-small business success. *Entrepreneurship & Regional Development, 11*(3), 231–246.

Launhardt, W. (1885). *Mathematische begründung der volkswirtschaftslehre.* Leipzig: BG Teubner. English translation: *Mathematical principles of economics* (1993).

Lefebvre, H. (2003). *The urban revolution.* Minneapolis: University of Minnesota Press. (French original first published 1970). (今井茂美 訳『都市革命』, 晶文社, 1974年)

Lösch, A. (1940). *Die räumliche Ordnung der Wirtschaft: Eine Untersuchung über Standort, Wirtschaftsgebiete und internationalen Handel.* Jena: G. Fischer. (篠原泰三 訳『レッシュ経済立地論』, 農政調査委員会, 1968年：大明堂, 1991年)

Naldi, L., Nilsson, P., Westlund, H., & Wixe, S. (2015a). What is smart rural development? *Journal of Rural Studies, 40*, 90–101.

Naldi, L., Nilsson, P., Westlund, H., & Wixe, S. (2015b). What makes certain rural areas more attractive than others for new firms? The role of place based-amenities. Paper presented at the 18th Uddevalla Symposium, June 11–13, 2015, Sonderborg, Denmark.

Naldi, L., Nilsson, P., Westlund, H., & Wixe, S. (2017). Disentangling innovation in small food firms: The role of external knowledge, support, and collaboration. *CESIS WP Series No. 446.* Retrieved July 6, 2017, from https://static.sys.kth.se/itm/wp/cesis/cesiswp446.pdf.

North, D. C. (1955). Location theory and regional economic growth. *Journal of Political Economy, 63*(3), 243–258.

Palander, T. (1935). *Beiträge zur standortstheorie* (Doctoral dissertation, Almqvist & Wiksell). (篠原泰三 訳『立地論研究』, 大明堂, 1984年)

Phillips, M. (1993). Rural gentrification and the processes of class colonisation. *Journal of Rural Studies, 9*(2), 123–140.

Power, T. M. (1988). *The economic pursuit of quality.* Armonk, NY: M.E. Sharpe.

Pred, A. (1977). *City-systems in advanced economies: Past growth, present processes, and future development options.* New York: Halsted Press.

Sassen, S. (1991). *The global city. New York, London, Tokyo.* Princeton, NJ: Princeton University Press. (伊豫谷登士翁 監訳『グローバル・シティ：ニューヨーク・ロンドン・東京から世界を読む』, 筑摩書房, 2008年)

Scott, A. J. (Ed.). (2001a). *Global city regions: Trends, theory, policy.* Oxford: Oxford University Press. (坂本秀和 訳『グローバル・シティー・リージョンズ』, ダイヤモンド社, 2004年)

Scott, A. J. (2001b). Globalization and the rise of city regions. *European Planning Studies, 9*(7), 813–826. (本田浩邦・鈴木秀男 訳『グローバリゼーションと都市地域の出現』,『空間・社会・地理思想』9, pp. 72-82, 2004年)

Shumway, J. M., & Otterstrom, S. M. (2001). Spatial patterns of migration and income change in the Mountain West: The dominance of service-based, amenity-rich counties. *Professional Geographer, 53*, 492–502.

Soja, E. W. (2000). *Postmetropolis: Critical studies of cities and regions.* Oxford: Blackwell.

Soja, E. (2011). Regional urbanization and the end of the metropolis era. In G. Bridge & S. Watson (Eds.), *The new Blackwell companion to the city* (pp. 679–689). Oxford: Blackwell.

Taylor, P. J., Catalano, G., & Walker, D. R. (2002). Exploratory analysis of the world city network. *Urban Studies, 39*(13), 2377–2394.

Taylor, P. J., & Derudder, B. (2015). *World city network: A global urban analysis* (2nd ed.). London: Routledge.

The Globalist. (2015). *Just the facts. World's million-people cities.* Retrieved June 29, 2017, from www.theglobalist.com/world-million-people-cities-china/.

The World Bank. (2016). *Urban population.* Retrieved June 29, 2017, from http://data.worldbank. org/indicator/SP.URB.TOTL.IN.ZS.

Thünen, J. H. von. (1826). Der isolierte Staat. *Beziehung auf Landwirtschaft und Nationalökonomie.* Hamburg: Perthes. (近藤康男 訳『孤立国』, 成美堂書店, 1929 年；日本評論社, 1947 年；日本評論新社, 1956 年)

Weber, A. (1909). Über den Standort der Industrie. 1. Teil: Reine Theorie des Standorts. Tübingen. English translation: On the location of industries, 1929. *Theory of the location of industries.* Chicago: The University of Chicago Press. (篠原泰三 訳『工業立地論』, 大明堂, 1986 年)

Westlund, H. (2006). *Social capital in the knowledge economy: Theory and empirics.* Berlin, Heidelberg, New York: Springer.

Westlund, H., & Kobayashi, K. (2013). Social capital and sustainable urban-rural relationships in the global knowledge society. In H. Westlund & K. Kobayashi (Eds.), *Social capital and rural development in the knowledge society* (pp. 1–17). Cheltenham, UK: Edward Elgar.

6 再帰的新自由主義、都市デザインおよび再生機構

ポール・L・ノックス

　グローバルな都市、とりわけ西洋におけるそれらの都市は、不動産や金融、建設、職業的関係者の連合と提携——国内では土地利用規制や政策、意思決定に従事しつつ、国際的な資本および市場を利用する「再生機構」——によって静かに改変されている。これらの再生機構は国およびメトロポリスの政府の再帰的新自由主義の産物であり、ますます国際的になる都市間の競争の産物である。再生機構はメトロポリスの構造の大部分を新しいものに取り換え、その居住者を駆逐してきた。このプロセスにおいて、デザインを職業とする者は——彼ら自身再生機構に関与しているが——、新しい職業的正当性を採用し、古いものを捨てて再編成されてきた(Carmona, 2009; Madanipour, 2006)。

　1980年代の第一波の新自由主義により、都市計画はすでに骨抜きにされていた。福祉国家の創設、進歩的な都市計画の台頭、そして公営住宅団地における日常的なモダニズムの出現を見てきた戦後秩序の確立は、いわば世俗的な宗教改革をもたらした。それは新自由主義という形の反宗教改革によって覆された。その結果、計画の実務は理論と疎遠になり、あらゆる広義の公益と別れ、漸進的ビジョンを通じた変化に尽力するよりも、実際的に経済的・政治的制約に目を向けるようになった。社会と国との間の古い相互関係は否定された——「社会などというものはない」とマーガレット・サッチャーは宣言した (Thatcher, 1987, p. 10)。国の役割が市場の調節者および福祉サービスの提供者から、市場の世話役および事業の代理店に変わるにつれて、「自分の身は自分で守れ」という社会になった。コミュニティおよび個人は、自らの生活の遂行に責任をもたなければならなくな

った。新自由主義の早期の結果は、均一でない経済発展の結果に対抗するよう設計された国の規制的枠組みの解体であった。代わりに、都市および地域は民間セクターによる投資を求めてより熱心に競争することが奨励された。その他の新自由主義の早期イニシアティブとしては、金融緩和、再分配福祉プログラムの縮小、公営住宅の売却、公的スペースの民営化、労働組合および政府機関の権力および影響力に対する制限の導入、交通システムおよびユーティリティサービスの民営化などがあった(Sager, 2011)。

　都市経済再編の圧力とともに、このことは都市計画の黄金時代の終わりの始まりを告げた。政治家の間でも一般大衆の間でも、都市は経済および社会全体とともにうまく計画・管理することができるという考え方に対する疑念が高まった。はるか昔にジェイン・ジェイコブズによって種は蒔かれていた――*"The death and life of great American cities"*(1961)は、アメリカの公営住宅および都市再生プログラムのイメージを悪化させる上で大きな役割を果たした。以降、都市の形態は市場原理に従い、プランナーおよび都市デザイナーは単に凸凹を均すのみとなった。もはや大がかりな計画を行う余裕はなく、都市は真の変化よりもブランド化を支援する計画部門となった。権威ある技術家政治的立場と包括的な社会的権能を剥奪され、プランナーは官民パートナーシップおよび「スマートな成長」戦略の仲介を任された。この戦略の目的・目標は、ほぼ必ず1980年代に西洋諸国を支配するようになった「ニュー・エコノミー」のおかげでにわかに景気づき始めた民間セクターによって支配されていた。

　その後数十年間において、後継政府が市場の効率、財産所有の優先、および自らの福祉に対する個人の責任に関する前提に立脚する政策を再帰的に策定したことにともない、新自由主義は新たな正統としてしっかりと確立された。戦後秩序の規範、価値、制度に対する攻撃は、グローバル化というコンテクストにおける競争上の優位性確保のための必要条件として表現された。進歩的な社会的プログラムに代わって、レジリエンスの重要性についての言説が現れたが、その中では個人の適応性、自立性、責任ある意思決定が強調された(Coaffee, 2013; Hudson, 2010)。弱者集団、経済的に衰退した地域、あるべき機能が剥奪されている近隣地域とともに、貧困層は病理的なものとみなされ、自らの失敗を叱責された。新たな正統においては、都市および地方のコミュニティは責任とレジリエンスと起業家精神を持たなければならなかった。

　都市計画の専門家が1980年代、1990年代の「自分の身は自分で守れ」という

第 1 部　空間変容と都市および地域の新たな地理

ポリティカル・エコノミーの中での役割を見つけようと苦闘している間、建築および都市デザインは新たな役割を引き受けていた。「ロマンティックな資本主義」(Campbell, 1987) の「夢の経済」(Jordan, 2007) および過熱した借金を原動力にした消費者主義において、建造環境のデザインは大都市圏の変化の多くの面と密接に関与するようになった。ボードリャール、ドゥボールおよびその他に続き、Ritzer (2005) は現代の物質文化における壮観さや派手なショー、シミュレーション、テーマ設定、純粋な大きさの重要性を指摘した。Gospodini (2002) が記したように、かつて建造環境の質は経済発展の副産物であったが、今や経済発展の前提条件とみられるようになった。多くのグローバル化している都市にとって、良好なビジネス環境を提供することの当然の結果は、都市デザインの促進やアイコニックな建築物、最先端の文化的地区であった。旗艦プロジェクト、「スターキテクチャー (スター建築)」および都市デザインにおける記念碑的巨大さが、グローバル化したポスト工業時代のサービス経済において競争しようとする都市にとって必要であるとみなされた (Knox, 2011)。それらはまた、埋め込まれた再帰的な新自由主義にもしっくり合う——増大する社会的両極化から注意をそらす一方、大都市圏の中心のイメージを変え、計画および政策手続きに例外的手段を与えるために簡便な先例を提供する (Cuthbert, 2005; Hackworth, 2007; MacLaren & Kelly, 2014)。

　シドニーのオペラハウスは、都市をグローバルな地図に載せるための急進的デザインの目立つ建築の能力を示す、初期の例 (1973 年) の一つである。その後まもなく、1971 〜 1977 年にパリの荒廃したボーブール地区に建てられたポンピドゥー・センターの成功により、Baudrillard, Krauss, & Michelson (1982) が「ボーブール効果」と呼ぶものが生まれた。その後、発展途上国の多くの都市景観が、都市のメガプロジェクト、旗艦的文化施設、カンファレンスセンター、大規模な多目的開発、ウォーターフロントの再開発、史跡名勝、および大規模なスポーツ・娯楽複合施設によって一新され始めた。エバンスはこれを「ハード・ブランディング」と評し、優れた都市デザインがなければ、「どれだけうまく歌えるかは重要でなく、元気に楽しく歌うことが大切なカラオケ建築の形」になる可能性があると述べた (Evans, 2003, p. 417)。Julier (2005) が指摘するように、ランドマークタワーの建設により都市がグローバルステータスを求めて競うようになるにつれて、ハード・ブランディングは「著名な」建築家による代表的建築物の連続した複製を招いた。今や一般的になったセレブリティ志向のグローバルカルチ

ャーにおいては、「代表的な」ステータスに必要なのは、建築物が表紙を飾るような建築であることだけだ。その建築物のデザインが劇的だったり急進的だったりする場合、それは都市全体を再ブランド化し、グローバル経済において認知されるステータスを上げることができる。これは、よく知られているように、ビルバオで起こったことである。この街は、現代性の象徴および経済再生の欲望として代表的建築物を呼び物にする戦略を開発した最初の都市の一つであった。それは川沿いの再開発の一部であるフランク・ゲーリーによるグッゲンハイム美術館から始まった。この建物のマスタープランはシーザー・ペリ、ディアナ・バルモリおよびエウジェニオ・アギナガが考案した。その他の注目すべき開発としては、35階建てのオフィスタワー（シーザー・ペリ）、エウスカルドゥナ国際会議場・コンサートホール（フェデリコ・ソリアーノおよびドロレス・パラシオス）、ビルバオ国際展示場（César Azcárate）、扇形の入り口が目を引く新しい地下鉄システム（ノーマン・フォスター）、新空港（サンティアゴ・カラトラバ）、ネルビオン川にかかる歩道橋（同じくカラトラバ）、高級フラットや映画館、レストランを含む波止場地域の多目的開発である「ゲートウェイ」プロジェクト（磯崎新）などがある。その正味の影響は、他の都市が文化とデザインの促進によって自らを再ブランド化し、都市再生を引き起こそうとする「ビルバオ効果」を誘発したことであった（Bell & Jayne, 2003）。シャロン・ズーキンが述べているように（Zukin, 2010, p. 232）、すべての都市が 'McGuggenheim' を求めた。

　市町村同様企業も気づき、世界的に有名な場所や代表的建築物のアンサンブルを、企業の「ブランドスケープ」に商品として反映させた（Klingmann, 2007）。例としては、いずれも1990年代に官民パートナーシップによって再開発されたニューヨーク市のタイムズ・スクエアおよびベルリンのポツダム広場がある。ロバート・A・M・スターンがマスタープランを作成したタイムズ・スクエアは、現在ディズニー社のアイデンティティと強く関連している。ディズニーは——編集され好ましくない部分を取り除いた方法で——活気ある娯楽地区としてのその地区の歴史を利用した環境をまとめ上げた。タイムズ・スクエアは、ディズニー、ワーナー・ブラザーズ、フォード社が所有する三つの地所に分かれた、テーマのあるショッピングエリア「ニューヨーク・ランド」によって支配されている。建築家レンツォ・ピアノによる計画に従って再開発されたポツダム広場は、ダイムラーおよびソニーのアイデンティティと密接に関連するようになった（もっともダイムラーは後にポツダム広場の中心にある19のビルをスウェーデンの銀行グ

ループである SEB に売却したが）。

　大都市圏の再ブランド化が最も包括的に実施されたのは、間違いなくミラノである。ロンドンやフランクフルトに押された銀行業界と、工学・製造業界の産業の空洞化の複合効果に苦労したミラノは、デザインの世界的首都として自らを刷新した (Knox, 2014)。市の政策および投資に支えられ、ミラノ大都市圏は小規模企業や職人、ワークショップが混在する同地域に特徴的な環境を利用して、製造から製品デザインおよび製品開発へとシフトした。ミラノはまた、高級既製紳士服・婦人服との関係を強化し、6万人以上の雇用を生み出した。これを達成するため、公的機関と民間セクターのディベロッパーの連合により、ミラノ市およびそのインフラストラクチャーの一部が再開発された。この状況で最も重要なのは、建築家マッシミリアーノ・フクサスが設計し、7億5000万ユーロの費用をかけた、47万5000平方メートル以上の展示会場を含む新たな展示会用複合施設フィエラの建設であった。2015年には、このフィエラでさらなる都市再開発と、都市のブランディングのための新たなプラットフォームを大いに促進するイベントである、世界博覧会が開催された。一方、ミラノの古い展示会用複合施設の一部は、住宅およびビジネス地区である「シティライフ」にするため再開発中である。この施設には、スター建築家ダニエル・リベスキンド、ザラ・ハディッド、磯崎新による超高層ビルの建設が提案されている。ミラノにおけるその他の文化主導の再生プロジェクトには、ボヴィザの旧工業地区にあるミラノ工科大学デザイン学部の増築、別の放置された工業地区であるビコッカの再開発、新設のミラノ・ビコッカ大学キャンパス周辺、およびチッタ・デッラ・モーダとしてのガリバルディ駅に隣接する工業地区再開発がある。

壮観さと再魔術化

　1980年代、1990年代の日常生活の審美化の最中に、建築はモダニストデザインの規範から解放された。新自由主義の文化的感性によく合うポストモダンの建築が盛んになり始めた。近代建築は戦後処理の禁欲的で、未来志向で、普遍的で、夢想的な感性に調和していたが、ポストモダン建築はますます物質的になる社会の快楽主義的で、衝動的で、自己陶酔的な感性を刺激した。ポストモダンのデザインは、変化する経済的・社会的環境、場所の象徴的特性および物の所有がかつてないほど重要になった「壮観さの社会」の一面に対する反応であった。しかしいくつかの非常に目立つ、そしてほとんどの場合は残念なポストモダニズムへの

進出の後、新しい商業建築や壮観な住居用タワー、マンションなどの主なジャンルは、かつて何もなかったラインがバルコニーやテラス、サンデッキ、ガラスやトタン板、色付きコンクリート、波板を大々的に用いた様々な「興味深い」形で飾られた、モダニズムのテクノラックス版に戻った。建築批評家であるOwen Hatherley(2010)は、この効果を「パルプモダニズム」と評した。

　一方、明確に反動的で退行性のデザイン反応が、いわゆるニュー・アーバニズムや新伝統様式での郊外の宅地開発という形で現れた。「再魔術化した郊外」(Knox, 2010)のパッケージ化された景観は、新自由主義の台頭とともに発生した社会的、文化的、政治的感性の変化に完璧に適合していた。皮肉にも、ニュー・アーバニズムは「規制計画」、「都市規制」、「建築規制」、「街路の種類」、「景観規制」といった一連の商標登録された規制文書に埋め込まれた記述コードおよび慣例に完全に依存している。ニュー・アーバニズムの決定論的論法では、デザイン規範は行動規範となり、社会的排除は公共性を装う。David Harvey(2000)は、Louis Marin(1990)のディズニーランドの分析を借りて、マスタープランにより作られたコミュニティおよびニュー・アーバニズムのパッケージ化された景観をパラダイムの「堕落したユートピア」と評した。ディズニーランドのように、それらは実世界から切り離された、調和した葛藤のない場所としてデザインされている。ディズニーランドのように、それらは壮観さを含み、監視や壁、ゲートによって安全と排除を維持している。そしてディズニーランドのメイン・ストリートのように、それらはアイデンティティとコミュニティを発動する上で、不適切なものを排除し神話化された過去を配置している。ハーヴェイによれば、このすべては「堕落している」。なぜなら、デザインの専門家が容認する進歩的でユートピア的な理想に暗示される反対方向の力は、物象化の過程の中で、商品文化崇拝の永続化へと変異するからである。

再生機構

　社会経済学的階級の反対側にある地区に対する新自由主義的反応は、建造環境をアップグレードし中流階級の住民を招き入れること、あるいはさらに良ければ、地区全体を解体し、より利益性の高い住宅に置き換えることであった。当然ながら、こうした状況においてジェントリフィケーションは最も一般的なプロセス——新自由主義的アーバニズムの最先端——であった。まず第2波のジェントリフィケーションがほぼ間違いなく経済的、人口統計学的、文化的動向の交差によ

って推進されたのに対し、ジェントリフィケーションの促進は世界中の市役所にとって一般的な都市戦略となった。移り気で贅沢なクリエイティブ階級の新しいライフスタイルおよび文化的選択に応じることは、苦闘する都市および衰退するインナーシティ地区の財産を救うと考えられた (Florida, 2002)。その後、ニース・スミスが記したように、新築プロジェクトに基づくジェントリフィケーションの第3波が、「包括的な階級の屈折した都市改造を開拓する新たな景観の複合体へと地域全体を変容させる手段へと進化した」。これが、再生機構を以下のものにしたものであった：

　　都市戦略としてのジェントリフィケーションは大規模および中規模の不動産ディベロッパー、地元の商人、および不動産管理と 有名ブランド店とともに世界の金融市場を作る。これらはすべて、今や慈悲深い社会的結果が規制ではなく市場から派生すると仮定される市や地方政府によって円滑に運営されている。
　　　　　　　　　　(Smith, 2002, p.443; Davidson & Lees, 2010 も参照のこと)

　ジェントリフィケーションに抵抗することが証明された低所得地区——つまり荒廃した公営住宅のある一帯——は、「ソーシャル・ミックス」または「ソーシャル・バランス」の促進という概念に基づく、より明白な新自由主義的政策を必要とした。これらの用語は、エベネザー・ハワード、クラレンス・ペリー、レイモンド・アンウィンらによって支持された都市デザイン・計画の理想主義的な始まりから生まれたものである。だが、現在この用語の使用は単純なものではなく婉曲的なものである。現在、ソーシャル・ミックスとは、問題の多いコミュニティを、新築または改築した住宅に住む臨界的な量のより裕福な世帯に置き換えながら、公営住宅をジェントリフィケーションの状態にすることを意味する。アメリカ合衆国住宅都市開発省の HOPE VI (Home Ownership and Opportunities for People Everywhere) プログラムが良い例である (Hanlon, 2010)。1990年代初頭にこの政策を導入してから25年間に、60億ドル以上が HOPE VI 再生助成金に割り当てられた。その大半が、公共、民間および非営利セクター間の共同融資パートナーシップによるものである。都市デザインの点では、多くがニュー・アーバニスト的な趣きを与えられた。このように、ジェントリフィケーションは「都市再生」として再構成された(Bridge, Butler, & Lees, 2012)。
　HOPE VI のような早期の先例は、ほどなく民間のパートナーと協力して、使

用されていない鉄道操車場から荒廃した団地まで、あらゆる種類の価値が低下した環境にわたり土地主導の開発を促進する、政府を含む強力な再生機構を引き起こした。Logan and Molotch (1987) が説明した古典的な都市成長機構のように、それらは(再)開発プロジェクトへの投資を奨励し確保しようとし、関連する土地利用規制、住宅および環境政策、および意思決定に関する戦術的政策に従事する、政府、金融、地所、建設関係者間の連合および連携を含んでいる。しかし、地元の当事者およびエージェントに加えて、現代の再生機構には中央政府機関や国際資本、国際的企業も関与している。今日、主な大都市圏の金融、不動産、デザインサービスは、グローバルな都市景観を創造・形成することのできる国際的サプライヤーによって支配されている。それらはともにオフィスビルおよび関連インフラ(多目的の小売店、娯楽施設、レストランなど)に対する需要を生み出し、供給を調整し、それによって各国における開発プロセスにおける当事者の相互関係にグローバルな側面を追加している。こうした強まるグローバル規模での金融、ビジネス、職業デザインサービス間の相互関係は、年1回カンヌで開かれる不動産プロフェッショナル国際マーケット会議 (MIPIM) の不動産見本市において明白である。ここにはグローバルな野望を持つトップクラスの不動産会社および建設会社が集まる。社会階級がミックスされた住宅という美辞麗句を中心に構成されている再生機構もあれば、技術的に「スマート」なインフラストラクチャーを中心に構成されているものもある。また、まだ弾性のある都市を創るという本質的に新自由主義的なコンセプトを中心にしているものもある。戦略的計画に対する大都市圏全体でのアプローチにおいてはっきり述べられているものはほとんどない。

　再生機構には広範な当事者および機関が関与しており、それらすべては時間と場所に固有の社会的関係に埋め込まれている。具体的な当事者は状況によって異なり、当事者および機関間の関係は各国固有の社会政治学的環境および経済構造、ならびにより広範な経済的、社会的、文化的変化の状況におけるそのつながりの点において理解する必要がある。こうした一連の関係は、都市再生における「提供の構造」(Ball & Harloe, 1992) を表している。それらは局所的に埋め込まれているが、その性質は全国的であり、国境を越えることも多い。主要な地方のアクターとしては、銀行および投資家、建設会社、エンジニアリング会社、計画・都市デザインコンサルタント、不動産仲介業者、地方政府機関、選出議員、ユーティリティ会社、専門下請業者、計画・デザインコンサルタント、商工会議所、非

営利機関などがある。しかしながら、これらはすべて中央政府および国内または
国際レベルの投資会社、土地開発会社、不動産会社、および AECOM、ブラッ
クストーン、ベクテル、CBRE、サヴィルズ、シーメンスのようなエンジニア
リング複合企業による資本の動員および専門知識・技術に依存している。こうし
たプロジェクトに関与する当事者および機関の範囲が意味するのは、一般的に結
果は慎重に演出されたテクノクラシー管理プロセスおよび調整された大衆の参加
を通じて対立や反対意見を鎮圧する「ポストポリティックス」(Swyngedouw,
2009)、ならびに政治的・経済的に強力なアジェンダに関して建築家、プランナ
ー、および都市デザイナーの間に存在する「暗黙の共謀」への依存(Dovey,
2000; Gunder, 2010)によって仲介されるということである。この資本との共生
関係は、マーケティング、ブランディングおよび地所コンサルタントとともに、
建築、エンジニアリング、プランニング、都市デザイン会社の社内外のネットワ
ークを通じて動員される。その他すべての人々と同様に、実践を通じて構築形式
における均質化の動向に転換されるデザインに関して、彼らは文化的・職業的動
向——「トラベリングアイデア」の影響を受ける(Tait & Jensen, 2007)。ビルバ
オにおける土地主導の再開発、ボルチモアのインナー・ハーバー、ロンドンのド
ックランズ、パリのラ・デファンスの成功は、急速にすべてのトラベリングアイ
デアの中で最も魅惑的なものとなり(Hubbard, 1996; Swyngedouw, Moulaert, &
Rodriguez, 2002)、一連の「デザインスケープ」の再生——オフィスビル、小売
スペース、コンドミニアムタワー、文化的アメニティ、改装された空間、造園、
ストリートファニチャーの予測可能なアンサンブルを生んだ(Julier, 2005)。こ
のようにしてロンドンのサウスバンク、キングスクロス、パディントン・ベイシ
ンの再開発、ニューヨーク州ブルックリンのアトランティック・ヤーズ、サルフ
ォード・ドックス、ブリュッセルのエスパース・レオポルドおよび EU ディスト
リクト、シカゴのサウスワークス、ダブリンの波止場地域の新しい金融地区、ベ
ルリンのポツダム広場およびアドラースホーフの研究・大学複合施設、ロッテル
ダムのコップ・ファン・ザイド、オレゴン州ポートランドのリバー・ディストリ
クト、リールのユーラリール・コンプレックス、ウィーンのドナウ・シティ、ポ
ーツマスのガンワーフ再開発、ハンブルクのハーフェンシティ、バーミンガムの
ブリンドレイ・プレイス、コペンハーゲンのウアスタッド・プロジェクトが生ま
れた。

ロンドン——新自由主義をよりよく見せる

　ロンドンには再生機構の最も明白な例がいくつかあるが、これらはすべて再帰的新自由主義ならびに国およびメトロポリスによる統治の産物である。保守政府は公共セクターのインフラストラクチャーおよびサービスを提供するために民間セクターの能力と公的資金を配備するため、1992年にプライベート・ファイナンス・イニシアティブを確立した。これは新しい労働党政府によって大幅に拡大され、社会的排除に取り組むための政府のコミットメントに資金提供し、「都市復興」を開始するための手段として1997年にパブリック・プライベート・パートナーシップ (PPP) と改称した。新しい労働党のアプローチは建築家リチャード・ロジャースのデザイン決定論の影響を強く受けていた。リチャードの労働党との密接な関係は、「新ロンドン」構想における都市デザイン、公共空間、人口密度の重要な役割を提唱する本に資金を提供した (Rogers & Fisher, 1992)。1998年、ロジャースは都市衰退の原因特定と都市に人々を呼び戻すための実際的解決策の勧告を任務とするアーバン・タスク・フォースの長に任命された。タスク・フォースの報告書 (Urban Task Force, 1999) の発表後すぐに、都市復興計画の実施に関するアジェンダを設定する都市白書 (DETR, 1999) が発行された。両文書に暗示されていたのは、消費と生活の場としての都市の重視、および「都市構造のデザインおよび質を適正化する」必要性であった。「成功する都市再生はデザイン主導である」と、タスク・フォースは主張した (Urban Task Force, 1999, p. 49; Biddulph, 2011; Punter, 2009も参照のこと)。英国建築都市環境委員会 (CABE) が設立され、デザインの良い建築物や空間、場所を擁護する責任を負った。CABE の初代理事は、土地開発会社スタンホープ plc の CEO でもあるステュアート・リプトンであった。

　一方、社会的排除は時代遅れの「近隣再生」によって対処されようとしていた。構造的問題——賃金、雇用、住宅取得能力など——には、相対的にあまり注意が払われなかった。PPP の論理的根拠に賛成して、タスク・フォースは「都市再生における最も効率的な公的資金の用途の一つは、民間セクターによるさらに多額の投資のために道をならすこと」であると主張した (Urban Task Force, 1999, p. 23)。労働党の社会的排除対策室同様、タスク・フォースは再生の主要目標として、また大規模な（そして問題の多い）公営住宅への貧困層の集中に対する解決策として、混住地域という考え方を促進した。ソーシャル・ミックスは、住民構

成を問わず官民パートナーシップにとって正式に優先基準となったが、新規の住宅の60%は「ブラウンフィールド」——つまり、すでに複数回の開発を経た土地——を対象としたものであった(Cochrane, 2003; Colomb, 2007; Holden & Iveson, 2003)。こうして、再生機構に関する指標が形成された。コミュニティは社会的に混合される、または「バランスのとれたものにする」必要があるという仮定は、2003年の持続可能なコミュニティ計画(持続可能なコミュニティは、かなり近視眼的に「すべての人に機会とよりよいクオリティ・オブ・ライフを推進する、人々が住みたいと思う場所」と定義されている)および2005年のミクスト・コミュニティ・イニシアティブにより強化された。礼儀正しい相互依存、市民権、優れた都市デザイン(そして特に「都会の村」のイメージ)が修辞的に強調された。ヴィクトリア朝時代の改革者たちのように、労働党は尊敬できる行儀のよい中流階級の住民を中心に、新しい道徳的秩序を創ることを望んだ。

　ロンドンでは、新たに設立されたグレーター・ロンドン・オーソリティー(GLA)の初代市長ケン・リビングストンが、企業優先の開発推進型アジェンダに速やかに賛成した。その直接的結果は、高層ビルがロンドンのスカイラインの一部として楽しまれたというものだった。保守系新聞によって「レッド・ケン」と呼ばれた人物にとって、ディベロッパーの友人という役割は意外な予期せぬものであった。「グローバル都市」としてのロンドンのステータスを強く主張して確固たるものにし、プランニングによるディベロッパーからのかなりの利益を確保することは、機会に対する実際的な反応であった。彼らは手頃な住宅と都市デザインに対する法律による貢献の見返りとして、好きなだけ高いビルを建てることができた。リビングストンの政府には、小さいが影響力のある、リチャード・ロジャースをチーフ・アドバイザーとする建築都市計画部門があった。

　建築都市計画部門およびロジャースのアーバン・タスク・フォースの価値ある目標にもかかわらず、ロンドンにおける結果は再生および多目的プロジェクトの乱立の奨励であった。「彼が率いたアーバン・タスク・フォースと、彼がケン・リビングストンに与えたプランニングに関する助言は、[単に]新自由主義をよりよく見せるという結果をともなった」(Hatherley, 2012, p. 347)。一方、排他的なCABEは、根づいていた妥協しない新自由主義政治的経済にはかなわないことが証明された。それはアーバン・タスク・フォース同様、その効果において概ね表面的なものであった。CABEは2011年、保守・自民連立政権により、密かにデザイン・カウンシルと合併させられた。同様に、主にGLA側に妥当な法的

権力がなかったことにより、GLA の建築都市計画部門はそのプロジェクトをほとんど実現することができなかった。2007 年、建築都市計画部門はロンドン開発局のデザインチームおよびロンドン交通局の都市デザインチームと合併し、Design for London となった。2012 年、GLA において同じく法的権力を欠く Mayor's Design Advisory Group がその後を継いだ。

　一方、この政策および計画の枠組みに暗示された再帰的な新自由主義は、強力な再生機構を効果的に動員した。ロンドン圏全体で急速に住宅が不足する中、また地方当局が公営住宅を供給する能力を失った状態で、より人口密度の高い、社会的混住住宅を製品とするブラウンフィールドの再生が解決策となるべきものであった。放置された工業地区および荒廃した公営住宅が、ブラウンフィールドの土地を提供する予定であった。官民パートナーシップが基本的機構を提供する予定であったが、広範な当事者および機関に拡大する必要があった (Future of London, 2015)。ロンドンの現代の再生機構の簡単な組織構造が、会議・研修専門企業である Trueventus が企画した 2016 年のロンドン・ブラウンフィールド・サミットにおける参加の呼びかけによって提供されている (「ディベロッパーの繁栄のためのキャパシティ、パートナーシップおよびソリューションの構築」)。このイベントの標的市場には、土地ディベロッパーおよび政府機関だけでなく、投資家および投資マネージャー、弁護士、建築・デザイン会社、測量技師、ユーティリティ会社、施設・建設会社、物流会社、輸送管理者、環境コンサルタント、および金融機関の役員が含まれた。このイベントのパンフレットには、サミットのアジェンダを作成する際に連絡した組織の一例が記載されている――TfL (ロンドン交通局)、Enfield Council、Cushman & Wakefield、Common Purpose、Savills、Square Bay、Secure Trust Bank、Grainger、MCR Property Group、Boyer、National Federation of Builders、ロンドン・ニューアム区、ロンドン・ハックニー区、環境庁、Ballymore、NHBC (National House Building Council)、Engineering Construction Board、ユニバーシティ・カレッジ・ロンドン、National Grid、UK Land & Regeneration Ltd、DPA2、Wandsworth Council、ロンドン市長、AECOM、GLA (グレーター・ロンドン・オーソリティー)、マレーシア政府、シンガポール都市再開発庁、インペリアル・カレッジ・ロンドン、Churchill Retirement Living、CBRE (Coldwell Banker Richard Ellis)、SE Design Panel、Berkeley Capital、Malaysia Property Incorporated、Reapfield、Hutchinson Properts、Inland Homes、Berkeley Homes、Circle Housing、Qube

Homes、Ultrabox、BNP Paribas、Blackstone、Capital & Counties Properties、ロンドン市、Art of the Office、Barton Willmore & Derwent。

　ロンドンの公営住宅の景観の日常的モダニズムに対する影響は、すでに大きなものがある。過去10年間に、50以上のロンドンの公営住宅が再生され、様々な形で16万4000人の住民に直接影響を及ぼしている (London Assembly, 2015)。指定された数の「手頃な価格の」家を含む合意された数の家をディベロッパーが提供する一般的なパターンとしては、通常「パルプモダニズム」様式で、高級アパートをタワーと中層で建設することによって、クロスサブシダイズ(非収益事業を別の収益事業で支えること)するというものがある。そうした土地の家の総数は大幅に増加したが、正味で8000もの公営賃貸住宅が失われた。また、ロンドンの公営賃貸住宅は一般的に市場の賃料の約40%で経営されているが、今や「手頃な価格の」家は公式に市場レートの80%と定義されている (通常借地借家権の安定度は低い)。

　本書の執筆時点で、ロンドンの各区の半数以上が、公営住宅の再生を目指す民間セクターと提携している(図6.1)。わずか26ヘクタール(64エーカー)の土地に57ブロック2500戸があるロンドン郡議会初の戦後公営住宅の一つであるウッドベリー・ダウンが良い例である。最初のブロックの完成を告げる1948年のLCC(ロンドン郡議会)プレスリリースで「高級フラット」と説明されたこの住宅は、その後ある全国紙によって「未来の住宅」として歓迎された。この住宅のレイアウトは、学校やコミュニティセンター、公共図書館、診療所などを併設する、クラレンス・ペリーの近隣ユニットコンセプトに基づいたものであった。診療所は国民保険サービスの下で設立された最初のもので、世界で最も進んだ医療センターとして宣伝された。1955年に開校したウッドベリー・ダウン・スクールは、イギリス初の特設総合学校の一つであった。57ブロック中31ブロックが、2004年に中央政府が定めた適正住宅基準を満たすために必要な経済的補修では足りないと構造評価報告書が結論づけた後、この住宅は再生の対象とされた。ハックニー区議会はBerkeley Homesと正式に提携した。この住宅の再生(「ウッドベリー・パーク」と改称した)は自己資金によるもので、合意された21%の利益をBerkeleyに保証しつつ、2,700の民営住宅が代替の手頃な住宅をクロスサブシダイズした。

　公営住宅に利用できる戸数はウッドベリー・ダウンにおけるものと同じだが、賃料の内訳は公営住宅が67%から41%になる。ウッドベリー・パークのパンフ

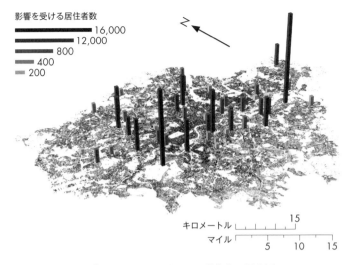

図6.1　再生中のグレーター・ロンドンの公営住宅、2016年

レットは部分的に海外の購入者を標的としており、シャンパンを飲んでいる洒落たモデルたちが多数掲載されている (The Economist, 2014)。シンガポール、香港、北京にオフィスを持つBerkeleyは、その新しい住宅の多くをオフプランで海外投資家に販売している。これらの投資家は、賃料収入および最終的には資産売却益を得るために、物件を市場で貸し出す。

　特に、「ソフトな再生」により既存住宅の造園による改修と、セキュリティおよび土地管理の向上を結びつけた場合に、他にも様々な程度に成功した再生された公営住宅の例がある。それでもなお、多くの場合手頃な住宅の正味損失がある。こうした損失は、再生プロジェクトに含める手頃な公営住宅の量に関する提携契約を再交渉するディベロッパーの能力によって発生することが多い。長年にわたる国の計画関連法制は、ディベロッパーが10戸以上のプロジェクトにおいて手頃な住宅を35〜50%提供することを求めてきた。こうした義務のため自らの計画が商業的に実現不能だと主張するディベロッパーは、自社の利益性が脅かされている理由を詳細に説明する財政的実行可能性評価を提出することができる。サザークのエレファント・アンド・キャッスルショッピングセンターの南東にあるヘイゲート・エステートは、うまくいかない可能性があることを示す初期の例である。1990年代後半、区議会はこの土地にある1212戸の住宅について最小限のメンテナンスを除きすべての補修を中止し、再生に先立ち3000人以上の住民を

「移住させる」準備に取り掛かった。区議会は土地所有権を民間セクターのパートナーである Lend Lease に譲渡する前に、取り壊しおよび撤去に数百万ポンドを支払わなければならなかった。Lend Lease との初期の契約は、新しい住宅地——現在エレファント・パークと呼ばれている——に新築される2535戸の35%を手頃な住宅とし、ロンドンの過熱する市場価格の最大80%の賃料で市場に出すというものであった。これは、財政的実行可能性評価の提出後、再交渉の結果25%に引き下げられた。エレファント・パークにおける公営賃貸住宅の最終戸数は74戸——わずか3%であった。前の借地人は返却する権利を持たず、サッチャー政権の「購入する権利」法制の下で買うことを奨励されたフラットについて、市場価格を下回る補償金を受け入れざるを得なかった人々もいた。

　ヘイゲートは特異な例ではない。近くにあるアリスバーリー・エステートは同様の立ち退きとキャパシティ喪失の歴史を持つ。一方、ルイシャム区議会は、即時入居可能物件を求める Berkeley Homes に売却するため、川沿いのピープス・エステートにあるアラゴン・タワーの144のフラットの賃借人全員を退居させた。Berkeley はタワーの内装および外装を改修し、新たなポディウムと五つのペントハウスフロアを追加して、「Z アパートメント」と呼ばれる高級ゲーテッド住宅に作り替えた。このエステートの残りの公営住宅賃借人は、区議会の後を継いだ Hyde Housing Association によって強制退去または転居させられた。再生が「社会的浄化」、「国主導のジェントリフィケーション」(Imrie & Lees, 2014; Lees, 2014)、所有権明け渡しによる貯蓄の「囲い込み」プロセス (Holloway, 2010, p. 29) などの言葉で評されるようになったのは、このような例が原因である。再生された地区の強制退去させられた住民は、家を失ったばかりでなく、場所を基盤とするアイデンティティの「コモンズ」および彼らが属していた独自性も失ったのである (Blomley, 2008; Sevilla-Buitrago, 2015)。

　社会的浄化および国主導のジェントリフィケーションという非難にもかかわらず、ロンドンにおける再生の正味の影響は、住宅供給システムを根底から変えることであった。地方当局にはすでに住宅を供給する資源も権限もない。一方、その後継者である住宅購入組合は、建設または改築を商業ローンおよび社債に頼らなければならない。民間セクターの中小企業と同様に、彼らは広大な土地を集めたり、ブラウンフィールドの土地を修正したりする能力を持たない。ロンドン圏における住宅供給の支配は、Berkeley や Lend Lease など十分な資本を持つ2、3のディベロッパーに委ねられた。一方、新自由主義のアジェンダは、大手ディベ

ロッパーに有利になるように進化し続けている。2015～2016年の住宅・計画法案 (Housing and Planning Bill) の可決により、国内都市計画制度の大規模な変革は完了し、ブラウンフィールドの土地に新たな住居用ビルを建設する計画には、自動的に計画許可が与えられる結果となった。「空きビル控除」の導入により、オフィスから住居への転換が奨励されることになる。これはディベロッパーが、これまで計画実務の合意された一部であった手頃な家やアメニティスペースに関する要件なしに空きビルを住宅に転換することを可能にするものである。新自由主義的改革の次の標的は、ロンドンのグリーンベルトになる可能性が高い。パトリック・アバクロンビーの戦後計画戦略の重要な特徴であった、深刻な住宅不足に直面した際のグリーンベルトの妥当性が、今問われている (London First, 2015)。中央政府の「ローカリズム・アジェンダ」に促されて (Turley & Wilson, 2012)、すでにアウター・ロンドンの一部はグリーンベルトの土地開発に関する計画許可の交付に寛容になっている。動向としては、これは今後も続く可能性が高く、景観を支配するのは、大規模な土地を集める余裕のある大手ディベロッパーである。その製品は、アメリカの大都市圏周辺で急増しているパッケージ化されブランド化された景観で構成される可能性が高い——すなわち、固有の自転車用道路、「タウンセンター」およびレクリエーション施設を備えたレイアウトの、民間企業がマスタープランを作成した分譲地であり、一戸建てが主流だが、コンドミニアムやタウンハウスをはじめとする様々なタイプの住宅を含むようなものである。手頃な公営賃貸住宅は、あまり多くない。

参照文献

Ball, M., & Harloe, M. (1992). Rhetorical barriers to understanding housing provision. *Housing Studies, 7*, 3–15.

Baudrillard, J., Krauss, R., & Michelson, A. (1982). The Beaubourg-effect: Implosion and deterrence. *October, 20*, 3–13.

Bell, D., & Jayne, M. (2003). 'Design-led' urban regeneration: A critical perspective. *Local Economy, 18*(2), 121–134.

Biddulph, M. (2011). Urban design, regeneration and the entrepreneurial city. *Progress in Planning, 76*(2), 63–103.

Blomley, N. (2008). Enclosure, common right and the property of the poor. *Social & Legal Studies, 17*(3), 311–331.

Bridge, G., Butler, T., & Lees, L. (Eds.). (2012). *Mixed communities: Gentrification by stealth?* Bristol: Policy Press.

Campbell, C. (1987). *The romantic ethic and the spirit of modern consumerism.* Oxford: Blackwell.

Carmona, M. (2009). Design coding and the creative, market and regulatory tyrannies of practice.

Urban Studies, 46, 2643–2667.

Coaffee, J. (2013). Towards next-generation urban resilience in planning practice: From securitization to integrated place making. *Planning, Practice & Research, 28,* 323–339.

Cochrane, A. (2003). The new urban policy: Towards empowerment or incorporation? The practice of urban policy. In R. Imrie & M. Raco (Eds.), *Urban renaissance?: New labour, community and urban policy* (pp. 223–234). Bristol: Policy Press.

Colomb, C. (2007). Unpacking New Labour's 'Urban Renaissance' agenda: Towards a socially sustainable reurbanization of British cities? *Planning Practice and Research, 22,* 1–24.

Cuthbert, A. (2005). A debate from down-under: Spatial political economy and urban design. *Urban Design International, 10,* 223–234.

Davidson, M., & Lees, L. (2010). New-build gentrification: Its histories, trajectories, and critical geographies. *Population, Space and Place, 16,* 395–411.

DETR. (1999). *Towards an urban renaissance.* London: Department of the Environment, Transport and the Regions.

Dovey, K. (2000). The silent complicity of architecture. In J. Hillier & E. Rooksby (Eds.), *Habitus: A sense of place.* Aldershot: Ashgate.

The Economist. (2014, 16 August). *Berkeley Homes: Rise of the placemakers.* Retrieved 29 June 2017, from www.economist.com/news/britain/21612176-firm-has-transformedproperty-development-london-rise-placemakers.

Evans, G. (2003). Hard-branding the cultural city: From Prado to Prada. *International Journal of Urban and Regional Research, 27,* 417–440.

Florida, R. (2002). T*he rise of the creative class: And how it's transforming work, leisure and everyday life.* New York: Basic Books.（井口典夫 訳『クリエイティブ資本論：新たな経済階級の台頭』, ダイヤモンド社, 2008 年）

Future of London. (2015). *Estate renewal in the real world*, joint paper with New London Architecture and Urban Design London. http://futureoflondon.org.uk/publications/.

Gospodini, A. (2002). European cities in competition and the new 'uses' of urban design. *Journal of Urban Design, 7,* 59–73.

Gunder, M. (2010). Planning as the ideology of (neo-liberal) space. *Planning Theory, 9,* 298–314.

Hackworth, J. (2007). *The neoliberal city.* Ithaca, NY: Cornell University Press.

Hanlon, J. (2010). Success by design: HOPE VI, new urbanism, and the neoliberal transformation of public housing in the United States. *Environment and Planning A, 42,* 80–98.

Harvey, D. (2000). *Spaces of hope.* Berkeley, CA: University of California Press.

Hatherley, O. (2010). *A guide to the new ruins of Great Britain.* London: Verso.

Hatherley, O. (2012). *A new kind of bleak: Journeys through urban Britain.* London: Verso.

Holden, A., & Iveson, K. (2003). Designs on the urban: New Labour's urban renaissance and the spaces of citizenship. *City, 7,* 57–72.

Hudson, R. (2010). Resilient regions in an uncertain world: Wishful thinking or a practical reality? *Cambridge Journal of Regions, Economy and Society, 3,* 11–25.

Imrie, R., & Lees, L. (Eds.). (2014). *Sustainable London?* Bristol: Policy Press.

Jacobs, J. (1961). *The death and life of great American cities.* New York: Random House.（山形浩生 訳『アメリカ大都市の死と生』, 鹿島出版会, 2010 年）

Jordan, P. W. (2007). The dream economy: Designing for success in the 21st century. *CoDesign, 3,* Supplement 1, 5–17.

Julier, G. (2005). Urban designscapes and the production of aesthetic consent. *Urban Studies, 42,*

869–887.

Holloway, J. (2010). *Crack capitalism.* London: Pluto.

Hubbard, P. (1996). Urban design and city regeneration: Social representations of entrepreneurial landscapes. *Urban Studies, 33,* 1441–1461.

Klingmann, A. (2007). *Brandscapes: Architecture in the experience economy.* Cambridge, MA: MIT Press.

Knox, P. L. (2010). *Cities and design.* London: Routledge.

Knox, P. L. (2011). Starchitects, starchitecture, and the symbolic capital of world cities. In B. Derudder, M. Hoyler, P. J. Taylor, & F. Witlox (Eds.), *International handbook of globalization and world cities* (pp. 469–483). London: Edward Elgar.

Knox, P. L. (Ed.). (2014). *Atlas of cities.* New York: Princeton University Press.

Lees, L. (2014). The urban injustices of New Labour's 'New Urban Renewal': The case of the Aylesbury Estate in London. *Antipode, 46,* 921–947.

Logan, J. R., & Molotch, H. (1987). *Urban fortunes: The political economy of place.* Berkeley, CA: University of California Press.

London Assembly. (2015). *Knock it down or do it up? The challenge of estate regeneration.* London: GLA.

London First. (2015). *The Green Belt: A place for Londoners?* London: London First. Retrieved 29 June 2017, from http://londonfirst.co.uk/wp-content/uploads/2015/02/Green-Belt-Report-February-2015.pdf.

MacLaren, A., & Kelly, S. (Eds.). (2014). *Neoliberal urban policy and the transformation of the city: Reshaping Dublin.* London: Palgrave Macmillan.

Madanipour, A. (2006). Roles and challenges of urban design. *Journal of Urban Design, 11,* 173–193.

Marin, L. (1990). *Utopics: The semiological play of textual spaces.* Amherst, NY: Prometheus.

Punter, J. (Ed.). (2009). *Urban design and the British urban renaissance.* London: Routledge.

Ritzer, G. (2005) *Enchanting a disenchanted world: Continuity and change in the cathedrals of consumption* (2nd ed.). Thousand Oaks, CA: Pine Forge Press.

Rogers, R., & Fisher, M. (1992). *A new London.* London: Penguin Books.

Sager, T. (2011). Neo-liberal urban planning policies: A literature survey 1990–2010. *Progress in Planning, 76,* 147–199.

Sevilla-Buitrago, A. (2015). Capitalist formations of enclosure: Space and the extinction of the commons. *Antipode, 47,* 999–1020.

Smith, N. (2002). New globalism, new urbanism: Gentrification as global urban strategy. *Antipode, 34,* 427–450.

Swyngedouw, E. (2009). The antinomies of the postpolitical city: In search of a democratic politics of environmental production. *International Journal of Urban and Regional Research, 33,* 601–620.

Swyngedouw, E., Moulaert, F., & Rodriguez, A. (2002). Neoliberal urbanization in Europe: Large-scale urban development projects and the new urban policy. *Antipode, 34,* 542–577.

Tait, M., & Jensen, O. B. (2007). Travelling ideas, power and place: The cases of urban villages and business improvement districts. *International Planning Studies, 12*(2), 107–128.

Thatcher, M. (1987, 31 October). Interview. *Woman's Own,* 10.

Turley, A., & Wilson, J. (2012). Localism in London. *The implications for planning and regeneration in the capital.* London: Future of London. http://futureoflondon.org.uk/publications/.

Urban Task Force [Britain, G., & Rogers, R. G.]. (1999). *Towards an urban renaissance.* London:

Spon.

Zukin, S. (2010). *Naked city: The death and life of authentic urban places.* New York: Oxford University Press.（内田奈芳美・真野洋介 訳『都市はなぜ魂を失ったか：ジェイコブズ後のニューヨーク論』, 講談社, 2013年）

7　開放都市

リチャード・セネット

閉鎖システムと脆弱な都市

　誰もが住みたいと思う都市は清潔で安全であり、効率的な公的サービスをもち、動的な経済によって支えられ、文化的刺激を提供し、社会に存在する人種や階級、民族の分断を修復するために最善を尽くすべきである。これらは我々が住んでいる都市ではない。

　政府の政策や回復不可能な社会的病、地方のコントロールを超えた経済的力のため、都市はこれらの点すべてにおいて失敗している。都市は自らの主人ではない。それでも、都市自体がどうあるべきかという我々の観念において、何かが根本的に間違っている。我々は、清潔で、安全で、効率的で、動的で、刺激的な正しい都市が具体的にどのようなものであるのかを想像する必要がある——我々は、我々の主人に彼らが何をしているべきかを批判的に突きつけるために、そうしたことを想像する必要がある——そして、こうした批判的想像こそが弱いものである。

　この弱さが、特に現代の問題である——都市デザインの技術は20世紀半ばに大幅に低下した。何を言いたいかというと、私は逆説を提唱しているのである。というのも、今日のプランナーは、100年前のアーバニストが想像し始めることすらできなかった技術的ツールの蓄積——照明から架橋まで、掘削から建築資材まで——を持っている。我々は過去と比べて利用できる資源をより多く持っているが、そうした資源をあまり創造的に利用していない。

第 1 部　空間変容と都市および地域の新たな地理

　この逆説は一つの大きな過ちまで遡ることができる。それは都市の視覚的形態および社会的機能の重層的決定である。可能な実験を行う技術は、秩序と管理を求める力の政治に従属してきた。世界中で、アーバニストたちはたっぷり半世紀をかけて、現在の計画法の「管理狂ぶり」を予測していた——硬直したイメージや正確な描写に支配されて、都市の想像力は活力を失った。とりわけ、現代のアーバニズムに欠けているのは時間の感覚である——ノスタルジックに後ろを振り返る時間ではなく、前向きな時間、プロセスとして理解される都市、利用を通じて変化するそのイメージ、予測によって形作られる都市の想像力のイメージ、驚きに対する友好性である。

　都市に関する想像力を凍結してしまう前兆は、1920年代半ばのパリに関するル・コルビュジエの「プラン・ヴォワザン」に現れた。この建築家は広大なパリの歴史的中心地区を、均質なX型のビル群に置き換えることを構想していた。通りの基面にある人々の生活は排除されようとしていた。すべてのビルの使用は一つのマスタープランによって調整される予定であった。コルビュジエの建築はビルの工業生産だけではない。彼は「プラン・ヴォワザン」において、基面での統制されていない生活を排除することにより、時とともに変化を生む社会的要素を破壊しようとしたのだ。人々は高いところで周囲と切り離されて生活し、働く。

　このディストピアは様々な形で現実となった。このプランの建物のタイプはシカゴからモスクワまでの公営住宅、貧困層のための倉庫に似たものとなる団地を形成した。コルビュジエが意図した活気ある通りでの生活の破壊は、中流階級のための郊外の成長において、大通りを単機能のショッピングモールに変えることにともない、ゲーテッド・コミュニティや、孤立した敷地として建設された学校や病院によって現実化した。20世紀の土地区画規制の急増は都市デザイン史上例のないものであり、こうした規則や官僚的規制の急増は、地方のイノベーションおよび成長を不能にし、そのうちに都市を凍結した。

　重層的決定の結果は、脆弱な都市と呼ばれる可能性があるものである。現代の都市環境は、過去から受け継がれた都市構造よりも、はるかに速く衰える。用途が変化すると、今では建築物は改築されるよりも破壊される。実際、形および機能の過剰に詳細な仕様は現代の都市環境を特に衰退しやすいものにしている。現在、イギリスにおける新しい公営住宅の平均寿命は40年である。ニューヨークの超高層ビルの平均寿命は35年である。

　新しいものが古いものをより急速に駆逐するため、脆弱な都市は実際都市の成

長を刺激するように見えるかもしれないが、事実はまたしてもこうした見方に異議を唱えている。アメリカでは、人々は衰退する農村部に再投資するよりも、そこから逃れている。イギリスおよびヨーロッパ大陸では、アメリカ同様、インナーシティを「再生する」ということは、ほとんどの場合、かつてそこに住んでいた人々を強制退去させることを意味する。都市環境における「成長」は、かつて存在していたものを単に置き換えるよりも複雑な現象である。成長には過去と現在の対話が必要であり、それは抹消ではなく進化の問題なのである。

　この原則は、建築的に真実であるのと同様に、社会的に真実である。コミュニティの絆は、プランナーがペンを走らせるだけで、一瞬で生み出せるものではない。それらもまた、作り上げるのに時間を必要とするものである。今日の都市建設の方法——機能を分離し、住民を均質化し、区画化し規制することによって場所の意味を先取りするやり方——は、成長に必要な場所においてコミュニティに時間を提供することができていない。

　脆弱な都市は一つの症状である。それは閉鎖システムとしての社会自体の見方を表している。閉鎖システムというのは、官僚的資本主義を形成する程度の20世紀全体を通した国家社会主義を批判する概念である。この社会の見方には、本質的な属性が二つある——均衡と統合である。

　均衡によって支配される閉鎖システムは、市場がどのように機能するかに関するケインズ以前の考え方に由来する。それは、収入と支出のバランスが取れている決算のようなものを想定する。国家計画において、情報のフィードバックループおよび国内市場は、プログラムが「オーバーコミット」しないこと、「資源をブラックホールに吸い込」まないことを保証することを意図する——これも輸送のためのインフラ資源が割り当てられる方法において都市プランナーにはおなじみだが、近年の医療サービス改革の文言はそうである。他の仕事を無視することに対する恐怖によって、何かを非常にうまくやることに対する制限が設定される。閉鎖システムでは、すべてのものが少しずつ、同時に発生する。

　第2に、閉鎖システムは統合されることを意図している。システムのすべての部分にデザイン全体における場所があることが理想的である。そうした理想の結果は、突出している経験を拒否し、吐き出すことである。なぜならそれらは競争的であったり、方向感覚を失わせたりするからだ。「適合しない」ものの価値は減じられる。統合の強調は、実験にとって明白な障害となる——コンピュータのアイコンの発明者であるジョン・シーリー・ブラウンがかつて言ったように、す

べての技術の進歩は、誕生したとき、より大きなシステムに対する混乱と機能不全を起こす脅威となる。都市環境においても同様の脅威となる例外が発生する。現代の都市計画が、歴史的、建築的、経済的、社会的文脈――「文脈」というのは、適合しないものを抑え込む上で丁寧だが強力な言葉である。文脈は突出するもの、攻撃するもの、異議を唱えるものが何もないことを保証する――を定義する規則を山のように積み上げることによって未然に防ごうとしてきた脅威である。

私が言うように、均衡と統合の罪は、国家資本主義または国家社会主義の間の線を横切る罪を企図しつつ、一貫性や、教育のプランナーや、プランナーを都市のプランナーと同じくらい非常に悩ます。閉鎖システムは20世紀の官僚が抱く、無秩序に対する恐怖を示している。

閉鎖システムに対する社会的対照は自由市場ではなく、脆弱な都市に代わるものはディベロッパーが支配する場所ではない。実際、反対に位置するものはそうであるように思われるものではない。新自由主義全般の狡猾さ、および特にサッチャリズムの狡猾さは、エリートによる個人の利益のための閉じた官僚制度を操る一方で自由を口にすることであった。同様に、プランナーとしての私の経験において、ニューヨークのディベロッパーと同じく区画規制について最も声高に不平を述べるロンドンのディベロッパーは皆、コミュニティを犠牲にしてこれらの規則を利用することに非常に長けている。

閉鎖システムの対照は心ない民間企業ではなく、違う種類の社会制度――閉じているのではなく、開いた社会制度にある。

このような開放システムの特徴と開放都市におけるその実現が、私が今夜にでも皆さんと一緒に探求したいことである。

開放システム

開放都市という考え方は私が独自に考えたものではない。これは偉大なアーバニストであるジェイン・ジェイコブズが、ル・コルビュジエの都市観に反論する過程で考えたものだ。混みあった通りや広場のように、人口密度が高く多様性のあるものになったときに場所がどのような結果になるのか、公私でのその機能を彼女は理解しようとした。そうした状況から、思いがけない出会いや発見のチャンス、イノベーションが生まれる。「芸術は超過密から生まれる」というウィリアム・エンプソンの名言に反映されている見方がある。

都市が均衡や統合の制約から自由になったとき、ジェイコブズは都市開発に関

する特別な戦略を定義しようとしていた。これらには、奇抜さや急ごしらえの改築、既存の建築物の増築の奨励、またはショッピング・ストリートの真ん中にAIDSホスピス広場を置くように、互いにしっくり合わない公的空間の利用の奨励が含まれる。彼女の見解では、大きな資本主義と強力なディベロッパーは均質性——明確で、予測可能で、形のバランスが取れたもの——を好む傾向がある。ゆえに、急進的なプランナーの役割は、不協和音を支持することである。彼女の有名な宣言では、「もし密集と多様性が命を与えるならば、それらが育む命は無秩序である」。開放都市はナポリのような感じで、閉鎖都市はフランクフルトのような感じである。

　長い間、私はジェイコブズの影の中——その閉鎖システム（正式な概念は彼女のものではなく私のものであるが）に対する憎悪と、複雑性、多様性、不協和音の擁護の両方——でハッピーな状態で自分の仕事にとどまっていた。最近、彼女の著作を読み直して、こうした全くの対照の下に何か光るものが潜んでいることに気がついた。

　よく言われるように、ジェイン・ジェイコブズがアーバン・アナーキストであるならば、彼女は一風変わったアナーキストである。その精神は、エマ・ゴールドマンよりもエドマンド・バークと密接に結びついている。開放都市では、自然界と同様に、社会的・視覚的形式は機会の変化を通じて成長すると彼女は考える——変化が生活の段階ごとに起こる場合に、人々は最もよくそうした変化を吸収し、それに参加し、適応することができる。これは進化のための都市の時間、都市の文化が根を下ろし、育ち、チャンスと変化を吸収するために必要な、ゆっくりとした時間である。ナポリやカイロ、ニューヨークのロウアー・イーストサイドが、資源が乏しいにもかかわらず、人々が自分の住んでいるところを深く愛しているという意味において、今も「機能している」のはこのためである。鳥が巣を作るように、人々はこの地に根を下ろして生きている。時間が場所に対するそうした愛着を育むのだ。

　私は、どのような種類の視覚的形式がこうした時間の経験を促進するのだろうかと考えてきた。このような愛着は建築家によってデザインされ得るのだろうか？　どのデザインが、単に進化し成熟できるという理由で持ちこたえる社会的関係を促進するのだろうか？　進化のための時間の視覚的構造は、開放都市のシステム的特性である。これをより具体的に述べるために、開放都市の三つのシステム的要素——（1）テリトリーの通過、（2）不完全な形、（3）開発の物語——につ

第1部　空間変容と都市および地域の新たな地理

いて説明したいと思う。

■ 1　テリトリーの通過

都市の様々なテリトリーを通過する経験について、少し詳しく説明したい。その理由は、通過という行為が都市全体を知る方法であること、およびプランナーや建築家は場所から場所への通過体験をデザインするのに非常に苦労することである。まず通過を阻む構造であると思われる壁から始め、次に壁のように都市テリトリーの機能を縁取るいくつかの方法について考える。

a　壁

壁は可能性の低い選択肢であるように思える。壁は文字通り都市を包囲する都市建築である。大砲が発明されるまで、人々は攻撃されたとき、壁の後ろに避難した。壁に作られた門はまた、税が徴収される場所であることが多かった都市に入ってくる商品を調節する役割も果たした。エクサンプロヴァンスやローマに残る巨大な中世の壁は、おそらく誤解を招く全体像を与える。古代ギリシャの壁は、もっと低く薄かった。しかし、我々はそうした中世の壁自体がどのように機能したかについても誤解している。

それらは閉じられていても、都市における規制されない開発のための場所として機能していた。家々は中世の街壁の両側に建てられた。闇取引が行われたり、課税されていない商品が売られたりする非公式の市場が壁に沿って現れた。壁の地帯は異端者や異国からの亡命者、その他のはみ出し者が引き寄せられがちな場所であり、やはり中央の管理から遠く離れた場所であった。そこは、アナーキーなジェイン・ジェイコブズを引きつけたであろう場所であった。

しかしそこは彼女のオーガニックな気質に合ったであろう場所でもあった。これらの壁は多孔質で抵抗力があり、あたかも細胞膜のように機能した。細胞膜のそうした二つの機能は、より現代的な生きた都市形態を視覚化するための重要な原則であると私は考える。防壁を築くとき、我々は同時に防壁を多孔質なものにしなければならない。内と外の区別は、あいまいでないにしても破ることのできるものでなければならない。

現代においてよくある板ガラスの壁への使用はこれを行わない。まさしく、基面では建物の中に何があるかが見えるが、中にあるものに触れたり、においをかいだり、中の音を聞いたりすることはできない。入口を唯一の調節されたものと

126

できるよう、板ガラスは通常しっかり固定されている。その結果、こうした透明の壁のどちら側でもあまり多くのものは発展しない。ニューヨークにあるミース・ファン・デル・ローエのシーグラム・ビルディングや、ノーマン・フォスターの新しいロンドンシティ・ホールのように、壁の両側にデッドスペースができる。その建物での生活はここに蓄積する。対照的に、19世紀の建築家ルイス・サリバンは、集まり、建物の中に入り、その縁に住むよう招く招待状として、はるかに原始的な形の板ガラスをより柔軟に使用した。彼の板ガラスパネルは多孔質な壁として機能している。このような板ガラスを用いたデザインにおける対称性は、社交的な効果を持つように現代的な材料を使用する上での、現代の想像力の不具合の一つをもたらしている。

抵抗力があり多孔質な細胞壁という概念は、一つの建築物から、都市の様々なコミュニティが出会う地帯へと拡大することができる。

b 境界

スティーブン・ゴールドのような生態学者は、限界と境界の間の、自然界における重要な区別に我々の目を向けさせた。限界とは、物事が終わる縁である。境界とは、異なる集団が交流する縁である。自然の生態系において、境界は異なる種や物理的環境が出会うことにより、生命体の相互作用が高まる場所である。たとえば、湖の汀線が陸地と出会う場所は、交流が活発に行われている地帯である。ここでは生命体が他の生命体と出会い、それらを餌としている。同じことが湖の中の温度層についても言える。層と層が接する場所には生物の活動が最も活発になる場所ができる。当然ながら、自然淘汰の活動が最も活発になる境界線でも同じことである。一方、限界はライオンやオオカミの群れによって確定されるもののように、守られたテリトリーである。境界が中世の壁のように機能するのに対し、限界は閉鎖を確立する。境界は閾の空間である。

人間の文化の領域では、テリトリーは同様に限界と境界で構成されている——都市においては、最も単純に、ゲーテッド・コミュニティと複合的な開放的街路との対照がある。しかし、この区別は都市計画においてより深く入り込んでくる。

コミュニティの生活が見つかる場所を想像するとき、我々は通常コミュニティの中心を探す。コミュニティの生活を強化したいとき、我々は中心での生活を強化しようとする。辺縁の環境は比較的不活発であるとみなされ、実際現代の計画実務は、コミュニティの縁を高速道路でふさぐなど、一切の多孔性を欠いた厳密

第1部　空間変容と都市および地域の新たな地理

な限界を作っている。しかし辺縁の環境——限界——を無視することは——考えてみてほしいのだが——、人種や民族、階級間の交流が縮小されることを意味する。中心を優先することにより、我々はこのように都市が包含する様々な人間の集団に参加するために必要な複合的交流を弱めている可能性がある。

　計画実務における私自身の失敗例を一つ挙げさせてもらおう。何年か前、私はニューヨークのスパニッシュ……ハーレムのヒスパニック・コミュニティのためのマーケットを作る計画に参加していた。ニューヨークでも最も貧しいコミュニティの一つであるこのコミュニティは、マンハッタンのアッパー・イーストサイドの96丁目以北に位置している。打って変わって96丁目のすぐ南、96丁目から59丁目にかけては、ロンドンのメイフェアやパリの7区に匹敵する世界有数の裕福なコミュニティがある。96丁目自体が、限界または境界の役割を果たしている可能性がある。我々プランナーは20ブロック離れたスパニッシュ・ハーレムの中心、このコミュニティのまさに中心にラ・マルケータを置き、96丁目を何も起こらない活気のない辺縁とみなすことを選んだ。我々は選択を誤った。もし96丁目にマーケットを置いていたら、我々は富める者と貧しい者を日常的な商業的接触に招き入れる活動を促進していただろう。より賢いプランナーは我々の失敗から学び、マンハッタンのウエストサイドでかつてのように人種や民族の異なるコミュニティ間に門を開くために、各コミュニティの辺縁に新たなコミュニティ資源を置くことを求めた。中心が重要だとする我々の想像はコミュニティを孤立させることが証明され、辺縁および境界の価値に対する彼らの理解はコミュニティを統合することが証明された。

　私は、プランニングにおけるこのようなベンチャーの楽観的シナリオを描こうとしているのではない。境界を開くことは、様々な強みを持つ人々が競争にさらされることを意味するのだ。境界は、有効的な交流の場としてよりも、緊張の場として機能する可能性がある。これは自然の生態系における境界の環境の捕食的性質のいくつかを思い起こさせる。しかしそうしたリスクをとることが——これは現在ベイルートやニコシアなどの激変する環境下でプランナーたちが行っていることであるが——都市における社会的に維持された集合的生活のための環境を創造する唯一の道だと私は考える。結局、孤立は真に治安を保障するものではない。

　多孔性の壁および境界としての辺縁は、都市における開放システムにとって不可欠な物理的要素を創る。多孔性の壁および境界は、閾の空間、すなわち管理の

限界にある空間を創る。この限界は物事や行為、予期せぬ者の出現を認めるが、焦点が合わされ、位置が定められたものである。生物心理学者のライオネル・フェスティンガーは、こうした閾の空間を「周辺視野」の重要性を定義するものと特徴づけた。社会学的、都市学的に、これらの場所は中央の際に集中する場所とは異なるやり方で活動する。人はあるテリトリーから別のテリトリーに移動していることを認識しているため、地平線で、辺縁部で、境界で、差異は目立つ。

■ 2 不完全な形

　壁や境界についての議論は、論理的に開放都市の2番目のシステム的特性——不完全な形につながる。不完全さは構造の敵のように見えるかもしれないが、そうではない。デザイナーは特別な種類の物理的形、特別な意味で「不完全な」形を創る必要がある。

　たとえば建物が通りの壁から奥まるように街路をデザインするとき、建物正面の空いた空間は真に公的な空間ではない。そうではなく、建物が通りから引きこもっているのだ。我々は実際的な結果を知っている。通りを歩く人々は、このような埋め込まれた空間を避ける傾向がある。他の建物との関係で、建物が前に出ている場合、それはよりよいプランニングである。建物は都市構造の一部となるが、その体積的要素の一部は不完全に公開される。対象が何なのかの認知には不完全さがある。

　形の不完全さは、建築物自体の状況にまで広がる。古代ローマでは、都市構造においてハドリアヌスのパンテオンがそれを囲むさほど有名でない建築物と共存しているが、ハドリアヌスの建築家はパンテオンを自己反映的物体と考えていた。同じような共存は、多くの他の記念建築物に見ることができる——ロンドンのセントポール寺院、ニューヨークのロックフェラーセンター、パリのメゾン・アラブなどである。これらはすべて、その周囲の建築物を刺激する偉大な建築作品である。都市的な意味で重要なのは、建築物の質が低いという事実ではなく、刺激という事実である——一つの建築物の存在が、その周囲の他の建築物の成長を促進するように配置されている。そして今、建築物は相互の関係により、明確に都市的な価値を獲得している。それらは単独で考えた場合、経時的に不完全な形になる。

　不完全な形はすべての中で最も創造的な信念の一種である。プラスチック芸術においては、それは意図的に未完成のままとされた彫刻において伝えられる。詩

においては、ウォーレス・スティーブンスの言葉を借りれば、「断片のエンジニアリング」において伝えられる。建築家ピーター・アイゼンマンは「軽い建築」という点でこの信条から何かを呼び覚まそうとした。軽い建築とは、時間の経過の中で住宅のニーズの変化にともない増築できる、またはさらに重要なこととして、内部を改築できるように計画された建築を意味する。

この信条は、脆弱な都市の特性である形の置き換えという単純な概念と対立するものであるが、それは要求の高い対立要素である。たとえば、オフィス街を住宅用に変えようとする場合などである。

■ 3　開発の物語

我々の仕事は、第1に都市開発の物語を形作ることである。それはつまり、特定のプロジェクトが展開するステージ段階に集中するということである。特に、我々はどの要素が最初に起こるべきであり、次にこの最初の動きの結果がどのようなものであるかを理解しようとしている。一つの目的の達成に向けて足並みを揃えて行進するよりも、我々はデザインプロセスの各段階が開くべき様々な対立する可能性に目を向ける。これらの可能性を損なわずに、対立要素を対立させたままで、デザインシステムを開き始める。

我々はこのアプローチに対してオリジナリティを主張しない。小説家が物語の冒頭で何が起こるか、登場人物がどうなるか、この物語が何を意味するかを告げようとするならば、我々は即座にその本を閉じるだろう。優れた物語はすべて、まだ見ぬものの探求という特性、発見の特性を持っている。小説家の技術は、そうした探求の過程を形作ることである。都市デザイナーの技術もこれに似ている。

要するに、我々は開放システムを、成長が対立と不協和音を認めるものとして定義することができる。この定義はダーウィンの進化に対する理解の中心にあるものだ；最適の（または最も美しい）者の生存よりも、彼は均衡と不均衡の間での絶え間ない苦闘としての成長のプロセスを強調した；形において固定され、プログラムにおいて静的である環境は、時間において運命づけられている；生物多様性が、その代わりに条件変更のための資源を自然界に与える。

そうした生態系のビジョンは人間のコミュニティと同じ意味になるが、20世紀の国家計画を導いたビジョンではない。国家資本主義も国家社会主義も、ダーウィンが自然界——異なる機能を持つ生命体間の交流を認め、多様な力に恵まれた環境——において理解した意味での成長を受け入れなかった。

私はこの議論を、計画の衰退に対する後悔の言葉ではなく、開放都市の分類学と我々皆が信奉する政治、すなわち民主政治を関連づけることによって締めくくりたい。私が説明してきた空間は、どのような意味で民主主義の実践に貢献できるのだろうか？

民主的空間

　都市が、──テリトリーの多孔性、物語の不確定性、そして不完全な形の諸原則を取り込みつつ──開放システムとして運営される場合、それは法的意味ではなく物理的体験として民主的なものとなる。

　過去において、民主主義について考えることは正式な統治の問題に重点を置いていた。今日、それは市民権と参加の問題を焦点としている。参加は、物理的都市およびそのデザインと関係のあるものすべてを含む問題である。たとえば古代のポリスでは、アテネ市民は半円形の劇場を政治のために利用した。この建築様式は討論している演説者の声がよく聞こえ、その姿がはっきり見えるだけでなく、討論の間の他の人々の反応を認知することも可能にした。

　現代には、同様の民主的空間のモデルはない──明らかに、都市における民主的空間を明確に思い描くことはできない。ジョン・ロックは民主主義を、どこでも実践できる法典の観点から定義した。トーマス・ジェファーソンの目に映った民主主義は、都市における生活にとって有害なものであった。彼は、民主主義が必要とする空間は村より大きいものではあり得ないと考えた。彼の見方は今も残っている。19世紀と20世紀を通じて、民主的活動の擁護者たちは、自分たちをフェイス・トゥ・フェイスの関係にある、小規模なローカル・コミュニティと同一視してきた。

　今日の都市は大きく、移民や民族多様性に満ちており、仕事や家族、消費習慣、余暇を通じて、人々が同時に多種多様なコミュニティに属する都市である。グローバルな規模になったロンドンやニューヨークのような都市にとって、市民参加の問題は、人々が、必然的に知り得ない人々とどれほどつながっていると感じられるかということである。民主的空間とは、こうした見知らぬ人々が交流するためのフォーラムを生み出すことを意味する。

　ロンドンにおいて、これがどのように起こり得るかを示す良い例は、新しいミレニアムブリッジを挟んだセントポール寺院とテート・モダン・ギャラリーをつなぐ回廊の建設である。高度に定義されているが、この回廊は閉鎖的な形ではな

第1部　空間変容と都市および地域の新たな地理

い。テムズ川北岸に沿って、それは自身の目的とデザインに無関連な側方の建物の再生を引き起こしている。また開通してすぐに、その境界内においてこの回廊はそこを歩く人々の間に非公式な混合とつながりを促進し、「我々」の真に現代的な意味である見知らぬ人々の間に流れる安心感を促進した。これは民主的空間である。

　今日都市が直面している参加の問題は、より日常的な空間に、どのようにして見知らぬ人々の間に同じ意味の関連性を作り出すかということである。それは病院における共用スペースのデザインや、都市部の学校設立、大規模なオフィス・コンプレックス、大通りの再開発、そしてとりわけ政府の仕事が行われる場所における問題である。どうしたらこのような場所を開放できるか？　どうしたら内と外の分裂に橋を架けることができるか？　どうしたらデザインは新たな成長を生み出せるか？　どうしたら視覚的な形は関与と帰属化を誘発することができるか？

　原則的に、優れた都市デザインはこれらの疑問に答えることができる。

132

第2部

都市化、知識経済、および社会構造化

8 腕力から頭脳へ
ラストベルト、南部および南東部サンベルトの大都市

ジェシー・P・H・プーン｜ウェイ・イェン

序論

　最近、アメリカ合衆国北東部の都市が話題になっている。「都市の新興：アメリカの再建」に関するYahoo!ドキュメンタリーなどのメディア報道は、地域における都市の衰退と再生の新たな物語を提供している。北東部のラストベルト都市の話はよく知られている：かつて、これらの都市は成長と繁栄の中心、国の工業生産の重鎮、イノベーションおよびスキルの引力であった。アメリカの産業革命はここ、主要な河川に沿って点在し、肥沃な農業後背地に囲まれたデトロイト、バッファロー、シカゴ、クリーブランド、ピッツバーグなどの都市で始まった。国全体の輸送ネットワークを構築しながら、北東部の都市は他の地域との交易を行い、鉄鋼および自動車技術に大変革をもたらし、ヨーロッパからの移民を歓迎した。1900年から1920年までの20年間で、この地域の都市人口は爆発的に増加し、国内総生産は4億2300万ドルから6億8800万ドルに増加した（Bowen & Kinahan, 2014）。

　50年後、多くの才能に恵まれた若者が北東部の都市を去り、高賃金を求めてオースチン、ローリー、シアトル、ポートランド、ロサンゼルス、サンフランシスコを目指したため、都市人口は減少に転じた。北東部の「かつては栄華を極めた都市」(Beauregard, 2003) は、国内ランキングから滑り落ち始めた。ウェルスマネジメント雑誌 *Worth* がランクづけした最もダイナミックな都市トップ15のうち、ランクインしたラストベルト都市は1都市（ピッツバーグ）のみであった [*1]。ニュー

ヨーク市を除く残りの都市は、広くサンベルトとして特徴づけられた南部地域にある。人口減少と（インフラおよび資産価値の双方における）都市荒廃が並行して生じたために経済的および政治的に遅れているという感覚が芽生え始め、ここの都市はラストベルト都市、より最近では「シュリンキング・シティズ（縮小都市）」(Mallach, 2015) と称されている。次に、都市の成長に終始していた現代主義の学者らは、より成功の度合いが高い成長の景観、すなわち南部の温暖なサンベルト都市に注意を向けた (Beauregard, 2003)。それ以降、都市研究の多くは、現代の都市活力およびレジリエンスと創造的および革新的エネルギー、さらには教育を受けた、移動性が高い人々の交流がうまく結びついていることから、後者の魅力に注目している (Florida, 2002; Glaeser, Ponzetto, & Tobio, 2014)。

しかし、将来に希望が持てない戦後のラストベルト都市の状況は改善しつつある (Bowen, 2014; Neumann, 2016)。2014年には *Forbes* の活気あふれる都市トップ20の半数をこの地域で見出すことができる。首位はバッファロー（ニューヨーク）で、次にオハイオのシンシナティおよびデイトンが続く。アメリカの他の都市と同様、中心都市の衰退は明らかで、以前の巨大産業は打ち捨てられた工場や製造所に変わっている。しかし、多くの郊外には成長や安定も見られ、妥当な質の学校が集まっている。不動産の値ごろ感と優秀な学校の融合は、才能に恵まれた人々を呼び込んで地域内の他の大都市に滞在または移住させ、スキルの高い新たな移民がそこに定住することを奨励した。本章は、ヒューマン・キャピタルがラストベルト都市の復興で果たす役割について記述する。サンベルト都市との比較解析を用いて、本章では、ある旧来の工業都市が生産の大きな地理的変化にもかかわらず、何とかヒューマン・キャピタルのストックを構築または保持してきた様々な状況を示す。

ラストベルトおよびサンベルトの都市動態

人や企業がなぜ地理的に集中するのかという疑問に答えるため、長年にわたって都市の理論化が試みられてきた。Storper & Scott (2009, 2016) は、都市成長の説明は生産論理を重視しなければならない、と主張する。歴史的に、産業都市は製造プロセスおよびその組織型に応じて発展した。彼らはこのような論理を集合体の動態、具体的には地域に特化した経済および特化の成功に関連した動態に直接当てはめる。このような主張は、都市を「自身の地域経済から一貫して経済成長を生み出す」場所と見なした、Jacobs (1969, p. 262) の研究にまで遡ること

第 2 部　都市化、知識経済、および社会構造化

ができる。特化の前例が生じると[*2]、企業は情報交換およびスピルオーバーという利点を理由に都市に密集する。暗黙知は距離の摩擦の影響を受ける：競合者および顧客はいずれもが貴重な情報源で、近接することで企業は自らのプロセスおよびプロダクト・イノベーションを適合させ、改善することができる。知識は人に具現化されるため、その都市への集中は後者に都市成長の原動力を与える（Lucas, 1988）。情報スピルオーバーが地方政府を改善する一方、企業は地域に特化された知識の外部性を内在化し、資源のより適切な配分につなげる。例えば、Black & Henderson（1999）の理論モデルは、1900〜1950年における都市規模の拡大や都市数の増加が平均的なヒューマン・キャピタルの増大にともなって進んだことを示す。その期間に国の都市化レベルは40％ から 60％ に上昇し、17歳の高卒者の数は6.3％ から57.4％に増加した。個々の都市の規模拡大は、ヒューマン・キャピタルの累積率に比例する速度で生じた。

　ストーパーとスコットの考えでは、近接生産および社会的関係から企業効率性が生じると、これが集積のプロセスを解き、今度はそれをきっかけに空間における資源と情報の複雑な協調が生じる。企業業績の上昇と都市経済の発展は相互に補強し合うことから、都市の拡大は、それが一連の産業上および制度上の条件に組み入れられるため、経路依存的である。Black & Henderson（1999）の研究は、生産の特化がこのような組み入れの一翼を担うこと、ひいてはそれが金融および事業に特化した都市が製造に特化した都市よりも大規模である理由の説明となり得ることを示す。北東部では、20世紀初めの工業化でフォード型の大量生産が大いに利用された。このような生産および組織型に関連する立地動態は、ピッツバーグ、バッファロー、クリーブランド、トレド、デトロイト、ゲーリー、フリントといった鉄鋼および自動車都市を生み出した。しかし、Storper & Scott（2009）は、都市成長の独立変数としてのヒューマン・リソースを否定した。両者はまずは仕事ありきの可能性が高く、その逆はない、と主張する。両者にとって、工業都市は雇用の場として始まった。この考え方の主な理由の一つは、熟練した（Glaeser & Mare, 2001; Glaeser & Resseger, 2010）、創造的な労働者（Florida, 2002）をめぐる研究の批判にあり、この点については後の段落で再び取り上げる。

　熟練した創造的な労働者に関する文献は、サンベルト都市の成功を強調する傾向がある：フロリダ州（2005年）のMilkenハイテク産業中心都市ランキングトップ15のうち、リストに載ったラストベルト都市は、シカゴおよびフィラデルフィアの2都市のみであった。しかし、ラストベルト都市の一部は最近になって、

イノベーションの波に遭遇している (van Agtmael & Bakker, 2016)。一方、研究ではラストベルトの人口減少が1970年代の10年間にピークに達したことが示されているが、1990年代までには多くの都市でも人口の増減率の低下が見られ (Simmons & Lang, 2006)、この観察事項を本章もその後の数年にわたって確認する。これに対し、ストーパーとスコットによる現代のヒューマン・キャピタルの役割の過小評価には、さらなる精査が必要である。

18世紀の産業革命には、あまり多くの大卒者は不要と見られた。平均的な労働者は、学校教育を受けなくても工場で働いて十分に生計を立てることができた。織物工業の技術レベルは高くなく、それほど多くのヒューマン・キャピタルは不要であった。これは、Mokyr (2000, 2005) が産業革命期の技術に関する研究で十分に立証している。モキルは、18世紀には知識生産の大部分が非体系的で成文化されていなかったため、ヒューマン・キャピタルはほとんど必要なかったことを示唆する。知識は一群のエリート層によって固く守られ、その入手および普及は不十分であった。さらに、依然として科学知識基盤が比較的小さいことも多くの産業応用の行き詰まりにつながった。科学知識が経済および産業の発達と関連するようになったのは、19世紀後半に科学的方法がコミュニティ慣行として広く受け入れられるようになってからであった。技術が物質的進歩と関連づけられ、企業家がモキルの言う「有用な知識」を見極めることができた段階で、企業家は産業応用のための知識の適用に熟達するようになった。さらに、この期間は公共建築物、特に大学拡大の時期と一致する。公共施設が拡大し、科学知識と産業開発がより緊密に関連するようになるにつれて、ヒューマン・キャピタルは都市成長でさらに中心的な役割を果たすようになった。

Squicciarini & Voigtander (2015) は、ヒューマン・キャピタルが早期の工業化、そして本章に関して言えば、これが産業都市発生の説明で持つ意味合いでほとんど何の役割も果たさなかった可能性がある、という考え方に異論を唱えた。両者によるフランスの都市の研究は、一握りの知識エリートが産業革命でのイノベーション推進に役立ったことを示す。両者は、概して早期の工業化に高レベルの平均的なヒューマン・キャピタルは不要であると結論づけてはいるが、それでもなお、この一握りの知識人はイノベーションで重要な役割を果たす。実際に、モキルは科学革命——フォード型製造業の誕生に寄与した革命——から数年以内に、成長と商業的成功が相関していた先の時代に比べて、経済成長はよりテクノロジーに主導されるようになった、と主張する。

第 2 部　都市化、知識経済、および社会構造化

　まとめると、アメリカのラストベルト都市が生まれつつあったときにヒューマン・キャピタルが果たした役割についての結論はまだ出ていないが、サイモンおよびナーディナリによる1900年より前の都市の研究 (Simon & Nardinelli, 2002) は、ヒューマン・キャピタルの役割があまり重要でないことを支持すると見られる。両者はこの原因が自動車生産の優勢性にあるとする。しかし、1940年に産業が安定した段階で、ヒューマン・キャピタルはより重要となり、この点はMokyr (2005)、Che & Gattrel (2006) を支持するようである。研究開発 (R&D) 活動の地理的特性の分析において、チェおよびギャトレルは、少なくとも1970年より前の北東部へのR&D集中パターンがフォード型の製造イノベーションと関連したことを示唆する。興味深いことに、Simon & Nardinelli (2002) は、1900年の最も熟練した都市トップ20の多くがラストベルトで確認され、最も熟練していない都市のほとんどがサンベルトにあったと報告するが、このパターンは1960年までに逆転した。スキル要因が関連することは、義兄弟のプロクター＆ギャンブルのような早期の革新者が国内で初めての化学工場をシンシナティに設立する際に果たした役割を記録するMorris (2012) によって検討されている。この同じ都市は、後日、ヘンリー・フォードにT-モデル自動車工場を建てる気持ちを起こさせた食肉加工の「解体作業」ラインにも関与する (Morris, 2012)。その結果として、フォード型製造業の期間に、ラストベルト都市は人々が集まる場所になり、複雑な分業が体系化された。モリスが言及しているように、アメリカのフォード型製造業は機械志向で、規模とスピードを重視した。これにはフォード型都市における製造業の明確な特性となった連携と組織化の妙技が必要であった。

　フォード型製造業は、人口規模の増大に顕著な影響を及ぼした。ここアメリカの諸都市では、1900年から1920年の間に人口が7600万人から1億600万人に約40％増加した (Bowen & Kinahan, 2014)。しかし、世界競争と新たな技術的変化を特徴とする恐慌の期間に入ったため、このすべての増加は1950年代に停止した (Warf & Holly, 1997)。例えば、鋼工業では1970年代まで投資が行われず、代わりに金融および不動産が成長の頼みとされた (Goldstein, 2009)。ゴールドスティンは、産業における意思決定がますます金融化され、収益率が重視されるようになった一方、イノベーションは縮小の広がりによって失速したことを示す。本格的な脱工業化は、この時点で始まった。そのピーク時の人口減少は、1970年代の10年間での平均30％であった。Binelli (2012) による、典型的なラストベルト都市デトロイトの真に迫った話は、人口がそのピーク時の200万人近くから

2010年には70万人強まで減少し、打ち捨てられた工場や建物の都市景観がともなう、産業が荒廃した都市を描写する。脱工業化前、その地域の都市は肯定的なイメージを獲得していた。それらは、荒れ果てたフロンティアを利用可能にすることに成功した産業中心地の重要な結節点であった (High, 2003)。衰退のイメージが広まり出したため、そして特にサンベルト都市の地位が向上し、ラストベルトの経済的卓越に立ち向かい始めたため、後者の都市は都市衰退の汚名を着せられ、衰退、猛吹雪、荒廃のイメージが投影された。

　一方、サンベルト都市の優勢性は、20世紀半ばの技術の高まり、特にデジタルおよび情報経済の台頭が背景にある。実際に、サンベルト都市は多くの場合、「高賃金、高スキル、少ない住宅」と「低賃金、低スキル、有り余る住宅」の都市という点で、ラストベルト都市と対照をなす (Storper, 2010, p. 2030)。これは部分的に、南部の都市、特にカリフォルニアの都市に関する多くの研究から得られた結果で、新たな産業部門、フレキシブル生産、移動性の高い技術労働者の点で、ラストベルト都市とは区別された (Saxenian, 2006; Scott, 1992; Storper & Scott, 2009)。サンベルト都市は、労働組合、ならびに衰退技術や組織に束縛されていない、と記述された。それらは、先進的でイノベーションに満ちあふれていたが、その活気は「過去との断絶」に由来する (Storper, 2010, p. 2044)。特に、サンベルト都市の創設ではヒューマン・キャピタルがより際立った役割を果たす。シリコンバレーは、マイクロエレクトロニクス革命、より最近ではデジタルおよびソーシャル・テクノロジーに主導され、南西部の主要な成長の極となった。ニュー・エコノミーは過去も、そして今も開放性に根差し、シリコンバレーではスタートアップの52.4%、カリフォルニアでは38.8%が少なくとも1人の移民創設者に端を発する (Wadhwa, 2012)。中国、台湾、インドからの熟練した移民は、スタートアップで大きなシェアを占めた。ワダーは、1995〜2005年に、特にインドの科学者および技術者が64%増加したことを示す。また、他のサンベルト領域の類似した移民増加の統計をも報告する。驚くことではないが、サンホセ、オースチン、ローリー・ダーラム、サンフランシスコは、北東部の脱工業化が始まったちょうどそのときに新たな技術的極となった (都市の技術的極の空間分析については、Acs, 2002を参照)。

　開放性は、スキル／創造性と都市開発の関連性を提案する一連の別の文献に記述されている (Florida, 2002; Florida, Mellander, & Stolarick, 2008; Glaeser, 2010)。この文献は、特化された労働のプール化で都市アメニティ、消費、寛容

性が果たす役割を明らかにし、その後半は才能のある人は都市で他の才能ある人々に囲まれることを好む、という Lucas(1988)の不評な観察事項から拡大する。ヒューマン・キャピタルの外部性の利点の多くは、賃金という文脈で検討されてきたが、Moretti(2004)は犯罪率の低さといった社会的利益もある、と述べる。さらに、Bublitz et al(2015)は、スキルの集積または厚い労働市場が特定のスキルセットの欠如を補完するため、スキルバランスが低い企業家は都市の場所から大きな利益を得る、としている。都市はまた、製品多様性を通じてヒューマン・キャピタルの外部性を生み出す(Glaeser et al., 2014)。そのため、産業特化は産業都市の早期成長の原動力となってきた可能性がある一方、ルーカスと同様、グレイザーらもこの文脈において、熟練者は互いが周囲にいることで生産性が高まると考えている、と指摘する。驚くことではないが、都市分類の傾向は、特定の認知スキルの大都市への集中および小都市における技術スキルの減少にともなって浮上してきた(Scott, 2010)。ヒューマン・キャピタルが都市成長で果たす役割についての討論がどのようなものであれ、知識部門によるイノベーションの促進が増大していることに疑いの余地はほとんどない。イノベーションを重んじる企業は、引き続き熟練者を容易に利用できる場所に拠点を構える。

　まとめると、1970年代におけるラストベルト―サンベルトの分岐は、南部および南東部の都市が都市開発プログラムに着手し、州間高速道路を拡張し、働く権利を含む好ましいビジネス環境を助長した時点で生じた。地方の役職者は投資を求め、ラストベルトに政府による介入の見込みはほとんどないままとなった(Bernard & Rice, 1983)。才能のある人々のサンベルト都市への大規模な移住があったことにほとんど疑いの余地はないが、ラストベルト都市もまた、あるレベルのヒューマン・キャピタルを維持し続けた。次項で論証を試みるように、現在のヒューマン・キャピタルのレベルは、サンベルト南部と南東部の都市で類似している。南東部は熟練者の移住およびラストベルトから離れた防衛製造業からも利益を得たが、これについては別の論文で検討されており、ここでは取り上げない(Poon & Yin, 2014)。

ヒューマン・キャピタルの空間的な都市パターン

　ヒューマン・キャピタルの地理的特性を検討するため、ここでは1980～2010年のアメリカ国勢調査から得られた PUMS データを利用する。以下、本章で「都市」と称する大都市圏については、(大卒以上の人と定義される)ヒューマ

ン・キャピタルに関する統計がまとめられた。表8.1は、30年間の人口増加を示す。予想されたとおり、ほとんどのラストベルト都市の成長は極めて緩徐で、バッファロー、デトロイト、ピッツバーグ、トレドを含む48都市のうちの3分の1がマイナスの増加率を示した。フリントとリマはその上位を占め、マイナスの増加率は30%を上回った。これに対し、事実上、南部および南東部のすべての都市は、オースチン、ダラス、ヒューストン、オーランド、アトランタなどに主導され、プラスの増加率を示した。アレクサンドリア、ニューオーリンズ、アニストンの3都市のみがマイナスの増加を示した。数字は、3地域間における人口減少と都市成長に関して比較的うまく語られた説明と一致する。しかし、人口減少が五大湖全体に広がっていないことも明らかである。ボルチモア、シカゴ、ブルーミントン、ロチェスター、シラキュース、ラファイエット、グランドラピッズのすべてでは、特定のサンベルト都市に類似した割合で人口が増加した。オースチンを除く南東部の都市全体には南部の都市よりも大きな成長が見られ、100%を超える増加率は南部の都市の16%に対し、南東部の都市の35%で生じた。このような増加の一部は、例えばサラソータ郡の都市など、退職者の流入によって後押しされるが、その多くはサンベルトにおける産業の変化および拡大をも捕捉する。

　次に、熟練者の空間的分布を検討する。ここでは、ネイティブの熟練者と移民または外国生まれの熟練者との違いを明らかにした。ネイティブの熟練者はヒューマン・キャピタルの大部分を占めるが、移民の熟練者も都市経済の成長に対する貢献度を高めつつある。注目すべき一例がボルチモアで、その理由は市長が都市の企業家レベルを引き上げるために移民を求めていることにある (Scola, 2016) [3]。

　Hunt & Gauthier-Loiselle (2010) は、特にアジアからの移民が科学および工学で大きな比率を占め、その特許率がネイティブの2倍であることを確認した。このヒューマン・キャピタルの供給源は、ラストベルトの都市復興でますます重要になっている。ハントと同様、我々も移民をアメリカ以外の場所で生まれた人と定義する。

　表8.2～8.4では、人口規模に基づき、ネイティブと移民の熟練者が占める割合を都市の種類別に報告する。大 (L) 都市の人口は100万人超、中 (M) 都市の人口は50万～100万人、小 (S) 都市は50万人未満の人口を擁する。いくつかの都市を除き、3地域の都市でネイティブの熟練者が占める割合は非常によく似ており、

141

表8.1　1980～2010年におけるラストベルトおよび南部／南東部サンベルト都市の人口増加

ラストベルト都市	増加率(%)	南部の都市	増加率(%)	南東部の都市	増加率(%)
フリント, MI	-53.8	アレクサンドリア, LA	-2.6	オールバニ, GA	10.0
リマ, OH	-30.2	ニューオーリンズ, LA	-2.3	コロンバス, GA	11.1
ダベンポート, IA ―ロックアイランド―モリーン, IL	-17.1	アニストン, AL	-1.5	チャールストン, SC	22.9
ディケーター, IL	-15.4	ガズデン, AL	1.5	チャタヌーガ, TN	24.7
トレド, OH	-14.8	ボーモント―ポートアーサー―オレンジ, TX	3.9	ファイエットビル, NC	28.3
ベントン・ハーバー, MI	-10.0	コーパスクリスティ, TX	7.2	サバンナ, GA	31.8
		モンロー, LA	9.0	アセンズ, GA	36.1
バッファロー―ナイアガラフォールズ, NY	-8.5	シュリーブポート, LA	9.6	グリーンビル―スパータンバーグ―アンダーソン, SC	48.2
マンシー, IN	-8.1	バーミングハム, AL	9.7	ペンサコーラ, FL	54.7
デイトン―スプリングフィールド, OH	-7.6	ウィチタフォールズ, TX	10.0	ジャクソンビル, NC	57.9
マンスフィールド, OH	-5.3	アビリーン, TX	18.4	コロンビア, SC	59.1
ココモー, IN	-2.7	ロングビュー―マーシャル, TX	22.78	ゲインズビル, FL	63.1
ピッツバーグ, PA	-2.3	ラボック, TX	33.2	マイアミ―ハイアリア, FL	64.4
デトロイト, MI	-0.5	モンゴメリー, AL	33.6	フォート・ウォルトン・ビーチ, FL	64.8
エリー, PA	0.3	ハンツビル, AL	35.4	フォートローダーデール―ハリウッド―ポンパノビーチ, FL	72.2
ヤングスタウン					
ウォーレン, OH	4.5	ウェーコ, TX	36.7	オーガスタ―エイキン, GA SC	75.5
アクロン, OH	5.8	メンフィス, TN	40.6	タンパ―セントピーターズバーグ―クリアウォーター, FL	77.6
カントン, OH	6.7	アマリロ, TX	40.6	レイクランド―ウィンターヘイブン, FL	88.5
ピオリア, IL	8.1	タスカルーサ, AL	40.7	デイトナビーチ, FL	91.0
カンカキー, IL	9.4	バトンルージュ, LA	47.1	ジャクソンビル, FL	91.8
サウスベンド―ミシャワカ, IN	9.8	ガルベストン, TX	49.1	メルボルン―タイタスビル―ココア―パームベイ, FL	99.1
ランシング―イーストランシング, MI	9.8	モービル, AL	62.6	タラハシー, FL	115.7

都市		都市		都市	
スクラントン・ウィルクスバリ, PA	10.8	タイラー, TX	63.9	ウェストパームビーチ・ボカラトン・デルレイビーチ, FL	130.3
ミルウォーキー, WI	10.9	エルパソ, TX	66.7	メイコン・ワーナーロビンス, GA	139.9
サギノーーベイシティーミッドランド, MI	11.8	レイクチャールズ, LA	71.2	シャーロット・ガストニアーロックヒル, NC SC	161.1
フィラデルフィア, PA/NJ	12.7	キリーンーテンプル, TX	78.1	オカラ, FL	170.4
オールバニー・スケネクタディートロイ, NY	13.2	ラファイエット, LA	87.5	アトランタ, GA	176.3
ラシーン, WI	14.2	ジャクソン, MS	91.0	ウィルミントン, NC	195.7
クリーブランド, OH	14.6	ブラウンズビルーハーリンジェンーサン・ベニート, TX	91.8	フォートマイヤーズ・ケープコーラル, FL	199.6
ジェーンズビル・ベロイト, WI	15.3	サンアントニオ, TX	98.1	オーランド, FL	206.2
ユーティカーローム, NY	17.7	ヒューストン, TX	105.1	サラソータ, FL	247.9
シカゴ, IL	17.7	ビロクシーガルフポート, MS	106.5	ローリー・ダーラム, NC	251.5
ジョンズタウン, PA	20.2	ダラスーフォートワース, TX	110.1		
セントルイス, MO	21.8	オデッサ, TX	134.3		
シンシナティーハミルトン, OH/KY/IN	22.7	マッカレンーエディンバーグーファーミッション, TX	174.4		
ボルチモア, MD	22.8	オースチン, TX	200.8		
シラキュース, NY	28.7				
レディング, PA	31.5				
ケノーシャ, WI	35.6				
ロックフォード, IL	39.8				
アレンタウンーベスレヘムーイーストン, PA/NJ	42.4				
ハミルトンーミドルタウン, OH	42.7				
ブルーミントンーノーマル, IL	43.0				
ロチェスター, NY	49.4				
エバンスビル, IN/KY	58.9				
フォートウェイン, IN	65.3				
ラファイエットーW.ラファイエット, IN	67.6				
グランドラピッズ, MI	73.3				

出典：アメリカ・コミュニティ・サーベイ、アメリカ国勢調査

1980年の平均は15%〜17%である。この期間の占有率が20%以上の都市は、各地域で5都市のみかそれより少なかった。ゲインズビルとタラハシーの2都市の占有率は、30〜31%で最も高かった。外国生まれの熟練者ははるかに少なく、多くの都市では3%未満である。マイアミは明確な例外で、占有率は7.3%である。占有率は低いが、それでも移民全体を考慮した場合、その数字は重要である。シンシナティ、ランシング−イーストランシング、ハミルトン、ブルーミントン、ラファイエットのような都市では、3分の1〜半数の移民が熟練者である。南部（メンフィス、オースチン、バーミングハム、バトンルージュ、タスカルーサ、ジャクソンなど）および南東部（アトランタ、ローリー・ダーラム、チャタヌーガ、ゲインズビル、タラハシーなど）でも類似したレベルの熟練者が確認できる。しかし、最高の占有率は、大学都市に関連する傾向がある。さらに、大都市は熟練した移民の占有率が高い可能性が大きい。

　2010年までに、熟練者の占有率はラストベルトのほとんどの都市で上昇した。実際には、わずかな減少を示したフリントおよびマンスフィールドを除くすべての都市では、ネイティブおよび外国生まれの熟練者のいずれもが増加した。サンベルトの状況は、もう少し多様である。南東部のマイアミおよびタラハシーではネイティブの熟練者が減少したが、これは熟練した移民の増加で相殺されたため、両市のヒューマン・キャピタルレベルは安定している。同様に、南部のいくつかの都市でも、ネイティブの熟練者の占有率が低下した。しかし、熟練した移民の占有率増加が低下の埋め合わせに役立った。これは、ほとんどの都市でヒューマン・キャピタルが増大したラストベルト都市に比べて、全体的なヒューマン・キャピタルレベルが比較的1980年に類似したレベルで維持されたことを意味する。ただし、ラストベルトにおける増加の一部は、小都市における1980年の基準が比較的低かったことに起因すると考えるのが妥当である。しかし、この低い基準は南部の小都市でも見られる可能性があるため、この地域に限定されたものではなかった。それでも、全体的として、ヒューマン・キャピタルレベルが南部の都市に後れを取ったことはなかった。ラストベルト都市における熟練者の平均占有率は、1980年が15.9%、2010年が23.4%であった。南部および南東部の都市の占有率は、それぞれ20.5%対17.1%、25.2%対18.6%である。このように、ラストベルトの一部の都市は30年で再生した。全体として、表8.2〜8.4は教育を受けた外国生まれの人々がラストベルトの再生にいくらかの役割を果たしながら、南東部の才能レベルを高め、南部のヒューマン・キャピタルを安定させたことを

示す。

　外国生まれの人々の役割をさらに解明するため、我々は高校教育を受けていない外国生まれの人の数に対する大卒以上の外国生まれの人の数の割合を表すスキル比を算定する (Grieco et al, 2012 も参照)。結果を表8.5 〜 8.7に示す。表8.5によると、1980年のラストベルト都市は、概して低比率を特徴とした。ランシング—イーストランシング、ブルーミントン、ハミルトンの3都市のみが、1を上回る比率を達成した。シンシナティおよびバッファローはほぼ1.0をマークしたが、その大部分は切り上げによる。2010年までに、そのパターンは劇的な変化を遂げた。10都市——すべて小都市——のみが引き続き1未満であった。ピッツバーグおよびオールバニの2都市の比率は、3.0を超えるまで増加した。都市の約80% のスキル比が、低比率から高比率に移行した。南部サンベルトの場合、1980年には5分の1ですでに1を上回る、比較的高いスキル比が見られた。2010年にスキル比が高い都市の数は増加したが、都市の約半数で低いスキル比の特徴は変わらなかった。さらに、ラストベルトに比べて低いスキル比は、小規模から大規模まで、あらゆる種類の都市で確認できる。同様に、1980年にはタラハシー (3.2)、アセンズ (3.0)、ゲインズビル (2.5)、ローリー・ダーラム (2.0) といった南東部の多くの都市も高いスキル比を特徴とした。2010年にスキル比が低かったのは、小〜中規模の4都市のみであった。南部の都市とは異なり、ジャクソンビルやオーランドのような多くの大都市ではスキル比が増加した。しかし、アトランタ、ローリー・ダーラム、タラハシーでは、依然としてゆうに1.0を上回っているものの、わずかな低下が見られた。

　ある意味で、ラストベルト都市のスキル比は、教育を受けた外国生まれの人々の移民によって駆動された南部の都市のスキル比に類似する。しかし、都市は熟練していない移民をも呼び込む。Sassen (2012) および Scott (2010) が指摘するとおり、大都市は高レベルの管理者や熟練した専門家のみが集う場所ではない。サービス労働者、管理人、子守り、その他の低賃金労働者をも呼び込む。すなわち、大都市はスキルの高い移民および低い移民の双方を呼び込む。表は、このような現象が大都市に限定されないことを示唆する。

　2010年におけるダラス、ヒューストン、エルパソなどの南部の都市のスキル比が低い理由はそこにあると考えられる。これらの都市は比較的高いレベルで熟練していない移民、特にヒスパニック系の非熟練者を呼び込む。これらの都市では、移民全体の4分の1から3分の1に当たるヒスパニック系の移民が非熟練者で

表 8.2 ラストベルト都市における熟練者の分布

都市	種類	1980			2010		
		熟練した移民(%)	熟練したネイティブ(%)	移民全体に占める熟練した移民の割合(%)	熟練した移民(%)	熟練したネイティブ(%)	移民全体に占める熟練した移民の割合(%)
ボルチモア, MD	L	1.1	16.4	27.5	4.5	25.0	43.4
バッファローナイアガラフォールズ, NY	L	1.1	16.5	19.7	2.2	27.2	33.1
デトロイト, MI	L	1.3	14.6	19.1	3.3	21.7	36.6
ピッツバーグ, PA	L	0.7	15.7	19.3	1.8	27.2	49.7
ミルウォーキー, WI	L	0.9	17.4	20.7	2.3	24.8	32.7
フィラデルフィア, PA	L	1.2	16.4	21.4	3.8	24.3	37.1
クリーブランド, OH	L	1.3	16.0	19.8	2.3	22.6	38.5
シカゴ, IL	L	2.1	16.8	20.7	5.5	23.0	29.7
セントルイス, MO	L	0.7	16.3	27.2	2.0	25.1	38.2
シンシナティ, OH	L	0.7	16.7	30.8	2.0	24.7	41.6
ロチェスター, NY	L	1.7	21.2	21.8	2.7	28.8	34.3
グランドラピッズ, MI	L	0.7	16.6	19.3	1.5	22.8	24.0
アクロン, OH	M	0.9	16.3	24.2	1.6	24.5	41.0
デイトンースプリングフィールド, OH	M	0.6	15.0	27.2	1.4	21.4	32.0
トレド, OH/MI	M	0.6	15.0	22.9	1.6	21.0	36.8
ヤングスタウンーウォーレン, OH-PA	M	0.5	11.8	11.7	0.7	17.5	26.2
スクラントンーウィルクスバリ, PA	M	0.4	13.0	14.3	1.2	21.7	27.4
オールバニースケネクタディートロイ, NY	M	1.2	20.4	24.6	3.0	30.3	40.8
シラキュース, NY	M	1.1	18.5	21.4	2.0	26.0	34.7
アレンタウンーベスレヘムーイーストン, PA/NJ	M	0.7	15.1	16.8	2.7	21.4	33.7
ベントン・ハーバー, MI	S	1.0	13.4	25.4	2.1	20.3	36.9
カントン, OH	S	0.4	12.4	16.2	0.9	20.0	33.4

8 腕力から頭脳へ ラストベルト、南部および南東部サンベルトの大都市

ダベンポート、IA－ロックアイランド－モリーン、IL	S	0.5	15.9	17.0	1.2	25.9	22.3
ディケーター、IL	S	0.4	14.4	23.8	0.6	19.4	25.6
エリー、PA	S	0.6	14.1	18.8	1.1	21.8	27.8
フリント、MI	S	0.6	12.2	20.5	0.3	13.1	15.8
カンカキー、IL	S	0.4	11.2	19.6	1.1	16.4	19.4
ココモ、IN	S	0.3	10.4	18.4	0.3	18.9	13.5
ランシング－イーストランシング、MI	S	1.3	22.4	35.7	2.5	24.1	34.0
リマ、OH	S	0.2	9.5	16.0	0.4	18.4	21.9
マンスフィールド、OH	S	0.4	10.6	16.3	0.3	16.6	14.3
マンシー、IN	S	0.4	15.5	34.1	0.5	20.0	16.8
ピオリア、IL	S	0.5	14.8	22.4	1.3	23.5	39.6
シャロン、PA	S	0.2	12.5	9.8	0.5	19.4	27.2
サウスベンド－ミシャワカ、IN	S	0.6	15.8	18.3	2.3	21.3	39.4
サギノー－ベイシティー－ミッドランド、MI	S	0.5	11.0	19.4	1.0	21.8	39.1
ラシーン、WI	S	0.6	14.2	15.2	1.4	20.7	21.5
ジェーンズビル－ベロイト、WI	S	0.3	12.9	16.1	0.4	20.0	8.5
ユーティカ－ローム、NY	S	0.6	15.8	13.5	1.9	22.6	28.0
ジョンズタウン、PA	S	0.2	10.0	9.1	0.5	19.0	34.6
レディング、PA	S	0.4	12.4	13.7	1.6	18.4	20.9
ケノーシャ、WI	S	0.7	12.2	13.6	2.0	18.8	30.6
ロックフォード、IL	S	0.7	14.5	16.6	1.8	18.2	20.7
ハミルトン－ミドルタウン、OH	S	0.5	15.5	35.0	2.2	20.3	39.4
ブルーミントン－ノーマル、IL	S	1.0	26.1	50.4	2.7	29.2	47.6
エルクハート－ゴーシェン、IN	S	0.6	11.7	23.4	1.6	13.4	16.5
エバンズビル、IN/KY	S	0.4	14.5	27.1	0.8	21.0	28.0
フォートウェイン、IN	S	0.7	16.0	25.5	1.1	20.3	24.8
ラファイエット、IN	S	2.1	27.4	57.5	3.1	19.8	30.0

出典：アメリカ・コミュニティ・サーベイ、アメリカ国勢調査

表 8.3 南部サンベルト都市における熟練者の分布

都市	種類	1980 熟練した移民(%)	1980 熟練したネイティブ(%)	1980 移民全体に占める熟練した移民の割合(%)	2010 熟練した移民(%)	2010 熟練したネイティブ(%)	2010 移民全体に占める熟練した移民の割合(%)
ニューオーリンズ, LA	L	1.1	16.9	26.9	2.2	19.4	27.9
メンフィス, TN/AR/MS	L	0.6	16.7	30.7	2.0	20.8	30.0
サンアントニオ, TX	L	1.1	15.6	12.6	3.3	18.7	22.4
ヒューストン－ブラゾリア, TX	L	1.9	20.2	23.0	5.6	16.9	23.6
ダラス－フォートワース, TX	L	1.1	20.4	22.2	4.5	20.6	24.0
オースチン, TX	L	1.7	27.1	33.3	4.8	26.7	31.0
バーミングハム, AL	M	0.4	17.5	30.7	1.6	25.8	29.9
バトンルージュ, LA	M	0.9	18.9	38.9	1.8	20.6	42.4
モービル, AL	M	0.4	13.4	22.6	1.1	19.9	26.2
エルパソ, TX	M	2.0	12.0	8.7	4.1	11.6	14.6
マッカレン－エディン バーグ－ファーミッション, TX	M	0.9	9.4	4.5	3.7	8.6	12.6
アレクサンドリア, LA	S	0.3	11.8	14.6	0.6	15.3	21.9
アニストン, AL	S	0.4	12.8	18.4	1.3	15.8	32.8
ガズデン, AL	S	0.1	12.2	13.0	0.1	15.2	5.2
ボーモント－ポートアーサー－オレンジ, TX	S	0.5	14.5	20.5	1.2	14.2	19.0
コーパスクリスティ, TX	S	0.8	13.9	14.5	2.0	17.5	29.2
モンロー, LA	S	0.2	16.0	19.5	0.7	17.2	42.0
シュリーブポート, LA	S	0.3	15.0	15.1	0.9	18.3	27.7
ウィチタフォールズ, TX	S	0.7	16.8	14.9	1.9	15.2	20.4
アビリーン, TX	S	0.7	17.6	14.7	1.1	20.8	17.0
ロングビュー－マーシャル, TX	S	0.5	15.7	15.7	0.5	15.6	5.1

8　腕力から頭脳へ　ラストベルト、南部および南東部サンベルトの大都市

ラボック, TX	S	1.0	21.2	30.6	1.9	20.8	29.2
モンゴメリー, AL	S	0.4	17.3	25.8	1.6	22.3	31.9
ハンツビル, AL	S	0.9	16.1	30.8	2.6	27.1	38.7
ウェーコ, TX	S	0.4	17.4	15.9	1.4	17.7	17.6
アマリロ, TX	S	0.6	18.6	17.0	1.8	19.5	17.7
タスカルーサ, AL	S	0.5	18.9	39.8	1.2	19.6	31.3
ガルベストン-テキサスシティ, TX	S	0.8	16.8	19.7	2.7	21.6	26.7
タイラー, TX	S	0.4	19.0	14.1	1.6	21.3	16.6
レイクチャールズ, LA	S	0.4	16.8	28.4	0.9	17.9	29.4
キリーン-テンプル, TX	S	0.9	13.4	9.9	2.4	16.3	19.2
ラファイエット, LA	S	1.1	18.7	35.2	1.0	17.9	20.4
ジャクソン, MS	S	0.5	23.5	40.0	1.2	23.5	44.0
ブラウンズビル-ハーリンジェン-サン・ベニート, TX	S	1.2	9.3	5.7	3.0	9.4	11.5
ビロクシ-ガルフポート, MS	S	0.7	14.4	17.4	1.2	20.4	21.2
オデッサ, TX	S	0.5	13.0	7.9	1.1	14.3	11.2

出典：アメリカ・コミュニティ・サーベイ、アメリカ国勢調査

表8.4 南東部サンベルト都市における熟練者の分布

都市	種類	1980			2010		
		熟練した移民(%)	熟練したネイティブ(%)	移民全体に占める熟練した移民の割合(%)	熟練した移民(%)	熟練したネイティブ(%)	移民全体に占める熟練した移民の割合(%)
マイアミ-ハイアリア, FL	L	7.3	12.8	19.8	14.7	10.2	27.4
フォートローダーデール-ハリウッド-ポンパノビーチ, FL	L	2.4	17.8	20.4	10.1	17.5	30.5
タンパ-セントピーターズバーグ-クリアウォーター, FL	L	1.3	16.6	18.2	4.2	21.6	30.2
ジャクソンビル, FL	L	0.8	14.9	23.4	3.2	22.8	35.2
ウェストパームビーチ-ボカラトン-デルレイビーチ, FL	L	2.1	19.7	20.6	6.8	22.8	27.6
シャーロット-ガストニア-ロックヒル, NC SC	L	0.6	17.7	28.4	2.8	23.8	28.7
アトランタ, GA	L	1.1	21.6	36.7	4.8	23.1	32.4
オーランド, FL	L	1.3	17.5	22.4	5.5	21.2	32.8
ローリー・ダーラム, NC	L	1.2	26.4	47.0	4.6	29.5	35.0
チャールストン-N.チャールストン, SC	M	0.7	15.7	22.2	2.0	27.1	27.5
グリーンビル-スパータンバーグ-アンダーソン, SC	M	0.5	14.3	27.0	1.8	21.6	25.3
コロンビア, SC	M	1.0	21.4	28.7	2.2	26.2	35.0
オーガスタ-エイキン, GA SC	M	0.6	14.3	17.3	1.8	21.6	29.7
レイクランド-ウィンターヘイブン, FL	M	0.7	13.2	18.9	2.4	16.2	20.9
メルボルン-タイタスビル-ココア-パームベイ, FL	M	1.3	19.3	21.2	3.2	22.3	31.6
フォートマイヤーズ-ケープコーラル, FL	M	1.1	15.7	20.3	3.6	20.5	21.9
サラソータ, FL	M	1.8	21.9	25.2	3.4	23.7	27.1
オールバニ, GA	S	0.3	13.0	15.6	0.5	15.3	17.1

コロンブス、GA/AL	S	0.7	14.4	13.1	2.3	15.8	29.3
チャタヌーガ、TN/GA	S	0.5	14.9	31.5	1.0	20.6	23.5
ファイエットビル、NC	S	0.8	13.2	12.8	2.8	19.8	28.2
サバンナ、GA	S	0.6	14.9	23.7	2.3	22.7	31.9
アセンズ、GA	S	1.1	24.5	54.3	2.9	24.1	30.6
ペンサコーラ、FL	S	0.7	15.3	23.0	2.3	22.2	34.2
ジャクソンビル、NC	S	0.5	8.9	12.0	1.0	14.1	15.6
ゲインズビル、FL	S	2.6	30.4	47.7	5.9	29.5	54.2
フォート・ウォルトン・ビーチ、FL	S	0.9	15.6	12.4	2.3	23.5	24.2
デイトナビーチ、FL	S	1.2	17.1	20.8	2.5	20.3	30.7
タラハシー、FL	S	1.5	31.8	47.9	2.8	28.7	43.0
メイコン・ワーナーロビンズ、GA	S	0.3	13.5	24.2	1.4	17.8	23.8
オカラ、FL	S	0.3	12.1	10.0	2.0	16.8	23.7
ウィルミントン、NC	S	0.4	16.7	23.2	1.5	31.6	30.8

出典：アメリカ・コミュニティ・サーベイ、アメリカ国勢調査

第 2 部　都市化、知識経済、および社会構造化

表 8.5　ラストベルト都市のスキル比

都市	種類	1980	2010
ボルチモア、MD	L	0.8	2.4
シカゴ、IL	L	0.5	1.4
シンシナティーハミルトン、OH/KY/IN	L	1.0	2.6
クリーブランド、OH	L	0.5	2.4
グランドラピッズ、MI	L	0.5	1.0
ミルウォーキー、WI	L	0.5	1.5
フィラデルフィア、PA/NJ	L	0.6	2.1
ロチェスター、NY	L	0.6	2.2
セントルイス、MO-IL	L	0.7	2.4
バッファローーナイアガラフォールズ、NY	L	0.5	1.7
デトロイト、MI	L	0.5	1.8
ピッツバーグ、PA	L	0.4	3.8
オールバニースケネクタディー トロイ、NY	M	0.6	3.1
アレンタウンーベスレヘムー イーストン、PA/NJ	M	0.4	2.2
スクラントンーウィルクスバリ、PA	M	0.3	1.2
シラキュース、NY	M	0.6	1.8
アクロン、OH	M	0.7	2.0
デイトンースプリングフィールド、OH	M	0.9	1.3
トレド、OH/MI	M	0.7	1.9
ヤングスタウンーウォーレン、OH-PA	M	0.3	2.1
ブルーミントンーノーマル、IL	S	4.2	2.6
エルクハートーゴーシェン、IN	S	0.7	0.6
エバンズビル、IN/KY	S	0.9	1.6
フォートウェイン、IN	S	0.8	0.8
ハミルトンーミドルタウン、OH	S	1.5	3.3
ジェーンズビルーベロイト、WI	S	0.4	0.2
ジョンズタウン、PA	S	0.1	1.8
ケノーシャ、WI	S	0.3	2.3
ラファイエットー W. ラファイエット、IN	S	3.5	1.3
ラシーン、WI	S	0.3	0.7
レディング、PA	S	0.3	0.8
ロックフォード、IL	S	0.4	1.0
サギノーーベイシティー ミッドランド、MI	S	0.5	4.9
ユーティカーローム、NY	S	0.3	0.9
ベントン・ハーバー、MI	S	0.7	1.3
カントン、OH	S	0.4	1.2
ダベンポート、IA ーロックアイランドーモリーン、IL	S	0.4	0.9
ディケーター、IL	S	0.6	3.0
エリー、PA	S	0.5	1.6
フリント、MI	S	0.6	1.0
カンカキー、IL	S	0.4	0.5
コーコモー、IN	S	0.5	0.5
ランシングーイーストランシング、MI	S	1.2	1.3
リマ、OH	S	0.4	1.2
マンスフィールド、OH	S	0.4	0.8
マンシー、IN	S	1.0	1.1
ピオリア、IL	S	0.6	2.6
シャロン、PA	S	0.2	9.1
サウスベンドー ミシャワカ、IN	S	0.4	3.0

出典：アメリカ・コミュニティ・サーベイ、アメリカ国勢調査

表 8.6　南部サンベルト都市のスキル比

都市	種類	1980	2010
オースチン、TX	L	1.0	1.1
ダラスーフォートワース、TX	L	0.5	0.9
ヒューストンーブラゾリア、TX	L	0.5	0.8
メンフィス、TN/AR/MS	L	1.0	1.2
ニューオーリンズ、LA	L	0.8	1.3
サンアントニオ、TX	L	0.2	0.8
バトンルージュ、LA	M	1.4	2.5
バーミングハム、AL	M	1.0	1.3
エルパソ、TX	M	0.2	0.4
マッカレンーエディンバーグー ファーーミッション、TX	M	0.1	0.3
モービル、AL	M	0.8	1.1
アビリーン、TX	S	0.3	0.5
アレクサンドリア、LA	S	0.4	0.9
アマリロ、TX	S	0.3	0.5
アニストン、AL	S	0.5	1.2
ボーモントーポートアーサーーオレンジ、TX	S	0.5	0.6
ビロクシーガルフポート、MS	S	0.4	1.0
ブラウンズビルー ハーリンジェンーサン・ベニート、TX	S	0.1	0.3
コーパスクリスティ、TX	S	0.3	1.5
ガズデン、AL	S	0.6	0.1
ガルベストンーテキサスシティ、TX	S	0.5	1.1
ハンツビル、AL	S	1.1	2.0
ジャクソン、MS	S	1.5	2.6
キリーンーテンプル、TX	S	0.2	0.9
ラファイエット、LA	S	1.5	0.8
レイクチャールズ、LA	S	1.5	2.2
ロングビューーマーシャル、TX	S	0.3	0.1
ラボック、TX	S	0.8	1.3
モンロー、LA	S	0.6	3.2
モンゴメリー、AL	S	0.9	1.5
オデッサ、TX	S	0.1	0.2
シュリーブポート、LA	S	0.4	1.7
タスカルーサ、AL	S	1.5	2.5
タイラー、TX	S	0.3	0.4
ウェーコ、TX	S	0.3	0.6
ウィチタフォールズ、TX	S	0.4	0.9

出典：アメリカ・コミュニティ・サーベイ、アメリカ国勢調査

第2部　都市化、知識経済、および社会構造化

表8.7　南東部サンベルト都市のスキル比

都市	種類	1980	2010
アトランタ、GA	L	1.7	1.5
シャーロットーガストニアー ロックヒル、NC－SC	L	1.0	1.2
フォートローダーデールー ハリウッドー ポンパノビーチ、FL	L	0.7	2.2
ジャクソンビル、FL	L	0.8	2.6
マイアミーハイアリア、FL	L	0.5	1.5
オーランド、FL	L	0.8	2.4
ローリー・ダーラム、NC	L	2.0	1.5
タンパーセントピーターズバーグー クリアウォーター、FL	L	0.6	1.8
ウェストパームビーチー ボカラトンーデルレイビーチ、FL	L	0.7	1.4
オーガスターエイキン、GA－SC	M	0.5	1.6
チャールストンー N. チャールストン、SC	M	0.7	1.1
コロンビア、SC	M	1.1	2.2
フォートマイヤーズーケープコーラル、FL	M	0.7	0.9
グリーンビルー スパータンバーグー アンダーソン、SC	M	0.8	1.0
レイクランドー ウィンターヘイブン、FL	M	0.6	0.7
メルボルンータイタスビルー ココアーパームベイ、FL	M	0.8	2.5
サラソータ、FL	M	1.0	1.5
オールバニ、GA	S	0.4	0.6
アセンズ、GA	S	3.0	1.3
チャタヌーガ、TN/GA	S	1.2	1.2
コロンブス、GA/AL	S	0.5	1.7
デイトナビーチ、FL	S	0.8	2.7
ファイエットビル、NC	S	0.4	1.4
フォート・ウォルトン・ビーチ、FL	S	0.3	1.9
ゲインズビル、FL	S	2.5	6.0
ジャクソンビル、NC	S	0.5	0.7
メイコンーワーナーロビンズ、GA	S	0.8	1.3
オカラ、FL	S	0.3	1.2
ペンサコーラ、FL	S	0.8	3.1
サバンナ、GA	S	0.8	1.9
タラハシー、FL	S	3.2	2.9
ウィルミントン、NC	S	0.8	2.7

出典：アメリカ・コミュニティ・サーベイ、アメリカ国勢調査

ある。

　都市のヒューマン・キャピタルレベルの全体的な比較は、ラストベルト都市に教育を受けたネイティブおよび外国生まれの人々の双方を呼び込む、または保持する能力があったことを示す。最近の文献が都市開発スキルを重視していることを考えると、これは地域の都市再活性化に寄与する可能性を秘めた経路を切り開く。

議論および結論

1970年代以降、ラストベルト都市は都市衰退のイメージを獲得してきた。Kotkin & Piiparinen (2014)による以下の記述について検討する：

中西部の都市は、シカゴおよびミネアポリスを除き、大部分が二流および下流階級に委ねられてきた。クリーブランド、バッファロー、デトロイトまたは一群の小都市については、その唯一の希望が都市計画専門家の新たな秘法を通じたニューヨーク、サンフランシスコ、ボストン、ポートランドのようなスーパースター都市の都市パターンを模倣するための方法の発見であるという同情の的以外として評価されることは稀である。

Beauregard (2003, p. 10)はさらに痛烈に、「その都市を忘れる方がよかった」と述べる。しかし、忘れられたラストベルト都市は、妥当なレベルのヒューマン・キャピタルを集め続けてきた。最近の *New York Times* は、2000 〜 2012年における25 〜 34歳の大卒者増加トップ3の場所として、バッファロー、ボルチモア、ピッツバーグを報告している (Miller, 2014)。その増加率は、メトロポリタン都市トップ51の平均である25%をゆうに上回る。バッファローおよびボルチモアのそれぞれ34%および32%の増加率は、ニューヨーク (25%)、ボストン (12%)、サンフランシスコ (11%)より高いが、高い増加率は以前の時代の低い基準を反映すると考えるのが妥当である。それでもなお、このような増加は、都市にとって良い前兆である。

一つの説明は、若者が価格的にも手ごろな都市生活に魅力を感じていることである。Zimmerman & Beal (2002)は、金融および先進プロデューサーサービスが優位な都市より製造業が優位な都市で所得不平等が低い傾向にあることに気づいた。住居を入手できることも所得不平等の低下に寄与する。ラストベルト都市は縮小した、または「適切な規模になった」可能性がある (Silverman, Patterson, Yu, & Ranahan, 2016)が、ここの製造部門は引き続きエンジニアや科学者に対する需要の源である (Kotkin, 2013)。その好例が、「ブレインベルト」としてのアクロンおよびオールバニの台頭である (van Agtmael and Bakker, 2016)。その頭脳中枢としての台頭は、繁栄のために国内市場に依存していた過去の産業的遺産から国際的志向が高い現在の見解への変容を反映する。例えば、アクロンの製

造に特化した過去のスキルは、時とともに知識の累積効果を利用する新材料生産の中心への移行を促進してきた。同様に、デトロイトの Shinola 社のクールウォッチや皮革製品は、産業用製品を国際市場で最高級の贅沢品に変えたスキルの結果として生まれた。

　全体として、分析はヒューマン・キャピタルレベルが南部および南東部のサンベルト都市に匹敵することを示す。より具体的に述べると、2010 年におけるラストベルトの平均的なヒューマン・キャピタルのレベルは、南部のサンベルトより高い。ヒューマン・キャピタルの増加は、大卒のネイティブおよび外国生まれの人々双方の移住または確保によって促進される。同様に注目すべきことに、都市に移ってきた移民の教育水準は、スキル比が示すとおり、上昇の一途をたどっている。今日のラストベルト都市のスキル比は南東部の都市に類似するが、1980 年代はそうではなかった。これは、ラストベルト都市の人口が今後、過去の多いときに戻ることを意味するものではない。しかし、ラストベルトとサンベルト間における頭脳の差違が狭まりつつある可能性を示す兆しはある。Hollander (2011) が示したとおり、特定のサンベルト都市はすでに、かつてはラストベルト都市の特性であった社会的苦痛を経験しつつある。ラストベルトの方向転換は緩やかでときに不明瞭であるが、フリントのような都市は方向転換というより衰退し続けてはいるものの、それでもなお、その特徴を否定することはできない。人口の減少に合わせた調整のみならず、どうすればこのような調整でよりスマートな労働力を通じた都市活力の維持を継続できるかにかかわるには、ラストベルトにおける都市規模の適切化が必要と考えられる。

注記

★1──2016 年 7 月にアクセスした www.worth.com/destinations−2016 を参照。

★2──このような前例の一つが、Krugman (1991) の語る歴史的偶然、ジョージア州ダルトンでのカーペット産業である。

★3──ボルチモアはラストベルトの周辺部に位置するが、ラストベルト都市の特性を共有するため、含まれる。

参照文献

Acs, Z. (2002). *Innovation and the growth of cities.* Cheltenham, UK: Edward Elgar.

Beauregard, R. (2003). *Voices of decline: The postwar fate of American cities.* New York: Routledge.

Bernard, R., & Rice, B. (1983). *Sunbelt cities: Politics and growth since World War II.* Austin: University of Texas Press.

Binelli, M. (2012). *Detroit City is the place to be.* New York: Metropolitan Books.

Black, D., & Henderson, V. (1999). A theory of urban growth. *Journal of Political Economy, 107*(2), 252–284.

Bowen, W. M. (2014). *The road through the Rust Belt: From preeminence to decline to prosperity.* Kalamazoo, MI: W.E. Upjohn Institute for Employment Research.

Bowen, W. M., & Kinahan, K. (2014). Midwestern urban and regional response to global economic transition. In W. M. Bowen, *The road through the Rust Belt* (pp. 7–36). Kalamazoo, MI: W.E. Upjohn Institute for Employment Research.

Bublitz, E., Fritsch, M., & Wyrwich, M. (2015). Balanced skills and the city. *Economic Geography, 91*(4), 475–508.

Ceh, B., & Gatrell, J. (2006) R&D production in the United States: Rethinking the Snowbelt-Sunbelt shift. Social Science Journal, 43(4) 529–551.

Florida, R. (2002). *The rise of the creative class.* New York: Basic Books. (井口典夫 訳『クリエイティブ資本論：新たな経済階級の台頭』, ダイヤモンド社, 2008年)

Florida, R. (2005). *Cities and the creative class.* New York: Routledge. (小長谷一之 訳『クリエイティブ都市経済論：地域活性化の条件』, 日本評論社, 2010年)

Florida, R., Mellander, C., & Stolarick, K. (2008). Inside the black box of regional development: Human capital, the creative class and tolerance. *Journal of Economic Geography, 8*(5), 615–649.

Glaeser, E. (2010). *Triumph of the city.* New York: Penguin Press.

Glaeser, E. L., & Maré, D. C. (2001). Cities and skills. *Journal of Labor Economics, 19*(2), 316–342.

Glaeser, E., Ponzetto, G., & Tobio, K. (2014). Cities, skills and regional change. *Regional Studies, 48*(1), 7–43.

Glaeser, E.L., & Resseger, M. E. (2010). The complementarity between cities and skills. *Journal of Regional Science, 50*(1), 221–233.

Goldstein, D. (2009). Weirton revisited: Finance, the working class and rustbelt steel restructuring. *Review of Political Economics, 41*(3), 352–357.

Grieco, E., Acosta, Y., de la Cruz, T., Gambino, C., Gryn, T., Larsen, L., et al. (2012). *The foreign-born population in the United States 2010.* Washington, D.C.: Brookings Institution.

High, S. (2003). *Industrial sunset: The making of North America's Rust Belt, 1968–1984.* Toronto: University of Toronto Press.

Hollander, J. (2011). *Sunburnt cities: The great recession, depopulation and urban planning in the American Sunbelt.* New York: Routledge.

Hunt, J., & Gauthier-Loiselle, M. (2010). How much does immigration boost innovation? *American Economic Journal of Macroeconomics, 2*(2), 31–56.

Jacobs, J. (1969). *The economy of cities.* New York: Vintage Books. (中江利忠・加賀谷洋一 訳『都市の原理』, 鹿島出版会, 1971年：同, 2011年)

Kotkin, J. (2013, August 30). Rust belt chic and the keys to reviving the Great Lakes. *Forbes.* Retrieved June 29, 2017, from www.forbes.com/sites/joelkotkin/2013/08/30/ rust-belt-chic-and-the-keys-to-reviving-the-great-lakes/#31fe581e693f.

Kotkin, J., & Piiparinen, R. (2014, December 7). The rustbelt roars back from the dead. *The Daily Beast.* Retrieved June 29, 2017, from www.thedailybeast.com/the-rustbeltroars-back-from-the-dead.

Krugman, P. (1991). *Geography and trade.* Cambridge, MA: MIT Press. (北村行伸 訳『脱「国境」の経済学：産業立地と貿易の新理論』, 東洋経済新報社, 1994年)

Lucas, R. J. (1988). On the mechanics of economic development. *Journal of Monetary Economics, 22,* 3–24.

Mallach, A. (2015). The uncoupling of the economic city. *Urban Affairs Review, 51*(4), 443–473.

Miller, C. C. (2014, October 10). Where young college graduates are choosing to live. *New York Times.* Retrieved June 29, 2017, from www.nytimes.com/2014/10/20/upshot/where-young-college-graduates-are-choosing-to-live.html.

Mokyr, J. (2000). *Knowledge, technology and economic growth during the industrial revolution.* Hague: Kluwert.

Mokyr, J. (2005). Long-term economic growth and the history of technology. In P. Aghion and S. Durlauf (Eds.), *Handbook of economic growth* (Vol. 1, pp. 1113–1180). Amsterdam: Elsevier.

Moretti, E. (2004). Human capital externalities in cities. In V. Henderson & J. F. Thisse (Eds.), *Handbook of regional and urban economics: Cities and geography* (Vol. 4). Amsterdam: Elsevier.

Morris, C. R. (2012). *The dawn of innovation.* New York: Public Affairs.

Neumann, T. (2016). *Remaking the Rustbelt.* Philadelphia: University of Pennsylvania Press.

Poon, J., & Yin, W. (2014). Human capital: A comparison of Rustbelt and Sunbelt. *Geography Compass, 8*(5), 287–299.

Sassen, S. (2012). *Cities in the world economy* (4th ed.). Thousand Oaks, CA: Sage.

Saxenian, A. (2006). *The new Argonauts: Regional advantage in a global economy.* Cambridge, MA: Harvard University Press. (本山康之・星野岳穂 監修・酒井泰介 訳『最新・経済地理学』, 日経BP, 2008年)

Scola, N. (2016). The rise of new Baltimoreans. In J. Gonzalez III & R. Kemp (Eds.), *Immigration and America's cities* (pp. 236–243). Jefferson, NC: McFarland & Company.

Scott, A. (1992). *Technopolis: Hi-technology industry and regional development in Southern California.* Berkeley and Los Angeles: University of California Press.

Scott, A. (2010). Space-time variations of human capital assets across US metropolitan areas, 1980–2000. *Economic Geography, 86*(3), 233–250.

Silverman, V., Patterson, K., Yu, L., & Ranahan, M. (2016). *Affordable housing in US shrinking cities.* Chicago: Policy Press.

Simmons, P., & Lang, R. (2006). The urban turnaround. In B. Katz & R. Lang (Eds.), *Redefining urban and suburban America* (pp. 51–62). Washington, D.C.: Brookings Institution.

Simon, C., & Nardinelli, C. (2002). Human capital and the rise of American cities, 1900–1990. *Regional Science and Urban Economics, 32*(1), 59–96.

Squicciarini, M., & Voigtander, N. (2015). Human capital and industrialization: Evidence from the age of Enlightenment. *Quarterly Journal of Economics, 130*(4), 1825–1883.

Storper, M. (2010). Why does a city grow? Specialization, human capital or institutions? *Urban Studies, 47*(10), 2027–2050.

Storper, M., & Scott, A. (2009). Rethinking human capital, creativity and urban growth. *Journal of Economic Geography, 9*(2), 147–167.

Storper, M., & Scott, A. J. (2016). Current debates in urban theory: A critical assessment. *Urban Studies, 53*(6), 1114–1136.

van Agtmael, A., & Bakker, F. (2016). *The smartest places on Earth.* New York: Public Affairs.

Wadhwa, V. (2012). *The immigrant exodus: Why America is losing the global race to capture entrepreneurial talent.* Philadelphia: Wharton Digital Publishing.

Warf, B., & Holly, B. (1997). The rise and fall and rise of Cleveland. *Annals of the American Academy of Political and Social Science, 551*(2), 208–221.

Zimmerman, F., & Beal, D. (2002). *Manufacturing works: The vital link between production and prosperity.* Chicago: Dearborn Financial Publishing.

9 エンゲージメント・ギャップ
アメリカの若者の社会移動と課外参加[*1]

カイサ・スネルマン｜ジェニファー・M・シルバ
カール・B・フレデリック｜ロバート・D・パットナム

　公教育は本来、アメリカ社会に大いなる平等をもたらし、恵まれない生育環境の子どもたちに機会を再配分することによる、社会移動の促進が目的であった。1840年代の公立学校運動から1940年代の復員軍人援護法に至るまで、改革者は大々的な教育の利用を可能にすることで条件を平等にし、経済的生産性を高め、民主主義的市民性を強化しようと試みた。このような希望に満ちた始まりにもかかわらず、最近のエビデンスは、学校による「持つ者」と「持たざる者」の格差縮小がもはや進んでいない可能性を示唆する。

　過去2世代にわたり、貧困家庭の子どもと富裕家庭の子どもの教育的達成の差異は大幅に拡大している。全国共通テストのスコア、大学入学、大学卒業に目を向けるかどうかを問わず、上流中産階級家庭の子どもと労働者階級家庭の子どもの学力差は着実に拡大しつつある。今日におけるテストスコアの所得格差は、30年前より40%大きい（Reardon, 2011）。高所得学生の大学卒業率が過去20年間で18パーセンテージ・ポイント増加したのに対し、低所得学生の卒業率の増加は4パーセンテージ・ポイントにとどまった（Bailey & Dynarski, 2011）。さらに、裕福な学生は最難関の一流4年制大学に入学する割合が増加している（Reardon, Baker, & Klasik, 2012）が、テストスコアおよび学業成績証明書が類似した低所得学生は2年制大学に通う可能性が高い（Alon, 2009; Hoxby & Avery, 2012）。

　アメリカの公教育についての検討および議論はしばしば、共通テストのスコアおよび「コア・コンピタンス」を重視するが、多くのエビデンスは、子どもの成果にとって重要なのは、教室内で起こることのみではないことを示唆する。すな

わち、10年後の教育的達成および累積利益の予測には、課外活動（チェスクラブ、卒業アルバム、サッカーなど）への参加がテストスコアに勝るとも劣らず重要であることが示されている（Lleras, 2008）。簡単に述べると、課外活動への参加は子どもの将来と密接に関連する。

チェスクラブ、卒業アルバム委員会、サッカーチームなどの活動は、教育的達成および労働市場におけるリターンの増加に関連する重要な非認知能力──特にチームワーク、「やりぬく力」、リーダーシップ──を促進する（Borghans, Ter Weel, & Weinberg, 2014; Cunha, Heckman, & Schennach, 2010; Kuhn & Weinberger, 2005）。さらに、活動への参加は、野心や好奇心のような、測定が難しい特性の重要な代用物となってきた。大学は試験の成績が良いだけでなく、多様な関心および新しいことを学ぶ意欲もある学生の入学を認めようとする。シンクロナイズドスイミングチームの一員であること、フリクションハープを弾くことは、多様な関心を反映するため、大学のアドミッションオフィサーから評価される。ラクロスやスカッシュをすることは、その学生がエリート機関でうまく適合することを表すため、文化資本をも暗示する（Rivera, 2012）。

理論上、公立学校は課外活動の形ですべての子どもに市民参加および人格形成の平等な機会を提供する。実際には、これらの奉仕活動への参加は社会階級によって大きく異なる。上流中産階級家庭の子どもは、労働者階級家庭の子どもに比べて、学校のクラブやスポーツチームに参加する可能性がはるかに高い（Beck & Jennings, 1982; Marsh, 1992; Marsh & Kleitman, 2002）。裕福な家庭の学生が他の学生より組織的な活動に参加する可能性が高いことは問題ではあるが、驚くに当たらない。しかし、この市民および社会参加の階級格差がここ20年で拡大してきたことは憂慮すべきである。

移動監視の新たなイニシアティブが実際に行われれば、それによって課外機会が移動プロセスで果たす役割を検討することができる。課外活動の役割が移動の研究に重要であることを主張するため、我々はアメリカの高校生に関する4件の全国調査の新たな分析、課外参加における階級格差の急速な拡大を明らかにする分析を紹介する。1970年代以降、上流中産階級の12年生（高校3年生）は次第に学校のクラブやスポーツチームで活動を始めるようになった。これに対し、労働者階級の学生は反対の方向に進んだ。1990年代には、労働者階級の学生の学校クラブへの参加が急落し、それ以降、減少が続いている。

課外活動に関連した高校生間の差異を検討すれば、明日の社会経済的および市

民的景観が垣間見える。これらの要因が後の教育的達成や市民および政治参加などの重要な結果を予測すると考えると、現在の格差の結末は、上流中産階級家庭の子どもの社会および市民参加が増える一方で労働者階級家庭の子どもがますます切り離され、取り残されるようになり、さらに分極された、不平等な社会となる可能性がある (Silva, 2013; Wright, 2015)。さらに、階級が活動への参加、ひいては教育的達成および将来の所得を予測することが増えた場合は、実際において、世代間移動のパターンを形成する悪循環に陥っている可能性がある。

課外参加と人生での成功

学校のクラブやスポーツチームは、全米における公立高校の設立以降、アメリカの高校での経験の基盤となっている (Coleman, 1961)。運動競技や学生自治会などの課外活動は人格形成を促進し、「ソフト」スキルを構築し、宗教的および社会経済的背景が様々に異なる学生の一体感を養うための方法と見なされた (O'Hanlon, 1980)。これらの目標は、少なくとも社会階級の点で危機にさらされていると見られる (Beck & Jennings, 1982; Marsh, 1992) が、課外活動が参加者の多様な利益を生み出すことに変わりはない。

組織化された活動への参加を通じたスキルおよび社会的ネットワークの構築については、教育的達成を強化し、幸福、健康的な選択、向社会的行動を促進することが示されている (Eccles, Barber, Stone, & Hunt, 2003; Marsh & Kleitman, 2002)。学校対抗運動競技への参加は、忍耐力および確固とした労働倫理を学ぶ場になると同時に、コーチ、教師、学問に関心がある同僚を介して、学生競技者が利用できるソーシャル・キャピタル・レベルの増加をもたらす。チームスポーツから、学生はどのように協力すれば共通の目標を達成できるかも学ぶ。学生競技者はテストスコアが高く (Broh, 2002)、退学率が低く (McNeal, 1995)、大学入学率および卒業率が高い (Troutman & Dufur, 2007)。チェスクラブ、ディベートチーム、スクールバンド、生徒会も同様にリーダーシップスキルを養い、自主性を促し、若者による情動的コンピテンスおよび社会的スキルの構築を可能にする。

組織的な活動への参加の明確な影響は、ゆうに高校の枠を超えて拡大する。高校の課外活動への参加は、教育的および職業的達成のみならず、成人期の政治および市民参加、さらにはずっと後になってからの精神的および身体的健康とも関連する (Hart, Donnelly, Youniss, & Atkins, 2007; McFarland & Thomas, 2006;

Nie, Junn, & Stehlik-Barry, 1996; Putnam, 2000）。課外活動の利益は、主導的な役割を担う学生にとってさらに大きい。チームの主将およびクラブのリーダーは、成人した際に他の学生よりも管理職に就き、管理職で高い割増賃金を意のままにする可能性が高い（Kuhn & Weinberger, 2005）。その場合、課外活動への参加は社会移動および成人期の成功に対する意味合いを持つ。

　課外参加の影響を調べていると、潜在的な内生性についての懸念が浮上する。例えば、より外交的、野心的で好奇心が強い、または断固とした学生は、他の学生に比べてクラブに参加する可能性が高いが、これらの特徴は後日、労働市場によっても報われる可能性がある。この問題は既存の文献で十分に立証されており、最近の研究は様々な程度で、多様な計量経済学的アプローチおよび研究デザインを用いて、それに取り組んでいる。特に、Stevenson (2010) は、男性の参加率を操作変数に用いて、第9条 [*2] によるスポーツへの参加の増加が女性の大学進学および就業にプラスの効果を及ぼすことを確認した。同様に、Kosteas (2010) は所得に対する参加の影響を調べる際、兄弟姉妹のクラブ参加に関する情報を操作変数に用いた。そして、運動競技および学術クラブ双方への参加が所得に対し、教育年数の半年増加を上回るプラスの効果をもたらすことを確認している（スポーツ参加のプラスの効果を示す他の操作変数の研究については、Barron, Ewing, & Waddell, 2000; Eide & Ronan, 2001 を参照）。

データ

　移動に対する課外活動の重要性についての我々の主張が移動学者らによって十分に擁護されていないことは承知している。新たな移動イニシアティブでのこれらの活動の監視を説得力のある形で主張することを望むなら、移動の変化の説明で課外活動が果たす役割に言及した結果を示すことが有用である。

　我々はアメリカ教育統計センター（NCES）が実施した一連の高等学校コホート研究のデータを用いてそれを行う。使用する四つのコホート（出生コホートは角括弧内に示す）は、1972年の National Longitudinal Study［1954］、High School and Beyond［1964］、1988年の National Education Longitudinal Study［1974］、および2002年の Education Longitudinal Study［1986］である。各コホート研究は、学生、親、学校管理者からの情報を収集する。これらのデータには学生の考え方および高校での経験、さらには労働市場経験や中等教育後の入学および達成などの重要な下流の結果に関する情報が含まれる。

NCES 調査は、学校主催の何種類かの活動に関する情報を含む。

全般的なカテゴリーには、親睦団体（AFS、Key Club など）、学生自治会、学術的な優等生協会（National Honor Society など）、ジャーナリズムクラブ（卒業記念アルバム、新聞、文芸雑誌など）、音楽および演劇クラブ（スクールバンド、学校演劇など）、アカデミッククラブ（アート、コンピュータ、エンジニアリング、外国語、科学、数学、心理学など）、趣味クラブ（写真、チェス、フリスビーなど）、職業クラブ（Future Farmars of America、Future Teachers of America など）がある。さらに、調査ではフットボールやチアリーディングなど、様々なスポーツチームへの参加についても質問している。

我々は、各コーホートで社会経済学的状況（SES）指数が、上位4分の1と下位4分の1の課外参加を比較することで階級格差を明らかにする[*3]。分析サンプルは、非ヒスパニック系白人の12年生に限定する。このアプローチは、確認された格差が人種や民族ではなく社会階級によるものであることを強調する上で役立つ[*4]。さらに、サンプルは SES および課外参加に関するデータが欠測していない回答者に限定する[*5]。参加の推定値、社会階級格差、このような格差の経時的な変化は、すべて複合クラスターサンプリングデザインを説明するための重み付きサンプリングを用いて推定する。

階級格差の増大

全米調査は、学校オーケストラ（またはフランス語クラブやサッカーチーム）への参加の階級格差が過去30年にわたって着実に拡大してきたことを示す。図9.1は、学校が主催する、運動競技以外で1種類以上の課外活動への参加を報告した12年生のパーセンテージを示す。実線は、各調査で SES が上位4分の1の学生で確認されたパーセンテージを示し、破線は、SES が下位4分の1の学生の傾向を示す。細い縦線は、95% 信頼区間を示す。図に示された調査内の階級格差はすべて、$p < 0.05$ 水準で統計学的に有意である。前のコーホートにおける階級格差と（$p < 0.05$ 水準で）統計学的に識別可能な階級格差は、アスタリスクでマークする。1980年代半ばに生まれた学生の場合、SES が高い学生には着実な上昇および約75% での横ばい状態の傾向が見られるが、労働者階級の参加は最初二つのコーホート間で上昇したものの、その後は約55% まで低下している。

社会階級ごとに見た、この全般的な参加パターンは、9種類の課外活動のそれぞれに注目した場合も維持される。二つの例外が、上流中産階級の参加が減少し、

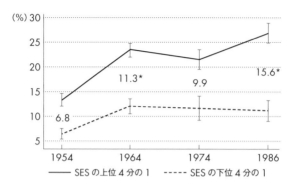

図9.1　階級および出生コーホート別に見た、12年生による1種類以上の課外活動（スポーツを除く）への参加
出典：NCESコーホート研究（NLS72, HS&B, NELS: 88, ELS: 2002）
注記　非ヒスパニック系白人のみ。
★格差が前回の調査と有意に異なることを示す。

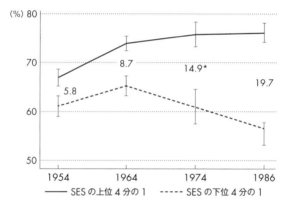

図9.2　階級および出生コーホート別に見た、12年生による1種類以上のスポーツへの参加
出典：NCESコーホート研究（NLS72, HS&B, NELS: 88, ELS: 2002）
注記　非ヒスパニック系白人のみ。
★格差が前回の調査と有意に異なることを示す。

労働者階級の参加が横ばい（ただし、低水準）の学生自治会、そして労働者階級の参加が次第に減少し、上流中産階級の参加が（低水準で）一定のままの職業クラブである。

　階級格差は、高校スポーツへの参加でも増大している。図9.2は、一つ以上のチームまたは個々の学校対抗スポーツへの参加を報告した12年生のパーセンテ

ージを示す。上流中産階級の若者の参加率は、1964年から1986年の出生コーホート間で約44%から50%近くにまで増加した。労働者階級の若者の参加率は低かったが、1964から1974年に生まれた上流中産階級の若者と同じペースを保っていた。

1986年に生まれた労働者階級の若者の参加率は、1964年に生まれた若者の水準まで低下し、25%未満に過ぎなかった。

図9.3は、チーム主将であることを報告する12年生の階級格差を示す。やはり、上流中産階級の若者の参加は経時的に増加している。チーム主将を務める上流中産階級の若者の割合は、1954年の出生コーホートの13%から1986年の出生コーホートの25%まで、2倍近く増加している。労働者階級のチーム主将のパーセンテージは、1964から1986年のコーホート間で12%から11%に減少し、スポーツおよびクラブへの参加の場合ほど劇的ではないが、それでも階級格差は劇的に拡大している。

格差拡大の理由

なぜ課外参加でこのような階級格差の拡大が見られるのか？　理由の一つは、所得不平等の増大にある。アメリカにおける最高階級と最低階級間の経済的距離は1970年代以降、着実に拡大してきており、高所得家庭が中央値から外れている (Piketty & Saez, 2003; Western, Bloome, & Percheski, 2008)。簡単に述べると、不平等の増大は、裕福な家庭による子どもへの投資金額が増えたことを意味する。金は家庭によるピアノやバレエレッスン、科学キャンプやサッカーチームの遠征、楽器やスポーツ用品への支払いに役立つ。さらに、毎月の「帳尻を合わすこと」を心配しなくてよいため、親は仕事を休んで発表会やラクロスゲームに参加することができる。

裕福な家庭は確かに以前より多くの金を持っているが、それだけではなく、違う形でそれを使っている。現在、裕福な家庭が子どもたちへの学習体験の提供に投資する所得および時間の割合は増加している。消費者支出調査は、1970年代初期以降、所得が上位4分の1の家庭による子どもの富裕財やサービスへの支出が下位4分の1の家庭に比べてはるかに大きく増加していることを示す (Kaushal, Magnuson, & Waldfogel, 2011; Kornrich & Furstenberg, 2013)。消費者文化の台頭にもかかわらず、親は玩具、衣服、ゲームへの支出を減らしてきた。その代わりに、支出の伸びの多くは、書籍、個人指導、スポーツや芸術のレッスンへの

第 2 部　都市化、知識経済、および社会構造化

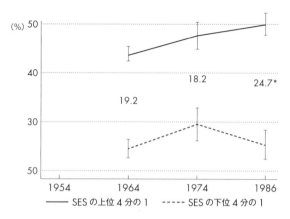

**図9.3　階級および出生コーホート別に見た、
12年生のチーム主将のパーセンテージ**
出典：NCES コーホート研究(NLS72, HS&B, NELS: 88, ELS: 2002)
注記　非ヒスパニック系白人のみ。
★格差が前回の調査と有意に異なることを示す。

投資増加から生じている。

　さらに、裕福な大学卒の親は、子どもへの読み聞かせや遊び場、美術館、サッカーの練習に連れて行くことに比較的多くの時間をかける (Ramey & Ramey, 2010; Sayer, Bianchi, & Robinson, 2004)。教育水準が高くない親に比べて、大学教育を受けた親が報告する、幼児と遊び、幼児を教育的または組織的活動に関与させる週当たりの時間数は約6倍多い (Ramey & Ramey, 2010)[*6]。大学教育を受けた親の子どもは、教育水準が高くない親の子どもとの比較で、週当たり3倍以上の時間を組織的な活動に費やす (Mahoney, Harris, & Eccles, 2006)。これらの小さな違いが、大きな格差になると考えられる。6歳までに、上流中産階級の子どもが図書館、映画館、レストラン、公園など、家庭やデイケア以外の場所で過ごす時間は、労働者階級の子どもより1300時間多くなる (Phillips, 2011)。

　低所得の親が自分の子どもの発育にかける時間と金も増加しているが、その程度は裕福な親と同じではない。1975年以降、大学卒の親が子どもにかける時間は教育水準が高くない親の2倍である (Ramey & Ramey, 2010)。

　なぜ上流中産階級の親はこれまでにないほど多くの時間と金を課外活動に投資しているのか？　この現象の説明には二つの要因：アメリカの経済構造の大きな変化および複雑さを増す大学事情がある。大学の学位および上級学位を持つ労働

者が好まれる、現代の知識ベースの経済では、4年の学位が（保証はされないが）安定した中産階級の生活の前提条件である（Kalleberg, 2009; Powell & Snellman, 2003）。一方、肉体労働は現在、1世代前に比べて支払額、利益が少なく、安定度が低い。肉体労働者の賃金低下をきっかけに、大学の学位に対する需要が高まり、これらの傾向は、特に最難関の4年制単科および総合大学での受験競争に拍車をかけた（Alon, 2009; Hoxby & Avery, 2012）。（U.S. News & World Report やその他が発表した）大学ランキングの拡散により、大学の階層および層別化に対する世間の認識が高まった。2013年にシカゴ大学が受け入れたのは3万300人を超える志願者の8.8％に過ぎず、ハーバードやスタンフォードの入学率は6％未満に下がった（Abrams, 2013）。エリート大学をめぐる競争は現在、これまでになく激化している。

　自分の子どもが大学の入試競争で確実に有望となるよう、上流中産階級の親は子どもを「明らかに有能」に見えるようにし、入学審査委員会に関心を持ってもらえるようにするため、時間と金の双方を子どもの「履歴書」の構築に投資する（Ginsburg, 2007; Lareau, 2004; Stevens, 2009）。Ramey & Ramey（2010）は、この幼少期への投資の増大を「ラグ・ラット・レース」（おちびさんたちの競走）と称し、これによって上流中産階級の親は幼少期の経験が将来の教育的および経済的成功を大きく決定する、という考えに駆られている。動態経済および大学事情と調和していない労働者階級の親は、自分の子どもの教化についての知識を理解しにくくなる可能性がある。

　近隣地域内の居住分化もまた、子どもの課外活動に対する利用可能性と考え方に影響を及ぼす。課外スポーツおよびクラブは大部分が社会活動で、その利用は他者によるそれらへの参加に大きく依存する。リトルリーグ、演劇クラブ、地域の水泳チームもまた、コミュニティがそれを維持する機関への投資を選択した（そしてその余裕がある）場合にのみ利用可能な公共財である。これは、コミュニティ全体の所得による隔離が特定の課外活動への支出および参加における世帯レベルの差異を増幅することを意味する。実際にアメリカでは、所得不平等の増大と同時に、所得による隔離が進んだ。1970年代以降、中間所得層の近隣地域は消えつつある。現在は全家庭の3分の1超が裕福な、または貧しい近隣地域のいずれかに住み、1970年の2倍となっている（Reardon & Bischoff, 2011）。今日、裕福な家族と低所得の家族が隣同士に住む可能性は低く、それが公園、プール、図書館、サービス、特に学校のような公的資源の格差拡大につながる。

第 2 部　都市化、知識経済、および社会構造化

　どこの学校に通うかが課外参加にとって極めて重要であることは、広く認識されている。費用削減策として、多くの学校はスポーツプログラムを減らす、あるいは排除することまでしており、このような学校には低所得の子どもが通う可能性が高い。したがって、理由の一部は課外活動の提供の違いにある。裕福な学生がいる高校が提供するチームスポーツの数は、主に低所得の生徒が通う学校の 2 倍多い (Putnam. 2015)。

　学校が倹約する必要に迫られると、スポーツやクラブなど比較的浅薄と思われる活動より、テストスコアや学術的な「コア・コンピテンシー」が優先される。経済スペクトル全体を通じ、学校はこれまでも支出を削減するよう圧力をかけられてきたが、様々な方法でその圧力に対応してきた。貧困地区は、単に提供を減らすことで学生から将来、極めて貴重となり得るソフトスキル開発のための機会を奪う可能性がある。これに対し、裕福な地区は親や地域の自治会からの個人的な寄付を頼みにすることで課外活動の提供を維持、あるいは拡大さえしてきた (Reich, 2005)。裕福な親が新たな陸上競技用トラックを造設するため、あるいは日本にスクールバンドを派遣するための個人的な寄付を利用できるのに対し、裕福でない親は課外活動のための公的資金の喪失を埋めることはできない。National Association of Independent Schools によって収集されたデータは、総年間寄付額の中央値が過去 10 年間で 1 校当たり 54 万 8651 ドルから 89 万 5614 ドルに 63% 増加したことを示す (Anderson, 2012)。ニューヨーク市では、この期間に総額の中央値が 268% 増加した。

　より重要なことに、多くの学区では、「定額課金」プログラムの導入により、学校スポーツが裕福な家庭のみが利用できる贅沢に変わった。控え目な推定によると、各活動費は 600 ドルで、子ども 2 人がそれぞれ 2 種類の活動を行っている下位 4 分の 1 の家庭の場合、これは年間およそ 2400 ドル (または所得の 15% 以上) となる。実際に費用が導入された場合、スポーツをしていて、費用増加のために途中でやめた子どもは、年間所得が 6 万ドル以下の家庭で 3 人に 1 人であったのに対し、6 万ドルを超える家庭では 10 人に 1 人であった (Putnam, 2015)。さらに、免除を提供している地区でさえ、免除申請という汚名が多くの親に申請を思いとどまらせる可能性がある。料金の定額課金の普及率増加は、これらの料金が最低所得家庭に及ぼす不釣り合いな過度の影響と相まって、スポーツ (および他の定額課金活動) の階級格差拡大に寄与してきたと見られる。

168

結論

　課外活動は長年にわたり、幼児が民主的ガバナンスに参加するリーダーや市民となり、チームワークおよびやり抜く力を示し、社会的および経済的格差の双方を埋められるよう、その育成を支援することによって、公的領域の質を高めるための方法と見なされてきた。このため、子どもの課外活動への投資はかつて、個々の子どもの人生の可能性のみならず、国の統一および繁栄にも重要な、共通の社会的関心事であった。しかし、それ以降、社会的ネットワークの縮小および公的支出の削減によって子どもの活動への投資は、個人的な判断、親の責任のみに委ねられてきた(Silva, Snellman, & Frederick, 2014)。課外活動の機会で見られる格差拡大は、小児期の私営化に向けた傾向のもう一つの特性で、子どもの幸福に対する関心が概して、自分自身の子孫のみに適用されるまでに縮小してきたことは明らかである。

　課外活動はしばしば、テストスコアや読解力レベルほど必要不可欠ではないと(あるいは浅薄とさえ)見なされるが、子どもの人生の機会に対するこのような活動の根本的な重要性を示す研究は多い。サッカーをしたり、スクールバンドでマーチングをしたりすることは、単に楽しいだけの活動ではない。これらの活動はいずれもが後に職場で報われる、チームワーク、コミュニケーション、忍耐力に関する貴重な教訓を与える。恵まれない経歴の子どもにとって、課外活動から得られる社会的なつながりおよび性格特性は、上方移動および安定した中産階級の生活の要となり得る。さらに、このような活動への参加は、将来的な政治参加の種をまき、子どもたちに孤立や離脱ではなく、社会的つながりや市民参加に向けた経路を示す(Putnam, Frederick, & Snellman, 2012)。

　この30年で階級に基づく社会および市民参加の不平等が4倍近くになったのは驚くべきことで、機会均等というアメリカの理想にとっての課題である。そのため、課外活動における階級格差の拡大は、差し迫った社会的懸念である。上流中産階級の子どもは、私的な投資および育成を通じ、将来的に受け継ぐ、競合的な知識ベースの経済で成功するための訓練を受けている。さらに、これらの子どもたちは、民主主義に参加し、他者と協力する心構えができた、経験を積んだ市民として成人期を迎える。しかし、その労働者階級の仲間は公的資金が減少し、その幸福に対する関心が私的領域に委託されたため、このような機会を失いつつある。これらの低所得の学生は、やる気や忍耐力を開発し、他者と一緒に働き、良き指

導者との貴重な関係を築き、主導する方法を学ぶための機会を逃している。その結果として、経済的梯子を上るための能力が危険にさらされる可能性がある。機会均等という我が国の信条に従って生きるには、できる限り早急に課外格差を縮める必要がある。

そのため、移動監視の新たなイニシアティブは、課外活動が移動および移動の傾向にどのように寄与するかを学者が検討できるものでなければならない。より重要なこととして、どうすれば「参加格差」の拡大を逆行させられるかをも検討すべきである。社会移動の強化に関心があるなら、課外参加における社会経済学的格差の拡大には、学校、親、政策立案者の緊急の行動が必要である。

謝辞

原稿に関する有用なフィードバックに対し、デビッド・グラスキー、トーマス・サンダー、ティモシー・ヴァン・ザントに謝意を表する。また、レベカー・クロークス・ホロヴィッツ、ジョシュ・ボリアン、マシュー・ライト、エヴリム・アルティンタス、チェイヨン・リムの貢献にも謝意を表する。本研究は、Annie Casey Foundation、Carnegie Corporation of New York、Ford Foundation、Bill and Melinda Gates Foundation、W. K.W. K. Kellogg Foundation、Markle Foundation、Rockefeller Brothers Fund、Spencer Foundation からの多大な支援を受けた。また、本プロジェクトへの支援に対し、INSEAD Alumni Fund (IAF) にも謝意を表する。本章で示された見解は、必ずしも支援組織の見解を代表するとは限らない。

注記

*1——ANNALS of the American Academy of Political and Social Science、Sage Journals、第657巻、第1号、194–207ページに発表された、Kaisa Snellman、Jennifer M. Silva、Carl B. Frederick、Robert D. Putnam、「エンゲージメント・ギャップ：アメリカの若者の社会移動と課外参加」。Robert Putnam およびその他の著者、そして ANNALS of the American Academy of Political and Social Science Journal の寛大な許可によって複製された。

*2——1972年教育改正法第9条は連邦法で、「アメリカにおいて、何人も性別により、連邦の資金援助を受けている教育プログラムまたは活動への参加から除外される、その利益を否定される、その下で差別を受けることがあってはならない」と述べている。

*3——SES指数は、所得、親の教育、親の職業的地位の指標を組み合わせたものであるが、指数の正確な算定は四つのコーホート間でわずかに異なる。家計所得や親の教育など、社会階級の他のマーカーを用いた場合の結果も類似している (結果未掲載)。

*4——すべての人種—民族の12年生を含む完全なサンプルを用いた場合、および人種で調整したモデルでも同じ結果が維持される。SES が上位4分の1の少数人種−民族のサンプルサイズ

が特に早期コーホートで調査当たり平均268人／群と小さいため、黒人、ヒスパニック、残りの人種―民族カテゴリーに関する人種―民族内分析の実施に足る統計学的検出力はない。

★5――格差の拡大は、人種―民族で調整した多変量解析でも堅牢である（結果未掲載）。

★6――Ramey & Ramey（2010, 図9.3）を参照。

参照文献

Abrams, T. (2013, March 28). 7 of 8 Ivy League schools report lower acceptance rates. *New York Times*. Retrieved June 30, 2017, from https://india.blogs.nytimes.com/2013/03/28/7-of-8-ivy-league-schools-report-lower-acceptance-rates/.

Alon, S. (2009). The evolution of class inequality in higher education: Competition, exclusion, and adaptation. *American Sociological Review, 74*(5), 731–755.

Anderson, J. (2012, March 26). Private schools mine parents' data, and wallets. *New York Times*. Retrieved June 30, 2017, from www.nytimes.com/2012/03/27/nyregion/privateschools-mine-parents-data-and-wallets.html.

Bailey, M. J., & Dynarski, S. M. (2011). Inequality in postsecondary education. In G. J. Duncan & R. J. Murnane (Eds.), *Whither opportunity? Rising inequality, schools, and children's life chances* (pp. 117–132). New York and Chicago: Russell Sage Foundation and Spencer Foundation.

Barron, J. M., Ewing, B. T., & Waddell, G. R. (2000). The effects of high school athletic participation on education and labor market outcomes. *Review of Economics and Statistics, 82*(3), 409–421.

Beck, P. A., & Jennings, M. K. (1982). Pathways to participation. *American Political Science Review, 76*(01), 94–108.

Borghans, L., Ter Weel, B., & Weinberg, B. A. (2014). People skills and the labor-market outcomes of underrepresented groups. *ILR Review, 67*(2), 287–334.

Broh, B. A. (2002). Linking extracurricular programming to academic achievement: Who benefits and why? *Sociology of Education*, 69–95.

Coleman, J. S. (1961). *The adolescent society*. New York: The Free Press.

Cunha, F., Heckman, J. J., & Schennach, S. M. (2010). Estimating the technology of cognitive and noncognitive skill formation. *Econometrica, 78*(3), 883–931.

Eccles, J. S., Barber, B. L., Stone, M., & Hunt, J. (2003). Extracurricular activities and adolescent development. *Journal of Social Issues, 59*(4), 865–889.

Eide, E. R., & Ronan, N. (2001). Is participation in high school athletics an investment or a consumption good? Evidence from high school and beyond. *Economics of Education Review, 20*(5), 431–442.

Ginsburg, K. R. (2007). The importance of play in promoting healthy child development and maintaining strong parent-child bonds. *Pediatrics, 119*(1), 182–191.

Hart, D., Donnelly, T. M., Youniss, J., & Atkins, R. (2007). High school community service as a predictor of adult voting and volunteering. *American Educational Research Journal, 44*(1), 197–219.

Hoxby, C. M., & Avery, C. (2012). The missing "one-offs": The hidden supply of highachieving, low-income students. *National Bureau of Economic Research Working Paper* 18586, Cambridge, MA.

Kalleberg, A. L. (2009). Precarious work, insecure workers: Employment relations in transition. *American Sociological Review, 74*(1), 1–22.

Kaushal, N., Magnuson, K., & Waldfogel, J. (2011). *How is family income related to investments in children's learning?* New York: Russell Sage Foundation.

Kornrich, S., & Furstenberg, F. (2013). Investing in children: Changes in parental spending on children, 1972–2007. (*Demography, 50*1), 1–23.

Kosteas, V. D. (2010). High school clubs participation and earnings. *Working Paper Series*. Social Science Research Network. Available from http://ssrn.com/abstract=1542360.

Kuhn, P., & Weinberger, C. (2005). Leadership skills and wages. *Journal of Labor Economics, 23*(3), 395–436.

Lareau, A. (2004). U*nequal childhoods: Class, race, and family life.* Oakland, CA: University of California Press.

Lleras, C. 2008). Do skills and behaviors in high school matter? The contribution of noncognitive factors in explaining differences in educational attainment and earnings. *Social Science Research, 37* (3), 888–902.

Mahoney, J. L., Harris, A. L., & Eccles, J. S. (2006). Organized activity participation, positive youth development, and the overscheduling hypothesis. *Social Policy Report, 20*(4), 3–31.

Marsh, H. W. (1992). Extracurricular activities: Beneficial extension of the traditional curriculum or subversion of academic goals? *Journal of Educational Psychology, 84*(4), 553–562.

Marsh, H. W., & Kleitman, S. (2002). Extracurricular school activities: The good, the bad, and the nonlinear. *Harvard Educational Review, 72*(4), 464–515.

McFarland, D. A., & Thomas, R. J. (2006). Bowling young: How youth voluntary associations influence adult political participation. *American Sociological Review, 71*(3), 401–425.

McNeal, R. B., Jr. (1995). Extracurricular activities and high school dropouts. *Sociology of Education, 68*(1), 62–80.

Nie, N. H., Junn, J., & Stehlik-Barry, K. (1996). *Education and democratic citizenship in America.* Chicago: University of Chicago Press.

O'Hanlon, T. (1980). Interscholastic athletics, 1900–1940: Shaping citizens for unequal roles in the modern industrial state. *Educational Theory, 30*(2), 89–103.

Phillips, M. (2011). Parenting, time use, and disparities in academic outcomes. In G. J. Duncan & R. J. Murnane (Eds.), *Whither opportunity? Rising inequality, schools, and children's life chances* (pp. 207–228). New York and Chicago: Russell Sage Foundation and Spencer Foundation.

Piketty, T., & Saez, E. (2003). Income inequality in the United States, 1913. *Quarterly Journal of Economics, 118*(1), 1–39.

Powell, W. W., & Snellman, K. (2003). The knowledge economy. *Annual Review of Sociology, 30*, 199–220.

Putnam, R. D. (2000). *Bowling alone: The collapse and revival of American community.* New York: Simon & Schuster. (柴内康文 訳『孤独なボウリング：米国コミュニティの崩壊と再生』, 柏書房, 2006年)

Putnam, R. D. (2015). *Our kids: The American dream in crisis.* New York: Simon & Schuster. (柴内康文 訳『われらの子ども：米国における機会格差の拡大』, 創元社, 2017年)

Putnam, R. D., Frederick, C. F., & Snellman, K. (2012). *Growing class gaps in social connectedness among American youth.* Cambridge, MA: Harvard Kennedy School.

Ramey, G., & Ramey, V. A. (2010). The rug rat race. *Brookings Papers on Economic Activity, 41*, 129–176.

Reardon, S. F. (2011). The widening academic achievement gap between the rich and the poor: New evidence and possible explanations. In G. J. Duncan & R. J. Murnane (Eds.), *Whither opportunity? Rising inequality, schools, and children's life chances* (pp. 91–116). New York and Chicago: Russell Sage Foundation and Spencer Foundation.

Reardon, S. F., Baker, R., & Klasik, D. (2012). *Race, income, and enrolment patterns in highly selective colleges, 1982–2004.* Stanford, CA: Center for Education Policy Analysis, Stanford University.

Reardon, S. F., & Bischoff, K. (2011). Growth in the residential segregation of families by income, 1970–2009. *Technical report.* New York and Providence, RI: Russell Sage Foundation and American Communities Project of Brown University.

Reich, R. (2005). A failure of philanthropy: American charity shortchanges the poor, and public policy is partly to blame. *Stanford Social Innovation Review.* Available from www.ssireview.org/.

Rivera, L. A. (2012). Hiring as cultural matching: The case of elite professional service firms. *American Sociological Review, 77*(6), 999–1022.

Sayer, L. C., Bianchi, S. M., & Robinson, J. P. (2004). Are parents investing less in children? Trends in mothers' and fathers' time with children. *American Journal of Sociology, 110*(1), 1–43.

Silva, J. M. (2013). *Coming up short: Working-class adulthood in an age of uncertainty.* New York: Oxford University Press.

Silva, J. M., Snellman, K., & Frederick, C. B. (2014). The privatization of "savvy": Class reproduction in the era of college for all. *INSEAD Working Paper,* No. 2014/47/OBH. Available at SSRN: http://ssrn.com/abstract=2473462.

Stevens, M. L. (2009). *Creating a class: College admissions and the education of elites.* Cambridge, MA: Harvard University Press.

Stevenson, B. (2010). Beyond the classroom: Using Title IX to measure the return to high school sports. *The Review of Economics and Statistics, 92*(2), 284–301.

Troutman, K. P., & Dufur, M. J. (2007). From high school jocks to college grads: Assessing the long-term effects of high school sport participation on females' educational attainment. *Youth & Society, 38*(4), 443–462.

Western, B., Bloome, D., & Percheski, C. (2008). Inequality among American families with children, 1975 to 2005. *American Sociological Review, 73*(6), 903–920.

Wright, M. (2015). Economic inequality and the social capital gap in the United States across time and space. *Political Studies, 63*(3), 642–662.

10 急速な都市成長と公共空間の将来
アジェンダの変更および新たなロードマップ

カイル・ファレル｜ティグラン・ハース

我々は今日、社会で盛んに論じられている問題に対する回答がないことのみによらず、さらには何が主要な問題かの明確な把握、およびその実際の面への明確な理解がないというレベルにまで達する深刻な脅威に直面している。

(Žižek, 2012)

はじめに

　都市の成長にともない、それを管理する仕事はますます複雑になりつつある。グローバル・サウス(主として南半球にある発展途上国)における都市成長のこれまでにない速度および規模はしばしば、持続可能な都市の発展達成の最大の障害として取り上げられている。これは、都市に暮らす人の数の増加にともない、住居、学校、警察活動、街路、公共空間のような質の高い都市インフラおよびサービスを供給する必要もあるためである。このような資産の供給が都市人口の増加についていけない場合は、都市不経済の影響が生じ始め、2、3例を挙げると、これは犯罪、過密、インフラ崩壊、土地の非効率的配分の形で現れる。2030年までに都市人口は40億人から50億人に増えることが予想され、同じ期間中に世界の都市の総市街地は2倍になると予想されるため、将来の都市が望ましい機会の場となるかどうか、あるいは荒廃した都市の形で現れるかどうかに関する不確実性の程度は依然として高い。この脅威は、グローバル・サウスで急成長している都市で最も顕著である。都市計画の決定に都市を特定の長期的な方針に固定する能力があると仮定すると、今日の政策立案者の決定(またはその欠如)は都市の

将来について、極めて重要な節目を迎えている。2015年および2016年に都市に多大な影響を及ぼす複数のグローバル開発プロセス――持続可能な開発目標（SDGs）、国連気候変動会議（COP21）、第3回国連人間居住会議（Habitat III）が主催されたことで、都市化の物語はすでに、ある程度は書かれたと考えられる。残りの重要な疑問は、これらの決定が持続可能な都市の将来に向けた正しい方向に都市を導くことができるか、あるいはらせん状の崩壊につながる「最後の一撃」となるか、である。

　本章では、前述のグローバルなプロセスの結果を検討し、都市および都市領域の根拠となるクリティカル・シンキングの変化について再考する。Habitat III が都市の将来に関する最も実質的なプロセスであるという前提で、これには特別な注意が向けられてきた。所見は、都市アメニティの量的供給に焦点を合わせた街づくりへの取り組みから住みやすさおよび都市における生活の質改善の重要性を奨励する傾向の増大に重点が大きく変わったことを強調する。この変化の中心には、Habitat III プロセスから生じた「ニュー・アーバン・アジェンダ」および「持続可能な開発目標11：持続可能な都市およびコミュニティ」の双方に組み込まれてきた公共空間の権限に対する認識の高まりがある。4年間の研究の所見および公共空間に焦点を合わせた政策プロジェクトに基づき、本章は公共空間を都市構築の変容可能な要素として利用するための多数の重要な原則を進めることで終わる。

圧力の高まり……

　ヨーロッパおよび北米で明らかになってから100年余りが過ぎた都市変容は、主に農村のプッシュ・ファクターと都市のプル・ファクターによって主導された。農業技術の大きな進歩は生産性の増大、田園地域における余剰労働力の創出、またはアドナ・ウェーバーが適切に表現する、「土からの人間の分離」（1899, p. 160）につながった。同時に、イギリスのミッドランドから産業革命が生じて他の場所に拡大し、余剰労働力を田園地域から雇用および経済的利益が見込まれる、都市の形をした経済的な集合体に引きつけた。歴史的に見ると、高死亡率という人口統計学的要因が都市に自然の限界を設け、過剰な規模の成長が起こらなかったため、農村から都市への移動は、この時期の都市成長の主要な源であった（Davis, 1965）。その後、これらの都市は「人口統計学的吸収源」とうまく表現された（Fox & Goodfellow, 2016）。それ以降、医療技術の大きな進歩、公衆衛生、衛

第 2 部　都市化、知識経済、および社会構造化

生設備の改善により、死亡および出生パターンに変化が生じた。出生率の減少と死亡率の減少の間の特に大きな差により、今度は都市人口の自然増加が都市成長の主要な原因としての農村から都市への移動に取って代わる状況が生まれた (Montgomery, Stren, Cohen, & Reed, 2004)。これらの促進要因の累積的な組み合わせは、急速な都市成長の固有の形態を生み出し、グローバル・サウスの都市に多大な圧力をかけ、代わりに「急速に巨大化する都市」の呼び名をもたらした (Jedwab, Christiansen, & Gidelsky, 2015)。多くの場合、この圧力は地方政府が都市のニーズに対応し、効率的な成長に必要なインフラを供給する能力を超えていた。その結果として、グローバル・サウスの過密大都市の多くは、無計画な都市化の特性に悩む。この最も一般的な特徴は、交通渋滞、インフラ欠如、打ちのめされるような基本サービス、土地および住居の不足、公共空間の不十分な供給および維持である (Jedwab et al., 2015, Kumar & Kumar Rai, 2014)。1950 年に人口が 500 万人を上回る都市は 6 都市のみで、これらのうち、1 都市を除くすべての都市は先進国にあった。しかし、今日ではこの数が 52 都市に増え、うち 42 都市が発展途上国に位置する (Cohen, 2004)。北米、ヨーロッパ、オセアニア (およびラテンアメリカの広い範囲) で生じた漸進的な成長とは対照的に、アジアおよびアフリカの都市における成長は、これまでにない規模で持続的に展開している。

　図 10.1 は、1950 年から 2050 年の世界の全主要地域ごとに見た都市人口の増加を示す。1950 年から 2000 年にアジアの都市人口増加は 10 億人を超え、この図からは 2000 年から 2050 年の間にほぼ 2 倍になると予測される。さらに、アフリカの都市人口は 1950 年から 2000 年の間に 2 億 5000 万人近く増え、2000 年から 2050 年の間にさらに 10 億人増えると予想される。今日の都市化は多分にグローバル・サウスの産物であり、都市が直面する課題、その成長の最善の計画および管理方法を再考する必要がある。

　今後数十年に発展途上国で継続することになる急速な都市成長の傾向の増大にともなって、地方政府には地方自治体によるサービス送達のための革新的なアプローチを考え出す仕事が課せられる。必要な資源および計画の見通しが実現しなければ、都市における負の外部性が勝利を収め、集合体および規模の経済から生じる利益を上回る可能性がある (Fox & Goodfellow, 2016)。今日、圧倒的多数の国々は都市の時代に入ったという事実を礼賛しているが、特に発展途上地域にあるほとんどの国々は、それに付随する課題への備えが著しく不十分である。現在

176

10 急速な都市成長と公共空間の将来　アジェンダの変更および新たなロードマップ

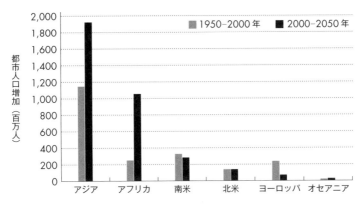

図10.1　世界の主要地域ごとに見た1950～2050年の都市人口増加
出典：Project for Public Spaces（2016）

から2050年までの都市人口増加の90%超はアジアおよびアフリカで生じると予測され（United Nations, 2014）、今日の政策の場で行われる決定の影響を最も受けるのは、これらの都市である。

このような集約的成長に対処し、持続可能な都市発展の原則を促進する試みにおいて、世界中の専門家はHabitat IIIの後援のもとで協力し、今後20年間で都市の計画および管理をどのように行うべきかを形にする目的で、ニュー・アーバン・アジェンダを確立した。

ニュー・アーバン・アジェンダ

グローバルなアーバン・アジェンダは、過去40年間で大きく変化してきた。1970年代には、コントロールできない都市成長に対する認識が世界中で高まりつつあった。発展途上国では、都市に対する圧力の増加が高度の無計画な都市成長を招き、しばしば非公式の集落やインフラ崩壊の形で現れた（Bairoch, 1988）。金銭的余裕のない地方政府は都市の成長に対応するために必要な住居および基本サービスを提供できず、多くの場合に強制退去の道を選択した。以前は農村開発に注意が向けられていたため、この時点で、このように大きな都市問題に対処するための国際フォーラムや協力的な対話はほとんどなかった（Fox & Goodfellow, 2016）。このような経験に対する関心が高まり、協力の共有に重要な価値があると判断されたことから、第1回国連人間居住会議（Habitat I）が実施された。Habitat Iの期間中には世界各地の政府代表者が出席し、スラム、貧困、

177

基本サービスの課題が大いに検討され、これが主に住宅不足や基本サービスへのアクセス欠如に焦点を合わせた、人間居住に関するバンクーバー宣言の採択につながった。わずか20年後には、経済的、社会的、環境的関心は先進国および発展途上国の双方で根づいていた。世界中の加盟国は1996年、第2回国連人間居住会議（Habitat II）に参加するため、イスタンブールに再び集った。この集まりでは、十分な住まいへのアクセスという基本的な問題の範囲を超えた決定が下され、ガバナンス、輸送、雇用、教育に関連する問題を組み入れるために都市開発アジェンダが拡大された。1992年にリオデジャネイロで開催された地球サミット後の成功であるため、持続可能性の権限は人間居住に関するイスタンブール宣言の重要な要素として機能するようになる。

　今日、同じ課題の多くが依然として存在する。非公式の集落は増加の一途をたどりつつあり、8億6300万人を超える人々がスラムに住み、10人に1人は安全な水を、そして3人に1人はトイレを利用できずに暮らす（UN-Habitat, 2012）。個人消費の増加は不平等の増大を招き、これが空間的な地域隔離の形で姿を表し、大規模な都市のスプロール現象をもたらした。今日、大部分の都市は密度の低下およびより分散した都市成長パターンに直面している（Angel, 2011）。これが公的領域と私的領域間の競合を生み、森や湿原に対する破壊的な影響をもたらした。2016年におけるキト（エクアドル）でのHabitat IIIからすると、将来の都市がどのようになるかを予測することは困難であるが、採択された結果に関する文書は、認識および対処が必要とされる重要な懸念の一部を示唆する。図10.2は、ニュー・アーバン・アジェンダで注目を集めた重大な問題を示すもので、各問題に関連するアジェンダの項目数に基づいて定量化されている。

　都市の計画および設計、インフラおよび基本サービス、住居に関連する重大な問題は、これらのすべてがHabitat Iで見出された重要な関心事であるため、リストのトップ近くに並んでいてもほとんど驚くに値しない。さらに、Habitat IIはその権限を拡大したため、気がつけばエコロジーや資源管理、仕事および生活、ガバナンス、輸送および移動などの関連問題が都市に関する対話の中心にあった。そうは言っても、Habitat IIIをめぐる交渉は、全く劇的な権限の変化を反映した。早期の議論、発刊物、ニュー・アーバン・アジェンダの予稿は、都市の社会機構の強化を通じた生活の質改善に関連する認識の高まりを示してきた。これは、ニュー・アーバン・アジェンダにおける、包摂的な都市、安全、文化および遺産、最も興味深いことには、公共空間といった問題の認識に見ることができる。近年

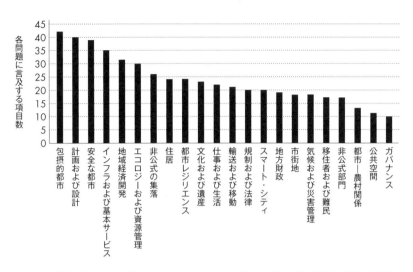

図10.2　2016年 Habitat III ニュー・アーバン・アジェンダにおける重要な問題の頻度
出典：著者らが考案したダイアグラム

は公共空間が大きく注目されるようになり、持続可能な開発目標（SDGs）でも強調されている。SDGs に設定された目標であるターゲット 11.7 は、「特に女性や子ども、高齢者や肢体不自由者のための安全かつ包摂的で利用可能な緑地および公共空間のユニバーサル・アクセス」の提供を求める。このような組入れは、都市開発をめぐる対話の重要なターニングポイントを示す。以前のアーバン・アジェンダは、都市計画に向けた定量的アプローチを強調する傾向があり、主にハードインフラの供給が重視された。

しかし、ニュー・アーバン・アジェンダおよび持続可能な開発目標はこのサイクルを断ち切ったと見られ、進歩を測定するための定性的な指標の追加、どうすれば構造を提供し、人々に自らの生活を生み出し、コントロールする権限を付与する都市を設計できるかという問題を強調する。公共空間は都市のハードウェアの一部と見なすことができるが、同時に都市のソフトウェアの要素――包摂性、健康、文化、偶然の経験の機会、自尊心および当事者意識の高まりをも顕著に特徴づける。

公共空間アジェンダの価値およびその先

上述のとおり、過去のアジェンダでは都市の社会機構に関する特性の大部分が

見落とされてきた。これは、歴史的に都市を都市インフラ（建物、道路、基本サービス）の集合体と見なす傾向があったことによる。しかし、これはまだ全体の話の半分に過ぎない。研究によると、アクセシビリティ、健康、安全、文化、遺産などの非物質的な価値を重んじる都市は、大きな都市変容を遂げてきた(UNESCO, 2016)。その例が、クリチバ、ボゴタ、ソウルなどの都市である。さらに、常に世界で最も住みやすい都市にランクづけされているのは、バンクーバー、チューリッヒ、メルボルンなど、生活の質および幸福の促進に注力する都市である。エビデンスによると、最も変革的で住みやすい都市は、自らを単なる物的資産とは見なさず、生き生きとした、活気に満ちた動的な場所となるために努力すると考えられる。このような都市変容および再生プロジェクトの中心には、公共領域がある。これは、街路、街区、公園、広場などを含む公共空間が複雑ではあるが、同時に人間生活にとっての極めて単純な多機能領域であることに起因する。それらは生態学的多様性および魅力、複数の尺度での経済交流、様々な人々の文化表現、宗教、民族、ジェンダー、見解を包摂する動的な社会交流を提供する能力を持つ。自らの都市の社会機構の強化に目を向ける計画者および政策立案者は、有効な戦略として公共空間アジェンダに取り組むことができる。図10.3は、質の高い公共空間への積極的な投資から生じる様々な利益：アクセシビリティ、地域経済、社会交流、健康および幸福、共同体意識、快適感を明らかにする。公共空間アジェンダへの焦点の移行では、小規模で個人的な近隣スケールと地域の大都市スケールを関連づける、都市計画に向けた全体論的な生態学的アプローチが組み入れられている。コミュニティが主導する取り組みでは、多様性、保全、ヒューマン・スケールの原則(Calthorpe, 2012)が経済的、生態学的、社会的持続可能性という考え方と融合し、そこでは公共空間の利益がコミュニティにとって必要不可欠となる。

　都市におけるソーシャル・キャピタルの(再)構築で公共空間が最も注目されるのは、「コミュニティ」の形成を通じてである。従来的に、コミュニティ（またはゲマインシャフト）の主要な機能は、共通の利益の場を創出する人と社会の絆として働くことであり、それによって市民は、地理的および非地理的な意味の双方で自らの社会とつながることができた(Hoggett, 1997; Tönnies, 1988)。これは、人々の交流および経験のあらゆるレベルで公共空間の中心的概念となる。

　「コミュニティ構築」の重要な要素は、「第3の空間」の概念である。これは「第1」および「第2」の場所——「家庭」および「職場」とは別の社会環境から

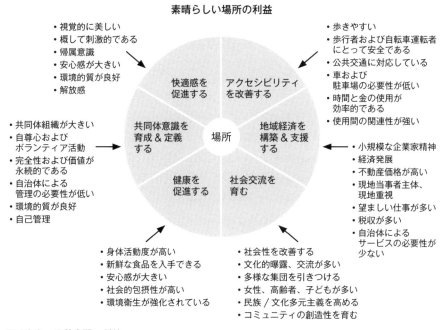

図 10.3　公共空間の利益
出典：Project for Public Spaces (2016)

構成される。このような場所は、多様性を育み、人々が共に生活し、相互に協定できるようにするために必要である。人々が自尊心、社会的一体性、市民アイデンティティを生み出すのは、このような共有空間においてである。Oldenburg (1991) は、第3の場所が市民社会、直接民主主義、参加、愛着感、場所の感覚の構築に不可欠な要素である、と主張する。このような場所は、公平、多様性、正義の場として機能する。また、場合によっては、たとえそれが秩序、コントロール、快適さの一時的または永久的な喪失を意味しようとも、社会の主流から取り残されたグループが民主フォーラムで自らの権利を行使し、意見を述べ、不正に立ち向かうのもこのような場所である。

さらに、活気に満ちた街路や包摂的な公共空間は、経済的価値および利益の場となり、所得、投資、富の創造を促し、雇用を提供する (Andersson, 2016)。質の高い公共空間の相互接続システムの経済的価値は、直接的なアトラクション・マーケティングおよびビジネス・ポイントを通じ、賑やかな通り、活気のある公園や街区、他の魅力的な公共空間の形で現れる。これらの空間は、特に適切に維

持され、美的な質が高い場合、あらゆる人々を引きつけ、引き留め、固定する。公共空間および素晴らしい都市空間は、公式および非公式部門の双方に及ぶ、あらゆる形態のビジネス、イノベーション、企業家精神に極めて多くの利益をもたらす。さらに、公共空間は都市再開発プログラムを通じた都市の活力強化のための新規アプローチとして利用できる。同様に、これには資産価値を増やす能力があり、その場合は土地開発利益還元など、地方財政に対する革新的なアプローチを通じ、税金の形でそれを獲得できる。

　環境的観点から見ると、公共空間は都市汚染の軽減、生態学的多様性の増大、エネルギー消費の削減で重要な役割を果たす(Beatley, 2010)。研究では、自然および緑地への曝露の増加がさらなる健康利益をもたらし、それによって全体的な公共医療支出が減ることが示されている (Kaplan, 1995)。健康利益は、清浄な空気へのアクセス増大、騒音の抑制、直射日光への曝露軽減、肯定的な美的魅力の結果としてのストレス・レベル低下によって生じる。そのため、屋外の空間の保存や都市公園および公共空間の造設は概して、社会に対する多大な経済および健康利益を生み出す投資と見なすことができる (Wolf & Flora, 2010)。

新興の公共空間アジェンダへの脅威

　明確かつ先見的な公共空間アジェンダが存在する場合、公共空間は、人々を一体化する固有の能力を示してきた。しかし、計画、設計、管理が不適切な場合、それは人々とコミュニティ間の対立を生み、または増大させ、不安、喪失、恐れをともなう魅力のない場所をもたらす能力も持つ。そのため、都市の社会機構を強化するための公共空間の構築のみならず、都市衰退サイクルの発生の回避を目的としたその質の保証も問題である点に留意することが重要である。適切に計画された公共空間アジェンダには都市のイメージを再定義する能力があるが、急速な都市成長の状況下で、公共空間アジェンダは依然として多くの差し迫った障害に直面している。最も注目すべきは、民営化および均一化の増大傾向の促進である (Kes-Erkul, 2014)。このような障害は、都市の生活の質を高める手段としての公共空間の有効性を脅かす。De Magalhaes (2010) によると、公共空間の従来的な機能はしばしば、公共空間の提供および管理に対する新たなアプローチおよびその代替形態によって異議を唱えられ、そこからいくつかの重要な新傾向が現れた。これらの傾向は、利益の構築、民営化、厳格な計画アプローチおよび手段への変化を重視しがちである。公共空間の民営化が増えると同時に、都市成長パ

ターンの変化は公共空間アジェンダを脅かし始める。今日では、グローバル・ノースおよびグローバル・サウス双方の都市で公共空間の商品化および均一化にもつながる公共空間管理の民営化が進んでいる。これはソーシャル・キャピタルおよび公共性(公共開放性の質および状態)を危機にさらす。民営化、社会的排除、空間コントロール強化の有害な影響により、近年では公共性の概念に特別な注意が集まっている (Németh & Schmidt, 2011)。これは全体的な公共性の度合いで、公共空間の質およびそれがどれほど効果的に社会に役立ち得るかを決める傾向があるため、重要である。

　民営と公営の区別は、さらなる民営化に向けた主要な推進力、すなわち、そのすべてが公共空間の提供に関する選択に影響を及ぼす安全、安心、安定、相対的な社会均一性に対する居住者の願望と考えられるものがまさに公共領域に存在するため、極めて重要である (Haas & Olsson, 2014; Low, 2006)。そうは言っても、このような選択は、特定の領域への帰属意識の基盤がユニバーサル・アクセスに対する権利である人々に影響を及ぼす。都市社会、公共空間、計画アプローチ間のつながりは、公共領域における都市変容の複雑さを理解する際の重要な要素となる (Amin, 2008)。この点での重要な関係は、私的および公的領域、そしてどのような意味で公共空間を公益と定義できるかに存する (Haas & Olsson, 2014)。

　公共空間は常に対立、さらにはそのコントロールに対する要求および社会の様々なグループへのアクセシビリティに関する潜在的な奮闘の場であった。公共空間は、都市生活の肯定的な側面——包摂性、アクセシビリティ、ステータスの軽視を特徴づけ、共通の関心領域として役立つよう意図されている。しかし、私益が障害になって生じる不平等の拡大、排除性および「公有地」の全体的な崩壊を示す兆候の増大を目にすることはあまりにも多い。これにより、都市が誰に役立つよう意図されているか、公共領域が本当に公共かどうかについての疑問が生じる (Sennett, 2013)。Harvey (2008) は、都市の公共空間の均一化に関連した脅威がもはや用途および人々の多様性を増進しない程度にまで高まっていることを警告する。重要な問題は、公共領域が変革を起こす特性を持つ、開かれた民主的な公益であり続ける必要があり、包括的で安定したものではないことである。

　そのため、公共空間アジェンダは、プロセスが共同的で、すべての関係者を含み、持続可能な管理および都市の公有地および公益が都市にとって真に何を意味するかの深い理解にしっかりと組み込まれていることを保証しなければならない。

第 2 部　都市化、知識経済、および社会構造化

同時に、権力者にとって、公共空間は一時的または永久的な秩序の喪失リスクをもたらす脅威と見なすことができる。これは、公共空間が社会的に取り残されたグループが民主フォーラムで自らの意見を聞いてもらい、不正に立ち向かうことさえするための機会を利用する、平等、多様性、正義の場として機能するためである (Parkinson, 2012)。市民にとって、公共空間は他のアプローチが無効であるとわかった場合に、変化を求める主な手段として役立つ可能性がある。2011年にカイロのタハリール広場で展開された「1月25日革命」は、公共空間アジェンダをめぐる政治的ダイナミズムに言及する (図10.4)。そのため、都市および公共空間に関する奮闘は、特に新自由主義消費者運動アジェンダの持続的な脅威に照らし、常に存続する。

前進：住みやすい都市への公共空間ロードマップ

この20年間で都市は環境的、社会的、文化的、経済的開示の全領域で重要性を帯びてきた。最も繁栄し、住みやすい都市、ならびに将来的に持続可能な都市は、公共領域およびこれらの場所を活気のある、一貫した、動的な方法で利用する人々を大切に保護する都市である。

多数の成功例にもかかわらず、公共空間の必要性は特にグローバル・サウスの都市において、ふさわしい注目を集めてこなかった。概して、公共空間はしばしば、政策立案者、リーダー、プランナー、建築家、開発業者によって見過ごされ、過小評価される。そうは言っても、Habitat III および持続可能な開発目標11から生じたニュー・アーバン・アジェンダは、より住みやすい都市の創設およびその市民の生活の質の改善を目指す最大のイニシアティブとなる。これらのグローバル・プロセスは、より持続可能性が高く、住みやすい都市を創設するための手段として公共空間を利用する政治的意志を示すが、このようなアジェンダがどうあるべきかの詳細は、ほとんど軽視されてきた。以下の概要は、住みやすさおよび都市における生活の質改善を促進する能力を持つ公共空間アジェンダの創出に必要な要素に関連した洞察の一部を示す。これらは、様々なグローバル・ポリシーの場で公共空間アジェンダの重要性を高めることを目指す "The Future of Places"（場所の未来）と題される4年間のイニシアティブの所見である (Future of Places, 2015 を参照)。図10.5 は、選択された、この研究の重要な所見を示す。

第1に、公共利用および社会交流の場としての公共空間は地方自治体の政府によって定期的に開発、管理、維持され、しばしば他の利害関係者が協議から締め

図10.4　カイロ(エジプト)のタハリール広場における抗議
MOHAMEDAZAZY.com

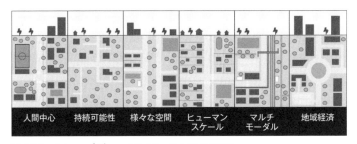

図10.5　Future of Places プロジェクトに由来する、
　　　　公共空間についての選択された重要メッセージ

出されるという状況が生じる。人間中心のアプローチを都市計画に採用することにより、地方政府は共通のコミットメントを効率的に確立する可能性を高め、地域に特化された公共空間の計画および維持のためのさらなる機会を創出する。

　第2に、公共空間アジェンダは社会的、経済的、環境的持続可能性の原則を組み入れることで強化される。社会的持続可能性には安心、平等、正義が必要である。経済的持続可能性は、余裕のある資本および運営予算から恩恵を受ける。環境的持続可能性は生態学的および健康問題に対処する。文化および遺産にさらなる注意を払うことは、アイデンティティを補完し、豊かにする文化的および文脈的な要素を通じて公共空間が固有のものになることを確実にする上で役立つ。このようなアプローチは、公共空間の類型の多様性を促進する。

第2部　都市化、知識経済、および社会構造化

　第3に、世界中の多くの場所では、都市の公共空間が減少し、公的領域と私的領域の明確な境界がなくなり、表現および移動の自由が縮小している。これは、市場のみが必ずしも様々な公共および私的空間を提供するとは限らないためである。したがって、半公共および半私的空間を含む様々な屋外の場所を提供する、より繊細なアプローチが必要である。公共空間の多様性は、都市が幅広い市民に対応するためにあり、選ばれた少数の人のために確保されているものではないという考えの強化に役立つ。

　第4に、すべての公共空間はヒューマン・スケールに則り、人間の行動、健康、ニーズ、感覚、強い願望の理解に基づく、様々な機能および使用パターンに対応する必要がある。そうする中で、それは高齢者、肢体不自由者、若者、低所得グループといった影響を受けやすい集団のメンバーに対応し、公共空間の割り当ておよび設計において、その身体的、社会的、政治的包摂を保証すべきである。そのため、公共空間は非公式の集落から公式の集落まで、様々な利用者や用途に対応できるだけの柔軟性と開放性を有する責任がある。

　第5に、街路は相互に関連した公共空間の都市構造を形成する、社会および経済交流のマルチ・モーダル・ネットワークとして機能すべきである。歩行可能性、社会交流、マルチ・モーダル・モビリティ、アクセシビリティは、建物が立ち並び、様々な用途および規模のアメニティおよびサービスを提供する、きめの細かいブロックおよび街路のネットワークによって支えられなければならない。都市に対しては、空間そのもののみならず、その形態、機能、連結性にも注意を向けた、エビデンスに基づく全体論的なアプローチが必要である。

　第6に、公共空間への投資は強力な社会的、経済的、文化的、健康的利益をもたらす可能性がある。特定の場所での将来にこだわりがある場合、人々はその場所により多くの時間と資本をつぎ込むが、これが地域経済にプラスの影響を及ぼし、経済成長の好循環をもたらす。公共空間は小規模の非公式な地域経済を刺激すると同時に、地方自治体予算の税収を生み出す。土地開発利益還元などの革新的な手段は、公共空間への投資が都市構築のための経済的に持続可能なアプローチの提供を確実にする上で役立つ。

いくつかの結論

　都市が決定的に優れた手腕を発揮するための共通点は、人を集結させる能力である。この理由は、近接の利便性がすべての関係者の利益となり、これが人とア

イデアの一体化によって都市の繁栄を可能にするためである。しかし、管理されなければ、都市は「密度の権化」に座を奪われ、逆説的に都市集中というマイナスの結果が生じる (Glaeser, 2011)。迅速なグローバル化および急速な都市成長の到来は、都市変容のプロセスを起こし、都市の計画および管理に新たな課題をもたらした。都市の成長にともない、インフラ、屋外の空間、公共アメニティの欠如は気づかぬうちに居住者の幸福を阻害し始める。そのため、世界中での新たな都市および大都市圏の出現、都市の繁栄または都市の衰退における旧来のものの成長または減衰にともない、その将来の計画および設計を周到に行うことが肝要である。将来、最も順調な都市は、公共領域およびこれらの場所を利用する人々を大切に保護する都市である。これは、公共空間が住みやすさおよび社会性、経済的繁栄、コミュニティの結束、都市の全体的な持続可能性という複合的なアジェンダを系統的に支援する能力を持つためである。ニュー・アーバン・アジェンダおよび持続可能な開発目標への公共空間の組入れは、都市における生活の質改善に向けた、歓迎すべき変化である。そうする中で、それは都市プランナーおよび意思決定者が都市を都市インフラの集合体と見なす生来の傾向から転換し、代わりに市民が望む経験や交流を提供する、統合された全体論的な都市の構築を重視することを奨励する。しかし、単独での成功はない。ニュー・アーバン・アジェンダの要素は世界中の都市計画、戦略、構造に結びついているため、選択された職員および公衆から強力なリーダーシップを引き出し、都市のイメージを定義する能力を持つ手段としての公共空間の真価を実現する。ノースおよびサウス双方の都市は我々の社会の最も差し迫った問題、さらには生成における最近の極めて重要な変容：大規模かつ過剰な移民、金融恐慌、伝統産業の崩壊、グローバル化などの問題に十分対処できていない。公共空間アジェンダを単に達成できないか、失敗している。これらの都市は現在、急速な都市成長に直面しているため、公有資産およびアメニティをどのように取り扱うかについて、よく考える必要がある。事前の計画がない都市では今後、公共領域が重大な脅威にさらされることになる。そのため、中央および地方政府が公共空間アジェンダの成功を可能にする法律、政策、規範、最善の慣行を確立することを推奨し、それによって全体論的かつ統合的な都市計画および設計アプローチを促進する必要がある (Andersson, 2016)。他のインフラとは異なり、公共空間は都市に人的要素を供給し、居住者に自らの健康、繁栄、生活の質を改善する、さらには全体としてその人間関係および文化的理解を豊かにするための機会を提供する。重要な決定は

すでに2015年および2016年の政治の場で下されているが、都市の未来は依然として それらを構成する利害関係者の手中にある。市民をその中心に据えない公共 空間アジェンダを確立しようとすれば、住みやすい都市を構築する試みで厳しい 制限に直面することになる。

参照文献

Amin, A. (2008). Collective culture and urban public space. *City, 12* (1), 5–24.

Andersson, C. (2016). Public space and the New Urban Agenda. *The Journal of Public Space, 1* (1), 5–10.

Angel, S. (2011). Making room for a planet of cities. *Policy Focus Report.* Cambridge: Lincoln Institute of Land Policy.

Bairoch, P. (1988). *Cities and economic development: From the dawn of history to the present.* Chicago: University of Chicago Press.

Beatley, T. (2010). *Biophilic cities: Integrating nature into urban design and planning.* Washington, DC: Island Press.

Calthorpe, P. (2012). *Urbanism in the age of climate change.* Washington, DC: Island Press.

Cohen, B. (2004). Urban growth in developing countries: A review of current trends and a caution regarding existing forecasts. *World Development, 32* (1), 23–51.

Davis, K. (1965). The urbanization of the human population. *Scientific American, 213*(3), 40–53.

De Magalhaes, C. (2010). Public space and the contracting-out of publicness: A framework for analysis. *Journal of Urban Design, 15* (4), 559–574.

Fox, S., & Goodfellow, T. (2016). *Cities and development* (2nd ed.). New York: Routledge.

Future of Places (2015). *Key messages from the Future of Places conference series.* Ax:son Johnson Foundation: Stockholm.

Glaeser, E. (2011). *Triumph of the city: How our greatest invention makes us richer, smarter, greener, healthier and happier.* London: Pan Macmillan.

Haas, T., & Olsson, K. (2014). Transmutation and reinvention of public spaces through ideals of urban planning and design. *Space and Culture, 17* (1), 59–68.

Harvey, D. (2008). The right to the city. *New Left Review, 53,* 23–40.

Hoggett, P. (1997). *Contested communities: Experiences, struggles, policies.* Bristol: Policy Press.

Jedwab, R., Christiansen, L., & Gidelsky, M. (2015). Demography, urbanization and development: Rural push, urban pull and… urban push? *Policy Research Working Paper* 7333. Washington, DC: World Bank.

Kaplan, S. (1995). The restorative benefits of nature: Toward an integrative framework. Journal of Environmental Psychology, 15, 169–182.

Kes-Erkul, A. (2014). From privatized to constructed public space: Observations from Turkish cities. *American International Journal of Contemporary Research, 4* (7), 120–126.

Kumar, A., & Kumar Rai, A. (2014). Urbanization process, trend, pattern and its consequences in India. *Neo Graphia, 3* (4), 54–77.

Low, S. (2006). The erosion of public space and the public realm: Paranoia, surveillance and privatization in New York City. *City & Society, 18* (1), 43–49.

Montgomery, M., Stren, R., Cohen, B., & Reed, H. (2004). *Cities transformed: Demographic change and its implications in the developing world by the Panel on Urban Population Dynamics.* London:

Earthscan, 75–107.

Németh, J., & Schmidt, S. (2011). The privatization of publicness: Modelling and measuring publicness. *Environment and Planning B: Planning and Design, 38* (1), 5–23.

Oldenburg, R. (1991). *The great good place: Cafes, coffee shops, community centers, beauty parlors, general stores, bars, hangouts, and how they get you through the day.* New York: Marlowe & Company. (忠平美幸 訳『サードプレイス：コミュニティの核になる「とびきり居心地よい場所」』, みすず書房, 2013年)

Parkinson, R. (2012). *Democracy and public space: The physical sites of democratic performance.* New York: Oxford University Press.

Project for Public Spaces. (2016). *The benefits of great places.* Retrieved January 5, 2017, from www.pps.org/.

Sennett, R. (2013). Reflections on the public realm. In G. Bridge & S. Watson (Eds.), *The new Blackwell companion to the city* (Chapter 32, pp. 390–398). London: WileyBlackwell.

Tönnies, F. (1988). *Community and society* (Gemeinschaft und Gesellschaft). New Jersey: Transaction Publishers, Rutgers. (杉之原寿一 訳『ゲマインシャフトとゲゼルシャフト：純粋社会学の基本概念』, 岩波書店, 1957年)

UNESCO. (2016). *Global report on culture for sustainable urban development.* Paris: UNESCO.

UN-Habitat. (2012). *State of the world cities 2012/2013: Prosperity of cities.* Nairobi: UN-Habitat.

United Nations. (2014). *World urbanization prospects.* ST/ESA/SER.A/366. New York: Department of Economic and Social Affairs.

Weber, A. (1899). *The growth of cities in the nineteenth century.* New York: The Macmillan Company.

Wolf, K., & Flora, K. (2010). Mental health and function: A literature review. In *Green Cities: Good Health.* College of the Environment, University of Washington.

Žižek, S. (2012, May 13). *Nedeljom u dva* (Hard talk). Hrvatska Radiotelevizija, HRT. Croatian Television.

11 台頭する中国の都市
グローバルな都市研究への影響[*1]

フーロン・ウー

　中国の都市はさまざまな意味で台頭しつつある——物理的には、急速な都市化および国の経済成長によってそれらは急成長している。中国の都市は農村部から何百万人もの移民を受け入れてきた。理論的に言えば、それらの都市は主に西洋諸国に由来する既存の都市理論によって容易に説明することができない新奇な特徴および特性のために台頭しつつある。従来、中国の都市に関する研究は、第三世界の都市というカテゴリーに従っていた。しかしながら、東南アジアの都市という文脈において Dick & Rimmer(1998)が論じているように、グローバル化の下でこのアプローチは適切でなくなってきている。さらに発展途上の経済および都市化によってもたらされる課題において、中国の都市はいくつかの特徴を第三世界の都市と共有しているが、1949年以降の社会主義の歴史により、独特な政治的経済および都市空間構造が作られてきた。他方で、社会主義の歴史は中国の都市をいわゆる「ポスト社会主義的都市」(Andrusz, Harloe, & Szelényi, 1996)に近づけはしなかった。なぜなら、中欧および東欧の都市の経済は工業化、都市化されていたが、1979年以前の中国の都市化率は20%未満にとどまっていたからだ(Zhou & Ma, 2003)。中国の都市は、グローバル・サウスの他の都市とは大きな違いがあるにもかかわらず、それらと同じように台頭してきている。中国の都市の複雑性と、その複雑性に起因して現れた特性のため、その未来は既存の都市理論では事前に定義されない。未来の変化は不確実性に満ちており、能動的機関および共同行動を通じて変革され得る。中国の都市を、地球全体の現代の都市の変化を観察するための実験室として使用することは、調査の枠組みに関して

我々はもっと柔軟になるべきだということのメタファーである。都市は生きた経験でもある。中国の都市に関する調査は、グローバルな都市研究に重大な影響を与える可能性がある。この場合、理論上の旅の方向は、ロサンゼルス学派の理論の応用ではなく、上海からロサンゼルスに向かっている (Robinson, 2011)。

この旅の方向は、グローバルな都市理論の発展のためのローカルな知識、あるいは「グローバルであることの技術」(Roy & Ong, 2011) を作り出すことを意味する。本章はまず、中国の都市に焦点を絞り、都市変容の根底にある政治的経済のプロセスをレビューする。よく知られている枠組みは、最初に西洋で発展した新自由主義である。地域的文脈において、もう一つの取り上げるべき見方は東アジアで発展した「発展指向型国家」の枠組みである。これら二つの枠組みは、国家の役割に関して完全に相反するものである。中国の都市の例は、二つの相反するように見えるプロセスが、世界の工場としての中国モデル——国家のキャパシティを統合する、都市の規模および財政的再中央集権化への経済的意思決定の委譲——において、実際によく合うことを明らかにしている。土地開発は国家に収入を生む。また同時に、地方の役人を任命する中央国家の権限を維持することによってその制度は維持される。これは経済的成果を土台とするプロモーションを意味する。これらの具体的な地域のメカニズムにより、地域の競争状態が生み出される。さらに、開発はその他の必要な制度、すなわち住宅の商品化ならびに地域によって管理される土地販売の確立によって支えられている。こうした制度は起業家精神と国家機構の運営を組み合わせた地域開発体制につながり、国家起業家主義という固有の形態を形成する。その結果、極めて市場指向な行動としての競争的な土地の入札と、国家による管理を表す長引く家庭登録制度（戸口：フーカァウ）の逆説的共存が生まれている。この都市化および成長のダイナミズムは、多様な都市空間の形を生み出す——北米のゲーテッド・コミュニティに似た形で建設された郊外の「商品住宅」地や、かつての都市近郊の村から変化したアーバン・ビレッジなどである。これらの空間的体裁は、ゲーテッド・コミュニティやマスタープランに基づいた土地開発、非公式のコミュニティ、スラムと似ているかもしれないが、地域の状況によって定義される独自のダイナミクスがある。これらのダイナミクスおよび多様な都市形態から、本章ではポスト・サバービアとゲーテッド・コミュニティ (Blakely & Snyder, 1997) や、社会的疎外 (Wacquant, 2008) など北側先進諸国において確立された知識を参照して、世界的な都市研究への影響を検討する。中国の都市の台頭が、台頭するアジアを理解するために新

第2部　都市化、知識経済、および社会構造化

自由主義を利用することの価値および限界を理論的に示しているのだ。

中国の都市化のダイナミズム

　中国の市場経済への移行は農村部で始まった。1980年代および1990年代の村の幹部の郷鎮企業 (TVE = township and village enterprise) への参加が、起業家的統治につながった。Oi (1995) は、地方政府幹部と企業の間のこうした密接な関係を、地方政府コーポラティズムと評した。Wank (1996) は、幹部と民間ビジネスの間の関係、すなわち「関係」を表すのに、縁故主義という語を用いた。民間ビジネス経済への参加は、管理職に私有財産を、地方政府に課税をもたらした。Huang (2008) は、これらの TVE は共同経済を装うかもしれないが、実際は民間に管理されていると主張している。これは実のところコーポラティズムではなく、農村部の共同経済の民営化であった。地方政府のコーポラティズムという概念は、国家権力が都市と比べて未発達であった中国農村部という文脈において発明された。Walder (1995) が企業としての地方政府という命題を提案した時、彼の観点はより構造的で、起業的政府という制度的ダイナミクスに焦点を絞ったものだった。彼は財政改革による地方政府予算の硬化を強調した。これは地方政府による地方経済促進のための努力を大いに動機づけた。1990年代の土地・住宅改革後に、中国の都市において不動産が重要部門となると、Duckett (2001) は官僚の不動産ビジネスへの参加に気づき、中国農村部について発展した地方政府コーポラティズムと同様に、中国都市部でも起業家精神が発達したと主張した。

　財政改革および台頭するローカリズムの影響に関して、さらなる研究が実施された。経済学者らは、中国は事実上の経済的連邦主義を運用していると示唆している (Qian & Weingast, 1997)。これは、地方の経済成長の動機を高めたものである。しかし1994年、分税制として知られる改正税制によって地方税の境界が固定化され、徴税における中央政府の立場が強化された (Tsui & Wang, 2004)。土地の開発および販売による収入は地方政府に与えられた。中国の都市研究は、職場から地方への権力の移転、いわゆる土地管理の領域化を明らかにした (Hsing, 2006)。その後、地方政府は土地およびインフラストラクチャーの開発に直接参加してきた。最近の研究は、中国の都市化における土地開発の役割、および収入を生むための土地の販売を浮き彫りにしている。土地金融はプロセス全体を支配し、地方起業家主義を生み出す (Chien, 2013; Wang, 2014; Zhu, 2004)。Lin (2014) は国家権力の規模変更および入れ替えによる、地方開発につながる土地の

商品化について説明した。これは「財政上の権限を拡大し、開発の責任を縮小することに関する論争において中国の地方政府が採用する戦略」(p. 1832)として利用される。これらの研究の結果、中国における制度変化に基づいてより多くの説明を提供するために、中範囲理論が現れた。

　地方政府のコーポラティズムと起業家的都市という命題の間には違いがある。前者は直接的な個人的利益またはビジネスとの関わりによって必然的に推進され、市場開発に参加する。後者は西洋で開発された都市起業家主義の理論に従い、より戦略的な形で統治が変化する傾向がある。たとえば、グローバルな都市を発展させるために市場を利用することには、より戦略的な判断がある可能性がある(Chien, 2013)。地理および都市研究において、都市起業家主義という概念は、フォーディズム後の変容のより構造的な解釈に由来する(Harvey, 1989)が、Jessop & Sum (2000)は起業家的都市という概念を提案し、三つの側面、すなわち起業家的戦略の追求、起業家的談話の作成、および起業家的措置の導入を定義することによってその概念を運用可能なものにした。それらのプロトタイプは香港であるが、そのシュンペーター的企業とのアナロジーは理論的緊張を生む――都市は一つの政治形態であり、本質的に企業のようにふるまうことはない。Cochrane (2007)は、

　　実践中の「起業家主義」の分析結果を援用することが、プロセスのいくつかの面の重大性の誇張、または特定の体験がテンプレートと同じであるとみなして重要でないとする判断につながる危険性がある

(p. 101)

と警告した。

　上海について、Wu(2003)は同じ見方をとっているが、かなり意図せずして起業家的都市という概念を覆している。なぜなら、再グローバル化する上海の中心には、起業家的都市そのものではなく、国家が存在してきたからだ。その理由は、戦略は起業家的というより構造的、戦略的であり、長江の三角州地域を再活性化するため努力した国の規模と関連している。

　起業家的政府への変容の引き金となったものは何か？　中国の地方政府は資本市場から直接借りることを許されておらず、このため土地およびインフラ開発を通じた間接的アプローチに頼らざるを得ない。こうした投資は固定資産とみなさ

れ、銀行システムから資本を借り入れるために利用することができる。このように都市開発は付加価値を産み出す活動であり、土地の価値を吊り上げる。これは、全体的に土地の価値が膨張する傾向にある環境において発生してきた。言い換えれば、これらの土地は価値を維持するための資本投資である。Tao, Su, Liu, & Cao（2010）は、起業家的行動に対するより洗練された説明を提供し、なぜ1990年代以降、地方政府が製造業への投資のための土地およびインフラストラクチャーに助成金を出す傾向にあるかを説明している。都市の土地価格に対するプラスの波及効果があったため、地方政府はたとえ取得価格より低い価格であっても、工業のためにより安価な土地を提供した。工業の発展は、商業地および住宅地の価格を上昇させる。商業地および住宅地の開発によって推進される不動産開発は、このように丸々地方政府のものとなる土地利益を生む。全般的な経済発展は、同じく地方税である売上税も上昇させる。この説明はもっともらしいが、波及効果の複雑なダイナミクスに依存しすぎている。それでもなお、中国の都市に広く見られる地方開発における競争を徹底的に説明している（Chien, 2013; Yang & Wang, 2008）。

　非対称的な政治的、財務的集中と、経済的意思決定の地方分権化（Chien & Gordon, 2008）が、二大特徴である。中央政府は、景気動向指数（特に国内総生産［GDP］）を用いて、地方政府の役人を評価し昇進させる。これはいわゆるGDPイズム、すなわち経済学者による経済発展の競争につながってきた。地方分権化に対する経済的説明には、経済的連邦主義や「地域的に地方分権化された権威主義的体制」の長い伝統がある（Xu, 2011, p. 1076）。地方政府はインフラ開発に資金提供するための投資を動員している。開発には、さまざまな経済的部門（不動産から収益を得る一方、より安価な土地を産業発展のために提供）と、複雑な金融的イノベーション（地方投資の手段として国有開発企業を利用）が関与している。結果として、より積極的に関与する地方政府が必要となる。グローバル化と中国の都市化の関連の点から、国はグローバル化をより明確化するために独自のアジェンダをもっている。地方政府は、グローバル化および市場化に直面する自らの権力に対する潜在的脅威に対処するため、成長戦略を採用した。経済のグローバル化によって解き放たれた複雑性および流動性による脅威に直面する国家との間には弁証法的関連があったが、同時にプロセスはその規制のキャパシティを増やすための規則を作った。このように、中国の都市化は世界的な資本の論理ではなく、発展指向型国家の精神性に従っている。その戦略は市場アプローチを

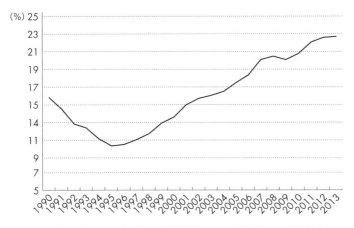

図11.1 中国の国庫収入に対する国内総生産の比率(1990〜2013年)

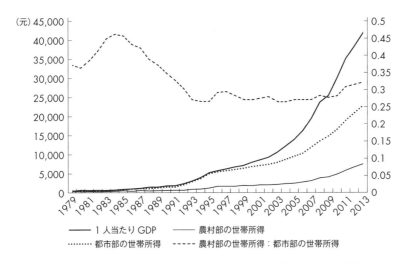

図11.2 中国における農村部と都市部の所得および国内総生産(1979〜2013年)

通じて都市規模で運用されている。これは北京周辺の郊外の発展に見ることができる。これらの発展は、国家起業家主義によって推進され(Wu & Phelps, 2011)、亦荘の北京経済技術開発区(ETDZ)の開発会社によって調整されている。エッジシティの場所における地方部を超えたビジネスの自発的クラスターよりも、この事例におけるニュータウンの開発は精緻な管理の下におかれ、北京―天津開発回廊沿いに新たな成長の極を創るべく北京市のために戦略的に計画されてきた。

第2部 都市化、知識経済、および社会構造化

　経済改革は、収入を搾取する中央政府の能力を強化した(図11.1)。比率の軌跡はV字型を示しており、中国の経済改革のさまざまな段階を表している。早期の段階ではパーセンテージは減少している。これは経済の委譲および規制緩和の特徴である。比率は1979年の27%から、1995年には最低の10%にまで減少した。この段階では中央政府が費用を負担していたため、地方政府は税金を軽減する方向に傾いた。分税制の確立以降、比率は増加し、2007年には20%、2012年には23%となった。これは現行の開発制度の運用による財政抽出能力の強化を反映している。

　全体として、開発制度はGDPの引き上げならびに余剰の搾取において有効であった。都市部の世帯収入は大幅に増加したがGDPの成長に後れを取っており、農村部の世帯はさらに大きく後れを取っている(図11.2)。

　改革が都市部にまで及ぶと、農村部の世帯と都市部の世帯の所得の比率は、1984年に45%であったものが2007年には27%、2013年には32%になった。この都市部の世帯と農村部の世帯の間の所得格差の拡大には、社会的不平等全体の増加がともなっている。移民労働者が、都市部における事実上のワーキングプアとなっている。このように都市部と農村部の間の不平等は、都市におけるさまざまな社会的集団(地方都市部の世帯と移民労働者など)の間の不平等に転換される。農村部からの若年労働者の流出は、農村の経済および社会を荒廃させ、家族の分断および不安定さという社会問題を生み出し、子どもたちを田舎に置き去りにした。

社会的影響と周縁化

　前述のダイナミクスが中国の都市に対する社会的影響を生み出している。発展は消費よりも固定資産への投資によって進められている。GDPに占める世帯消費の割合は低下しており、近年ではGDP成長率に対するその貢献もまた低下しつつある。余剰の搾取における国と資本のキャパシティ強化にともない、労働の生産への貢献割合は減少している。GDPに占める賃金の割合は、2002年の51.5%から2007年には39.7%に減少した。GDPに対する世帯消費の割合も同様に低下し、1981年の52%から2007年には35%、2013年には36%となった(図11.3)。全体的な収入レベルは増加してきたにもかかわらず、市場志向の改革後、都市部の貧困問題が生まれた(前述参照)。解雇された労働者および農村部からの移住者であるワーキングプアとして、ニュープアが生み出されている

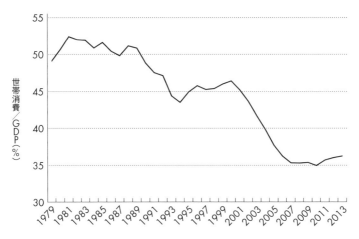

図11.3　中国におけるGDPに占める世帯消費の割合(1979～2013年)

(Solinger, 2006; Wu, 2004)。

　しかしながら、フォーディズム後の経済から排除された人々が居住する「見捨てられたゲットー」の例ではないため、中国における都市の貧困の問題は、進んだ周縁化とは異なる (Marcuse, 1997; Wacquant, 2008)。非公式の作業場およびこれらの製造業界のための労働者としての農村部からの移住者をみればわかるように、都市の貧困層は、台頭するグローバル生産経済と関連がある。彼らは維持管理が極めて厳しく制御された、工場が経営する寮 (Yang, 2013)、または地方の農民に個人的な賃貸収入を生むアーバン・ビレッジに住んでいたかもしれない。こうしたビレッジは居住場所であり、小さな市場であり、グローバルな生産循環およびネットワークにおいて役割を果たす小規模な作業場(例：広州の衣料品市場など)でさえある。この中国型周縁化を理解するには、地方の制度および市民権の歴史的定義を理解することが必要である。国家社会主義の下では、社会福祉の提供は職場への所属と関連しており、制度内の人間と制度外の人間を効果的に区別していた。さらに、農村部は国家の領域外にあった。これらの分裂した構造は、市場改革後にさまざまな社会集団にさまざまな影響を与えてきた。

　国家の領域外にいる農村部からの移住者は、市場における社会福祉の提供に頼らざるを得なかった。住宅の点では、そうした人々の大半はアーバン・ビレッジの賃貸住宅か、工場の寮に居住している (Wu, 2008)。国有企業の従業員については、解雇された後は職場から地方政府に移される。最低収入支援制度が最低収

入未満の人々のための社会福祉費用を負担しているが、医療や教育、住宅の民営化・商品化プロセスに見られるように、現在労働者の大半が商品化された形でサービスを受けている。よって周縁化のプロセスは、単に経済再編成およびグローバル化の結果ではなく、こうしたマクロ経済的プロセスと地方の制度の交流の結果である。市場経済への移行下での都市開発および再開発は所有権の拡大および明確化のプロセスであったが、このプロセスは地方で規定された制度における地位に応じて、社会集団にさまざまな影響を与えてきた。その結果は市民権に基づいた要求を抑圧し、これらをよりローカルな形の提供に置き換えることである。

多様な空間形態

中国の都市に関する研究に見られるように、市場経済への移行の過程で多様な空間形態が生まれてきた (Logan, 2008)。住宅の不平等さおよび空間的分離が出現した (Liu, He, & Wu, 2012)。移住者のコミュニティは都市周辺地域にできた (Wu, 2008)。中国の都市では、複雑な制約された景観が生まれた。公式のマスタープランによって作られた住宅用居留地 (He, 2013; Pow, 2009; Zhang, 2010) と、農村から発展した非公式のコミュニティ (Tian, 2008; Wu, Zhang, & Webster, 2013) がある。市域はより秩序ある形超高層ビルや高層住宅の形で開発されている。都市地域の秩序は、国による強力な管理、とりわけ国の単位によって作られている。しかしながら周辺地域では、土地開発はより非公式に行われている。新たな開発の3分の1もが、いわゆる限定的財産権(Deng, 2009)というカテゴリーにおけるものである。ここでは農民は、土地利用および土地開発権の点で国による完全な保証のない状態で、住宅市場で販売するために住宅を開発する。こうした権利は都市の土地市場における入札で獲得しなければならない。

中国南部の汕頭では、世界的に推進された工業化の結果、農村と都市が密に混合した土地利用が現れた (図11.4)。工業用地の開発は既存の農村と混ざり合い、重度の空間的分裂を生み出している。作業場、倉庫、住居を一つにした、スリー・イン・ワン (san he yi) として知られる新しい空間形態が生み出されている。これは農村部の労働者が現場に住むための便利な場所となっているが、同時に公衆衛生および環境に関する深刻な問題を生み出している。静かな農村地域は世界の工場のための場所に変わったが、一部の地域はたとえば廃棄された電気製品を分解して金属を取り出すような、無計画で、汚染を引き起こす家族経営の作業場になった。比較的規模の大きな作業場の一部では、工場が経営する労働者用の寮

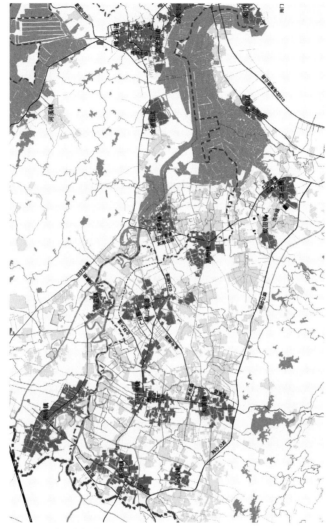

図11.4　中国南部汕頭市における農村と都市の土地利用内訳

が、農村部から流入する労働者のための有効な宿泊施設となっているが、それらは同時に工場経営の体制および支配的な監督者の管理下にある。このような住居形態は同郷からの移住者仲間の間に存在しうる社会的ネットワークを分解し(Ma & Xiang, 1998)、資本の懲戒権限を強いた(Yang, 2013)。

　最も面積が大きい形態は、農民による自作、および現在は都市周辺の農村が拡

大することによって新たに開発されたアーバン・ビレッジである (Tian, 2008)。中国の都市の非公式性は、都市と農村の二元性に由来する。中国では都市と農村の土地は異なる土地制度によって管理されてきた。都市の土地は国有であるが、農村の土地は農民たちが共同で所有している (Hsing, 2010; Xu, Yeh, & Wu, 2009)。都市部では、大部分が個々の職場または「社会主義の地主」の下にあった (Hsing, 2006, 2010)。しかし農村部において、共同所有は、土地開発に対処する権限が曖昧であることを意味した (Zhu, 2004)。アーバン・ビレッジは中国の非公式コミュニティとみなすことができる (Wang, Wang, & Wu, 2009)。田舎における伝統的なゆるい土地管理および計画管理が、非公式さのもう一つの原因である (Wu et al., 2013)。こうした農村で受けられるサービスは、公的資金の提供を受けていない (Po, 2012; Wu et al, 2013)。提供されるのは福祉ではなく、農村の共同体が管理する給付金である。このようなサービス提供モデルは市政の財政的負担を軽減するが、実質的に農村部からの移住者のための宿泊施設の問題を無視したものである。人々の住宅に対する需要は住宅市場における民間賃貸によってのみ満たされ、彼らはその他の都市部から空間的に分離されたままとなっている (Wu, 2008)。

　非公式の開発とは対照的に、商品住宅地は強力な空間的秩序を示す (He, 2013; Wu, 2005)。それらは本質的にマスタープランによるコミュニティである。これは、オーストラリアでパッケージ化されたデザインによる新規開発を指すために用いられる用語である (McGuirk & Dowling, 2009)。そうした文脈において、住居の種類は新自由主義的アーバニズムと関連している。この見方は中国の郊外住宅地の研究において用いられてきた (Shen & Wu, 2012)。しかしながら、ゲーテッド・コミュニティは中国の伝統から受け継がれた集団主義の特徴を強く示している (Huang, 2006)。中国において、それらはスタイルおよびプライバシーに対する中流階級の生活の、高まる憧れも表している (Pow, 2009; Wu, 2010a; Zhang, 2010)。これらのゲーテッド・コミュニティは、より企業的統治の管理下にある大規模開発地区にあることが多い。開発地はしばしば、現代的な計画原則に則り、産業用途と住宅用途に区分けされている。図11.5は、先頃スケール・アップしてニュータウンとなった、亦荘の北京 ETDZ における土地利用パターンを示している。開発は市場と国の両方の力により推進されている。

　公式の住宅と非公式の住宅の対照は、より秩序のあるヨーロッパの居住地区と、第三世界の都市における有機的で混合した在来地域との間に見られるものと極め

11 台頭する中国の都市 グローバルな都市研究への影響

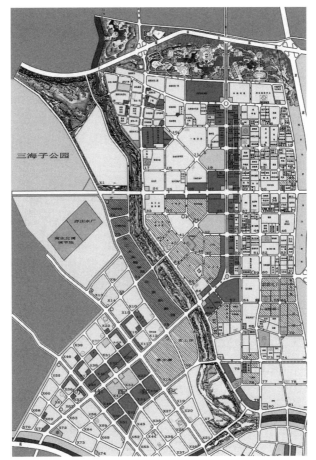

図11.5 北京経済技術開発区の計画レイアウト

表11.1 中国の都市における公式の開発と非公式の開発の比較

	公式の開発	非公式の開発
空間形態	商品住宅地	アーバン・ビレッジ
空間特性	過剰にデザインされパッケージ化されている	不規則な利用および自発的な変化
国の役割	国家起業家主義	社会保障の提供における不在
資本蓄積	土地主導の開発土地金融	農村部からの移住者の収容 地主の賃貸収入
統治	管理組合 土地管理会社	村人による委員会 村の共同体・個人所有

てよく似ている (Dick & Rimmer, 1998)。しかし中国の場合、それらは同じ開発体制の中にある。表11.1は、中国の都市における公式の開発と非公式の開発を比べたものである。それらは空間形態および特徴の点で大きく異なっている。公式の開発においては開発会社の下で国家起業家主義が支配しているが、非公式の開発において国は社会的供給を行わない。公式の開発の場合、土地金融は都市拡大の本質的な部分であるが、非公式の開発は主として賃貸収入が目的であり、都市周辺地域の農民が自ら賃貸住宅を供給することで国からの収入を流用するか違法に販売するための戦術として利用される。

考察

　表11.2は、世界の都市研究と比較した中国の都市のプロセスおよび空間形態に関する理解を示している。第1に、中国の都市化は、新自由主義全般および、特に都市起業家主義に関する西洋の都市研究に貢献している。自由市場による支配というイデオロギーと対照的に、中国の地方開発は市場で作られたツールを用いた発展指向型国家の特徴を組み合わせたハイブリッド型の開発である。経済成長のキー・ドライバーとして、その状態を合法化するため、実用主義が採用されている。土地や財務政策、幹部の昇進に関する制度は、地方政府が動機づけられ、変容する土台となった。全く異なる歴史的背景を考慮すると、中国の都市が他の世界の地方都市に極めてよく似た特徴を示していることは驚くべきことであるが、永続性の程度は異なっている。これらは中国的特徴をもった新自由主義 (Harvey, 2005)、局所的新自由主義化プロセス (He & Wu, 2009)、および国家新自由主義 (Chu & So, 2012) として言及されている。新自由主義の使用に関する批判 (Ong, 2007) にもかかわらず、中国の都市研究は起業家的政府の行動のダイナミズムに対する広範な説明を提供している。これには、幹部の昇進システム、GDP成長のメンタリティ、所有権の曖昧さ、財政政策とインセンティブ、土地金融などが含まれ、中国における都市開発の新たなプロセスを生み出すさまざまな制度的基盤を浮き彫りにする。

　第2に、周縁化は経済再構築やグローバル化、変化する再分配政策と関連している。しかし中国の都市は、周縁化のプロセスが新たな生産プロセスからの分離を意味するのではなく、むしろ市民権に対する要求に応えずにおく国による支配の結果であることを示している。国の撤退と社会的排除という命題とは対照的に、中国の都市は資源の創出および管理における国の独占、ならびに市民権に対する

11 台頭する中国の都市　グローバルな都市研究への影響

表11.2　都市開発プロセスおよび空間形態に関する一般的な概念と中国の事例の比較

	一般的概念	中国の都市
新自由主義	イデオロギー 市場の支配	実用主義 国の合法性 ハイブリッド統治
周縁化	経済再構築 国は撤退 見捨てられたもの	国家支配 市民権の要求の抑圧
非公式性／非公式の コミュニティ	「例外地区」 所有権の欠如	都市と農村部の二元性 土地管理の無効地帯
ゲーテッド・ コミュニティ	消費者および ライフスタイルの選択 民間統治 セキュリティに関する懸念	想像上の郊外のライフスタイル 場所のブランド化
周縁都市／ ポスト・サバービア	脱工業化、柔軟な空間	土地主導の開発 土地金融 場所の創出

制約の効果を経験している。社会福祉の提供は地方政府および有料サービスとして市場に移転されている（例：農村部からの移住者が子どもを企業が経営する移住者用学校に入れるなど）。

　第3に、空間形態に関して、グローバル化は中国の都市に非常に大きな影響を生み出した。東南アジアの都市に見られるように（Ginsburg, Koppel, & McGee, 1991）、空間形態はデサコタと呼ばれる都市的土地利用と農村的土地利用の混合型である。この用語は、都市と農村の混合を表すためにインドネシアで造られた。この概念は McGee, Lin, Marton, Wang, & Wu（2007）によって中国の状況に応用された。非公式性は例外として評され（Roy, 2011）、高級市場の開発とスラムの両方に適用されている。前者では、インドのマフィア・ディベロッパー（Weinstein, 2008）が、その歴史的影響力だけでなく、汚職や贈賄によって非公式性を生み出している。スラムは、所有権の欠如または曖昧な所有権として見られる。所有権施行の難しさが、不法占拠地域につながる。中国の場合、非公式性は都市と農村の二元性および土地管理の複雑さというレガシーの結果である。デサコタ型が混住の形態学的特性を示唆する一方、中国の村の例は、独特の地方の土地および政治制度によって異なるものの、発展が実際にどのようにグローバル化のプロセスと関連しているかを示している。

　第4に、ゲーテッド・コミュニティは消費者クラブ（Webster, Glasze, & Frantz, 2002）および民間統治、ライフスタイル選択、安全に対する懸念の結果として見

られる (Blakely & Snyder, 1997)。しかし中国の場合、ゲーテッド・コミュニティの開発は、開発の遅れた郊外の魅力を高めるための地域のブランド化戦術の一つとして、ディベロッパーによって推進されている (Wu, 2010a)。これは土地開発を促進し、地方政府に土地収入をもたらすため、地方政府はこうした活動を承認している。国はゲーテッド・コミュニティの郊外開発を可能にする主要インフラに投資するための資本動員に深く関与している (Shen & Wu, 2012; Wu, 2015)。この場合、国不在というより国主導のイメージ戦略が行われる。

　最後に、郊外のゲーテッド・コミュニティと関連しているのは、周縁都市とポスト・サバービアという概念である。これは経済構造の変化や脱工業経済への移行、柔軟なビジネス空間を表すために用いられる概念である。しかし中国の場合、地方政府がプランニングの専門家とともに場所の創出において重要な役割を果たし、土地主導の開発が郊外開発の主な理由となってきた。

結論

　台頭する中国の都市は、地球規模での都市化を観察するための実験室となっている (Brenner, 2013)。これらの都市は台頭するアーバニズムのモデルとなるものではなく、このプロセスの集合的要素のいくつかを含んでいる。都市を中心とした集中化は地域全体に浸透し、グローバルな資本主義の外側にある空間をその軌道に引き込んでいる。それでもなお、依然として多様な空間形態が存在する。新しい世界規模の開発プロセスが歴史的な既存の地方の構造と交流し、こうした構造は自らを新しい市場適合性のある形態へと強化、再編成する。改造の過程で、新たな属性および特性が生み出される。都市自体とその属性が現れるのは、この意味においてである。それらはあらかじめ定義されているわけでも、予測可能なわけでもなく、不測の社会的交流を反映し、より持続可能で正しい形態をとる。

　台頭という概念には複雑さがある。それは地方性を支配するグローバルなプロセスの結果ではない。台頭する中国の都市は、地方の制度が都市の変容の不可欠な一部分であることを示している。たとえば、戸口および土地の国有制度は、市場開発のプロセスにおいて新しい意味を与えられてきた。それらの持続する効果は、中国のアーバン・ビレッジに、戸口の対象である農村部からの移住者が民間および非公式な住宅の賃借人となる、新しい非公式な空間を生み出している。都市の成長は、国による土地独占のメカニズムに強く依存している。国は都市再生によって、土地を管理し、非公式性を排除しようと努力している。しかしながら、

非公式性は排除されるどころか強化されており、より多くの農村が自己開発によって民間賃貸に変わるにつれて、その特異な開発様式で再び姿を現している (Wu et al., 2013)。ディベロッパーに実現可能な不動産プロジェクトを与えるため、再生プロセス自体が、ディベロッパーに対する例外を作らなければならない。これは中国南部で見られており、そこでは建蔽率および容積率が都市計画を上回るか、政府は開発管理をあきらめなければならない。特異な国による土地供給の支配は、土地中心の金融として知られるこの開発様式の基礎を築いている。中国には、その他のアジアの都市およびグローバル・サウスの都市とともに、我々に西洋の都市理論を再考することを求める固有の地理的プロセスおよび空間形態がある (Roy, 2009)。本章で示したように、土地主導の土地開発およびアーバン・ビレッジの拡大は、いずれも新自由主義の広範なプロセスと、関連する非公式性を明らかにしている。

　本章は、台頭するアジアの例として、台頭する中国の都市について研究している。中国の都市は紛れもなく、いくつかの空間的特徴を示しているが、それらは完全に独自のものであるわけではない。中国の都市の開発は、その他の東アジア諸国に見られるように、発展指向型国家によって推進、介入されている。中国の都市の台頭は、中央の発展指向型国家およびその全国的開発戦略だけでなく、独自の政治的・財政的目標に向けて行動するために市場資源を活用する起業家的な地方政府の結果である。この意味で、中国は権威主義の発展指向型国家と、新自由主義の起業家的国家の二元性に挑んでいる。むしろ、これらの矛盾する特性は、成長のための計画の新たな段階にある中国の新しい特性と結びついている (Wu, 2015)。そこでは国による支配を合法化するため、成長が追求されてきた。第2に、台頭する中国の都市は、社会主義的計画経済の伝統から離れ、南アジアおよび東南アジア諸国において典型的に示されるように、ガバナンスにおける広範な非公式性および不規則性を示した (Roy, 2011)。市場メカニズムの導入および国による管理の緩和は、無秩序な空間の創出が不可避であることを意味している。しかしさらに、台頭する中国の都市に示されるように、こうした非公式性は単に国の無能さおよび脆弱なガバナンスの結果ではない。むしろ非公式性は、例えば都市計画のようなガバナンスの例外によって多くの裁量権をディベロッパーに与える (Wu, 2015) だけでなく、アーバン・ビレッジにおける自己構築に見られるように、労働力再生産の実際的解決策でもある、意図的な戦略である。

　これらの中国の研究は、変容から離れたものではなくその統合の一環として、

具体的な制度的メカニズムの理解に役立っている。変化は相関的なもの（フローおよびネットワーク）であると同時に、スカラーなもの（地方分権および領土化）でもある。具体的な制度の機構は、市場参加者となる地方政府の起業家的行動を誘発する。このように中国の都市は、新興の財産を真剣に扱うよう我々に促す。

　権威主義的体制として中国を風刺するよりも、新しい見方は矛盾するアプローチを同時に採用する方法を我々に理解させてくれる。すなわち、新自由主義的な社会保障の代わりとなる農村部からの移住者に対する住宅提供の欠如や、国を後ろ盾とする開発会社による積極的な土地買収、起業的戦略、説得、行動による場所の販売促進およびブランド化といったものである（Jessop & Sum, 2000）。国家起業家主義のよりポスト・サバービア的結果（Wu & Phelps, 2011）である周縁都市（Garreau, 1991）である亦荘の北京 ETDZ の開発に見られるように、これらが組み合わさり、ある種の国家起業家主義を生み出している。同様に、上海にある浦東の張江ハイテクパークは、一群の都市的集積地域以上のものであるが、国による固有のイノベーション・キャパシティの促進（Zhang & Wu, 2012）と、国の指導の下での地域的イノベーション・システムの形成（Zhang, 2015）により推進されている。深く埋め込まれた制度に目を向けなければ、これらをもう一つの周縁都市または多国籍研究開発クラスターと解釈したくなる。

　台頭する中国の都市に見られるように、市場経済への移行はイデオロギーではなく統治の手法である（Wu, 2010b）。市場メカニズムおよび市場操作ツール（商品化および技法を含む）の導入は、全国的規模で発展指向型国家の性質を本質的に変えた。このため、同様に台頭する中国の都市を起業家的都市の成果物とみなしたくなる。Cochrane（2007）が適切に主張したように、都市は企業ではなく政治形態であるため、政治的力の影響を受ける。中国の都市は、理論の範囲を拡大するチャンスを提供し（Roy, 2009）、グローバル・サウスのその他の都市とともに、世界の都市研究に貢献している。

注記

★1——Fulong Wu, "Emerging Chinese Cities: Implications for Global Urban Studies," published in the journal The Professional Geographer, Taylor & Francis, Volume 68, 2016 – Issue 2, pages 338–348.Fulong Wu ならびに The Professional Geographer journal による許可により複製した。

参照文献

Andrusz, G., Harloe, M., & Szelényi, I. (Eds.). (1996). *Cities after socialism: Urban and regional change and conflict in postsocialist societies.* Oxford, UK: Blackwell.

Blakely, E. J., & Snyder, M. G. (1997). *Fortress America: Gated communities in the United States*. Washington, DC: Brookings Institution Press.

Brenner, N. (2013). Theses on urbanization. *Public Culture, 25*(1), 85–114.

Chien, S. S. (2013). New local state power through administrative restructuring: A case study of post-Mao China county-level urban entrepreneurialism in Kunshan. *Geoforum, 46*, 103–112.

Chien, S. S., & Gordon, I. (2008). Territorial competition in China and the west. *Regional Studies, 42*(1), 31–49.

Chu, Y.-W., & So, A. Y. (2012). *The transition from neoliberalism to state neoliberalism in China at the turn of the twenty-first century*. Basingstoke, UK: Palgrave Macmillan.

Cochrane, A. (2007). *Understanding urban policy: A critical approach*. Oxford, UK: Blackwell.

Deng, F. (2009). Housing of limited property rights: A paradox inside and outside Chinese cities. *Housing Studies, 24* (6), 825–841.

Dick, H. W., & Rimmer, P. J. (1998). Beyond the third world city: The new urban geography of South-east Asia. *Urban Studies, 35* (12), 2303–2321.

Duckett, J. (2001). Bureaucrats in business, Chinese-style: The lessons of market reform and state entrepreneurialism in the People's Republic of China. *World Development, 29* (1), 23–37.

Garreau, J. (1991). *Edge city: Life on the new frontier*. New York: Doubleday.

Ginsburg, N., Koppel, B., & McGee, T. G. (Eds.). (1991). *The extended metropolis: Settlement in transition in Asia*. Honolulu: University of Hawaii Press.

Harvey, D. (1989). From managerialism to entrepreneurialism: The transformation in urban governance in late capitalism. *Geografiska Annaler, 71B* (1), 3–18.

Harvey, D. (2005). *A brief history of neoliberalism*. Oxford, UK: Oxford University Press.

He, S. J. (2013). Evolving enclave urbanism in China and its socio-spatial implications: The case of Guangzhou. *Social & Cultural Geography, 14* (3), 243–275.

He, S., & Wu, F. (2009). China's emerging neoliberal urbanism: Perspectives from urban redevelopment. *Antipode, 41* (2), 282–304.

Hsing, Y.-T. (2006). Land and territorial politics in urban China. *China Quarterly, 187*, 1–18.

Hsing, Y.-T. (2010). *The great urban transformation: Politics of land and property in China*. Oxford, UK: Oxford University Press.

Huang, Y. S. (2006). Collectivism, political control, and gating in Chinese cities. *Urban Geography, 27*(6), 507–525.

Huang, Y. Q. (2008). *Capitalism with Chinese characteristics: Entrepreneurship and the state*. Cambridge, UK: Cambridge University Press.

Jessop, B., & Sum, N. L. (2000). An entrepreneurial city in action: Hong Kong's emerging strategies in and for (inter)urban competition. *Urban Studies, 37*(12), 2287–2313.

Lin, G. C. S. (2014). China's landed urbanization: Neoliberalizing politics, land commodification, and municipal finance in the growth of metropolises. *Environment and Planning, A 46*, 1814–1835.

Liu, Y., He, S., & Wu, F. (2012). Housing differentiation under market transition in Nanjing, China. *The Professional Geographer, 64* (4), 554–571.

Logan, J. (Ed.). (2008). *Urban China in transition*. Oxford, UK: Blackwell.

Ma, L. J. C., & Xiang, B. (1998). Native place, migration and the emergence of peasant enclaves in Beijing. *The China Quarterly, 155*, 546–581.

Marcuse, P. (1997). The enclave, the citadel, and the ghetto: What has changed in the post-Fordist U.S. city. *Urban Affairs Review, 33*(2), 228–264.

McGee, T. G., Lin, G. C. S., Marton, A. M., Wang, M. Y. L., & Wu, J. (2007). *China's urban space: Development under market transition.* London and New York: Routledge.

McGuirk, P., & Dowling, R. (2009). Neoliberal privatisation? Remapping the public and the private in Sydney's masterplanned residential estates. *Political Geography, 28*(3), 174–185.

Oi, J. C. (1995). The role of the local state in China's transitional economy. *China Quarterly, 144,* 1132–1149.

Ong, A. (2007). Neoliberalism as a mobile technology. *Transactions of the Institute of British Geographers, 32*(1), 3–8.

Po, L. (2012). Asymmetrical integration: Public finance deprivation in China's urbanized villages. *Environment and Planning, A 44*(12), 2834–2851.

Pow, C.-P. (2009). *Gated communities in China: Class, privilege and the moral politics of the good life.* London and New York: Routledge.

Qian, Y., & Weingast, B. R. (1997). Federalism as a commitment to preserving market incentives. *Journal of Economic Perspectives, 11*(4), 83–92.

Robinson, J. (2011). The travels of urban neoliberalism: Taking stock of the internationalization of urban theory. *Urban Geography, 32*(8), 1087–1109.

Roy, A. (2009). The 21st-century metropolis: New geographies of theory. *Regional Studies, 43*(6), 819–830.

Roy, A. (2011). Slumdog cities: Rethinking subaltern urbanism. *International Journal of Urban and Regional Research, 35*(2), 223–238.

Roy, A., & Ong, A. (Eds.). (2011). *Worlding cities: Asian experiments and the art of being global.* Oxford, UK: Wiley-Blackwell.

Shen, J., & Wu, F. L. (2012). The development of masterplanned communities in Chinese suburbs: A case study of Shanghai's Thames Town. *Urban Geography, 33*(2), 183–203.

Solinger, D. J. (2006). The creation of a new underclass in China and its implications. *Environment and Urbanization, 18*(1), 177–193.

Tao, R., Su, F. B., Liu, M. X., & Cao, G. Z. (2010). Landleasing and local public finance in China's regional development: Evidence from prefecture-level cities. *Urban Studies, 47*(10), 2217–2236.

Tian, L. (2008). The Chengzhongcun landmarket in China: Boon or bane? A perspective on property rights. *International Journal of Urban and Regional Research, 32*(2), 282–304.

Tsui, K., & Wang, Y. (2004). Between separate stoves and a single menu: Fiscal decentralization in China. *The China Quarterly, 177,* 71–90.

Wacquant, L. (2008). *Urban outcasts: A comparative sociology of advanced marginality.* Cambridge, UK: Polity.

Walder, A. (1995). Local governments as industrial firms: An organizational analysis of China's transitional economy. *American Journal of Sociology, 101* (2), 263–301.

Wang, L. (2014). Forging growth by governing the market in reform-era urban China. *Cities, 41,* 187–193.

Wang, Y. P., Wang, Y., & Wu, J. (2009). Urbanization and informal development in China: Urban villages in Shenzhen. *International Journal of Urban and Regional Research, 33* (4), 957–973.

Wank, D. L. (1996). The institutional process of market clientelism: Guanxi and private business in a South China city. *The China Quarterly, 147,* 820–838.

Webster, C., Glasze, G., & Frantz, K. (2002). The global spread of gated communities. *Environment and Planning, B 29* (3), 315–320.

Weinstein, L. (2008). Mumbai's development mafias: Globalization, organized crime and land development. *International Journal of Urban and Regional Research, 32*(1), 22–39.

Wu, F. (2003). The (post-) socialist entrepreneurial city as a state project: Shanghai's reglobalisation in question. *Urban Studies, 40* (9), 1673–1698.

Wu, F. (2004). Urban poverty and marginalization under market transition: The case of Chinese cities. *International Journal of Urban and Regional Research, 28* (2), 401–423.

Wu, F. (2005). Rediscovering the "gate" under market transition: From work-unit compounds to commodity housing enclaves. *Housing Studies, 20* (2), 235–254.

Wu, F. (2010a). Gated and packaged suburbia: Packaging and branding Chinese suburban residential development. *Cities, 27*(5), 385–396.

Wu, F. (2010b). How neoliberal is China's reform? The origins of change during transition. *Eurasian Geography and Economics, 51* (5), 619–631.

Wu, F. (2015). *Planning for growth: Urban and regional planning in China.* London and New York: Routledge.

Wu, F., & Phelps, N. A. (2011). (Post)suburban development and state entrepreneurialism in Beijing's outer suburbs. *Environment and Planning, A 43* (2), 410–430.

Wu, F., Zhang, F. Z., & Webster, C. (2013). Informality and the development and demolition of urban villages in the Chinese peri-urban area. *Urban Studies, 50*(10), 1919–1934.

Wu, W. (2008). Migrant settlement and spatial distribution in metropolitan Shanghai. *The Professional Geographer, 60* (1), 101–120.

Xu, C. (2011). The fundamental institutions of China's reform and development. *Journal of Economic Literature, 49*(4), 1076–1151.

Xu, J., Yeh, A., & Wu, F. L. (2009). Land commodification: New land development and politics in China since the late 1990s. *International Journal of Urban and Regional Research, 33*(4), 890–913.

Yang, D. Y. R., & Wang, H. K. (2008). Dilemmas of local governance under the development zone fever in China: A case study of the Suzhou region. *Urban Studies, 45* (5–6), 1037–1054.

Yang, Y.-R. D. (2013). A tale of Foxconn city: Urban village, migrant workers and alienated urbanism. In F. Wu, F. Zhang, & C. Webster (Eds.), *Rural migrants in urban China: Enclaves and transient urbanism* (pp. 147–163). London and New York: Routledge.

Zhang, F. Z. (2015). Building biotech in Shanghai: A perspective of regional innovation system. *European Planning Studies, 23*(10), 2062–2078.

Zhang, F. Z., & Wu, F. L. (2012). Fostering "indigenous innovation capacities": The development of biotechnology in Shanghai's Zhangjiang High-Tech Park. *Urban Geography, 33*(5), 728–755.

Zhang, L. (2010). *In search of paradise: Middle-class living in a Chinese metropolis.* Ithaca, NY: Cornell University Press.

Zhou, Y., & Ma, L. J. C. (2003). China's urbanization levels: Reconstructing a baseline from the fifth population census. *The China Quarterly, 173*, 176–196.

Zhu, J. (2004). Local development state and order in China's urban development during transition. *International Journal of Urban and Regional Research, 28*, 424–447.

12 「ニュー・アーバン・ワールド」における デジタルプランニング・ マーケティングツールとしての アーバン・フェイスブック

カリーマ・コーティット｜ペーター・ナイカンプ

「ニュー・アーバン・ワールド」の出現

　21世紀の世界は、急速に進む世界規模の都市化という新たなメガ・トレンドによって特徴づけられる。Kourtit (2015) は、この新しいトレンドを以下のように評している：

「都市の世紀」において、我々の世界は徐々に「ニュー・アーバン・ワールド」に向かっている——都市または都市的集積地域へと移る人々が増えるため、都市部は「人類の新たな故郷」となっている。「ニュー・アーバン・ワールド」は、都市の豊かな歴史における最近の現象である。現在、世界の人口の50%超が都市に住んでいるばかりでなく、特に発展途上国において、都市化は今も持続的かつ急速に進んでいる。その結果、現代の都市は経済的、文化的、政治的、技術的力を引き寄せるものとなる傾向がある。こうした現象は、しばしば「ニュー・アーバン・ワールド」、また時には「ポストアーバン・ワールド」と呼ばれる (Westlund, 2014を参照)。この「ニュー・アーバン・ワールド」は、我々の世界の新たな主流の地図として、人々や企業、活動のコミュニティ・パターンの、都市化された生活・労働パターンへの急速で構造的な変化によって特徴づけられる、我々の世界の都市的な見方における新たな段階を示している。

(p. 8)

同じように、彼女はこう論じている：

「ニュー・アーバン・ワールド」の集積のアドバンテージは、密度、近接性、アクセス性、接続性の経済に由来している。つまり、都市化された地域は規模に関する収穫逓増を生むことができ、このため自己推進型の成長を生む。都市的集積地域は、将来の社会経済的原動力となり、今後数十年間に速い動きを示す可能性が極めて高い。都市は明らかに石ではなく、経済主体のために好ましい環境を作るため常に「動いている」「プロセス」で造られている。今後「ニュー・アーバン・ワールド」は、空間開発のための複雑で重要な進化のシステムになりうる。

(p. 8)

　世界中において、都市部は地域および国の経済開発の新たな原動力となる可能性が最も高い。明らかに、長期間にわたり、都市部は上昇と下降、拡大と収縮によって特徴づけられるライフサイクル・パターンを示す傾向がある。そうした変動するパターンは外部から与えられる衝撃（大規模な移民の流入、地震、エネルギーの急増など）、または内部に起因するダイナミクス（インフラ資本の減衰、住宅ストックの質の低下など）によって引き起こされる可能性がある。都市的集積地域の複雑なダイナミクスによって、以下のようなさまざまな興味深い疑問がうまれてくる——ポストアーバン時代の都市は何としても維持するべきか？　我々は長期的な都市のダイナミクスを管理するための適切な情報およびデータをもっているか？
　都市が両極端な発展の方向——すなわち加速的に成長しているもの（多くの新興経済および発展途上経済に見られるものなど）と、衰退または縮小（古い工業地域におけるものなど）（たとえばCheshire & Gordon, 2006やNijkamp, Kourtit, & Westlund, 2016などを参照）に向かっている都市とがある現在、上記の疑問は再び重要なものとなっている。こうした発展は、我々の分析手法が長期的な都市の持続可能性の達成を対象としているのかという疑問を生む。都市計画の手法に基づく利用可能な分析ツールは、都市地域内および都市地域間の上記ダイナミクスの点で目的に適っているかという疑問は、あらゆる場合において有効かつ妥当である。

ここ数十年間で、持続可能な都市開発という概念が、世界中の都市的集積地域にとって広く認められた政策目標となった。明らかに、この政策目標は、新たな問題（環境の悪化や社会的緊張など）への対処から、将来的な脅威（海面レベルの上昇や大量の移民など）の予測にわたる可能性があるため、複数の側面をもつ。近年の研究では（Insight, 2014を参照）、都市的集積地域の持続可能な開発に関する課題について以下の体系的分類が提示された：

● 社会人口統計学的変化

このメガ・トレンドにはとりわけ、人口減少によって引き起こされる脅威、高齢化、労働力人口および熟練労働者の移住、社会経済学的両極化、社会的分離、社会空間的分離、手頃な住宅の不足などが含まれる。

● 天然資源の枯渇と環境への影響

この課題は都市の生態系に言及するものである。エネルギー消費と温室効果への寄与、エネルギー・フリーの建築、燃料への依存度、大気汚染および騒音、人間環境における空間の悪化などに関連する。

● 経済の衰退および開発と圧力下での競争

この都市システムの持続可能な開発に対する3番目の脅威には、特に以下の要素が含まれる——低い生産性、失業、都市における収入と需要の低下。

● 都市のスプロール現象

都市のスプロール現象はしばしばバランスの取れた都市開発に対する主な障害と見られ、社会空間的分離と社会的両極化、土地の占有と環境悪化、経済損失とサービス提供における非効率などの一連の課題につながる。

大都市における交通アクセシビリティ（Preston & Rajé, 2007などを参照）や、都市的集積地域における人間の健康（Ishikawa, Kourtit, & Nijkamp, 2015などを参照）など、さらに多くの課題を識別できることは言うまでもない。しかし、脅威や課題のリストにかかわらず、——持続可能な開発を引き寄せるものとしての——現代の都市が第1に「問題のある事例」とみなされるものではなく、バランスの取れた都市や地域、国の開発のための有望な機会を提供することは明白であ

る。

　都市的集積地域は、富の創出およびグローバルな競争のためのダイナミックな原動力となっている。正当化された動機、ニーズ、価値観、およびその住民や観光客、ビジネスなどの主張を考慮すれば、このような都市部は反応的で強靭である必要がある。この文脈において、情報およびデータ交換のための現代の双方向的ツール、および考えられる各種の当事者間の相容れない視点は、効率的で持続可能な都市開発の継続的プロセスのために極めて妥当なものになる可能性がある（Koglin, 2009も参照）。本章は、持続可能な都市の未来を構築するための複雑な都市システムの課題に対処するための、現代のデジタル情報・データツール（フェイスブックなど）および運営管理システムの戦略的重要性を浮き彫りにすることを目的としている。本章の構成は以下の通りである。まず、バランスのとれた未来志向の都市政策にとっての、最新のデジタル情報ツールの大きな可能性について説明する。次に、そうした現代の政策ツールの大きな力を浮き彫りにする、一連の実証的検証について説明を行う。

競争的都市システムにおける都市マーケティング

　都市の隆盛と衰退のライフサイクルは、長期的な都市戦略に関して重要な政策課題を提起する。さまざまなユーザーにとっての都市の魅力の主要な決定因子は何だろうか？　都市の魅力は、現代の都市の戦略的計画およびマーケティング戦略における主要成分の一つである。その経済的、文化的、技術的パフォーマンスによって都市を格付けすることが流行となっている（Kourtit, Nijkamp, & Suzuki, 2013などを参照）。グローバル化する世界において、都市の競争は新しいトレンドとなっている。都市はもはや孤立した島ではなく、開かれた国際的な都市システムにおけるキー・プレイヤーなのである。それゆえ、次のような疑問が生まれる——どの都市が最高なのか？　あるいは、世界的に認められる都市はどこか？　これは好奇心から生まれた質問であるだけではない。都市のパフォーマンスはその魅力に影響を与える。たとえば国際的ビジネスや直接投資（FDI）などである。その結果、都市の（グローバルな）競争優位性の促進に向けて、都市（または場所）のマーケティングやブランディングの必要性が高まっている（Braun, Kavaratzis, & Zenker, 2013; Ham, 2008; Hospers, 2004; Kavaratzis & Ashworth, 2008; Moilanen & Rainisto, 2009; Paddinson, 1993; Smyth, 1994などを参照）。その結果、都市マーケティングは、かかる都市の福祉および持続可

能性を強化するためにより多くの住民や来訪者、企業を引き付けるための戦略的ツールおよび都市のポジショニング戦略に不可欠な部分となった。これは、都市の魅力的な主要属性の促進(Braun, 2012; Eshuis & Edwards, 2013; Riza, Doratli, & Fasli, 2012; Waard, 2012など)および都市の有形・無形の革新力または創造力を示すことによって達成される。

「都市マーケティング」をグーグル検索すると、約10億件がヒットする。これはこの概念が世界規模で一般的になっていることを示すものである。それは都市のパフォーマンスの強化を目的とした、都市の社会経済的政策のためのツールである。Braun (2008)によれば、地域マーケティングは以下のように解釈することができる——その都市の顧客およびコミュニティ全般にとって価値がある都市の提供物を、創出、伝達、提供、交換するための、共通の顧客志向の哲学に裏付けられた、マーケティング・ツールの複合的な利用 (p. 43)。このため、都市を有名にしようとするならば、都市とは多様な関心と属性を備えた、複数の顧客をもつ主体であることを認識しつつ、その全体的パフォーマンスを向上させるべきであることは明白である。たとえばLimburg (1998)は、都市を四つのクラス——イベント、歴史、店、娯楽——に分けることにより、任意の都市に人々を引き付ける主要な属性を識別した。明らかに、こうした属性の混合が、都市の全体的なダイナミズムや魅力、生活の質を高めるのに役立つ。

都市マーケティングはまた、任意の都市固有の特異性を浮き彫りにする上でも役に立つということは注目に値する。たとえば、ヨーロッパの都市は全般的に、多くの際立った文化遺産という特徴をもっており、これがそれらの都市を他の大陸の都市とは全く違うものにしている。このように、競争する空間経済には、都市のイメージにおける「固有な財」を強調(Ashworth & Tunbridge, 1990; Kotler & Gertner, 2002; Ward, 1998も参照)し、「目に見えないもの」を可視化し、宣伝し、さまざまなステークホルダーに対して都市の独自性を「売り込む」(数多くの例についてはStevens, 2015を参照)ための明白な範囲がある。

成功する都市マーケティングアプローチの決定因子を特定するため、前述のタスクには、スマートなセグメント化された戦略および正しく質の高い情報およびデータが必要である (Moilanen & Rainisto, 2008; Morgan, Pritchard, & Pride, 2012を参照)。都市マーケティングまたはブランディングは都市の良い特性をより広く知らせるだけでなく、信じられる、単純で訴求力のある、独特の良いイメージを作り出すことでもある。明らかに、都市マーケティングは受動的な「事

実」の公示であるだけでなく、観光客の再訪やビジネス投資が継続されることを奨励するための動的な「予想」のプロセスである。この文脈において、「旗艦的」ランドマークの開発は重要である可能性がある。なぜなら、これは競合都市との違いや、顧客や来訪者にとっての構造的感情、ビジネスライフにとっての長期的な社会経済的利益、住民の満足感などを生み出すからである。

　近年、都市マーケティングおよび都市ブランディングは、魅力的で目に見える都市のイメージを創出、提供するため、顧客中心のアプローチを開発してきた。以下の上位10都市で構成される「都市ブランド指数」なるものさえ存在する——ロンドン、シドニー、パリ、ニューヨーク、ローマ、ワシントン D.C.、ロサンゼルス、トロント、ウィーン、メルボルン。都市ブランド指数は、六つの主要な P 原則——Presence（存在感）、Place（場所）、Potential（可能性）、Pulse（活気）、People（人）、Prerequisites（必要条件）[1]——に従って都市を格付けしている（Anholt, 2006 も参照）。

　文化遺産・歴史遺産は、多くの都市にとって大きな固有の魅力となる。この特性はヨーロッパの多くの都市が共有するものであり、結果的にヨーロッパの都市マーケティングは競争上優位に立っている。たとえばローマやアテネ、パリのような都市は、それぞれコロッセオやアクロポリス、エッフェル塔に基づいて観光客の人気を競っている。またヨーロッパには、歴史文化遺産に富んだ都市が多数あり、都市の物理的アーティファクトの遺産および目に見えない特性を表している。結果として、博物館や図書館、史跡だけでなく、地方の伝統が、文化遺産の独特な部分となり得る。こうした遺産に対する脅威は、工業化、都市化、環境および気候の変化、そして人間の行動から発生する（Kourtit, 2015 参照）。その結果、歴史文化遺産の存在は、将来的な都市政策のボトルネックとしてではなく、多くの点で向上のための機会として扱われる可能性がある。

　アムステルダムの都市プロフィール（パフォーマンスおよびパーソナリティ）に関する16の長所および主要な価値の評価について、都市マーケティングの複数の面の評価に対する、ステークホルダーが高度に関与する分析的アプローチの一例を、スパイダーモデルと呼ばれるものの中に見ることができる（City of Amsterdam, 2004を参照）。アムステルダムのスパイダーコンセプトがどのようなものであるかは図12.1に見ることができる。これは現在、市の職員により、有名な市のスローガン「I Amsterdam」へと翻訳されている。

　このスパイダーモデルは二つの目的で、すなわちさまざまな都市のパフォーマ

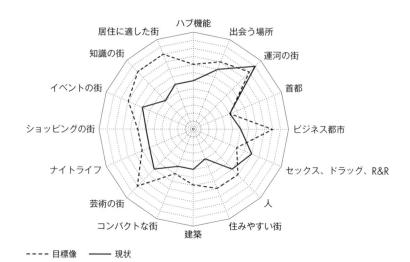

図12.1 スパイダーモデルにおけるアムステルダムの16の重要な面の評価

ンスの比較ベンチマーキング研究のためのツール、および任意の都市の実際の状況と理想の状況との間のギャップを評価するためのツールとして利用することができる。このように、都市マーケティングのメリットを測定することができる。当然ながら、この可能性は適切な情報およびデータ、ならびにデータマネジメントを必要とする。これについては、次節でさらに詳しく論じる。

「都市の世紀」におけるデジタルデータおよび情報に対するニーズと利用

　最新の情報システムは、戦略的都市政策にとっての必須条件である。「現代の都市は、当事者およびステークホルダーの関心の多様性によって推進される、戦略的データ・情報システムになりつつある。それらは自らを多様な観点から位置づけ、決して均一または同一ではない」(Kourtit, 2014, 2015, p. 9)。それらは政策立案のために、ますます複雑になるデータ・情報システムを採用している。都市政策はもはや青写真計画ではなく、適応的、参加型、オープンエンド、説明可能、学際的で、団結力がありインクルーシブなものである。情報コミュニケーション技術 (＝ICT) の到来により、都市計画、マーケティング、および戦略開発における新たな方向づけが促進されている。デジタルデータおよび情報は数多くの都市の課題に対する最新の詳細な情報の提供の結果としてだけでなく、市民やビジネスなどと直接交流する能力 (e ガバナンス) によって、現代の都市管理およ

び戦略デザイン、ならびに実施プロセスにおいて都市を助けることにより、スマートガバナンスにおいて正当な立場を獲得した。

　都市が直面している最新の課題は、いわゆる i- シティ（現代都市のための強くインテリジェントな管理ツールの開発および／または推進を求める、新しい科学的取り組み）に向けた「課題と反応」のメカニズムによって推進される「ビッグデータ」(Toynbee, 1946 を参照) の決定的な必要および利用である。i- シティは、現在および将来的に、都市のステークホルダー(官民いずれも)の日常的または戦略的な決定および行動のために、複雑なデータベースおよび情報を「サインポスト」の形で統合・調整するのに適したスマートな「i- ダッシュボード」[*2]によって支えられ、促進される。

　都市システムの課題と反応を理解するためだけでなく、都市の統治システムおよびその未来志向の政策のパフォーマンスに影響を及ぼす重要な戦略的推進力に関するエビデンスに基づく研究に基づいてそれらを形成するために。

(Kourtit, 2014, p. xxi)

　このように、現代のデジタルビッグデータおよび最新の情報システムの戦略的重要性は高まってきており、我々の社会経済的社会において重要資産となっている。それらは、人口、移民、不動産、土地利用、インフラストラクチャー、交通、公共施設、職場、住宅、雇用、リハビリテーションエリア、輸送など、さまざまな都市政策の領域に対処する。

　今日、ますます多くの (時間ベースの) データ (「ビッグデータ」) が利用可能になってきており、さまざまなステークホルダーにスマートな場所的意思決定および空間的戦略のための有用な情報を提供することが可能である。この研究論文によれば、ビッグデータとは、しばしばさまざまなソースから引き出される大規模なデータセットであり、複雑な経済的、社会的、文化的性質の多面的な構造と多くの特性および活動のレベルをともなうものである。これらのデータは、新しく持続可能な都市開発および先進の都市の競争力の実現を目的として、複数の当事者およびステークホルダーによって作られ、強力なツールを用いて解析される。しかしながら、新しい生のビッグデータおよび大量の情報は、必ずしもよりよく新しい政策(戦略)の選択に関する示唆につながるわけではない。また、それらは「都市開発の課題と推進力および行動指向の状況に関するバランスの取れた政策

第 2 部　都市化、知識経済、および社会構造化

戦略、ならびに」政策を順調に進めるための「当事者および都市の競争的パフォーマンスに関する都市の問題に対する解決策」(Kourtit, 2015, p. 56 を参照) につながるものでもない。バランスのとれた都市政策には、これ以上のものが必要である。

　社会経済的進歩を監視・評価するために、複雑なデータを単純でバランスの取れた一連の実行可能な重要業績指標 (KPI) に変換し (Brewer & Speh, 2000)、より標的化されたリスト――「そこにおいて成功するためにさまざまな当事者が秀でていなければならないもの」――を提供する (Kourtit, 2014, p. xxvi; Melkers & Willoughby, 2005; Waal, Kourtit, & Nijkamp, 2009) ことにより、「ビッグデータ」を高い価値をもち、有用で、一貫性をもち、その中核ビジネスおよび市場にとって理解可能なものにするために、新しい科学的インサイトおよび政策戦略が必要となる。高性能なシステムの特性、ならびに持続可能な競争上の優位および (グローバルな) 競争上の地位とパフォーマンスを向上させるための重要なソースとして、複雑なデータ (ビッグデータ) および情報に対するバランスのとれたフォーカスを維持するために、ツールと方法の混合パッケージを備えた体系的アーキテクチャに対するニーズが高まっている。「これらのツールすべて――およびその組み合わせ――は、都市の――およびその当事者の――社会経済的業績」およびバリューシステムを描写する業績指標を特定、評価、説明、比較 (インプットとアウトプットの) する上で重要な役割を果たす (Kourtit, 2015, p. 22 を参照)。

　量的データから質の高い情報および知識まで包括的に、ビッグデータを都市システムの (経済的および非経済的) パフォーマンス評価に関する統合化された質の高い情報・知識および実行可能な洞察を通じた高度な「価値の源」に変容させ、管理する能力――アーバン・インテリジェンスまたはシティ・インテリジェンスとも呼ばれるもの――は、必要な政策の方向性や力のいれ具合を決めるにあたって、戦略的にますます重要になってきている：都市がより効率的でスマートで住みやすい場所になるには、「エビデンスに基づくデータ主導の戦略的意思決定」(Steenbruggen et al., 2015) が必要である。「戦略的データパフォーマンス評価は、可能な限り高い都市の生活の質に焦点を絞り (Nijkamp, 2008 を参照)、都市のシステムがどのようにしてそのビジョンおよびミッション、ならびに関連する戦略目標に向かって進んでいるかに関する全体像を提供する」(Ho & McKay, 2002; Kourtit, 2015, p. 139)。

　さまざまな分野における戦略的意思決定を強化し、望ましい変化を促進するた

めに、データ戦略的重要指標のモニタリングおよび評価(探求)を通じて、すばやくアラートを発してくれる高品質情報システム(過去の情報および新しい情報に基づくもの)を確立するための、複雑な、またはビッグデータおよび情報を適切に理解しなければならない。また、さまざまなステークホルダーの説明責任を保証することは、「ポストアーバンワールド」の都市の課題に対処するための、(空間時間的)(データの解析、視覚化、管理に関する)先進技術におけるイノベーションの急速な進化、および新たなアプローチおよびツール、ならびに新たなスキルの開発につながる。

　次節では、さまざまなステークホルダー間の密接な交流を分析するために用いられる質の高い視覚的評価ツールによって構成される「都市改革のためのアーバンフェイスブック」戦略と呼ばれるものについて説明する。そこでは、重要な戦略的結論および決定を導き出し、具体的な地方のニーズや価値観、優先課題、および都市システムにおいて必要な空間開発を特定し理解するための、新たな再開発イニシアティブのマッピングが行われる。これは、従来のデータベースおよびそれらへのアクセスや報告では手の届かないこのような複雑なデータ転送プロセスにおいて、「今日の予測不能でオープンな、多様で動的な都市化された世界において増大する複雑性を反映」(Kourtit, 2015, p. 138)するだけでなく、その都市で共有化された企業ビジョンの達成に対する必要な貢献である、複雑な運営環境という今日の課題に対する都市システムの戦略的反応を監視もする「都市のマネジメントやガバナンス」を達成するために、必要性が高くますます重要なアプローチになっている。フェイスブックのメカニズムについては、次節で説明する。

都市改革のためのアーバンフェイスブック *3

　本節では、「都市改革のためのアーバンフェイスブック」(詳細は Kourtit & Nijkamp, 2013 に記載されている)という概念について簡単に説明する。この評価の枠組みは、実際いくつかのケーススタディ都市——アムステルダム、ナポリ、パレルモ、トッレ・アンヌンツィアータ——で適用された。これらの都市は皆、社会経済的プロフィールの強化を目指す(見捨てられた、またはパフォーマンスの低い)地域の再開発戦略に関して、このアプローチに関心をもっている。

　「アーバンフェイスブック」という概念的枠組みは、六つの連続した段階で構成される積極的で双方向的なプロセスである。その目的は、各種のデータや情報を収集し、都市の実際の社会経済的パフォーマンスを評価し、その都市のもつオ

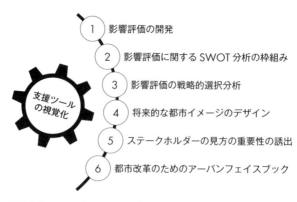

図12.2 アーバンフェイスブックアプローチの構造

ンリーワンの特徴をより強くするだけでなく、当該都市に存在する複雑で相互に関連し複数のレイヤーに分かれている当事者をお互いに関与させて、将来像および我々が都市の「改革」と呼ぶものに関連する問題や機会、共通の未来志向の価値観および予測、ならびに戦略目標および選択肢を特定、理解、探求することである (Kourtit & Nijkamp, 2013を参照)。このアプローチは、GISにおける「メンタルマップ」と密接に関連している (Brennan-Horley, Luckman, Gibson, & Willoughby-Smith, 2010を参照)。評価の枠組みの体系的構造を図12.2に示す。現代の都市計画に新奇な貢献および概念を提供する可能性のある、スマートで戦略的な都市計画のために、それぞれの段階は、双方向的視覚化法 (例：関連する場所の最新の戦略的イメージを描く「ジオイメージングツール」など) と組み合わせて実施される。

この評価の枠組みは、段階的手順で、最も有効な戦略的オプションや選択肢を特定し、可能性や新たな機会を生み出し、持続可能な開発のための成功する政策戦略を立案するための、各種のデータおよび情報の収集に役立つ。さらに、このアプローチはまた、高いレベルの透明性をもって信頼されるポジショニング戦略の再開発に役立ち、「経済活性化を促すビジョンを持つ複数のステークホルダー」間の利益 (価値観) の衝突を解決するために、「社会のニーズを満たし、再設計される地域や都市などの生態系の保全を確保しながら、さまざまな形の専門知識を収集する (Kourtit, 2015, p. 38も参照)。

第1段階：影響評価の開発

評価プロセスの最初の段階は、その都市の社会経済的位置づけの開発、特性、および現状でのパフォーマンスの影響評価で始まる。実証済みのスマート評価指標の候補に関する過去の広範な文献検索により、関連分野の有用な影響評価の確固たる基盤が作られる。すべての段階（第1段階～第6段階）で重要なのは、再設計開始時における、最終的な都市のポジショニング戦略の実施に対する、さまざまなステークホルダーの高い関与および優先度ならびにバリューシステム（多重的ボトムアップアプローチ）である。プロセスは、都市や地域などの高品質な視覚的評価について、多様なレベルの再活性化手順に関連して、複数の手法と組み合わせて使用される「ジオイメージングツール」によって広く支持されている。この手順は、都市や地域などの魅力および活力を向上させるために、関与するステークホルダーによって提供される共通の資源およびソース（シンクタンクやワークショップ、面接、調査などの形で）に依存している。これらの面はステークホルダーによって判断される、写真素材に基づくその街の「都市の顔」を構成している（詳細はKourtit & Nijkamp, 2013; Kourtit et al., 2013を参照）。このように、「都市の顔」は、都市の未来の特定の部分または面に関する創造および想像を支援する——視覚化された形での——教育的な双方向の素材である。

第2段階：影響評価に関するSWOT分析の枠組み

第1段階における所見は、当該する都市や地域などの重要な影響に関する長いリストをインプットとして提供し、第2段階のためのデータおよび情報（多様なソースに由来するもの）として用いられる。この段階では、戦略的計画プロセスに貢献し、課題を特定、理解するのに役立ち、都市や地域などの最も重要な強み（strengths：S）、弱点（weaknesses：W）、機会（opportunities：O）、脅威（threats：T）およびその有効性を体系的に把握する。それにより、環境の持続可能性を向上させるため、長期的かつ幅広い観点から、過去、現在、未来の効果が評価される。これもまた、さまざまなステークホルダーおよび関係する都市部の質の高いバーチャルな「都市の顔」の関与により、広範に支持されている。

第3段階：影響評価の戦略的選択分析

この段階は、第2段階の外部・内部分析から戦略的計画の解決策を立案するこ

とにより、SWOT分析をさらに進めるものである。SWOT分析において統合・合成されたデータおよび情報のタイプに基づいて——これには都市や地域の戦略的中核領域に関連する、さまざまなステークホルダーの価値観や嗜好システムも含む——戦略的選択分析 (SCA) を用いる。持続可能な開発のための有効な戦略反応選択政策の立案を通じて、さまざまなレベル(高度から低度まで)の再活性化に関して、外的因子(強み−機会に関する戦略)に参加するため、またはそれらを利用するため、および優先順位づけされた外的因子(強み−脅威—弱点に関する戦略)を無効化または回避するために用いられる最も重要な内的因子 (S) および (W) の間の相関関係を確立する。第2段階で言及したように、プロセス全体は関連する都市地域の、質の高いバーチャルな「都市の顔」によって広範に支持されている。

第4段階：将来的な都市イメージのデザイン[*4]

この段階では、未来の都市イメージの形で同時に発生する多様な不確実性および側面の影響(最近のさまざまな事例的応用については Stevens, 2015を参照)によって、第1段階〜第3段階の関連する都市や地域などで策定された共通の戦略的反応の選択肢および開発計画がいかに頑健であるか、ならびに関連する都市地域の社会経済的立場がどのように「都市の顔」により評価されたかを探求、検証する。これらのイメージは突然現れるものではなく、2050年の都市的集積地域の定型化された外観の、関連する戦略的・主題的な都市のイメージである。これらは、関係するステークホルダーからの多様なデータおよび情報を用いて、これまで従ってきた手順に基づき、かつ相互に関連している。それぞれのイメージは「都市の顔」の要素 (Kourtit & Nijkamp, 2013, p. 4396) によって特徴づけられ、「さまざまな実現可能な未来のイメージ分野の観点から見た」現状 (Kourtit, 2015, p. 214) を考慮することによって、(不)確実な未来の環境および介入の下で、多様で具体的な各地のニーズおよび必要な空間開発がどのように相互に関わり合う可能性があるかについて示唆している。「都市のイメージ」という概念は、不確実な都市の未来をマッピングするために有効な手段であることが示されてきた (Kourtit, 2015)。「都市のイメージ」は都市や地区、地域などの革新的開発のための関連する課題および基盤を決定するための戦略的手段として使用してもよい。今後のさまざまな展望から、それぞれは(過去を振り返りまた将来を見渡すアプローチにより)最終的に新しい「都市改革」につながる (Kourtit, 2015)。このよ

うに、「都市のイメージ」は、関係する都市の考えられる未来の輪郭を形作る、長期にわたる戦略的に決定されるシナリオまたは都市のマッピングである。

第5段階：ステークホルダーの見方の重要性の誘出

第5段階では、多様なデータおよび情報が、街または都市の土地利用の選択肢に関する意思決定プロセスに関与するステークホルダーによって提供される多様な情報源から引き出される。彼らはさまざまな環境（ワークショップ、面接、調査、ソーシャル・メディア（Facebook, Foursquare など））で、現在の状況を考慮に入れた場合に、（不）確実な未来の環境の下で相互に関連する可能性のある各種の将来的観点から、それぞれの「都市の顔」のパフォーマンスの対となる重要な基準と条件（第1段階〜第4段階で特定、評価されたもの）を判断するよう求められる（適切なウエイトおよびスコアを与えられることを含む）。

第6段階：都市改革のためのアーバンフェイスブック

この評価の段階では、PROMETHEE 法（Brans, 1982; Brans & Mareschal, 1994; Macharis, Brans, & Mareschal, 1998）または応用体制分析のような、多様な利害関係者による見方および多様な基準を持つ評価法の適用からなる、戦略的な街または都市政策の選択肢に関する実際的な評価の枠組が用いられる。「都市改革のためのアーバンフェイスブック」アプローチから、影響マトリクスにおける組織化された構造および枠組みにおいて組み合わされた多様なデータおよび情報を組み合わせて利用し、それぞれの「都市の顔」の構成において特定・検証済みの条件を探す一連の判断スコアを求めることができる。このアプローチにより、我々が将来の選択肢のうち関与する利益集団の大半から最も高い支持を得られるものはどれかということ、およびどのレベルの再活性化手順が大半のステークホルダーによる将来のイメージの選択において重要な役割を果たすかということを決定することができる。このような戦略的都市政策選択肢の実施計画は、新たな可能性を生み出すとともに、成長および持続可能な開発目標の向上と刺激という文脈において、相対的優位となり、新たな「改革」のための戦略を獲得・強化するための新たな機会を提供する。この評価過程の最終段階では、結論を出し、推奨される政策を導き出す。

このアプローチは、それらをひとまとめにする形での全ステークホルダーの利

益の関与を含め、地域特性を理解することの重要性および社会経済的、環境的
価値の優先を認識する能力を改善、向上させ、これによって当該地区の持続可
能な開発に関するより幅広い見方を提供する。再活性化および都市改革の実施
を成功させるには、不確実性の下での持続可能な開発の計画プロセスにおいて、
地方政府が重要なステークホルダー(民間企業や市民団体の代表など)の支援を
必要としているということを認識しなければならないということは、注目に値
する。

(Kourtit & Nijkamp, 2013, p. 4389)

　以下の節では、さまざまな場所および当事者に由来する多様なデータおよび情
報を、意義のある情報の質および付加価値のある提供に変換することを含め、一
連の都市——とりわけアムステルダム、ナポリ、パレルモ、トッレ・アンヌンツ
ィアータ——について、上述の評価の枠組みに基づいて体系的に適用された事例
が示されている。これを行うことにより、これらの都市はより持続可能な開発を
目指して「インテリジェンス」と協力し、コンピテンシーを学習するために自ら
の都市戦略を評価し、質の高い情報警告システムの構築を含む有効な政策戦略を
(再)開発することを望む他の都市のための、優れたショーケースとして機能する
可能性がある。以下に、体系的にデザインされた共通のテンプレートに基づき、
我々の研究におけるフェイスブックアプローチの相対的分類学の概要を示す。

リハビリテーション計画のための
アーバンフェイスブックメカニズムの説明

　本節では、「アーバンフェイスブック」の枠組みやメッセージ、方法、観察、
および一連のヨーロッパの都市のケーススタディから得られる経験的所見を用い
て、経験の多様性について熟考する。これらのケーススタディの意義は、都市が
グローバルな空間ネットワーク経済において競争的優位をもつための戦略的政策
の方向性および関連する措置を特定し示唆するために、経済的文脈からのみなら
ず、一部は非経済的な、多面的な評価の観点から、都市が達成したことを正確に
評価することである(Kourtit, 2015, p. 12 も参照)。
　表12.1はいくつかのヨーロッパの都市における、さまざまなフェイスブック
メカニズムの利用の概観を示している。これらの事例は、人口、経済的繁栄度、
政治文化の点で極めて多様である。それでも、こうした不均一性にもかかわらず、

12 「ニュー・アーバン・ワールド」におけるデジタルプランニング・マーケティングツールとしてのアーバン・フェイスブック

表12.1　ヨーロッパの各都市における「フェイスブック」応用の概観

アムステルダムのケーススタディの要約 [*5]

目的および範囲	● 我々が「都市改革のためのアーバンフェイスブック」と呼ぶものを紹介し、これについて詳述することにより、多様なステークホルダーを前提とした枠組みを開発すること。これは、具体的な現地のニーズおよび必要な空間開発を特定、理解するために、新規の再開発イニシアティブをマッピングするための高品質の視覚的評価ツールによって広く支持されるアプローチである。これは都市の戦略的ビジョンに関連する望ましい目標を達成するようデザインされた、（たとえば未来の港湾都市の位置づけのイメージ化などに基づく、本質的で戦略的な将来像を目指す都市のシナリオとともに）現在および未来の都市の問題、基盤、課題、および結果に取り組む介入の基盤を提供する。またこのアプローチで、都市の経済が（国際的な）競争力を維持できる可能性がある。
問題事例の詳細	● オランダ、アムステルダムの旧造船所であるNDSM地域内および周辺において、実証的研究が行われている。 ● 本実験は、前向きな長期戦略的政策の観点から、持続可能な都市開発のための暫定的都市港湾システムという文脈において実施された（過去を振り返り将来を想定する両方のアプローチを組み合わせて）。この政策は、多様なユーザーのニーズを満たし、懸念に対処するものであり、ビジョンおよび戦略はその環境とうまく適合しなければならない。 ● NDSM地域の未来の姿はすでに形を現しつつある。しかしながら、さまざまなステークホルダーの重要なニーズおよび嗜好を満たすための長期戦略（確固とした総合的な育成地域政策など）および多様な専門家やビジネス、アーティストのための持続可能な本拠地を創るという地方当局による保証の両方が欠けている。また、一時的な「プロジェクト」にとどまらず、孤立した育成地域ではなく将来の生産的な都市の一部となるべきである。
適切な方法	● 創造的で強靭な、持続可能な都市開発を達成するため、従来の港湾地域／都市が提供する機会をつなぐ分析的枠組みを用いる。 ● 持続可能な開発のための過去の振り返りおよび将来を見通す演習により、ステークホルダーを基礎としたモデルを──新しい分析法として、双方向的視覚支援ツールとともに──採用することによってケーススタディから新しい発見が生まれる、エビデンスに基づく研究を用いる。 ● 重要な政策課題を特定し、歴史的・文化的な都市港湾の景観を持続可能で創造的なホットスポットに転換するという選択肢を評価するために──重要な各種のステークホルダーを含む双方向的評価において──こうした地域の再利用、回復、および再生を皮切りに、戦略的手段として多様な将来像が想定された。 ● ボトムアップアプローチはとりわけ、当該地域に関連する幅広い利益を有するさまざまなステークホルダーから収集した情報と、その後実施する視覚支援ツールを用いた長所－弱点－機会－脅威（SWOT）分析に基づいている。これはすべてNDSMの社会経済的パフォーマンスの総合的・量的評価を開発するために実施される。この評価は、その物理的利用、特性、および歴史的景観の属性に焦点を絞ったものである。 ● 都市文化生産地区としてのNDSMの再開発をさらに進めるために必要な健全な基盤を提供するために、統合的な多重的枠組みの中で、実現可能な戦略的オプションを解釈し議論しなければならない。そこでは、地域に関する特性および機会、ならびに歴史的景観の属性が、（より多くの）創造的マインドと革新的ビジネスモデルを特定の地域に引き寄せる。そこでは（国際的な）知識および専門性を、やりがいのある社会経済的機会と共

225

第2部　都市化、知識経済、および社会構造化

有し、一つにすることができる。NDSM ビジョンにおける共通の利益を認識し、戦略全体の中核的政策に合意するため、この地区の商業的側面に対するもの以上の理解、またはこの地区に位置する20のサブクラスターの削減が必要である。

結果	● 本研究は、構造化されたインタビューに基づき、広範な文脈における NDSM 地区の社会経済的影響に対処する経験および発見の概要を示した。 ● その結果、ケーススタディのために開発された双方向的政策支援ツールが目的に適っており、持続可能な都市港湾地域の設計において有益であることが示唆された。
一般的教訓 および 政策の妥当性	● このアプローチは、社会的ニーズを満たし、再設計する旧港湾地域の生態系保全を確保しつつ、経済的活力を刺激することを目的として、複数のステークホルダーの利益(または価値観)の衝突を解決するために、成功する政策戦略を特定し、さまざまな形の専門性を一つにするのに役立つ。 ● 最終的に広範なステークホルダーに確実に承認されるため、ますます新しい考え方が求められ、新しく、効率的で、効果的な都市計画、統治および管理のプロセスと結びつけられる。

ナポリのケーススタディの要約 [6]

目的および範囲	● 長期的な将来志向の戦略的政策の観点から、ナポリの持続可能な都市開発のための長期的な共通の目標および共有される戦略的ビジョンを策定すること。 ● 都市政策の意思決定プロセスのためのインプットとして、多様なステークホルダー（社会集団など）の嗜好および価値判断の探求によるボトムアップアプローチを通じて、都市再開発および都市開発イニシアティブの原動力およびプロセスをよりよく理解すること。 ● 視覚支援ツールの支援および利用により、ナポリにおける都市景観の質を探求すること。
問題事例の詳細	● 共有された統合化戦略および当該地域をより住みやすくする環境を創り（例：歴史的・文化的価値のある建物の修復、文化・娯楽に関連する活動の促進、都市空間の再開発、商業・工芸に関連する活動の創出、住民のための情報システム、道路および公共輸送システムの向上など）、観光の復興とそれに続くナポリの特徴である商業的で質の高い手工芸の回復から生じる仕事の機会を増大するためのボトムアッププロセスを通じて、港湾地域と歴史ある街の中心部との関係（物理的再接続）を回復（再開発）する必要性。 ● ナポリの中央地域の特定の部分は、ウォーターフロントと歴史ある中心部との間の関係の弱さを表す各種の問題に直面すると共に利点も持っている。 ● ガバナンスのための確固とした戦略政策、ならびに歴史ある中心部と港湾地域を再接続するための革新的な開発計画およびイニシアティブ（社会福祉や施設など）の欠如。 ● さまざまな社会的、経済的、環境的問題から生じる課題に対処するための経営的知識およびスキル、経験、ならびに地域社会の継続性および計画プロセス対象地域におけるステークホルダーの関与の不足。
適切な方法	● 方法論的枠組みは、文化的・社会経済的観点から、ケーススタディ研究のための複数の手法およびツールを組み合わせるプロセスである。これには、持続可能な開発のためにナポリの歴史ある中心部とウォーターフロントを（共有されたビジョンに基づいて）再接続するために、現在の関係の肯定的側面・否定的側面および措置の優先順位、ならびに当該地域の特性および戦略的位置づけの将来的選択肢（一対比較）を探求し組織化するための意思決定プロセスにおける、多様なステークホルダーの強力な関与（多主体多基準

分析および視覚支援ツールを用いたもの)をともなう。
- 半構造化面接を使用して、協力および合意に基づき、実践的に優先課題を浮き彫りにするため、都市開発に含めるべき当該地域に関するデータを収集するとともに、当該地域内および周辺における期待事項および経験、ならびにその政策に関する多様な当事者の価値観および嗜好システムならびに信念の優先順位づけを行った。

結果	● 多基準分析により、研究対象地区における視覚ツールによって支援される均質な地域間の重要アクション、問題、衝突のリスト、ならびに持続可能な開発のための政策を立案または再策定するためのプロセスにおいて真に役立つそれらに独特の要素(よりよい視覚的品質)を特定することができた。 ● 適切な指標によるデータの体系化は、持続可能性およびその結果生じる持続可能な都市開発のための選択肢の決定における多面的アプローチの必要性の、さまざまな側面の相関関係を認識するのに有用である。 ● この評価により、当事者の認知および価値システム(記念碑、建築物、都市景観など)および当該地区の視覚的認知向上のための優先的介入の必要性(安全、環境、公共輸送機関)を強化するために、有意な形で持続可能な未来の戦略的選択肢の策定に影響を及ぼす可能性のある主要因子を説明することができる。
一般的教訓 および 政策の妥当性	● 社会的嗜好の分析は、当該コミュニティのすべての勢力の積極的参加を通じて共有されたビジョンおよび価値観に基づき、沿岸部と街の間の交通の便を向上させることなどによって歴史的関係を再構築するために、ナポリの市町村計画における未解決の社会経済的ギャップを浮き彫りにする。 ● ナポリの都市再開発計画は、ナポリの多様なステークホルダーの主要な価値観を特定し、共通の目標を設定し、共有された将来のビジョンを策定するために、新しく革新的なコミュニティを巻き込む手段を実施しなければならない。 ● 既存の計画の基本理念は多様で統合的なプランニングツールを欠いており、歴史的都市を分離し、地域資本(経済的、生態系的、文化的、社会的、人的資本など)の混合に基づいて考えられる変革のための介入を無視する傾向のある、極めて保守的な姿勢に苦しんでいる。 ● この方法論的アプローチは、長期的戦略の観点から都市開発政策を評価、実施するための出発点として、ステークホルダーの嗜好および価値システムの評価、および都市の変革に関係するさまざまな行動(空間または都市の質、経済活動など)の結果に対する認識の向上において強力であることが証明された。

パレルモのケーススタディの要約 [*7]

目的および範囲	● フェイスブックのような(デジタル)ソーシャル・ネットワークおよびフェイス・トゥ・フェイスの関係によって支援された当該地域に関する有効な変革および活動戦略を浮き彫りにするために、パレルモに固有の特性および機会を明確に打ち出すこと。 ● パレルモを地中海における対話構築のための基準点とするために、都市の多文化的特性に対するより深い理解に基づく、効果的かつ効率的な変革によって、多様なステークホルダー間の利害対立の最小化につながるパレルモの将来的位置づけに関する戦略の一貫性のある適切な将来像を達成すること。
問題事例の詳細	● パレルモ港は重要な収入源であるとともに街の成長を象徴しているが、産業革命後、古代の都市システムに由来するその両極性は徐々に消失し、港湾都市としての統合化された構造は弱まっている。このため都市との継続的に交流するシナリオを生む介入が必要

第 2 部　都市化、知識経済、および社会構造化

である。
- 特に統合的保全のような促進活動を通じて、既存の歴史的・文化的遺産がより意味づけ を必要とするように、環境は人間の活動によって条件づけられる変化した自然のあらわ れとなってきている。
- 人々の健康や既存の資源節約に関して慎重な、資源を節約し、技術および建築に関する 環境の感度に関する新たな目標を特定化することの必要性。
- 都市地域、および特に歴史的・建築的に興味深い地域の保全のための公共プログラムを 開始すれば、土地利用の運営モデルを事前評価する必要性と関連づけることができ、結 果として共有された選択に基づいた新たな長期投資を誘致することができる。

適切な方法	● パレルモのケーススタディは、「アーバンフェイスブック」の概念(Kourtit & Nijkamp, 2013 を参照)を用い、学際的なガバナンスアプローチに基づくもので、多様な社会集 団を強力に関与させ、戦略的計画の考えられる効果に関する多基準評価戦略の原則を反 映している。 ● データを収集するために、本研究は参加者の観察と半構造化面接(従来のチャンネル)、 および担当者ネットワークの拡大を可能にするフェイスブックのような一般大衆参加の ための強力なソーシャル・メディアや、都市のジオリファレンス付きイメージのマップ 作成、そのアイディアおよび嗜好を共有するためのステークホルダーに対するより深い 理解と交流の達成(住民、労働者、企業、観光客、移民、政策決定者)、および関連す る対話の場所または対話の建築の可能性に関する最新情報の収集(再生プロセス、機能、 および社会経済的活動の特性およびニーズの明確化、ステークホルダーの役割の分析) の組み合わせを含む実地研究を実施した。 ● 積極的参加およびパレルモの都市再生戦略の意思決定プロセス(パラメトリック尺度に 関連する選択肢の望ましさの程度を考慮した、都市部のボトムアップ戦略の再分類)へ のアクセスの観点での多様なステークホルダーの関与を伴う、重要な無形の条件およ び基準の特定、ならびに都市変革プロセスにおける未来の機会および選択肢(「都市改 革」管理と呼ばれるもの)を向上させるための、チェックランドのCATWOE ツールお よび「アーバンフェイスブック」の概念の使用。
結果	● 多様なステークホルダーが頻繁に交流しお互い関与することにより、建築による解決策 および繁栄のプロセスおよび手順を均質化し不安定化させるリスクが誘発されている。 協働アプローチは、統合プロセスを通じてアイデンティティを守るためのツールである。 ● この方法は、都市の再開発に対するより深い理解およびパレルモ・パイオニアシティの 共有された将来像の原案となる地図の作成とともに、多様なステークホルダーの強力な 関与と変革のための共有された価値観および基準によって、都市変革プロセスにおいて、 特にその都市の「未知の」固有の歴史的価値を引き出すことを可能にする。 ● 都市変革プロセスにおける将来戦略のための基準および選択肢を検証するために、視覚 的ツールの支援を得て、フェイスブックのようなソーシャル・メディアの利用が、多様 なステークホルダーの参加の強化ならびにそうしたステークホルダーがより交流するよ うにさせている。
一般的教訓 および 政策の妥当性	● この方法は、「パイオニア」シティとしてのパレルモの共有された将来戦略、行動、選 択肢(特性およびニーズの明確化など)を決めるための意思決定プロセス(学習プロセス) へのステークホルダーの関与を高めるのに役立ってきた。このように、計画および変革 レベル(価値観、嗜好、条件、基準など)プロセス(都市管理プロセス)においてステーク ホルダーが中心的役割を果たした(ボトムアップアプローチ)。 ● 多様なステークホルダーにリーチするためのソーシャル・ネットワークおよびソーシャ

ル・メディア（双方向的アプローチ）の利用は、パレルモにおける「未知の」知識や情報、（多様な背景・文化をもつ）当事者のバリューシステムへのアクセス向上に役立ってきた。

- 多様な価値観や嗜好、ニーズを明らかにし、衝突や信頼、誤解を評価、解決するために、またパレルモの持続可能な開発や社会経済的成長、魅力に関する共有された信念および野望を形成するためのインプットとして、透明性および多層的知識に基づく交流方法の構築において学習プロセスが用いられた。
- 本ケーススタディにおける変革プロセスは、当該地域の評価を参照している。しかしながら、変革プロセスにおける以下の手順は、たとえば強い歴史的・文化的意味合い、ならびに多様な価値観および結果をもつ都市の意思決定プロセス全体においても拡大することができる。

トッレ・アンヌンツィアータのケーススタディの要約 [*8]

目的および範囲
- この港湾都市の変革地域の再生、成長、開発および宣伝を強化するために、都市ウォーターフロントに関する再配置プロセスにおける機会および戦略的行動を評価すること。
- 港湾都市の魅力という文脈において、地域の「空間品質」の多様性によって生み出される社会経済的影響を探求するための評価ツールを開発すること。
- 多様なステークホルダーによる視覚的特性および選択が、ウォーターフロント地区および周辺の魅力およびイメージに関して重要な役割を果たしているかどうか、またどのように果たしているかを評価すること。
- 都市沿岸部の持続可能な開発のための最も有効な再生戦略を策定し、ウォーターフロント地域の魅力を高めるために、共有された長期戦略策定のための透明性のある参加型ツールを加工すること、ならびに公共および民間セクターの多様なニーズおよび優先課題によって発生する衝突を管理すること。
- 当該地域の物理的、視覚的な質と、その社会経済的魅力の間に橋を架けること。

問題事例の詳細
- トッレ・アンヌンツィアータの街の産業港湾地域およびウォーターフロントにおける魅力的な景観と歴史的アメニティの独特の魅力が、そこに位置する造船所の商業化および積極的役割によって無視され、競合地域に負けている。
- ウォーターフロント地区のマイナスのイメージを作り出す、犯罪や人口減少、高い若者の失業率、制度の腐敗、都市計画の欠如、都市と海の間の物理的障壁（鉄道、道路など）などによる、同地区の低開発。
- 現在、港湾活動および多様なステークホルダーにとっての魅力の低下（街のアイデンティティの喪失）につながっている産業活動の低下。
- 観光システムにおける社会、文化、娯楽、宿泊およびスポーツ施設、ならびに観光客の流れを引き付け維持するとともに、住民の生活の質を向上させるための政策の不足。
- 街には多様な生産活動があるにもかかわらず、若者の失業率が極めて高い。

適切な方法
- 研究方法は、トッレ・アンヌンツィアータのウォーターフロントの特定された都市の品質評価に基づき、港湾地区および周辺の当該地域の視覚的質の向上に関する共有された長期戦略の構築を可能にする参加型プロセスに基づいている。
- 経済的・文化的魅力および競争力の点で、当該地域の一般的価値、認知およびイメージ（無形の価値）を評価し、よりよく理解するために、多様なステークホルダーからのデータ収集のため、インデプス面接を大規模に実施した（統計データの評価・解析のためのロジットモデルを使用して）。
- トッレ・アンヌンツィアータのウォーターフロントの社会経済的発展の魅力および競争力に影響を及ぼす、最適かつ（長期）戦略的な選択肢、優先課題、側面、ならびに建築・

都市デザイン、文化、エネルギー・環境、経済、輸送、施設、サービスなどの質に関する行動を探求するために、多様な当事者間の最適な協働を促進するべく、研究解析においては、多様な当事者の関与とともに、ツールやアプローチの組み合わせ(例：SWOT分析、インタビュー、(リッカート尺度での)調査、シナリオ／将来像、戦略的選択マトリクス、多当事者分析など)を使用した。

結果	・この結果は、港湾都市の持続可能な開発に向けた最も効果的な決定を下そうとする意思決定者やビジネスマン、市民、および多様なステークホルダーを支援することのできる、都市の将来的開発のためのさまざまな「シナリオ」を評価するための代替的ツールを提示する。トッレ・アンヌンツィアータのウォーターフロントの魅力は、この地区の経済的パフォーマンスおよび環境特性と密接に関連している。
	・収集した大量のデータにより、ウォーターフロント地区の潜在的魅力に関するステークホルダーのバリューシステムおよび多様な認識の大規模なデータベース(犯罪、文化遺産、活気ある経済環境、社会的まとまり、土壌および水の保全、エネルギー効率に関するものなど)を作成すること、ならびに当該地区の現状(好ましくない環境の質など)と未来志向の位置づけ(「住みやすい都市」における質の高い生活の達成など)との間のギャップを特定することが可能になった。
	・経済成長、生態系の保全、社会的機会を統合するために、レジリエンスおよび創造性を高め、企業活動を向上するようなウォーターフロントおよび港湾地域の再設計および新たな機能付与によって、持続可能な開発が可能であろう。
	・(経済的、社会的、文化的、環境的)開発プロセスへのコミュニティの参加および関与により、再生地域における投資リスクを低減することができる。

一般的教訓および政策の妥当性	・提案された方法は、多様なステークホルダーを巻き込んで有効な戦略的政策を評価・立案し、持続可能な開発および効果的なウォーターフロント再開発プロジェクト(合意された共通の目標に基づくもの)につながる戦略的行動および公共投資を優先順位づけするために政策立案者を支援するためのツールである。
	・実際の政策および関連する戦略的選択肢は都市の未来志向に影響を与えるため、官民の利益の衝突を管理するとともに、両者間に信頼を構築するための明確で透明性のあるツールを必要とする。
	・ウォーターフロントの経済的魅力の変化は、その地区の物理的、視覚的な質に大きく依存している。港湾および沿岸地域の状態を改善するための共通の目標および行動は、結果的に公共スペースの都市デザインを強化する可能性がある。
	・ウォーターフロント地区の社会経済的魅力を向上させるための最適な戦略的解決策を見つけるために、戦略的計画プロセスへの専門家や住民、行政、企業、小売業協会、政策立案者などがより高度に関与するような、多基準評価ツールが不可欠である。

戦略的都市計画に対するフェイスブックアプローチの概念的枠組みは興味深いものであり、有望な結果を提供する。次に、フェイスブックアプローチは一つではないことは注目に値する。各ケーススタディは同様の概念的枠組みを中心としているが、その具体的なツールの応用は大きく異なっている。結果として、フェイスブックプランニングツールは拘束するものではなく、「地方の計画に関する文化の特異性を尊重しつつ、物理的・仮想的なフローおよびストックという視点を

持った現代的でアクセス可能なデータベースを使用して新たに出現する都市システムの複雑性を理解する」ための[*9]、多様なステークホルダー間における先進の双方向的意思決定プロセスを指向する各種の技術を組み合わせたものである。

回顧と展望

都市は変化する主体である。高度な持続可能性およびレジリエンスを保証するために、その進化を慎重に監視し、管理する必要がある。都市が低迷から回復し、バランスの取れた未来に向かって順調に進むことをサポートするため、反応のよいガバナンスや適応が必要である。フェイスブックメカニズム——原動力と結果の多様性に対処するための多当事者ツール——は、都市を順調に進ませるための運営ツールとなる。

我々の四つの説明——エビデンスに基づく、簡潔で体系的な評価に基づくもの——により、さまざまな重要な教訓が明らかになった。

- 体系的な情報システムデザインおよびデータ収集が極めて重要である。
- 評価実施におけるバイアスを回避するために、関与するステークホルダー全員との情報の共有が不可欠である。
- 関連する都市にスマートシティの目標を達成するのに十分な範囲を提供するため、決定支援用の精緻なツールが必要である。
- 双方向的デザインの実験(イマジニアリング法など)は、コンセンサスの構築において不可欠なアプローチになる可能性がある。

多層的ボトムアップアプローチによる戦略的分析を行えば、その都市の文化的足跡を歴史的な「ラスベガス」や楽しい「ディズニーランド」に変えたり(文化遺産や歴史的遺産は、土産物店や偽物のレプリカなどの形で、商業化や、商業的ニーズの犠牲となる危険にある)、その都市の歴史的足跡を破壊したりする危険を回避することができる。必要なのは、未来につながる過去を理解し経験することを視野に入れて、最も合理的な都市の戦略的開発計画を作成し、その都市の重要な歴史的遺産や建築物、歴史を次世代のために選択して保存するための、古い要素と新しい要素との公平なバランスである。

都市の社会経済的力に関連するさまざまな階級のステークホルダーのメッセージやニーズ、価値観の高い多様性に対する首尾一貫したアプローチが、持続可能

第 2 部　都市化、知識経済、および社会構造化

な都市の未来に関する有効な政策行動のために戦略的に重要である。

　双方向的コミュニケーションおよびプランニングツールにより、近年空間科学の分野において開発されてきている複雑な都市のサイバープレイス管理のためのツールボックスの基盤が形成される。この文脈において、戦略的プランニングツールである「アーバンフェイスブック」の開発は、以下の要素に基づいて行われる——(i)任意の都市地域の視覚的イメージの評価、(ii)体系的にデザインされた都市イメージに関する双方向的コミュニケーション(「フェイスブック」のようなソーシャル・メディアを通じたもの)、(iii)多基準の戦略的選択法による、魅力的な空間選択肢のデザイン。

　「フェイスブック」ツールの土台および運用面での特徴(都市地域の現在のパフォーマンスと、さまざまな移行の段階において、都市の多様な将来的展望および都市の将来像を結びつけること)は、都市のステークホルダーおよび政策決定者向けの運用のためのナビゲーションツールとして機能する可能性がある。地球科学的方法は都市のどの側面を取り上げた分野でも開発されていない点を付け加えるべきである。都市における制度および意思決定に関するプロセスに精通することに加えて、都市の生活環境やクリエイティブ階級、企業による開発に関する完全な知識も必要である。このアプローチは、群衆マネジメントや治安、交通管理のような新たな課題の場面においても有用である[*10]。

　我々の研究の結論は、よりスマートで持続可能な都市になるということは、新たな技術的アプローチやツール、解決策の採用にとどまらないというものである。それはステークホルダーをつなぎ、関与させ、管理すること、ならびに幅広いコミュニティや分野、地域にわたって共通のビジョンを目指す、計画され、より多くの情報を得た政策やプロジェクト、プログラム、施設、サービスを一層連携させることを意味する。我々の研究は、「ニュー・アーバン・ワールド」における都市——または都市的集積地域——の持続可能性には、「目覚めている都市」(Ginkel & Verhaaren, 2015を参照)を目指す道をならすために、上位組織が完全にコントロールする代わりに知的なガバナンスによる支援を得て、都市システムにかかわる多様なステークホルダーの関与を促し、合理的なデータマネジメントに基づくスマートで積極的なステークホルダー中心のプランニングアプローチが必要であることを浮き彫りにしたものである。

232

注記

*1── ウェブサイト参照：www.simonanholt.com/Research/research-city-brand-index.aspx.

*2── 出典：このアイディアは、「小さな世界──ビッグデータとその先（'It's a Small World' - Big Data and Beyond）」に関する第1回先進ブレインストーム・カルフール（ABC）会議（1st Advanced Brainstorm Carrefour（ABC）meeting）（スウェーデン、ストックホルム）の際に、地域科学アカデミー（Regional Science Academy）（2016）に発想を得た。www.regionalscienceacademy. org/site/events/advanced-brainstorming-carrefour-workshop-its-a-small-world-big-data-and-beyond/.

*3── ここではこの概念および関連するさまざまな手順の詳細を説明しないが、詳細はKourtit and Nijkamp（2013）に記載されている。

*4── 都市のイメージの詳細および説明については、Kourtit and Nijkamp（2013）およびNijkamp and Kourtit（2013）も参照のこと。

*5── 本節の表の情報は、Kourtit and Nijkamp（2013）（pp. 4381, 4382, 4384, 4379などを参照）による。

*6── 本節の表の情報は、Attardi, De Rosa, and Di Palma（2015）（pp. 256, 268, 269などを参照）、ならびにDe Rosa and Di Palma（2013）（pp. 4278, 4281などを参照）による。

*7── 本節の表の情報は、Nicolini and Pinto（2013）（pp. 3942, 3943, 3956, 3955などを参照）、ならびにBorriello, Carone, Nicolini, and Panaro（2015）（pp. 100などを参照）による。

*8── 本節の表の情報は、Gravagnuolo and Angrisano（2013）（pp. 3906, 3908, 3912などを参照）、ならびにGravagnuolo, Franco Biancamano, Angrisano, and Cancelliere（2015）（pp. 56, 59, 63, 64, 83などを参照）による。

*9── 出典：このアイディアは、「小さな世界──ビッグデータとその先（'It's a Small World' - Big Data and Beyond）」に関する第1回先進ブレインストーム・カルフール（ABC）会議（1st Advanced Brainstorm Carrefour（ABC）meeting）（スウェーデン、ストックホルム）の際に、地域学会（Regional Science Academy）（2016）に発想を得た。

*10── 出典：これは、「小さな世界──ビッグデータとその先（'It's a Small World' – Big Data and Beyond）」に関する第1回先進ブレインストーム・カルフール（ABC）会議（1st Advanced Brainstorm Carrefour（ABC）meeting）（スウェーデン、ストックホルム）の際に、地域科学アカデミー（Regional Science Academy）（2016）に発想を得た。

参照文献

Anholt, S. (2006). The Anholt-GMI City Brands Index: How the world sees the world's cities. *Place Branding and Public Diplomacy, 2* (1), 18–31.

Ashworth, G. J., & Tunbridge, J. E. (1990). *The tourist-historic city.* London: Belhaven Press.

Attardi, R., De Rosa, F., & Di Palma, M. (2015). From visual features to shared future visions for Naples 2050. *Applied Spatial Analysis and Policy, 8* (3), 249–271.

Borriello, F., Carone, P., Nicolini, E., & Panaro, S. (2015). Design and use of a Facebook 4 Urban Facelifts. *International Journal of Global Environmental Issues, 14* (1/2), 89–112.

Brans, J. P. (1982). L'ingénièrie de la décision; Elaboration d' instruments d' aide à la décision. La méthode PROMETHEE. In R. Nadeau & M. Landry (Eds.), *L'aide à la décision: Nature, instruments et perspectives d'avenir* (pp. 183–213). Québec, Canada: Presses de l'Université Laval.

Brans, J. P., & Mareschal, B. (1994). The PROMETHEE-GAIA decision support system for multicriteria investigations. *Investigation Operativa, 4* (2), 107–117.

Braun, E. (2008). *City marketing: Towards an integrated approach. Dissertation.* Erasmus University, Rotterdam. ISBN 978-90-5892-180-2.

第 2 部 都市化、知識経済、および社会構造化

Braun, E. (2012). Putting branding into practice. *Journal of Brand Management, 19*(4), 257–267.

Braun, E., Kavaratzis, M., & Zenker, S. (2013). My city - my brand: The role of residents in place branding. *Journal of Place Management and Development, 6* (1), 18–28.

Brennan-Horley, C., Luckman, S., Gibson, C., & and Willoughby-Smith, J. (2010). GIS, ethnography, and cultural research: Putting maps back into ethnographic mapping. *The Information Society, 26* (2), 92–103.

Brewer, P., & Speh, T. (2000). Using the balanced scorecard to measure supply chain performance. *Journal of Business Logistics, 21,* 75–93.

Cheshire, P., & Gordon, I. (2006). Resurgent cities? Evidence-based urban policy? More questions than answers. *Urban Studies, 43* (8), 1231–1438.

City of Amsterdam. (2004). *The making of … The city marketing of Amsterdam.* Amsterdam: Joh. Enschede.

De Rosa, F., & Di Palma, M. (2013). Historic urban landscape approach and port cities regeneration: Naples between identity and outlook. *Sustainability, 5*(10), 4268–4287.

Eshuis, J., & Edwards, A. (2013). Branding the city: The democratic legitimacy of a new mode of governance. *Urban Studies, 49* (1), 153–168.

Ginkel, J. C. van, & Verhaaren, F. (2015). *Werken aan de wakkere stad - langzaam leiderschap naar gemeenschapskracht.* Deventer: Vakmedianet.

Gravagnuolo, A., & Angrisano, M. (2013). Assessment of urban attractiveness of port cities in Southern Italy: A case study of Torre Annunziata. *Sustainability, 5*(9), 3906–3925.

Gravagnuolo, A., Franco Biancamano, P., Angrisano, M., & Cancelliere, A. (2015). Assessment of waterfront attractiveness in port cities: Facebook 4 Urban Facelifts. *International Journal of Global Environmental Issues, 14* (1/2), 56–88.

Ham, van P. (2008). Place branding: The state of the art. *The Annals of the American Academy of Political and Social Science, 616,* 126–159.

Ho, K. S., & McKay, R. B. (2002). Innovative performance measurement; balance scorecard-tow perspectives. *The CPA Journal, 72* (3), 20–25.

Hospers, G. (2004). Place marketing in Europe: The branding of the Oresund Region. *Intereconomics, 39*(5), 271–279.

Insight. (2014). EU consortium on Innovative Policy Modelling and Governance Tools for Sustainable Post-Crisis Urban Development, Part D2.2 (Urban Planning and Governance: Current Practices and New Challenges), Madrid.

Ishikawa, N., Kourtit, K., & Nijkamp, P. (2015). Urbanization and quality of life: An overview of the health impacts of urban and rural residential patterns. In K. Kourtit, P. Nijkamp, & R. Stough (Eds.), *The rise of the city: Spatial dynamics in the urban century* (pp. 259–317). Cheltenham, UK: Edward Elgar.

Kavaratzis, M., & Ashworth, G. J. (2008). Place marketing: How did we get here and where are we going? *Journal of Place Management and Development, 1* (2), 150–165.

Koglin, T. (2009). Sustainable development in general and urban context: A literature review. *Bulletin 248,* Lund University, Lund Institute of Technology.

Kotler, P., & Gertner, D. (2002). Country as brand, product, and beyond: A place marketing and brand management perspective. *Journal of Brand Management, 9*(4), 249–261.

Kourtit, K. (2014). *Competitiveness in urban systems: Studies on the urban century.* PhD Dissertation. Amsterdam, Netherlands.

Kourtit, K. (2015). The New Urban World, economic-geographical studies on the performance of

234

urban systems. PhD Dissertation. Poznan, Poland.

Kourtit, K., & Nijkamp, P. (2013). The use of visual decision support tools in an interactive stakeholder analysis: Old ports as new magnets for creative urban development. *Sustainability, 5*, 4379–4405.

Kourtit, K., Nijkamp. P., & Suzuki, S. (2013). Exceptional places: The rat race between world cities. *Computers, Environment and Urban Systems, 38*, 67–77.

Limburg, B. (1998). City marketing: A multi-attribute approach. *Tourism Management, 19*(5), 415–417.

Macharis, C., Brans, J. P., & Mareschal, B. (1998). The GDSS PROMETHEE procedure: A PROMETHEE-GAIA based procedure for group decision support. *Journal of Decision Systems, 7*, 283–307.

Melkers, J., & Willoughby, K. (2005). Models of performance-measurement use in local governments: Understanding budgeting, communication, and lasting effects. *Public Administration Review, 65*(2), 180–190.

Moilanen, T., & Rainisto, K. (2008). How to brand cities. In T. Moilanen & K. Rainisto (Eds.), *Nations and destinations: A planning book for place branding*. Basingstoke, UK: Palgrave Macmillan.

Moilanen, T., & Rainisto, S. (2009). *A planning book for place branding*. Hampshire, UK: Palgrave Macmillan.

Morgan, N., Pritchard, A., & Pride, R. (2012). *Destination brands*. London: Taylor & Francis.

Nicolini, E., & Pinto, M. R. (2013). Strategic vision of a Euro-Mediterranean port city: A case study of Palermo. *Sustainability, 5*, 3941–3959.

Nijkamp, P. (2008). XXQ factors for sustainable urban development: A systems economics view. *Romanian Journal of Regional Science, 2*(1), 1–34.

Nijkamp, P., & Kourtit, K. (2013). The 'New Urban Europe': Global challenges and local responses in the urban century. *European Planning Studies, 21*(3), 1–25.

Nijkamp, P., Kourtit, K., & Westlund, H. (2016). The urban economy. In A. M. Orum (Ed.), *Encyclopedia of urban and regional studies*. New York: Wiley-Blackwell.

Paddinson, R. (1993). City marketing, city reconstruction and urban regeneration. *Urban Studies, 30*(2), 339–350.

Preston, J., & Rajé, F. (2007). Accessibility, mobility and transport-related social exclusion. *Journal of Transport Geography, 15*, 151–160.

Riza, M., Doratli, N., & Fasli, M. (2012). City branding and identity. *Procedia – Social and Behavioral Sciences, 35*, 293–300.

Smyth, H. (1994). *Marketing the city: The role of flagship developments in urban regeneration*. London: Taylor & Francis.

Steenbruggen, J., Beinat, E., Smits, J., van der Kroon, F., Opmeer, M., & van der Zee, E. (2015). *Strategische verkenning 'big' data*. The Hague: Rijkswaterstaat.

Stevens, Q. (Ed.). (2015). *Creative milieux*. London: Routledge.

Toynbee, A. J. (1946). *A study of history abridgement*. London: Oxford University Press.

Waal, A.A. de, Kourtit, K., & Nijkamp, P. (2009). The relationship between the level of completeness of a strategic performance management system and perceived advantages and disadvantages. *International Journal of Operations & Production Management, 29*(12), 1242–1265.

Waard, M. de. (2012). *Imagining global Amsterdam: History, culture and geography in a world city*. Amsterdam: Amsterdam University Press.

Ward, V. (1998). *Selling places: The marketing and promotion of towns and cities 1850–2000*.

London/New York: E & FN Spon/Routledge.

Westlund, H. (2014). Urban futures in planning, policy and regional science: Are we entering a post-urban world? *Built Environment, 40* (4), 447–457.

13 地域の強調[*1]

エドワード・ソジャ

序論

　都市研究における地域視点の重要性がかつてなく高まり、地域開発の理論や計画では都市重視が一層大きく影響している。理論、実証的分析、社会的行動主義、計画、公共政策におけるこうした都市と地域の融合から、多くの画期的な批判・比較研究が生まれたが、その一部をこの章で取り上げ、論じる。都市を第一とする通常のやり方を覆し、都市が地域研究にますます吸収されている、あるいは少なくともこの二つの語と概念の、不可分性が増している状況を指摘する。例えば「シティーリージョン」や「リージョナルシティ」などの語や、後段で称するところの「地域の都市化」にそれが示されている。一部が公言する通り、我々が「新たなる都市時代」に突入しているとすれば、それは紛れもなく地域化した都市時代である。

新地域主義

　この探究作業は、地域研究が過去数十年を経てその根本から変化を遂げている事実の認識から始まる。空間に関する批判的視点が学際的に広がった、いわゆる空間論的転回を土台とする新地域主義は、地域と地域主義の性質と重要性の根本的再概念化へと至った[*2]。こうした再び活気を取り戻した地域主義を最も強力に示したのが（たとえ新地域主義という語を一度も用いていないとしても）、"*The Regional World: Territorial Development in a Global Economy*" (Storper, 1997) であ

る[*3]。ストーパーは、地域とは血縁関係と文化、経済交流と市場、政治的状況とアイデンティティといった社会科学の従来の焦点の上に成り立つ社会的枠組みと同様、極めて重要な社会的単位であると主張する。また、特にシティーリージョンで見られる結束性地域経済が、主に都市集積の役割によって、市場競争、比較優位性、資本主義的社会関係を上回らずともそれに匹敵する強力な経済開発、技術革新、文化的創造を産み出す力をもっているとも述べている。従来の地域開発理論は、最も大げさに言ったとしても、その独断的地域主義においてこれほどの水準に至っていなかった[*4]。

　残念ながら、明示的、独断的意味合いにおける新地域主義は幅広い文献でいまだはっきりと述べられてはおらず、一部はその分野の最も影響力のある提唱者が手掛けているとしても経験的事実に基づいて十分展開されてはいない。これまでに広く認識されている一つの結論は、新旧地域主義の区別の難しさである。左派の多くは新地域主義を単に新しく出現した見かけ倒しの新自由主義的策略と一蹴し、それ以外は単に新しい経済学者的地域科学、または成長の極理論の簡単な偽装版と捉え、起業家的地域政府とシティーリージョン的マーケティングを求める聞き飽きた要望と大差ないとしている[*5]。それでも新地域主義を歓迎する向きもあり、ただしその定義の幅はかなり狭く、多国間貿易圏にのみ目が向けられている。新地域主義について十分かつ明確な説明がない限り、現代の地域研究がしばしば混乱し、非地域主義者に対して批判力がないように見えるのも無理はない。

　であれば、新地域主義の特徴とは何であろうか。現代の学術分野、政治分野において地域という論点が重要性を持つ理由は何であろうか。新旧地域主義の最も明確な違いは、ストーパーが示し、Scott (1998, 2001, 2008) がシティーリージョンや 世界経済に関する関連研究の中で実証する通り、新地域主義の理論的基礎の方がはるかに強力で広範に及ぶ点である。過去の地域とは何かの物事が起きる場所、つまり経済的、社会的プロセスの背景的保管庫と主に考えられていた。今日の地域は、地域での生産、消費、創造性分野を活気づけると同時に、資本、労働力、文化のグローバル化を方向づけるそれ自体が強力な原動力であると捉えられている。

　都市集積ネットワークと同じく、結束性地域経済は今やすべての経済開発、技術革新、文化的創造性の主たる（ただし単独ではない）産出力とみなされている。Jacobs (1969) の論説から主に派生した別の曲解によれば、この産出力は1万年以上前の都市の起源と本格的農業の始まりまで遡れるという[*6]。新地域主義はこう

した広範囲に及ぶ前提を土台としている。

都市と地域の産出力

　都市と地域が持つ産出力をこのように見事に「発見」したことは、私が考えるに単なる都市・地域研究における画期的発想ではなく、ありとあらゆる社会科学と人文科学において最も重要な意味を持つ新発想かもしれない。我々はこのテーマを探究し始めたばかりであり、そして、暗に示される都市空間的因果関係に対して大きな抵抗が残っている。19世紀の恥ずべき環境的決定論に回帰することを恐れる地理学者の間では、特に根強い。現時点で、都市集積によるこうした刺激——私はシニキズムと呼んでいるが (Soja, 2000)[*7]——に関する研究や文献は、ノーベル賞受賞者を含む堅苦しい定量的な地理学的経済学者中核グループ、経済またはクリエイティブ都市といった表面上の概念を売り込む少数のご都合主義的空間起業家に独占されている。

　より包括的かつ批判的研究の進展を鈍らせているのは、西欧の文献には都市の空間構成が持つ産出力についての何らかの有効な認識や分析がほぼ完全に欠けているからである。戻って参照すべきはジェーン・ジェイコブスの“*The Economy of Cities*” (1969)、そしてはるかそれ以前に集積経済を論じた Marshall の研究 (1890) だ。そうした都市化作用の存在を認識するだけでも（私は今や疑いようもないと確信しているが）、西欧の社会科学・人文科学文献のとてつもない欠陥を指摘できる。

　であれば、ここに最大の課題が一つ持ち上がる。都市化および地域開発の産出力に関する研究や論文について概念の幅を広げた上でより批判的な解釈を促すことである。我々は、こうした産出的な効果がどのように機能するかいまだほとんど理解していない。大きな集積が小さな集積よりも常に大きな産出力を生み出すのか、小さな集積のネットワークが一つの大きな集積よりも開発を刺激するのか、特化や多様性が経済クラスターにとってより重要であるのかなどである。(Storper & Venables, 2004) では活気と呼んでいたフェイス・ツゥ・フェイスコンタクトの役割とはなんであろうか[*8]。インターネットは場所その他の空間変数の重要性や影響力を多かれ少なかれ高めてきたのであろうか。利潤を志向する企業クラスターは、アーティストやミュージシャンなどの文化群のロジックとは異なるのであろうか。

　さらに難解で認識されていないのは、集積がどうマイナス効果も生み出してい

るのかという問題である。マイナス効果は地理学的経済学者らがかなり気前よく無視してきたものである。この産出的効果が1万年以上前のまさに最初の都市居住地へと遡るというジェーン・ジェイコブスの主張を受け入れるとすれば、父権制や帝国建設国家の始まりから現代に近い搾取的階級関係や人種差別主義に至るまで、都市集積が人間社会における社会的階層と権力格差の出現をいかにもたらしたかの追跡が可能になる。我々は、資本主義、人種差別主義、父権制が都市空間をいかに形作るのかをわずかにしか理解せず、その一方でこれらの社会的プロセスが、かつて私が社会空間弁証法と呼んだものの (Soja, 1980) 必要構成要素である都市・地域空間の組成によっていかに形作られるのかをほとんど理解していない。

　このほかにも環境劣化と気候変動の問題がある。世界の人口が都市やメガシティ―リージョンに集中したことが多かれ少なかれ持続可能な生態に貢献したのだろうか。最大の集積は都市化度合が低いエリアよりもエネルギーがより効率的だろうか、そしてこれが重要であろうか。シティ―リージョン同士のネットワークは、有効な環境政策を立てる上で国際組織よりも重要性を増しているのだろうか。過去の反都市偏見と旧地域主義の理論的弱点を踏まえると、都市空間的因果関係と地域的シニキズムに関するこうした問題を研究課題に取り上げることは多大な労力が予想される。

地域の都市化

　新地域主義を定義づける(決定的でないとしても)もう一つの特徴は、都市と地域の概念や形態が次第に混在している点であり、これが、私が地域の都市化と表現している状況の土台にある。私が論じるこの複合化プロセスは、現代大都市のパラダイム転換へと至っている。都市形態と、ルイス・ワースが作りだした旧シカゴ学派の言い回しを用いるならば「生活様式」の画期的変化である。その結果、地域の都市化がアーバン―リージョナル(リージョナル―アーバン?)研究に多数の新領域を切り拓く中で、従来の都市・地域理論の多くは次第に弱体化している。

　例えば大都市圏内では、地域の都市化によってかつてははっきりと容易に識別できた都市と郊外との境界線が消えつつあり、そして最近の文献が示す通り、都市と農村部、街と田舎の境界線も消滅しつつある。「アウターシティ」は分散化と再集中化という複雑なプロセスを経て形成されるが、新しい「インナーシティ」もまた登場し、都市計画や政策立案に新しい課題を突きつけている。多くの

ダウンタウンでは自国住民の割合が減り、一部は郊外風住宅で埋められているが、その一方で一部のインナーシティ地区は世界中のほぼすべての国からの大量の移民を引き寄せている。不安定で予測不可能なインナーシティが出現し、自国住民と移民住民の間で緊張関係や衝突が生じることも少なくない。また、都市プランナーは都心部の密度の低下と、新たに多数を占めるようになったマイノリティに困惑している。

　同時に、かつてスプロール化していた低密度郊外部において高密度開発が行われ、周辺部の都市化が進んでいる。こうした都市と郊外の混在や、大都市圏全体を埋め尽くすような大規模な都市化によって新しい語彙が増え続けている。エッジシティ、アウターシティ、ブームバーグ、インビトウィーンシティ、ハイブリッドシティ、ラーバンエリア、アーバン・ビレッジ、シティステート、メトロバービア、エクスポリスなどである。こうした新形態は最終的に従来の大都市類型に押し込まれることが少なくないものの、郊外化が戦後数十年とは違った姿で進んでいることは明らかである。従来の郊外は、かつては比較的同質な郊外が大規模な地域の都市化の影響を実感し始めるとともに徐々に消滅し、現在一部の人が「ポスト郊外」と呼ぶ状況の違い、さまざまな生活様式の違いに関する比較研究にとって広大な未開拓領域を切り拓いている。

　カリフォルニア州のオレンジカウンティやシリコンバレーなど、かつての郊外の一部は今や大規模な都市工業複合体へと変化し、ベッドタウンであると同時に多くの雇用もある。アウターシティの密度の増加とインナーシティへの大量の移住者が組み合わさることによって、五つの群からなるロサンゼルスシティ―リージョンは、1990年の国勢調査においてアメリカ国内で最も密度の高い「都市化エリア」であった23の群のあるニューヨーク市大都市圏を超えた。ロサンゼルスは60年前にはアメリカ国内で最も密度の低い主要都市であったことを考えると目覚ましい変容である。周辺部の異例の都市化をうかがわせるロサンゼルス市は現在、人口10万人を超える40の街に囲まれている。

　郊外の都市化とアウターシティの出現は世界中のほぼすべての主要都市である程度起きているにもかかわらず、多くの地域では新たな方法をもって以前からの郊外としての密度とライフスタイルを維持するための戦いが続けられている。その方法の多くは住民による私的統治組織やゲイテッド・コミュニティ、あるいは特別な都市区画法に基づいている。周辺部の都市化とアウターシティの拡大は数十年前から指摘されているが（1960年代の都市危機によって生じた都市再編プロ

セスの基幹部分であった）、我々はいまだその力学をほとんど理解できていない。あまりにも多くの研究者が起きている変化の規模や変容力の大きさを認識することを拒み、旧式で衰退しつつある大都市モデルや主義に今なお固執している。

大都市時代の終焉

　地域の都市化と多核的シティーリージョン、リージョナルシティの台頭（個人的にリージョナルシティという語は今後さらに幅広く用いられると予想する）は、新地域主義の中核概念である（Hall & Pain, 2006を参照）★⁹。最近のいくつかの拙著の中で（Soja, 2010a, 2011a, 2011b）、地域の都市化概念を一歩前進させ、それが単なる近代（または脱近代）大都市の延長ではなく、都市の性質と都市化プロセスの画期的変化を示唆し、我々が知る近代大都市の終焉の始まりを示すものであると論じた。そうした根本的変化は都市・地域の理論と実践に根本的に新しいアプローチが必要であることも示唆している。

　本章で用いる「大都市時代」とは19世紀後半に始まり、より中央に集中した密度の高い工業資本主義的都市初期版から生じたものである。シカゴ学派がマンチェスター時代のエンゲルスの考え方から発展させた無計画な同心性を持つ初期の都市と違い、大都市は求心的というよりも遠心的であり、少なくとも北米においては主には郊外の拡大によって拡大する。両大戦間の時代には、近代大都市の周辺都市をまきこんだ拡大（周辺地域やすでに密度の高い「路面電車沿い郊外」の組み込みなど）は止み、それに代わり、小さな「ほぼ街である」周辺都市群で埋められた拡張的郊外が生まれた。その結果、顕著な二元性、すなわち全く異なる2種類の生活様式が生まれ、これが都市の形態と機能に関する一般的、学術的概念に組み込まれることになった。都市研究文献にはこの二元性が反映され、都市重視と郊外重視に区分されることになる。さらに、大都市モデルは多くの人に最終状態、何か別のものになりようがない究極の平衡状態の一種と考えられるようになり、地域の都市化の概念はほぼあり得ないものになった。地域の都市化に関する新しい研究の課題の一つは、この硬直的な大都市二元モデルを再考し、大都市の都市化モデルから地域の都市化モデルへのパラダイムシフトを認識することである。確かにこのシフトは（すべての社会的プロセスがそうであるように）、一部では顕著に、一部ではそうでもないというように不均一に生じているが、幾分の労力をもってすれば、周辺部の都市化とアウターシティ拡大の証拠は、私がすでに述べた通り、ほぼすべての大型シティーリージョンに発見できる。こうし

た周辺部の都市化にともなう広い影響は、国内・国際規模での厳格な比較分析が必要であることを強調している。

周辺部の都市化とスプロール化の関係は、特に複雑であり、明確にする必要がある。周辺地との境界線を越える持続性のないスプロール化がともなう、ヨーロッパでの「periurbanization（周辺都市化）」といった概念に付随する否定的含意を考えればなおさらである。地域の都市化は中心から大都市圏の外側に向かうだけではない。かつての郊外の都市化は、かつての都市中心部から近かろうと遠かろうとほぼどこでも起きる可能性があり、なおかつ従来よりもはるかに高い密度となる。公共サービス（特に公共交通機関）を逼迫させ、多くの場合公害や公衆衛生を悪化させ、所得格差の拡大といったその他多くの問題を生み出す。これらは大都市モデルの延長としてでなく、地域の都市化に伴う新しいプロセスの延長として考え、対応しなければならない。繰り返しになるが、適切な比較分析がやはり必要不可欠である。

アメリカでは、地域の都市化はロサンゼルス、サンフランシスコベイエリア、ワシントンD.C.のシティーリージョンでおそらく最も進み、シカゴのシティーリージョンもかなり急速に追いつきつつある。ニューヨークの極めて広範な郊外化には多数のエッジシティを含むが、先に挙げた他のシティーリージョンに比べると密度は比較的低いままである。ヨーロッパでは、グレーターロンドンの広がり、ミラノ、バルセロナ、ベルリン周囲の拡張地域、複数の中心を持つランドスタット（オランダ）などが例に挙げられ、金融中心地であるルクセンブルクを囲み、ドイツのザールラント、フランスのロレーヌ、ドイツとベルギーのその他エリアを含むほぼ全く新しい「ユーロリージョン」も同様である。ヨハネスブルク、プレトリア、ウィットウォーターズランドを含む南アフリカのハウテンリージョンは「グローバルシティーリージョン」を公式に名乗った初のケースである。

拡張型地域の都市化

大都市の境界線の外側へと広がる、いわば拡張型地域の都市化と呼べる状況から別の新語、新概念が生まれている（Soja & Kanai, 2007参照）。例えば、エンドレスシティ、メガシティリージョン、メガリージョン、メガロポリタンリージョン、リージョナルコンステレーション・ギャラクシーなどである。例えば、シムシティが作ったコンピューターゲーム帝国から生じたものなど、OpenSimulatorの最新バージョンはメガリージョンの構築に焦点をあてており、シミュレーショ

ン界は新しい地域主義に応じてせっせと進化を続けている。

　地域に関する新しい語彙としてはまだ確立されてはいないが、現在最も多く使用されている一般的用語は、「シティーリージョン」であり（かぎかっこのあるなしを問わず。ただしシティリージョン1語では用いられない）、100万人以上が暮らす都市は100万シティーリージョンまたはメガシティーリージョンのいずれかになる。メガシティも人口500万人以上のシティーリージョンを表す場合に広く用いられ、一方メガリージョン（場合によってはメガロポリタンまたはメガポリタンリージョン）は通常、人口2000万人以上の巨大な地域ユニットを指す。国連によると、1番目かつ現時点で最大のメガリージョンは、深圳、広州、香港を結んだ中国南部の珠江デルタ（総人口1億2000万人）である。世界の都市化の過程で、北米、ヨーロッパ、東アジアでは大陸規模の都市的地域が認められ、都市化の規模がさらに広範囲化しているとの意見も一部にある。東アジア内の中国、韓国、日本に広がる都市圏に4億人以上が暮らしている。

　中国の都市プランナーは、拡張都市地域と公称しているエリア（「城中村」）に2億人の新規住民を見込んでいる。城中村とは村と街の混在地域を意味する。一部の中国人研究者は「周辺都市化」の語を用いているが、ヨーロッパで用いられる時のような否定的含意はない。中国を先頭に世界は多心的、拡張的シティーリージョンネットワークに次第に巻き込まれ、世界の富とイノベーションをもたらす力の不均衡をもたらしている。世界の都市の状況を取り上げた先頃の国連報告書によると、世界の人口の18%が暮らす上位40のメガリージョンには現在、世界の富の3分の2と科学・技術的イノベーションの80%以上が集中している（UN Habitat, 2010；Florida, 2009参照）。

　100年以上も中核的資本主義、社会主義国に限定されていたグローバル化そのものが、アマゾンの熱帯雨林、サハラ砂漠、シベリアのツンドラ、あるいは南極の氷帽まで、あらゆる場所での何らかの形態の工業都市化の広がりを軸に改めて定義づけされている。500に上る（そのうち5分の1が中国内）人口100万人以上のメガシティーリージョンは、こうした世界的な地域の都市化網の頂点に位置し、地球上のすべての活動を連係させている。世界がかつて知っていた文化的、経済的に最も同質であった都市に引き起こされた都市のグローバル化に限らず（それ自体重要な研究テーマであるが）、世界の都市化が起き、一部では地球の都市化と呼ばれている。その結果、明白な地域的視点からの認識、関心、さらなる研究が必要となっている。

国連は、メガリージョンの重要性を指摘するにとどまらず、現在は大都市圏あるいは「大何々圏」ではなく、シティーリージョン別の都市規模をリストアップしている。アメリカの国勢調査では、ますます複雑化する大都市圏の定義が「都市化エリア」という比較的新しいカテゴリーにおいて回避されている。「都市化エリア」は域内の密度水準によって定義される。ちなみに、おそらく地域の都市化プロセスの最先端の代表例であるロサンゼルスを、アメリカで最も密度の高い都市化エリアとしてニューヨーク市を上回る地位に押し上げたのがこの評価基準である。

さまざまな規模の地域主義

拡張型地域の都市化は、新地域主義の別の特徴を示唆する。さまざまな規模で現れる点である。古い地域主義は、ニューイングランド、ケベック、カタルーニャ、アパラチアといったサブ・ナショナル地域にほぼ完全にフォーカスしていた。サブ・ナショナル地域主義は、新地域主義でもなお重要であり、政治的、経済的、戦略的ないろいろな目的の刺激を受け、近年再燃が見られる。ベルギー、イタリア、旧ユーゴスラビア・ソビエト連邦のすべて、中国、インド、ブラジル、アルゼンチン、エリトリア、ソマリア、スマトラなど例に事欠かない。ただし新地域主義は、欧州連合にともなうあらゆることから NAFTA、MERCOSUR、ASEAN などの地域的貿易圏の急増まで、より形成的に超国家的地域主義の拡大と特徴づけられる。

先進的工業国を統合しようとした初めての試みである欧州連合は、おそらく今日の世界において新旧問わず最も精力的に地域主義や地域政策を推進した主体である。EUREGIO プログラムや ESDP (European Spatial Development Perspective、20年前であれば連結されることのなかったこの4語が全EU加盟国の公式政策となっている)を通じて、新しい国境を超えた地域がかつては敵対的勢力同士が対峙していたヨーロッパ全域に構築されている。こうした進展に関連し、空間、地域計画の進化系の中では「画期的地域」(ローヌアルプ地域圏、カタルーニャ、バーデン＝ヴュルテンベルクなど)とシティーリージョン間の大規模な相互連結が認識され、推進されている。「ヨーロッパ合衆国」や "Europe of the regions" と呼ばれるものの探究は、ローカル・ベースのコミュニティ連合と同様、中国、ロシア、アメリカなどの他の巨大実在物と十分競える規模になることを戦略的目標とする超国家的連合の構築の一形態である。

第 2 部　都市化、知識経済、および社会構造化

　超国家的地域貿易圏を世界市場で戦うための効率的国家連合としてのみ捉える無批判的視点は、残念ながら新地域主義のその他ほぼすべてから注意を逸らしている。地域計画に関する私の講義では、最初の演習として新自由主義がどのように定義され、論じられているかを分析するために学生たちに検索エンジンに「新地域主義」と入れ、3 ページ分のヒット結果を選ぶように言う。通常は 15 万件以上ヒットし、ただしその大半は地域的貿易圏に集中し、その結果、新地域主義の全体像に偏りが（そして学生たちには大いなる混乱が）生じることになる。

　多くの政治科学者、国際関係の専門家、経済学者、そして一部の地理学者は、地域主義と新地域主義を貿易関係における二国間主義または多国間主義の代替物と捉え、国民国家の結びつきとしてのみ定義する。学生たちや一定数の都市・地域研究者らに、新地域主義には ASEAN や NAFTA、MERCOSUR 以上の何かがあると説得するにはいささかの努力を要する。と同時に、貿易圏と彼らの貿易規制重視に進歩的な政治的、環境的、経済的公平性の目的を加える可能性について批判的な研究が必要であることも言い添えなければならない。

　よって新地域主義は、さまざまな規模に広がったものとして捉える必要がある。EU や貿易圏に加え、世界規模では、国際分業あるいは最も単純にいえば南北問題と呼ばれてきた状況の複雑な再編が起きている。かつての第三世界はばらばらになり、アジアの「龍」、すなわち新興工業国（NICs）が先進世界に加わり、最貧国は貧困が悪化している別の世界区分に分類されている。社会主義・共産主義第二世界の大部分は消滅した（旧共産主義国がかつての意味の第一世界または第三世界に仲間入りしたかどうかは明らかではないが）。大前研一（1995, 1996）をはじめとする新地域主義者は、世界は次第に「ボーダーレス化」し、3 大地域パワー・ブロックが出現すると提唱した。一つ目はアメリカが支配する西半球に、二つ目は EU が支配するヨーロッパ・中東・アフリカに、三つ目は中国が率いる南・東アジアに、である。

　もう一つ興味深い領域が、いまだ未解決のままである。それは、北と南、先進世界と発展途上世界との都市化プロセスの違いの重大さである。地域の都市化は均一でないとしてもあらゆる場所で起きていると先に述べた。北の先進国よりも南の発展途上国の都市の方が人口が多く、将来的により不均衡になることが予想されるが、グローバルプロセスの効果が減じることはない。都市のグローバル化が示唆するのは、先進世界対発展途上世界での都市化の違いに差がなくなる傾向にある点である。もちろん違いが完全になくなっていることはないが、その類似

性によって、ラゴスがロンドンから学ぶことができるのと同様に、ロンドンもラゴスから学ぶことがかつてなく可能になっている。現代の都市・地域研究の情報源としなければならないのは、一部の断言的ヨーロッパ中心主義や第三世界主義ではなく、こうしたグローバルバランスである。

　同様に、ヨーロッパまたは北米都市を典型として話題にすることが次第に認められなくなるだろう。コンパクト都市対スプロール化都市を取り上げる場合には特にだ。世界のすべての都市は、グローバル化、ニューエコノミー、情報・通信技術革命によって方向づけられたいくつかの類似的発展推進力をある程度経験し、そうは言ってもそれぞれがこうした一般的プロセスをその地域の歴史や地勢に根差したそれぞれの方法で経験する。必要なのは北対南といった対比的見方ではなく、都市と地域に関する現代的で適切な理論化に基づく厳格かつ偏見のない比較分析である。

　先に述べたのは、規模的再編とその地域的意味合いの例である。規模構造の下層に行くほど別のいまだ理解されていない傾向があり、そういった地域を対象とした都市・地域研究を魅力的にしている[10]。規模的融合としてもう1種類挙げると、大都市圏はより大きなサブ・ナショナル地域に融合しているように見え、その結果、リージョン－ステートの類が出現している。バルセロナのカタルーニャへの融合がその一例である。ベルリン、ハンブルク、シンガポール（そして旧香港）はすでに地域的シティステートとして存在している。ただし、すべてのメガシティ－リージョンはある程度、こうした規模的融合の一部を経験している。シティ－リージョンはほぼ本質的に大都市圏よりも大きい。ここでの大きな問題は地域権限の欠落または弱さである。経済関係の再編が政府統治の適応よりも速いスピードで進んでいるからだ。その結果、新たな未開拓研究分野が生まれている。

地域ガバナンスと計画

　より詳細な研究の価値ある新地域主義のもう一つの側面は、メガシティ－リージョンの拡大と、地域の都市化に組み込まれているかのような所得の不平等・社会的分極化傾向が引き起こす政治的、経済的緊張の深まりに伴うガバナンスの危機である。アメリカでの複数の研究が、所得の不平等は、地域権限がある程度有効に機能しているシティ－リージョンでは低い傾向にあることを示している[11]。これが真実だとすれば、全世界のシティ－リージョンによる実効的な地域統治と計画を導入する極めて揺るぎない論拠が存在することになる。

247

旧地域主義において、地域計画者は、成長の極または成長の中心政策の何らかのバリエーションを伴う地域計画が所得の不平等を抑え、広範な社会不安を抑えるために必要であると主張していた。新地域主義の観点からも同様の主張ができるが、後者は都市集積、産業クラスター、結束性地域経済による産出的効果に注目した新しい形態の空間計画によって補強される。ここでの主な課題は、集積によるプラス効果を最大限活かしながら、おそらく不可避的に付随する社会的公正や環境的側面に関するマイナス効果をいかに認識し、対処するかである[12]。

実効的な地域ガバナンスと計画の必要性がこれほど増している時はない。この必要性の高まりは、必ずしも旧地域主義のメイン・テーマである正式な地方政府の構築を軸に展開する必要はない。公共交通機関、環境管理、地域の公正、住居、社会的公正といった具体的課題に着目し、これまでよりも適応性と柔軟性のある地域主義が必要である。こうした適応性、柔軟性のある地域主義の興味深い事例の一つが、政治家、弁護士、地域科学者として Orfield (1997, 2002, 2010) が唱えた新しい「メトロポリティクス」である。

オーフィールドの最初の研究ではミネソタ州のツイン・シティーズ(ミネアポリス・セントポール都市圏)を取り上げ、都市・地域の再開発のために税財源を作ろうと郊外自治体とインナーシティ・コミュニティとが手を組んだ大都市地域連携の形成を軸に展開されている。ミネソタでのこの地域連携は比較的成功し、他のシティーリージョンへの発想の移転が試みられている。

柔軟な地域連合・連携のこれ以外の事例には、シリコンバレーに見られる産業とコミュニティ・グループとの多様な画期的協調関係がある。さまざまな経済危機を乗り越える上で地域主義が重要な役割を果たしている[13]。また、ロサンゼルスではいくつかの労働者・コミュニティ連携がうまく機能し、コミュニティ・ベースの地域主義が拡大している[14]。こうした地域的協調関係の中で最大かつ最も成功しているのが、各種のプロジェクトに対してさまざまな方法で取り組むおよそ120の組織で構成された Los Angeles Alliance for a New Economy (LAANE) である。コミュニティ・ベースの地域主義のもう一つの効果は、コミュニティ開発の専門家と地域計画者とのつながりが広がっている点であり、こうしたつながりは10年前にはほぼ存在しなかった。

地域民主主義を求めて

地域統治・計画に関する議論から生じた手つかずの理論的未開拓領域には、市

民権、民主主義、公正、人権、社会運動研究に対する地域と空間に関する批判的アプローチが必要である。前段に述べたコミュニティ・ベースの地域主義の出現は、地域民主主義の実現努力の興味深い事例である。これと密接に関係するのが、アンリ・ルフェーヴルが初めて提唱した概念、「le droit à la ville（都市への権利）」に基づく、都市運動に対する権利の「地域化」である。

　都市への権利の概念は、すべての空間の占有権利ではないとしても、少なくともシティーリージョンへの権利へと拡大されている。ある意味、争点は全世界が多かれ少なかれ都市化していることを認識するかしないかである。いずれにしても、現在は World Charter for the Right to the City（都市への権利に関する世界憲章）があり、UNESCO による多くの会議や文献で取り上げられているが、ここで最も関係するのはロサンゼルス、ワシントン D.C.、マイアミの地域連携が主導役となり 2007 年にロサンゼルス（後により公式な形でアトランタ）で結成された全米規模の "Right to the City Alliance"（都市への権利連携）である。都市への権利やコミュニティ・ベースの地域主義をかけた奮闘や近年の占拠運動（ある程度資質を吟味する必要があるが）はいずれも、特に公正、市民権、社会的権力階層の問題について参加型民主主義を何らかの形で助長、促進することを重点に展開されている。

結論

　これまで八つの幅広いテーマを取り上げてきた。いずれも空間に関する新たな知見から生じたものであり、画期的研究の可能性に満ちている。我々は今、かつて全くの別物であった都市と地域とが混ざり合い、従来とは違う新しいものが形作られている瞬間を目の当たりにしている。それは進化した地域・都市を取り混ぜたものであり、その理解には新しい手法が必要である。

注記

★1——Edward Soja, "Accentuate the Regional," 初掲載は *International Journal of Urban and Regional Research* (IJURR), Wiley, Volume 39, Issue 2, March 2015, pages 372–381。エドワード・ソジャ、IJURR の厚意により再掲。

★2——空間論的転回に関する議論は Soja (2008) を参照。地域計画の発想の進展に関する議論を枠組みとする新地域主義についての簡単な解説は Soja (2009) を参照。

★3——「region」「regional」の代わりに「territory」「territorial」が用いられることがしばしばあるが、「regional」の主張を犠牲に用いられる場合には、今後は使用されないことを望む。

★4——地域主義は、何らかの特定の目的、理論構築、アイデンティティ形成、政治的行為、または

第 2 部　都市化、知識経済、および社会構造化

公正な経済効率を念頭に地域の有用性を主張することと定義される。地域の簡潔な定義は、共有された質のある体系的空間である。region という語はラテン語で支配するを意味する「regere」に由来し、regal（王）、regime（政権）、regulate（規制する）もここから派生している。

★5——新地域主義に関する初期の論評については Lovering（1999）を参照（ウェールズを事例に取り上げている）。Hadjimichalis & Hudson（2006）も併せて参照。

★6——都市集積による刺激を「発見」したことによってジェイコブをノーベル賞に推す声が一部にある。経済学者は現在、こうした都市化経済をジェーン・ジェイコブの外部性と呼ぶ。

★7——「synekism（シニキズム）」の語は、ギリシャ語の「synoikismos」より。文字通りの意味は一つ屋根の下に集まって生活すること。ポリス（古代ギリシャの都市国家）の形成を促したことに関係。

★8——この論文の原副題は「the generative effect of cities（都市の産出的効果）」に近いものであったが、ジャーナル編集者が読者にわかりづらいため「buzz（活気）」を組み込んだ形への変更を提案。

★9——アメリカのメガシティーリージョンについては、Nelson & Lang（2011）を参照。

★10——規模の問題と規模の再評価プロセスは、区域から建物、身体へとミクロレベルに至る可能性がある。いわゆる地勢的に最も近い身体は、すべての結節（領域的）地域を基盤とする（移動性）結節地域。よって新地域主義は身体から地球への延長と捉えることができる。

★11——この分野の代表的人物が、Geography and American Studies and Ethnicity の教授であり、南カリフォルニア大学、環境的・地域的公正課程の指導教官である Manuel Pastor Jr.（Pastor, Benner, & Matsuoka, 2009; Pastor, Dreier, Grigsby, & Lopez-Garza, 2000 を参照）。

★12——新旧地域主義に基づく計画については Soja（2009）参照。

★13——シリコンバレーの地域主義研究における第一人者の見解については Saxenian（2006）を参照。

★14——コミュニティ・ベース地域主義の概念は Pastor et al.（2009）の共著者であるマーサ・マツオカが最初に提唱。LAANE その他の労働者・コミュニティ連携については Soja（2010b）で取り上げている。

参照文献

Florida, R. (2009). Foreword. In C. Ross (Ed.), *Megaregions: Planning for global competitiveness.* Washington, DC: Island Press.

Hadjimichalis, C., & Hudson, R. (2006). Networks, regional development and democratic control. *International Journal of Urban and Regional Research, 30* (4), 858–872.

Hall, P., & Pain, K. (2006). *The polycentric metropolis: Learning from the mega-city regions of Europe.* Abingdon and New York: Earthscan.

Jacobs, J. (1969). *The economy of cities.* New York: Random House.（中江利忠他 訳『都市の原理』, SD 選書, 2011 年）

Lovering, J. (1999). Theory led by policy: The inadequacies of the "new regionalism." *International Journal of Urban and Regional Research, 23* (2), 379–395.

Marshall, A. (1890). *Principles of economics*, book 4. London: Macmillan and Company.

Nelson, A., & Lang, R. E. (2011). *Megapolitan America: A new vision for understanding America's metropolitan geography.* Chicago and Washington, DC: American Planning Association.

Ohmae, K. (1995). *The borderless world: Power and strategies in the interlinked economy.* New York: The Free Press.（大前研一『ボーダレス・ワールド』, プレジデント社, 1990 年）

Ohmae, K. (1996). *The end of the nation-state: How regional economies will soon reshape the world.* New York: The Free Press.

Orfield, M. (1997). *A regional agenda for community and stability.* Washington, DC and Cambridge,

MA: Brookings Institute and Lincoln Land Institute.

Orfield, M. (2002). *American metropolitics: The new suburban reality.* Washington, DC: The Brookings Institute.

Orfield, M. (2010). *Region: Planning the future of the twin cities.* Minneapolis: University of Minnesota Press.

Pastor, M., Benner, C., & Matsuoka, M. (2009). *This could be the start of something big: How social movements for regional equity are reshaping metropolitan America.* Ithaca, NY and London: Cornell University Press.

Pastor, M., Dreier, P., Grigsby, E., & Lopez-Garza, M. (2000). *Regions that work: How cities and suburbs can grow together.* Minneapolis: University of Minnesota Press.

Saxenian, A. (2006). *The new Argonauts: Regional advantage in a global economy.* Cambridge, MA: Harvard University Press.

Scott, A. J. (1998). *Regions and the world economy.* Oxford: Oxford University Press.

Scott, A. J. (Ed.). (2001). *Global city-regions: Trends, theory, policy.* Oxford: Oxford University Press.

Scott, A. J. (2008). *Social economy of the metropolis: Cognitive-cultural capitalism and the global resurgence of cities.* Oxford: Oxford University Press.

Soja, E. (1980). The socio-spatial dialectic. *Annals of the Association of American Geographers, 70,* 207–225.

Soja, E. (2000). *Postmetropolis: Critical studies of cities and regions.* Oxford: Blackwell Publishers.

Soja, E. (2008). Taking space personally. In B. Warf & S. Arias (Eds.), *The spatial turn: Interdisciplinary perspectives.* New York and London: Routledge.

Soja, E. (2009). Regional planning and development theories. In R. Kitchin & N. Thrift (Eds.), *International encyclopedia of human geography.* New York: Elsevier.

Soja, E. (2010a). Regional urbanization and the future of megacities (extended version). In S. Buijs, W. Tan, & D. Tunas (Eds.), *Megacities: Exploring a sustainable future.* Rotterdam: 010 Publishers.

Soja, E. (2010b). *Seeking spatial justice.* Minneapolis: University of Minnesota Press.

Soja, E. (2011a). Regional urbanization and the end of the metropolis era. In G. Bridge & S. Watson (Eds.), *The new Blackwell companion to the city.* Oxford and Chichester: Wiley-Blackwell.

Soja, E. (2011b). From metropolitan to regional urbanization. In T. Banerjee & A. Loukaitou-Sideris (Eds.), *Companion to urban design.* London and New York: Routledge.

Soja, E., & Kanai, J. M. (2007). The urbanization of the world. In R. Burdett & D. Sudjic (Eds.), *The endless city.* New York: Phaidon.

Storper, M. (1997). *The regional world: Territorial development in a global economy.* New York: Guildford Press.

Storper, M., & Venables, A. (2004). Buzz: Face-to-face contact and the urban economy. *Journal of Economic Geography, 4*(4), 351–370.

UN Habitat. (2010). *State of the world's cities report.* New York: UN Habitat.

14 商品か、それともコモンズか
知識、不平等、そして都市

フラン・トンキス

　現代の都市経済における知識の重要性はすでに十分確立されている。脱工業時代のサービス集約型経済におけるその役割はとりわけ重要であり、都市がいかに知識を生み出し、体系化し、高めるかは都市生活の不変の特徴である。都市は常に「スマート」であり続けている。現在、ネットワーク化されたデータ主導型のデジタル・アーバニズムに注目が集まっているが、都市環境が本質的に、情報が豊富にあり、社会として、個人としての学びに資する知的集積によって成り立っているという事実を覆い隠してはならない。知識の生成と循環は、都市経験における文化的要素の充実度合いを示す要因であるとまでは言わないにしても、都市イノベーションの基盤であり、都市競争の鍵であり、都市生産性の根幹である。知識の生成は議論の余地なく都市が果たす役割の一つであり、そしてまた都市が得意とするものである。

　知識が都市にとって善であるならば、知識にとっても都市が善であることになる。都市環境は、アイディア、スキル、情報の生成、改良、流布を可能にする（とりわけ）複雑なシステムである。Molotch（2014, p. 220）によれば、「知識」は「流通財」である傾向があり、そして都市は広範囲の大人数に知識を循環させるためのハード、ソフト、人的インフラの密なるネットワークを備えたその典型的流通システムである。その一方で、他の資源と同様、知識がいかに流通されるかは、現代都市における機会に関して不平等な構造をもたらす重要な要因の一つである。以下では、都市経済学における知識体系化に関する二つの相反する代表的手法について分析する。一つ目の手法においては、都市労働市場において選別さ

れ、価格が付けられるスキルという形で知識が個別化される。この競争的知識モデルでは、市場交換によって才能、経験、能力が等級づけされる。つまり知識は経済化された人的資本要素である。二つ目の手法では、知識は情報という形のコモンズとして管理される。価格がつけられる場合もあるが、必ずしも競争市場によって価格設定されるわけではない。また、たとえ私的に知識が生成される場合でも、その流通や入手はさまざまな方式で社会化されている。これら2種類の都市での知識体系化方法の違いは定型化され、知識がいかに生成され、都市環境に分配されるかについて論じ尽くされてはいない。が、ここでの狙いは都市財としての知識の複雑な特徴を取り上げ、社会的、経済的観点から資源の生成、流通、価値付けをどう行うかという各都市が行わなければならない各種の選択を浮き彫りにすることである。社会学者としての個人的関心は、スマート・アーバニズム・モデルの根幹である技術的なソリューション、システム、戦略よりも、都市での知識の社会的関係性にある。つまり、社会的相互作用や経済交流を通じて人々が知識、アイディア、情報をいかに生み出し、利用し、手に入れているかである。個人資産としてやコモンズとしての知識の二面性は、都市での不平等の構造化と、都市での公正や社会的、経済的一体性を高める試みに影響する。

　知識をこうした視点から考えることによって、都市内の他の資源、資産、サービスの生成・流通について新たな知見を導き出すことができる。その理由の一つは、知識はこの文脈において非常に特異的だからである。Foray (2004, pp. 15–16) が指摘する通り、知識は (少なくとも原理上)「排除不可能」財である。人々に知識の使用を止めさせるのは難しい。そして「非競合的」財でもある。全体的ストックを減らすことなく、さまざまな人々が知識を同時に利用することができる。それどころか、知識は「累積」財でもある。使用 (特に複数の人の使用) によって発展し、強化される傾向がある (Malecki, 2010を併せて参照)。その一方で、知識は「分散、分割」されることもある。流通の問題が極めて重要なのはこうした性質による。Foray (2004, p. 18) は、「経済財としての知識に備わる独特の性質や特徴を踏まえ」、次のように述べている。「有形財について世界で用いられている資源分配方法の大半は、知識の創造と流布を最大化させる上で正しく機能していない」。これはその通りかもしれないが、都市における知識経済の構築は、知識の各種形態 (スキル、情報、アイディア、データ) が私有化と商品化によっていかに排除的になり、競合的に構築されるかを浮き彫りにする。こうした競争プロセスが知識の創造に役立つと言えるかもしれないが、最も効率的もしくは公平な

知識の流布を最大化する上でこれらが有効であるかは明確ではない。

　排除不可能性、非競合性、累積性（つまり性質上基本的に集積的）という知識の基本的特性を考えると、都市経済がスマート化する（さらに知識集約的、情報中心的、データ主導的になる）につれ、不平等が増しているように見えるのはむしろ関心を引く。現代都市経済のダイナミズムについて美辞麗句が蔓延する一方で、南の発展途上国の都市の広がりにおいてであれ、北の先進国の脱工業都市の広がりにおいてであれ、不平等は都心化に伴って近年、悪化し続けている。経済のレンズを通して見た場合、不平等は都市問題というよりも、都市生産性の指標の1つである。都市は経済的観点から大勢の人々を選別し、最も競争力のある都市こそ、特に強硬な方法でこれを行っているかもしれない（Behrens & Robert-Nicoud, 2014a, 2014b; Florida, 2015 を参照）。不平等は都市生活の新しい特徴では全くなく、格差の拡大は都市の経済成長や都市への人口流入に対する障害ではないようであるものの、無形の「排除不可能な」知識資源を軸に体系化されていく都市経済が、同時に本質的不平等と永続的排除とを軸に構築されていく過程には間違いなく何かのねじれがある。こうした不平等の力学が都市の知識経済にどのように組み込まれているのだろうか。知識とその利点をより平等な方法で流通させるにあたって都市はいかに「スマート化」を図れるだろうか。

知識のマーケティング：スキル、経済、不平等

　都市での知識とスキルについて、よいニュースから話を始めよう。厚みのある労働市場と企業の集積をともなう都市経済は、イノベーション、創造性、人的資本の累積から生じる生産的スピル・オーバーのるつぼである（Andersson, Burgess, & Lane 2007; Carlino, Chatterjee, & Hunt, 2007; Ciccone & Hall, 1996; Florida, 2002; Florida, Mellander, Stolarick, & Ross, 2012; Glaeser, 1994, 2011; Glaeser & Gottlieb, 2009; Glaeser & Resseger, 2010; Glaeser, Kallal, Scheinkman, & Shleifer, 1992; Knudsen, Florida, Stolarick, & Gates, 2008; Rauch, 1993; Storper & Venables, 2004）。都市での稠密な市場集中は競争を促すだけでなく、協力、模倣、拡散、社会的学習も促す。さらに、「都市の多様性に対する動的利点」（Duranton & Puga, 2001, p. 1455）、そして密な都市経済内のさまざまな企業間での知識、イノベーション、ノウハウ、市場機会の循環によって生み出された正の経済的、社会的利益も存在する（Jacobs, 1969; Quigley, 1998 を参照）。

経済学者が認める通り、都市は創造性や知識生産の中心地であり、都市、特に大規模な都市で急速に進むイノベーションや生産の利点は容易に認識できる。都市労働市場におけるスキルの価格設定も明らかである。人的資本の集中と進展は都市の経済的ダイナミズムの根幹の一つであり、現代都市は密で多様なスキル市場を支えている。経済学者は以前から、都市においてより高い賃金を獲得できることを認めている。国による状況の違いを問わず、都市経済の規模が大きいほど労働者が多くの賃金を得る傾向がある (D'Costa & Overman, 2014; De La Roca & Puga, 2017; Glaeser & Maré, 2001; Yankow, 2006)。ここでの議論に関わる要因はさまざまにあるが、都市労働市場においてはスキルに価値がおかれている点が一つの鍵である。密な都市経済においては一般にスキルの集中が見られ、高度なスキルは生産性の高さに関係し、競争力のある都市労働市場はこうした生産的な人的資本形態をより高く評価する。Combes, Duranton, & Gobillon (2008, p. 737) がこれを簡潔に述べている。都市においてより高い賃金を獲得できるのは、「より高度な労働市場特性を備えた労働者は、より大きく、密で、スキルの高いローカル労働市場に集積する傾向がある」という事実に概ね起因すると考えられる。

　都市の高賃金がより広範な都市範囲で見られる反面、スキルに対する経済的見返りは、分極化する都市労働市場を軸に次第に偏りを見せている。詳細な分析によって都市経済におけるスキルのばらつきと賃金の大きな開きが指摘されている (Berry & Glaeser, 2005)。アメリカの都市での調査によると、「都市の相対的な賃金の高さは、高い認知技能と対人スキルを持つ労働者に対してより大きく、運動技能が高い労働者に対してはそうではない」ことが示されている (Bacolod, Blum, & Strange, 2009, p. 150; 併せて Bacolod & Blum, 2010 を参照)。要するに Bacolod et al (2009, p. 150) で述べられている通り、「現在、最も突出した経済政策課題は不平等であり、特に頭脳労働と社会的相互作用によって生計を立てる労働者と肉体労働によって生計を立てる労働者との所得の不平等の拡大」である。エークハウトらも同意見である。「アメリカの大都市には実際に大不平等が存在する」と述べている (Eeckhout, Pinheiro, & Schmidheiny, 2014, p. 601；併せて Baum-Snow & Pavan, 2013 を参照)。これらの著者はさらに、高スキル労働者と低スキル労働者(すなわち高所得労働者と低所得労働者)の間の相補性と機能的相互依存性が都市生産性を全体的に高めている大都市には、「都市内の不平等がより大きい」事実があると指摘する。高度なサービス業に従事する高賃金労働者は、

自動車の運転、建物の保安、給仕、住宅清掃などの低賃金サービス業の労働市場を支えている。情報都市またはグローバル都市に関するかつての説明の中で述べられてもいたが、より広範な都市地勢でより明白になっている社会的分極化モデルである(Castells, 1989; Sassen, 1991を参照)。

スキルと賃金のこうした極化パターンは、アメリカの都市ではかなり以前から顕著に現れている。都市の不平等は複雑に生み出されるが、サービス・知識産業を軸にした都市経済再編が21世紀の都市の「不平等化」の主な助長要因の一つである。研究者らがアメリカ主要都市の所得格差の拡大を30年以上にわたって追跡したところ、知識ベースの専門的産業部門(医療、法律、会計・金融サービス、IT、経営コンサルティングなど)で働く労働者の都市労働市場における所得割合が増加し、低スキル、低学歴労働者の取り分が減っている(Baum-Snow, Freedman, & Pavan, 2014; Behrens & Robert-Nicoud, 2014b; Choi & Green, 2015; Florida & Mellander, 2016; Glaeser, Resseger, & Tobio, 2008; Wheeler, 2005を参照)。都市の不平等の原因を都市での貧困の集中とするのは以前からの考え方であるが、最近の最も顕著な傾向の一部は、都市所得曲線の最大点がより大きくなっていることに起因している。高度な知識産業部門(特に金融、テクノロジー)を持つ都市は、1980年代以降不平等が急速に悪化し、アメリカで最も裕福でスマートな都市の一部(サンフランシスコ、ボストン、ニューヨーク、ニューヘブン)はこの国で最も不平等な都市にランク入りしている(Holmes & Berube, 2016、併せてSommeiller, Price, & Wazeter, 2016を参照)。

この点は強調に値する。北米都市での不平等に関する研究では、平均所得の高さと不平等の低さとの相関関係が示される傾向にある。つまりより裕福な都市は、多くの場合不平等度合が低い(Florida & Mellander, 2016; Glaeser et al. 2008; カナダのケースについては、Bolton & Breau, 2012を参照)。ただし、最高所得者が都市によるメリットの多くの割合を手に入れるほど、この基本的相関関係は弱まり、一部の突出した都市では、富裕層の増大が格差の拡大と横並びで進んでいる。一方、アメリカの都市では中産階級の空洞化が起き、Pew Research Center (2016)が1999年から2014年にかけて行った追跡調査によると、229の都市部のうち95%以上で中間所得層の割合が低下した。同じ期間に、アメリカの主要都市のおよそ70%で低所得層の割合が増加し、約75%で高所得層の割合が増加した。こうした都市所得格差の広がりは、かなり特徴的な経済軌道をたどった都市で顕著に見られる。デトロイトなどの都市では、経済展開の道筋は違えども同様

の極化作用が起きている。脱工業化が進むにつれ熟練製造職の雇用が大幅に失われ、一方、雇用やスキルが高賃金サービス業と低賃金サービス業とに分かれる豊かな技術ベースの経済であるサンフランシスコは脱工業時代の極性のシンボルとして再登場している。

こうした傾向はアメリカの多くの文献に記されているが、アメリカに限ったことではなく、(純然たるものでないとしても)同様のパターンがヨーロッパやカナダにも見られる(Bolton & Breau, 2012; Breau, Kogler, & Bolton, 2014; Combes et al., 2008; De La Roca & Puga, 2017; Lee, 2011; Lee & Rodríguez-Pose, 2013; Lee, Sissons, & Jones, 2016を参照)。そして、富裕国だけの問題でもない。経済再編と社会的分極化のこうしたパターンは、中国の急速に発展する都市経済にも生じている可能性があり、高スキル労働者とそれ以外の労働者との間の賃金格差が広がっている。アメリカの研究者らが1980年代から追跡している所得格差と特定人的資本に与えられる利益の増加は、ポスト改革期の中国と類似し、国内都市が拡大するとともに不平等度合が加速する中、高スキル都市労働者が所得成長分のますます大きな割合を手にしている (Chen, Liu, & Lu, 2017; Gan, 2013; Liu, Park, & Zhao, 2010; Meng, 2004; Meng, Gregory, & Wang, 2005; Pan, Mukhopadhaya, & Li, 2016; Whalley & Xing, 2014; Zhang, Zhao, Park, & Song, 2005)。こうした極化論理は、中国国内都市に相当量の季節労働者が流入している状況によって悪化している。農村部から都市部に出てきた季節労働者は教育水準が低く、低スキル職に就き、都市定住者よりも低時給で働く傾向にある (Chen et al., 2017; Pan et al., 2016)。こうした労働市場の作用はさらに、収入以外の制度的福祉の不平等によって悪化している。住民登録されていない季節労働者は都市住宅市場で取り残され(そして多くの場合公営住宅の提供からも除外される)、社会的支援や医療保険を頼みにする機会が限られる。季節労働者の子どもは都市の公立学校や大学に通学する機会が限られる (Lai et al., 2014; Logan, Fang, & Zhang, 2009; Park & Wang, 2010；併せて Solinger, 2006を参照)。

この最後の点は、都市労働市場が作りだした所得の不平等が、現代都市におけるこれ以外の不利益の方向性とどう交わるかを示している。中国都市部の民間部門や非正規雇用における季節労働者依存、民間・非正規住宅市場、未許可または規制されていない診療所、民間運営による「季節労働者学校」などは、国による放棄の究極の形態を示していると言えるかもしれないが、その一方で公的、社会的介入が不平等な労働市場の結果を相殺も増幅もし得るという洞察を明確に浮か

び上がらせる。中国では、この10年の間に民間部門労働者に対する法的保護が目覚ましく改善し、世帯登録制度改革によって農村部から都市部への季節労働者に対する地方自治体からの提供や社会的支援の利用が改善されているはずであるが、1980年代後半以降広がったデュアル・システムでは、この概念上社会主義的な制度のおかげで福祉や消費が正真正銘より不平等化させていると考えられている。都市定住者はセグメント化された都市労働市場の高賃金部分を手に入れるだけでなく、福祉・消費コストが社会保険や公的提供によって助成、確保されることによっても利益を享受する。これは特に深刻な問題ではあるが、市場や国の仕組みが現代都市経済と並行して機能し、利益と不利益のさまざまな線引きに沿って不平等が生み出され悪化する方法で所得や福祉が分配されることは決して特殊な例ではない。福祉の不平等を是正し得る社会的移転が徐々に貧困世帯から離れている状況において (Moffitt, 2015)、アメリカでの所得格差の拡大は消費の不平等の拡大とも結びついている (Aguiar & Bils, 2015; Attanasio, Hurst, & Pistaferri, 2015; JP Morgan Chase Institute, 2016；併せて Attanasio & Pistaferri, 2016 を参照)。都市が知識ベース産業を構築し、金融・経営サービス、テクノロジー、コミュニケーション分野に従事する高スキル労働者を引き寄せようと奮闘する中、つまりは都市所得尺度の最高点で不平等を加速させているこうした産業部門や労働者の獲得競争を繰り広げていることになる。同時に、そしてさまざまな都市文脈全体として、国レベル、地方自治体レベルでの福祉の縮小、住宅・商業的再開発パターン、都市サービスの市場化がすべて都市での福祉と消費の不平等の悪化を引き起こし、多くが収入は少なく、支出負担は多いと感じている (Donald, Glasmeier, Gray, & Lobao, 2014; Lees, Shin, & López-Morales, 2015; Peck, 2012)。

知識の社会化：情報とオープンソース都市

　ここまでの議論では、現代都市において知識がどのように流通しているか、その主な方法の一つに焦点を当ててきた。すなわち都市労働市場でのスキル選別を手段とする方法である。こうした手法は、認知的、創造的人的資本の観点から知識を構築し、知識は所得の不平等という強力な作用をもって競争市場環境の中で累積、循環、交換される。知識集約型セクターを軸にした都市経済の再編は、都市を人的資本形態としての知識を収集、商品化、資本化し、あまり必要としないスキルから最も必要とするもしくは安上がりなスキルを選別するための効果的

(むしろ無慈悲だとしても)に機能する流通システムと捉えている。しかしながら、都市経済に関する多くの文献では都市での知識の非流通的側面に重きが置かれている。すなわち、企業、業界、セクターでの学びを促し、全くの異分野での進歩を刺激する特定製品またはプロセスのイノベーションを生み出し、つまりは創造性と創意工夫の渦の高まりが多くの創造を産み出すことができるとする前向きなスピル・オーバーについてである。知識に財としての排除性、競合性を持たせるすべての努力について(競争的労働市場においてだけではなく、知識を知的財産として特許や著作権を取得し、ブランド化する努力において)、都市においてアイディアや情報のスピル・オーバーを止めることは極めて難しい。だからこそ、官・民・市民主体者がこうした知識の流れの類とうまくやっていくべき十分な理由が存在する。

　空間に知識を流通させるためのシステムとしての都市は、優れた「学習マシン」(McFarlane, 2011)である。さらに、都市住民は優れた学習者である傾向が高い。情報の密度、対人間コミュニケーションの密度、デモンストレーション効果の力によって都市住民は社会的学習、行動変化、適応に対して特にオープンである。ただし Glaeser (1999, p. 255)が述べる通り、「見事である。(中略)新しいイノベーションの創出における都市の役割はおそらく、主たる情報流通者としての最先端技術の創出においてではなくむしろ、普通の人々に学習機会を生み出すことにある」。都市での知識は、重要かつ極めて基本的な方法において「社会化」されている。つまり集団的、協力的手段によって生み出され、流通される。これは都市での知識を別の種類の経済的客体として考えることである。すなわち、商品または知的財産ではなく、共有資源として考える。であれば都市の知識経済は、単なる認知的資本主義者にとっての本拠地ではなく、非専売的財としてのアイディア、情報、ノウハウの循環に従事するものであり、その結果、より平等な知識配分の可能性が開かれる。

　ドミニク・フォレイは知識の経済学に関する研究の中で(2004, p. 17)、「知識共有物」の適切な管理には枯渇し得る資源の生態系を規制するための社会的取り決めとは全く別の社会的規制が必要であると主張している。これが正しいとすれば、基本的目的はこのコモンズの(消費制限や制約ではなく)消費と割り当てを促すことであるべきという意味において極めて明らかに正しい。知識は無尽蔵と言えるかもしれないが、活用されなければ失われる。知識管理に関するこうした問題は、「データ主導型アーバニズム」の文脈において特に浮き彫りになる

(Kitchin, 2015)。デジタルネットワークによって情報の不平等に対処できる可能性は大きいが、「スマート化」という都市課題がテクノロジー企業によって牽引され、コンサルティング業界が、市場と情報収集がこうした進展の根幹であると考える範囲においてである（特に Hollands, 2008, 2015; Kitchin, Lauriault, & McArdle, 2015; Marvin, Luque-Ayala, & McFarlane, 2016 を参照）。

　都市政府の一部では、ネットワーク化されたアーバニズムによって巨大テクノロジー企業のバランス・アーバンシートを超える社会的、経済的利益を得る機会が生まれること、企業が提供するトレード・マーク付き「スマート」ソリューションの外に都市イノベーションの範囲が存在する可能性があることについての認識が高まっている。新たな知識の流通パラダイムでは公的機関が都市ビッグデータを小規模利用者にもアクセスできるようにする必要がある。ニューヨーク、シカゴ、ロンドンなどの中心的大都市では、データ共有ポータルが確立され、その都市のためのその都市に関するデジタル公有財産が築かれている。ただし、こうしたデータ共有モデルは今のところかなり一方通行である。十分にリソースや情報を備えた都市が住民にデータを提供し、その見返りに DIY のデータ・アーバン・ソリューションや方策を収集しようと呼びかけ、コミュニケーションをとることを促している (Sassen, 2011)。これ以外の都市環境ではさらに進んだオープンソースモデルが登場し、（政府による制限または政府の能力不足の状況を含め）個人、市民団体、NGO、非営利団体、官・民機関などのさまざまな主体によって協調的知識が構築されている。例えば、オープン・データ香港ネットワークは、データの収集と共有、そして政府の透明性を高めることを目指す有志ネットワークによって運営されている (https://opendatahk.com/)。アテネの synAthina ネットワークは、深刻な能力不足に陥っている市政府の支援によって運営され、緊縮財政の状況下で生まれた自治的市民活動のためのオープンソース・フォーラムになっている (Eurocities, 2016; www.synathina.gr)。この意味において情報の不平等への対処は福祉の不平等の悪化に対する幅広い社会的反応の一部を成している。都市を「ハッキング」可能にするこうした方策は、その街でのその街に関する都市知識の共同生産や社会的流通を参加型または進歩的に行うための土台として捉えることができるかもしれない (Hollands, 2008, 2015; Kitchin, 2014)。

　このようなイニシアティブはまた、都市での知識の流通が単に国や市場の仕組みに還元できるものではない事実を浮き彫りにする上で有益である。都市労働市場でのスキルの選別や価格設定は、知識経済が不平等パターンを確立する過程の

決定的手段と考えられるかもしれないが、その一方でこうした市場作用は社会的移転、公的提供、法的保護、さらには社会的組織や社会的介入の何らかの形態による政府の行為によって悪化もし、軽減もする（都市で労働組合が多く組織されるほど、所得の不平等の水準が下がることは指摘に値する。Florida & Mellander, 2016; Volscho, 2007 を参照）。同様に、知識の生産・流通に対して「社会化」された手法を取ることは、国の従来のモデルを超えて幅広い市民主体者や組織を招き入れることになり、事実、知識経済は、より一般的な観点で都市共有物の社会的管理を考えるための特権的状況かもしれない。さらに、イノベーションのスピル・オーバーを取り上げた経済学文献には、市場が重要なコラボレーションの場になることが少なくない点が指摘されている。それと同時に、学術界での論争からハッカソン、デザイン・スプリント、データ・チャレンジでの活発な意見交換まで、知識・イノベーション競争は市場環境の外でも起きる。

　狭い経済学的視点から見れば、都市の不平等は残念なことではあっても、一般には都市の生産性の機能的影響と考えられている。最も動的な都市経済は、労働力、情報、サービスの厚みのある市場を軸に構築され、これらが多かれ少なかれ所得、アクセス、消費の不平等をもたらす。知識集約型経済においては、「最もスマートな者」が成功を手に入れ、それ以外は何とか生きていくことすら次第に難しくなるかもしれない（Behrens & Robert-Nicoud, 2014a；2014b）。しかしながら、たとえ誰かが経済的な意味や目的を優先させたとしても、情報の不平等は、経済機会の締め出しやイノベーションや事業の潜在力の制限という意味で経済発展の障害になる。知識とスキルが動的都市経済の中心になれば、住民の大部分が教育、雇用、市場参入その他の機会へのアクセスが不平等な状態に置かれた都市システムにとっていかに最適であろうか。こうした都市での排除がジェンダー、人種、民族、階級の線引きに沿って再現され続ける限りにおいてはなおのことだ。Glaeser (1999, p. 275) は20年前、こう断言している。「我々が情報時代に突入するならば、都市の情報流通者としての重要な役割は、都市の消滅ではなく繁栄を意味する」。残る問題は、誰が、そしてどれほどの人がその中で繁栄できるかだ。

参照文献

Aguiar, M., & Bils, M. (2015). Has consumption inequality mirrored income inequality? *The American Economic Review, 105* (9), 2725–2756.

Andersson, F., Burgess, S., & Lane, J. I. (2007). Cities, matching and the productivity gains of

第 2 部　都市化、知識経済、および社会構造化

agglomeration. *Journal of Urban Economics, 61* (1), 112–128.

Attanasio, O. P., Hurst, E., & Pistaferri, L. (2015). The evolution of income, consumption, and leisure inequality in the US, 1980–2010. In C. D. Carroll, T. F. Crossley, & J. Sabelhaus (Eds.), *Improving the measurement of consumer expenditures* (pp. 100–140). Chicago: University of Chicago Press.

Attanasio, O. P., & Pistaferri, L. (2016). Consumption inequality. *The Journal of Economic Perspectives, 30* (2), 3–28. Bacolod, M. P., & Blum, B. S. (2010). Two sides of the same coin: US 'residual' inequality and the gender gap. *Journal of Human Resources, 45* (1), 197–242.

Bacolod, M., Blum, B. S., & Strange, W. C. (2009). Skills in the city. *Journal of Urban Economics, 65* (2), 136–153.

Baum-Snow, N., Freedman, M., & Pavan, R. (2014). Why has urban inequality increased? Working paper, June. Retrieved 3 July 2017, from www.mcgill.ca/economics/files/economics/nathaniel_baum-snow.pdf.

Baum-Snow, N., & Pavan, R. (2013). Inequality and city size. *Review of Economics and Statistics, 95* (5), 1535–1548.

Behrens, K., & Robert-Nicoud, F. (2014a, 24 July). Urbanisation makes the world more unequal. *Centre for Economic Policy Research.* Retrieved 3 July 2017, from http://voxeu.org/article/inequality-big-cities.

Behrens, K., & Robert-Nicoud, F. (2014b). Survival of the fittest in cities: Urbanisation and inequality. *The Economic Journal, 124* (581), 1371–1400.

Berry, C. R., & Glaeser, E. L. (2005). The divergence of human capital levels across cities. *Papers in Regional Science, 84* (3), 407–444.

Bolton, K., & Breau, S. (2012). Growing unequal? Changes in the distribution of earnings across Canadian cities. *Urban Studies, 49* (6), 1377–1396.

Breau, S., Kogler, D. F., & Bolton, K. C. (2014). On the relationship between innovation and wage inequality: New evidence from Canadian cities. *Economic Geography, 90* (4), 351–373.

Carlino, G. A., Chatterjee, S., & Hunt, R. M. (2007). Urban density and the rate of invention. *Journal of Urban Economics, 61* (3), 389–419.

Castells, M. (1989). *The informational city: Information technology, economic restructuring, and the urban-regional process* (p. 15). Oxford: Blackwell.

Chen, B, Liu, D., & Lu, M. (2017). City size, migration, and urban inequality in the People's Republic of China. *ADBI Working Paper, 723.* Tokyo: Asian Development Bank Institute. Retrieved 3 July 2017, from www.adb.org/publications/city-size-migrationand-urban-inequality-prc.

Choi, J. H., & Green, R. (2015, 22 December). Income inequality across US cities. http://dx.doi.org/10.2139/ssrn.2707439.

Ciccone, A., & Hall, R. E. (1996). Productivity and the density of economic activity. *American Economic Review, 86* (1), 54–70.

Combes, P.-P., Duranton, G., & Gobillon, L. (2008). Spatial wage disparities: Sorting matters! *Journal of Urban Economics, 63* (2), 723–742.

D'Costa, S., & Overman, H. G. (2014). The urban wage growth premium: Sorting or learning? *Regional Science and Urban Economics, 48,* 168–179.

De la Roca, J., & Puga, D. (2017). Learning by working in big cities. *The Review of Economic Studies, 84 (1), 106–142.*

Donald, B., Glasmeier, A., Gray, M., & Lobao, L. (2014). Austerity in the city: Economic crisis and urban service decline? *Cambridge Journal of Regions, Economy and Society, 7* (1), 3–15.

Duranton, G., & Puga, D. (2001). Nursery cities: Urban diversity, process innovation, and the life cycle of products. *American Economic Review,* 1454–1477.

Eeckhout, J., Pinheiro, R., & Schmidheiny, K. (2014). Spatial sorting. *Journal of Political Economy, 122* (3), 554–620.

Eurocities. (2016). Athens engages citizens in reform. Retrieved 3 July 2017, from http://nws. eurocities.eu/MediaShell/media/2016%20Awards_Cities%20in%20action_Athens.pdf.

Florida, R. (2002). The economic geography of talent. *Annals of the Association of American Geographers, 92* (4), 743–755. Florida, R. (2015, 6 January). The connection between successful cities and inequality. *CityLab.* Retrieved 3 July 2017, from www.citylab.com/politics/2015/01/the-connectionbetween-successful-cities-and-inequality/384243/.

Florida, R., & Mellander, C. (2016). The geography of inequality: Difference and determinants of wage and income inequality across US metros. *Regional Studies, 50* (1), 79–92.

Florida, R., Mellander, C., Stolarick, K., & Ross, A. (2012). Cities, skills and wages. *Journal of Economic Geography, 12*(2), 355–377.

Foray, D. (2004). *The economics of knowledge.* Cambridge, MA: MIT Press.

Gan, L. (2013). *Income inequality and consumption in China.* Retrieved 3 July 2017, from https://international.uiowa.edu/sites/international.uiowa.edu/files/file_uploads/ incomeinequalityinchina.pdf.

Glaeser, E. L. (1994). Economic growth and urban density: A review essay. *Working Papers in Economics,* E-94-7. The Hoover Institution, Stanford University.

Glaeser, E. L. (1999). Learning in cities. *Journal of Urban Economics, 46* (2), 254–277.

Glaeser, E. L. (2011). *Triumph of the city.* New York: Penguin.

Glaeser, E. L., & Gottlieb, J. D. (2009). The wealth of cities: Agglomeration economies and spatial equilibrium in the United States. *Journal of Economic Literature, 47* (4), 983–1028.

Glaeser, E. L., Kallal, H. D., Scheinkman, J. A., & Shleifer, A. (1992). Growth in cities. *Journal of Political Economy, 100* (6), 1126–1152.

Glaeser, E. L., & Maré, D. C. (2001). Cities and skills. *Journal of Labor Economics, 19* (2), 316–342.

Glaeser, E. L., & Resseger, M. G. (2010). The complementarity between cities and skills. *Journal of Regional Science, 50* (1), 221–244.

Glaeser, E. L., Resseger, M. G., & Tobio, K. (2008). Urban inequality (No. w14419). *National Bureau of Economic Research.* Cambridge, MA: National Bureau of Economic Research. Hollands, R. G. (2008). Will the real smart city please stand up? Intelligent, progressive or entrepreneurial? *City, 12* (3), 303–320.

Hollands, R. G. (2015). Critical interventions into the corporate smart city. *Cambridge Journal of Regions, Economy and Society, 8* (1), 61–77.

Holmes, N., & Berube, A. (2016, 14 January). *City and metropolitan inequality on the rise, driven by declining incomes.* Brookings Institution. Retrieved 3 July 2017, from www.brookings.edu/research/city-and-metropolitan-inequality-on-the-rise-driven-bydeclining-incomes/.

Jacobs, J. (1969). *The economy of cities.* New York: Random House. (中江利忠他 訳『都市の原理』, SD 選書, 2011 年)

JP Morgan Chase Institute (2016). Consumption inequality: Where does your city rank? Spending by the top income quintile. Retrieved 7 July 2017, from www.jpmorganchase.com/corporate/institute/document/ consumption-inequality010816.pdf.

Kitchin, R. (2014). The real-time city? Big data and smart urbanism. *GeoJournal, 79* (1), 1–14.

Kitchin, R. (2015). Networked, data-driven urbanism. *The Programmable City Working Paper 14.* http://dx.doi.org/10.2139/ssrn.2641802.

Kitchin, R., Lauriault, T. P., & McArdle, G. (2015). Knowing and governing cities through urban indicators, city benchmarking and real-time dashboards. *Regional Studies, Regional Science, 2* (1), 6–28.

Knudsen, B., Florida, R., Stolarick, K., & Gates, G. (2008). Density and creativity in U.S. regions. *Annals of the Association of American Geographers, 98* (2), 461–478.

Lai, F., Liu, C., Luo, R., Zhang, L., Ma, X., Bai, Y., ⋯ & Rozelle, S. (2014). The education of China's migrant children: The missing link in China's education system. *International Journal of Educational Development, 37,* 68–77.

Lee, N. (2011). Are innovative regions more unequal? Evidence from Europe. *Environment and Planning C: Government and Policy, 29* (1), 2–23.

Lee, N., & Rodríguez-Pose, A. (2013). Innovation and spatial inequality in Europe and USA. *Journal of Economic Geography, 13* (1), 1–22.

Lee, N., Sissons, P., & Jones, K. (2016). The geography of wage inequality in British cities. *Regional Studies, 50* (10), 1714–1727.

Lees, L., Shin, H. B., & López-Morales, E. (Eds.). (2015). *Global gentrifications: Uneven development and displacement.* Bristol: Policy Press.

Liu, X., Park, A., & Zhao, Y. (2010). Explaining rising returns to education in urban China in the 1990s. *IZA Discussion Paper, No. 4872.* Bonn: Institute for the Study of Labour.

Logan, J. R., Fang, Y., & Zhang, Z. (2009). Access to housing in urban China. *International Journal of Urban and Regional Research, 33* (4), 914–935.

McFarlane, C. (2011). The city as a machine for learning. *Transactions of the Institute of British Geographers, 36* (3), 360–376.

Malecki, E. J. (2010). Everywhere? The geography of knowledge. *Journal of Regional Science, 50* (1), 493–513.

Marvin, S., Luque-Ayala, A., & McFarlane, C. (Eds.). (2016). *Smart urbanism: Utopian vision or false dawn?* Abingdon: Routledge.

Meng, X. (2004). Economic restructuring and income inequality in urban China. *Review of Income and Wealth, 50* (3), 357–379.

Meng, X., Gregory, R., & Wang, Y. (2005). Poverty, inequality, and growth in urban China, 1986–2000. *Journal of Comparative Economics, 33* (4), 710–729.

Moffitt, R. A. (2015). The deserving poor, the family, and the US welfare system. *Demography, 52* (3), 729–749.

Molotch, H. (2014). Against security: *How we go wrong at airports, subways, and other sites of ambiguous danger.* Princeton, NJ: Princeton University Press.

Pan, L., Mukhopadhaya, P., & Li, J. (2016). City size and wage disparity in segmented labour market in China. *Australian Economic Papers, 55* (2), 128–148.

Park, A., & Wang, D. (2010). Migration and urban poverty and inequality in China. *China Economic Journal, 3* (1), 49–67.

Peck, J. (2012). Austerity urbanism: American cities under extreme economy. *City, 16* (6), 626–655.

Pew Research Center. (2016, 11 May). *America's shrinking middle class: A close look at changes within metropolitan areas.* Retrieved 3 July 2017, from www.pewsocialtrends.org/2016/05/11/americas-shrinking-middle-class-a-close-look-at-changes-withinmetropolitan-areas/.

Quigley, J. M. (1998). Urban diversity and economic growth. *The Journal of Economic Perspectives, 12* (2), 127–138.

Rauch, J. E. (1993). Productivity gains from geographic concentration of human capital: Evidence from cities. *Journal of Urban Economics, 34* (3), 380–400.

Sassen, S. (1991). The global city: New York, London, Tokyo. Princeton, NJ: Princeton University Press. (伊豫谷登士翁 監訳『グローバル・シティ：ニューヨーク・ロンドン・東京から世界を読む』, 筑摩書房, 2008 年)

Sassen, S. (2011). Talking back to your intelligent city. Retrieved 3 July 2017, from http://voices. mckinseyonsociety.com/talking-back-to-your-intelligent-city/.

Solinger, D. J. (2006). The creation of a new underclass in China and its implications. *Environment and Urbanization, 18* (1), 177–193.

Sommeiller, E., Price, M., & Wazeter, E. (2016, 16 June). Income inequality in the US by state, metropolitan area, and county. *Economic Policy Institute*.

Storper, M., & Venables, A. J. (2004). Buzz: Face-to-face contact and the urban economy. *Journal of Economic Geography, 4* (4), 351–370.

Volscho, T. W. (2007). Unions, government employment, and the political economy of income distribution in metropolitan areas. *Research in Social Stratification and Mobility, 25* (1), 1–12.

Whalley, J., & Xing, C. (2014). The regional distribution of skill premia in urban China: Implications for growth and inequality. *International Labour Review, 153* (3), 395–419.

Wheeler, C. H. (2005). Cities, skills, and inequality. Growth and Change, 36 (3), 329–353.

Yankow, J. J. (2006). Why do cities pay more? An empirical examination of some competing theories of the urban wage premium. Journal of *Urban Economics, 60* (2), 139–161.

Zhang, J., Zhao, Y., Park, A., & Song, X. (2005). Economic returns to schooling in urban China, 1988 to 2001. *Journal of Comparative Economics, 33* (4), 730–752.

第3部

ポストポリティカル、
ポストアーバン世界に現れ始めたカルチャー

15 新たなアーバン・パラダイムに むけて

ローラ・ブルクハルター ｜ マニュエル・カステル

はじめに

　我々は今、世界の主な大都市圏、人口で言えば世界の少なくとも25%に影響が及んでいる慢性的な都市危機の中で生活している。本章では、現代の大都市がこの問題に対処するにはすでに時代遅れになっていることを特徴づける都市計画・管理手法について論じるとともに、21世紀にふさわしい新たなアーバン・パラダイムへの道を切りひらきうる代替案を模索する。

　ここで述べる考え方の一部は、2009年にアムステルダムとデルフトで開かれた第4回 International Forum on Urbanism (IFoU) 国際会議での発表と論文を元にしている。原文タイトルは「Beyond the Crisis: Towards a New Urban Paradigm（危機を超えて：新たなアーバン・パラダイムへ）」である。

機能的都市の失敗

　世界中でこの75年ほど採用されてきた都市計画手法は概ね、1930年代にヨーロッパの近代主義者らが定義した発想に基づくものであり、この時代の意識や知識が大いに反映されている。この手法の本質を要約すれば、都市は機械のように機能するということになる。それによれば、都市全体は切断、取り外したり、修理したり、再び組み立てたりすることができる部品で構成され、それによって「機能的都市」が構築されていることになる。

　この考え方において、統制・管理を強化するために都市のさまざまな用途や側

面を物理的にばらばらな部品に分類することは理にかなった判断であった。整然と分割された各都市機能を監督すべく、政府規制当局がそれぞれに設置されることになる。理論上は、最終的に全部品が適切に統制・管理され、よって組み立てられた完成品は完璧な「機能的都市」になる。

　この概念が、その後広く浸透した土地区画規制の土台であり、始まりであった。土地区画規制は、基本中の基本としてこれまでの建造環境および社会環境を形作っている。

　「機能的都市」と一口に言っても、文化やイデオロギーによってかなりの幅があるが、都市計画手法の実行に際しての基本的分析や考え方に違いはない。イデオロギー的に異なる特殊事例として、「住居」地区に関するいくつかの好例がある。第2次大戦後のアメリカ大都市圏において、当時の「アメリカン・ドリーム」思想に則ってかなり広範囲に区分された戸建て住宅向け区域、中国を筆頭に近年のアジア大都市地域に象徴的に見られる広大な高層マンション地区、ソ連時代を思い起こさせる長方形の住居ブロック、西ヨーロッパに典型的な2階建てタウン・ハウス式集合住宅などである。

　ここでのポイントは、この例で言うところの理想的住居「機能」の基となるイデオロギーが文化的に明確に異なる一方で、空間区割り原則については第2次大戦後の世界中の都市計画作業の中で均一的に用いられてきた点である。

　世界中の一党独裁政権しかり、第2次大戦後の鉄のカーテンの両極しかり、そのいずれもが機械然としたこのアーバン・パラダイムに大いに惹かれていたことは注目に値する。このアーバン・パラダイムを採用すれば、その本質からして、部品(と関与者、つまり人)を管理、分割、分類し、統制的なトップ・ダウン階層手法を構造的に導入すれば、アーバニズムを日常生活の基礎構造物や生理機能として捉えることができる。

　職場と生活の場の分離はあまねく毎日の通勤の必要性を意味し、その結果、輸送手段の必要性と、そしてたいていは時を待たずしてその暗い影、つまり必然的な交通渋滞が生まれる。加えて、周期的に区域全体の無人状態が発生する。夜間放置されるオフィス・エリアは、怖さや危険を感じさせる。日中無人化する居住区域は、孤立感や活気のなさを感じさせる。そうは言っても、有職者でも学生でもない一部の住人は孤立化した住戸にどうやっても置き去りにされる。こうした住人の大半は高齢者か幼い子ども、そして言うまでもなく、文化圏や時代による例外はあまりなく、女性たちである。戦後のアメリカにおいて、第2次大戦中に

雇用された女性たち、多くはそれまで男性のみの持ち分であった専門職分野に就いた女性たちは、今度は帰還した(男性)退役軍人の就労を確保する形となった。専業主婦を推奨する戦後のプロパガンダが全盛を極め、都市近郊にアメリカン・ドリーム的生活環境が用意されたことも相まって、置き去りにされる女性たちと無職住人たちの環境が確保され、彼らは徹底的に孤立していく。戸建て住宅の家事は手間も労力も大量に必要とする仕事であり、女性たちは再び、男性の稼ぎ手に完全依存することになった。強力なプロパガンダと、専業主婦が奨励された結果のベビー・ブームにもかかわらず、専業主婦の領域以外で女性のアイデンティティが社会的に受け入れられることはなく、ついに、アメリカの女性たちは自由と平等を求めて立ち上がり始める。この戦後の現実を象徴するモデル、アメリカン・ドリームがすべての人に有効だったわけではなく、アメリカン・ドリームの出現以降、国民のかなりの割合が置き去りにされていたことは明らかである。

公民権運動や女性解放運動、LGBT権利運動などを経て徐々に、社会経済的現実や、都市生活者の価値観、考え方が変化を遂げる一方、都市の現実を形作る都市計画の発想は旧態依然であった。

土地区画・計画活用条例は基本的に戦後に導入されて以降変わっておらず、今日の都市の基本要素として機能し続けている。こうした計画手法が停滞したり現状と乖離したりしていることが慢性的都市危機をもたらす大きな原因であり、本章での議論の根幹である。

都市危機は、「機能的都市」の形態が異なる場合でも、間違いなく似た形で存在することを指摘しておきたい。また、著者の2人が実はいずれもロサンゼルス在住であることから議論の出発点としてアメリカでのモデルを用いるが、本章に示す原則は多少調整すれば他の国にも適用できる。

前述の構成要素の有効性と別のタイプの都市の可能性について根本的再考を呼びかけることが本章の狙いである。

新たなパラダイム

都市とは生命の密集であるという考え方を提案しよう。数百万の生物体から成る生態系である。よって、生命体に当てはまる物理学や生物学の法則が自己相似的に都市にも当てはまると言えよう。どこか違いがあるだろうか。生命系へのニュートン物理学の応用を止めて、理想的、予測可能な結果の構想を期待できる時が来ようか。

都市計画理論が直線的思考とニュートン力学に従って時が刻まれる世界、すなわち「機能的都市」を今なお基盤にしている限り、我々は都市を定量化可能なユニット別指数をもつ一連の(生命をもたない)部品とみなしていることになる。パズルのように組み合わせれば、現在、我々が「都市」と呼んでいる機械然とした機能的インフラをおそらくは構築できる部品だ。しかしながらこの理論には、都市の構成要素が生命をもたない物体の質量指数(いわゆるレンガとモルタル)ではなく、むしろ有機体(いわゆる人、植物、動物、微生物)の生きた生態系であるという事実が欠落している。本国やアフリカ各所の移住地での多くのチャイニーズ・ゴースト・タウンを見れば、この議論に本来備わる妥当性を認識できるであろう。

　実際にこれが何を意味するかと言えば、仮に都市を生命体、規模のある生態環境と考えるならば、都市計画プロセスに対するアプローチも全く違ったものに変わってこようという点である。

　健全な生態系の成長を望むのであれば、それを分割したり、切断したりはしない。その部品が軟弱に成長し、病気にかかり、最終的に死に至ることがすぐにわかるからである。

　そうはせずに、育む。生態系に正のフィードバック・ループを生み出すために役立つ成分を与え、その知的な自己組織化を助ける。多様性や部分間の平和な共生関係を促す触媒を探す。そして極めて重要なポイントとして、観察する。観察しなければ、生態系を成長させたり、反対に収縮させたりする微細な変化は容易に見逃してしまう。この生きた生態環境においてなら、我々はすべての構成要素が都市に参加したり共に都市を作り上げたりすることに容易に気づくことができる。

提案するアーバン・パラダイムの基本は、生活をその中心に置くこと

　そうならば、都市計画(もっと良い言い方をすれば都市「育成」)の体系化原則は生活肯定的になる。

　このパラダイムを女性的アーバン・パラダイムと呼ぶ人もいるかもしれない。あえて言えば、究極的に人というものは概して、真の選択の機会を与えられたならば、分断され、支配された味もそっけもない環境よりも、生活肯定的な環境において心の安らかさを感じるものである。

　恐れは、人をコントロールし、分断化するための古くからある仕組みである。

コミュニティ、自由、人と人とのつながり、帰属意識は、恐れを土台にした都市モデルと正反対の位置にある。

生活を中心にした都市モデルにおいて目指すのは、街が単に機能的であるだけでなく、魅力的であることである。形式的ではなく、生活を肯定する方法を採る。

物理的介入にしろ、非物理的介入にしろ、都市を機械になぞらえたかつての発想における「機能」を必ずしも満たす必要はない。介入は、単に人生を幸福に、健康に、喜びに満ちたものにするために存在することもできる。コミュニティや多様性を称えるため、一体感や帰属意識を築くため、あるいは愛すべき都市作りのために。

ここで改めて、愛すべきと印象的との違いを明確にしておきたい。権威主義的統治においては常に印象的な大通りや像、広大な広場が好まれてきた。これらの目的は権威や権力を認識させ、空間を支配し、分断することである。大通りや広場は、たとえ公共物だったとしても親密感に欠ける。

人々がこうした都市、あるいは少なくともその一部に愛着を感じることはかなりまれである。都市に対する愛着心の源泉は共同体意識であり、表現や選択の自由であり、さらには十分な多様性、個人または集団の成功機会、一体感や絆、移動や通信の自由、結合的な物理構造、そして単純に創造的な躍動感やそのエネルギーである。これらが新しい発想や機会を育み、生い茂らせる肥沃な土壌となる。

人を中心にしたインフラ構築の可能性

2009年に発表した論文の中で、明確に人を中心に据えたさまざまな交通体系モデルを統合させた具体的構想を提案した。今なお、新たなアーバン・パラダイムを打ち立てるために重要であると考えられることから、ここでもう一度その案を提示したい。

インフラは財政的にもお役所手続き的にも膨大な作業をともなうため、調査されるのが後回しにされるのが通例である。したがって、本章で概説する提案は急進的あるいは空想的に見えるかもしれないが、高速道路・鉄道・地下鉄網の建設をはじめ過去の偉大なるインフラ介入より急進的であることはなく、おそらくは実現可能性が高いのが真実である。現時点で以下の提案に関する実現可能性は検討されておらず、また、この種の提案は、人々さらには政治家が大規模に賛同して初めて成立し得ることをご理解いただきたい。

世界中の都市を見るからに、モビリティと接続性は健全な都市・経済エコシス

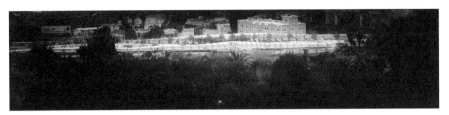

図15.1　ハリウッドの自転車専用ハイウェイ案
© by Laura Burkhalter, 2009

テムの根幹であることから、無残なレベルで最も有効性の低い都市とは、一つの輸送手段のみに頼った状態と考えることができ、この場合、自動車と唯一の代替手段であるバスに応えるための平面道路のみによるシステムが通例である。平面道路輸送手段のみまたはそれに過度に依存した都市は往々にして、単車、自転車、歩行者などの自動車以外の交通手段との共有を目的とした平面道路の安全強化にほとんどまたは全く費用を投じていない。ちなみに、こうした単一輸送手段都市にはひどい交通渋滞を起こす通りがあり、よって代わりの路面輸送手段の余地を作るために過飽和状態の路上システムから車線を減らす発想は、すでに欠陥のある状態をさらに悪化させることを意味し、住民や政治家の支持を得られる可能性は低い。対照的に、平面道路と地下鉄または路面電車網の組み合わせなど、少なくとも2種類の輸送手段を備えた都市は、単一輸送手段都市よりも飛躍的に優れたレベルにある。二元交通システム都市は、崩壊をきたすことなく高い都市密度を吸収でき、より多様な社会階級や個人的事情を包含し、それに合った選択肢を住民に提供できる。都市密度が高ければ、人々は職場の近くに暮らすことができ、輸送手段の選択肢は、移動に関わる無用の金銭的、個人的負担をうまく回避するために役立つ。これは都市が競争力を持ち、その地域に経済的繁栄をもたらすための重要要素である。

　我々がここで提案するインフラ介入は、こうした論理の道筋の単なる延長線にすぎない。つまり、マルチ・モーダル交通網の構築である。この新しい交通網は既存のインフラに重ね合わせるものであり、都市内に大規模な横断路を新たに設けたり、既存構造に負担をかけたりするものではない。むしろ都市住民に多様な新しい輸送手段の選択肢を提供するものである。言い換えると、既存の都市構造物(幹線道路、高速道路、鉄道、雨水管など)は、多層化によって従来の単一機能ではなく多用途に活用できる。

第3部　ポストポリティカル、ポストアーバン世界に現れ始めたカルチャー

　この提案の重要ポイントは、自転車その他の影響度の低い個人交通手段に公正な分け前を与えるという点である。つまり、自転車専用レーンを設ける以上の工夫を意味する。都市密度が高い場合も含め、多くの大都市圏でもやはり相当の距離を移動するからである。したがって、自転車には、走行スピードを低下させる信号機のない、安全で快適な自転車専用フリーウェイが必要である。状況によっては、そうしたフリーウェイを例えば、都市全域に自動車が通行しない空間がすでに出来上がっている既存の河川や雨水管沿いの路面に敷設できる。限られた都市では、その通り全体の車両通行を永久封鎖し、車両通行用の高架式または地下式通路を別途設けた上で自転車専用フリーウェイに指定する方法も考えられなくもないが、大半の場合はこの方法に実現性はない。河川や雨水管であればたいていの都市にすでにあり、ハイウェイ網全体を賄えずとも、比較的小規模な投資で、場合によっては河川沿いの景観整備と同時に一部の路面整備を行うことができ、どちらにしろ多くの都市は現在のコンクリート河道を作り直す必要がある。歩行者のために水路を再利用する発想は、他でもすでに検討されているため（その一例としてロサンゼルスでの河川案を参照）、本章ではその詳細には触れず、適切な投資と計画を行えば、何がしかの調整をもって大半の都市で機能するマルチ・モーダルなハイウェイ・フリーウェイ案に着目し、それについて説明する。

　この提案においては、代替の輸送手段は、各々のメリットを最大化しデメリットを最小化する形で高架式道路を新設することによって現在の大通りまたは高速道路上に重なる。例えば、騒音と環境汚染の影響が最も小さく、景観的価値が最も大きいという観点から最も快適な輸送手段が一番恵まれた位置、つまり最上層を与えられる。自転車、歩行者その他この条件に当てはまる交通手段などである。その下は、地下鉄がないまたは敷設できない場所に設けられる、市民を大量輸送機関へとつなぐ懸垂型モノレールシステム。さらにその下は、従来通りの自動車、バス通行へと続く。願わくは、汚染や騒音を最小限に抑える最新のチューブ型が望ましい。輸送幹線網の路面または周囲の緑化以外にも、間違いなくインテリジェントなハイテク、ローテク騒音・汚染軽減システムが開発され、用いられるべきである。

　この多層型マルチ・モーダル交通インフラのポイントは、人を食物連鎖の一番最後ではなく一番最初に据えている点である。人または人力の交通手段に、都市中を移動できる安全で美しく効率的な高架・パノラマ式公園道路システムが提供されることになる。

274

図15.2　ロサンゼルス・ダウンタウンの自転車専用ハイウェイ案
© by Laura Burkhalter, 2009

図15.3　ロサンゼルス、ハリウッド・フリーウェイ101上の
自転車専用ハイウェイ案下面図
© by Laura Burkhalter, 2009

　この多層構造のポイントは、すでに出来上がった大都市に新しい地下鉄用トンネルを掘るよりも多くの場合費用がかからずもしくは実現しやすいこの手法によって、複数種類の持続可能な輸送手段が単なる大量輸送機関以上の機能を発揮できる点である。また、層状になったシステムであれば、どこかの所定の結節点で輸送手段を入れ替えることも容易だ。
　さらに、この新しい自転車専用ハイウェイ構造は、街全体に広がる公共の公園

第3部 ポストポリティカル、ポストアーバン世界に現れ始めたカルチャー

図15.4 ロサンゼルス、ウィルシャー・コリドー自転車専用ハイウェイ
© by Laura Burkhalter, 2009

図15.5 ロサンゼルス、ハリウッド・フリーウェイ101上の
ハリウッド自転車専用ハイウェイ案
© by Laura Burkhalter, 2009

としても機能する。自転車専用レーンは樹木や生け垣、人工構造物で仕切られ、リラックスしたり、ウォーキングしたり、遊ぶことができる。公園道路は、混雑した大通りや高速道路沿いの不動産価値を高める効果もある。こうした道路沿いによく立ち並ぶ高層オフィスビルの利用者がうるさい車両通行ではなく公園を見下ろせるようになるからである。

建物は、高架式公園道路から専用通路を通って直接出入りできるようにするこ

276

とも可能だ。建物フロアもそれぞれの重要性が変わるかもしれない。公園道路の連結階が公共との接点として機能したり小売店舗が設置される場所となる。

　日常的な自転車通勤者の想定数を考慮から外したり、過小に評価したりすることはままある。現時点では、多くの巨大都市において自転車通勤者は極めて少数派であるのが事実だ。その一方で、都市政策によって自転車利用を魅力的で安全な手段にした都市では自転車通勤者が多いという反対の事実も存在する。例えばアムステルダムでは、全体の30%が通勤に日常的に自転車を利用し、40%が時々利用する。この街では、日常の移動回数が自動車よりも自転車の方が若干多い。そしてさらに観点を広げると、アムステルダムは年間を通して天候に恵まれているわけでもなく、したがって、世界の温暖で降雨量の少ない都市ならばこの数字がさらに上がる可能性がある。アムステルダム以外の多くのヨーロッパの都市において、自転車は通勤手段の20%以上を占め、非常に有効な都市計画政策の一事例ではあってもアムステルダムだけが特に例外ということでもない。その反対に中国国内の都市では、過去30年、自転車通勤の割合が80〜90%以上を占め、そのために自転車通勤の安全性が徐々に阻害され、よってその魅力も低下している。しかしその一方で、中国国内では近年、持続可能な成長政策と大胆なインフラプロジェクトに関心が注がれていることから、この国が自転車専用ハイウェイ網導入の最有力候補になり得るかもしれない。

　自転車は通勤手段として実用的でないというご意見の方のために、ここにいくつかの事実と、実用性に関する軽微な欠点を緩和するためのいくつかの解決策を紹介する。

●　路上の自転車専用レーンが信号機の影響を受けるのに対し、自転車専用ハイウェイはノンストップの自転車通行を可能にする。その結果、自転車通勤の効率性とそれと同様にスピードも上がる。信号のない路上走行時の自転車速度は個人差があるものの平均で時速15〜25マイル(約24〜40km)、トレーニングを受けたサイクリストなら時速30マイル(約48km)も可能である。これは、通勤時間帯の高速道路走行速度と匹敵するか、ともすればそれを上回る。(比較すると、ロサンゼルス、ウィルシャー大通り走行時のメトロ・ラピッド・バス・サービスの日中の平均速度は時速11.7マイル(約19km)、ラッシュアワーになればさらに落ちる。)

●　高架式構造(巨大動脈)は、路上自転車専用レーン(静脈)や近隣道路(毛細血管)

第3部　ポストポリティカル、ポストアーバン世界に現れ始めたカルチャー

と接続し、交通網全体を構成することができる。

- 動脈の出入り口付近には、ジューススタンドや屋外レストラン、シャワー・スパ施設、アイスクリームショップ、自転車修理店、自転車オンデマンド・スタンドを設置。交通網の主要結節点にはそれ以外のアメニティ施設を設け、周囲には人々が集ったり、夕方にのんびりと散歩や食事、買い物などを楽しんだりできる設備を設けることができる。

- シャワー・スパ施設でレンタルクローゼット・サービスを提供する方法も考えられる。利用者がオフィス着を預けておいて軽い運動の後に着替えたり、出勤または帰宅の途中でシャワーを浴びたりすることができる。運動用ウェアまたはビジネス着のクリーニングサービスの提供も可能であるが、これはもちろんプラスαである。基本的に、今や周辺で何もかもを解決してしまいたい、こうした新種の通勤者のニーズに、より幅広い人々にとってこの通勤スタイルが魅力的に映るような斬新で利便性の高い方法で対応する。

- 建設地域の気候によっては、自転車専用ハイウェイは全体または部分的な屋根付き、日よけ付き、天然の空調システム付きとして設計可能である。この案に示されている環境への配慮に則り、冷暖房は屋根に設置された太陽熱温水器による放射路面暖房、ハイウェイの上または道路沿いに設置された太陽電池、風力タービンなどを動力とするウォーター・カーテンや最新の換気法による冷房の形態を用い、自然の力で行う必要がある。空調の必要性のない気候である場合も、日よけまたは屋根構造にハイテク太陽光パネルを組み込むことができる。分散型太陽光発電ステーションとして機能し、下層の懸垂型モノレールや路上の電気自動車用充電ステーションに電源供給できる。

- 自転車通勤は人々の幸福感、健康、能率を高める。日常的な運動が健康維持に役立ち、運動中に分泌されるエンドルフィンは幸福感を増すことから、労働者の生産性も高まる。その反対に、輸送機関による通勤は、利用者に不安、落ち込み、怒り、あるいはあきらめ、消耗といった感情を起こさせる。仮に週に1〜2日でもこうした負の感情を正の感情に入れ替えることができれば、個人の生活に大きな違いが生まれる。研究結果に示される通り、自転車は混雑していないエリアでの測定とはいえ他の輸送手段と比べて「喜び」の感情の割合が最も高い。この調査では交通渋滞は考慮されていない。

- 自転車と歩行は最もコスト安で健康的、環境的に持続可能な交通手段である。したがって各自に経済的負担をかけず、環境に負担をかけず人々の若返りを図

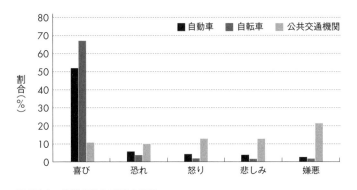

図15.6　輸送手段と感情の関係
出所：オランダ自転車評議会作成図。Hans Voerknechtによるプレゼンテーションより

るための最有力候補である。
- 安全なドア・ツー・ドア接続のための自転車・歩行者専用レーンを完全に構築するためには、自転車用上部構造にアクセスするための路上レーンの設置が必要である。こうした支線レーンの影響を受けるのは近隣の二次道路のみであるため、多くの都市環境で対応可能と考えられる。この設置方法や設置場所はその都市や近隣区域によってまちまちであるが、ここではこれを実現するために考えられるいくつかの計画方法を以下に示す。
- 交通量の少ない近隣道路を一方通行に変え、その片側を歩行者・自転車専用に指定する。車線の明確な区別と路上美化のために、中央線には植樹または造園を行うのが望ましい。
- 新規開発された近隣区域または裏庭のセット・バックに構造物がない場所では、歩行者専用通路は裏庭に沿って敷設でき、これによって住民の庭と庭の間に車両通行を完全に遮断した公園道路システムが整備される。のどかな通路が生まれる反面、新規開発以外の近隣区域では、公益を理由に指定された裏庭の一部を住民が差し出さざるをえないことを意味するかもしれない。
- 一部の工業団地地域や郊外地域など、交通量の少ない広い道路のある区域では、幅12フィート（約3.7m）以上の道路の中央を歩行者専用に指定する方法もある。この場合も、植樹や造園によって車両通行と隔てる必要があるだろう。中央を通る自転車走行者は、典型的な道路脇の自転車専用レーンのように駐車車両にじゃまされたり、これによって危険にさらされたりしない。また、造園物で隔てられた倍幅レーンは通常の道路脇に各々あるレーンと比べて質の高い空間と

第 3 部　ポストポリティカル、ポストアーバン世界に現れ始めたカルチャー

なる。

- 幅の狭い道路は駐車レーンをなくしてスペースを空け（中央が望ましい）、自転車専用レーンとする。駐車スペースは近隣に立体駐車場を設ける。

　前回2009年の論文において自転車専用ハイウェイと高速モノレールシステムを敷設する上記の「マルチ・モーダル交通システム」案を公表後、こうした発想は空想的、非現実的であり、経済的に堅実ではないとの批判を受けた。8年を経て、そうした批判に対してはインフラ建造物に、本質的に全く違う人を中心に据えたアプローチを受け入れる想像力が欠けていると主張したい。この間、ある意味我々の案よりもむしろ「空想的な」企画が実現過程にある。

　近代史、そして人類の歴史の大部分において、インフラは直接的な「機能的」用途を果たしてきた。財を輸送し、軍隊や労働者をA地点からB地点へと運び、そのいずれにしても、必然的に大規模な投資に対する直接的リターンがあったと考えられる。線状高架式歩行者専用公園道路システムと自転車専用ハイウェイも、ある意味、非常に機能的な用途を果たす。パノラマ式の安全で実用的な手段が提供されれば、多くの人々は、異論もあろうが、A地点からB地点への移動に自転車を選ぶだろう。となれば一般道の交通量と渋滞が緩和され、市民らがより健康になる。しかしながら、潤沢な資金を持ち、そのロビー活動を行う自転車業界はなく、議論は簡単に道に迷う。

　その一方で、コペンハーゲンでは2014年6月に初の高架式自転車専用ハイウェイが開通し、ドイツ北西部では、地域を突き抜ける全長100kmの自転車専用フリーウェイの建設が進められている。

　コペンハーゲン－アルバスルン間のルートは、完成の暁には全長500kmに及ぶ28の「サイクル・スーパーハイウェイ」で構成される道路網計画の第一弾である。このハイウェイ網によってコペンハーゲン大都市圏の自転車レーンが15％増加し、健康増進のおかげで公共支出の年間4030万ユーロ削減が見込まれている（デンマーク公式ウェブサイトより）。

　このほか、ミネアポリスはすでに自転車専用フリーウェイを導入し、ロサンゼルスではロサンゼルスリバー沿いの自転車専用ハイウェイがついに全線開通へと近づく一方、この数十年コンクリートで覆われ、連鎖が分断されていた河川の一部も自然の生息環境や生物多様性の回復が図られている。ニューヨークでは、2009年以降高架式線形公園、「ハイライン」が段階的にオープンし、街の魅力ア

ップだけでなく周辺地域への高い経済効果も証明されている。さらに、建築家、ノーマン・フォスター卿も2014年に前述のプロジェクトに極めて類似した、ロンドンを貫く自転車専用ハイウェイシステムの完成予想図を公表している。

懸垂型モノレールについては、2016年10月に初のチューブ型「ハイパー・ループ」プロトタイプが空中浮上した。SpaceX のイーロン・マスク CEO が長年温めてきたプロジェクトであるこのハイパー・ループは、大部分は高架式上部構造である減圧真空管内を走行する先進的チューブ型高速交通システムの構築を目指している。ハイパー・ループと自転車専用フリーウェイ、公園上部構造を組み合わせる構想は以前にも増して現実味を帯びている。

最後に、電気自動車の普及がこの数年間で飛躍的に進んでいる。これにともない、大都市圏に充電設備が設けられ、その結果、電気自動車がより多くの人々にとって実用的、経済的、理想的なガソリン自動車代替物になっている。

時は指数関数的スピードで変化する。これが事実である。

Google の共同創業者、ラリー・ペイジは、たとえ巨大であろうとも企業が加速度的に失敗に向かう理由を振り返り、「それは将来を見失ったからだ」と結論づけている。

我々は、学んだり、意見を受け入れたりして自らの考え方や物理的環境、共有環境の構築・管理方法を進化させる。さもなくば、我々自身も全体として未来を見失い、不変で緩慢な、そしておそらくは大部分は都市化された人類の可能性が時として内破的に縮小する方向へと向かう。

現実を見れば、繰り返される都市危機がまさにそうである。可能性が徐々に絶え間なく縮小していく。

最終的には、何が機能的であるかは、機能の定義と見る者の視点による。仮に機能が人生を肯定する都市環境を支えることを意味するならば、屋上の菜園や鶏舎、都市農場協同組合、ファーマーズ・マーケット、歩行者専用道路、自転車専用フリーウェイ、共有型経済モデルはいずれも「機能的」と考えて大いに筋が通る。

今こそ方向転換を図り、居住、移動、労働、学び、収入獲得、成長、進化、互いの交わりについて根本から新しい方法を採り入れるべきではないかと我々は提案する。

第3部　ポストポリティカル、ポストアーバン世界に現れ始めたカルチャー

創造的都市

　自動化の進展は持続的躍進を可能にする。したがって、世界中の労働者が現在手にしている仕事の大部分が近い将来、時代遅れになる。本章の範疇として、ここでそうした変化が都市化環境に与える社会経済的、政治的影響について予測はしない。しかしながら、変化の最中からその後にかけて、増大する痛みや打撃が最も小さく、最も優れた魅力と機会を提供するのは紛れもなく創造的都市であろうことは強く主張する。人々は数と速度が増す環境の中で自らとその現実を作り変える方法を学ばなければならない。未知のものを受け入れる姿勢を育む環境と、それを抑えこむ環境の2種類があるのだ。

　ほとんど言うまでもないが、恐怖を土台にしたトップ・ダウンの階層的、支配的環境は創造的思考を育みはしない。ただし、創造性を巧妙に抑えることは手の届きやすさにつながる。さもなければそれが全くなくなる。最も経済的に暮らしやすい都市の多くが人気を集め、最も創造的な都市環境を醸成していることは多くの文献に記されている。活気ある創造的都市の躍動感は「創造的資本」をさらに集め、次第に世界から投資資本を引き寄せた結果、ある時点で経済的暮らしやすさが損なわれることも多くの文献で立証済みである。

　創造的に生きたい人々でも、その都市で基本的な生活を成り立たせるために過度な生活費を負担したり、健康を損ねたり、長時間の通勤時間をかけたりするわけにはいかない。生活の中で経済的負担が過剰になったり、交通渋滞や非効率的な仕組みのおかげで通勤や移動に過剰な時間が必要になったり、あるいは環境的危険性や犯罪によって危険が増した場合、その都市の創造的資本はすぐさま縮小に向かう。大規模な創造性は生活コストと各個人の経済力とが良好なバランスを保って初めて成立する。

　創造性が存在するためには、人々は未知の領域に許可を与え、リスクを負わなければならない。リスクには必然的に高確率の失敗の可能性をともない、そしてシステム（個人レベルでも、マクロ、都市レベルでも）に過度な負担がかかればミスを吸収する余裕がなくなり、一度の失敗がシステムの顕著な崩壊を意味する。往々にして創造者たちには、住まいを失わないためのその日の仕事があり、残りの時間で創造性に取り組む。だが、日々の仕事で請求書の支払いに困るようになれば、生存のための基本的ニーズを補うための副業を得るという名目で創造的挑戦は消滅する。事実上、これが（ミクロまたはマクロの）システムを生存モードへ

と変え、創造的思考は完全に死に絶えるまでいかずとも大幅に減衰する。

例えばロサンゼルスは、このテーマについて前回論文を執筆していた時以来の深刻な不動産・金融危機から脱し、新たな不動産バブルへ突入した。ただしこれはこの街が都市危機から回復したことを意味しない。事実、ロサンゼルスは以前にも増して経済的に暮らしにくくなり、賃貸にしろ購入にしろ住宅価格は中産階級に手の届くレベルをはるかに超えている。そして、市が手頃な価格の住戸建設のためにある程度の取り組みを行っているものの、焼け石に水にすぎない。さまざまな創造的個人、企業、ベンチャー企業を含む創造資本の多くがこの街を離れる一方、世界の資本が大がかりに街を買い占めにかかっているのが事実である。

問題は、経済的暮らしやすさ——創造性——人気の高さ——経済的暮らしにくさ——創造性の縮小、このサイクルが不可避であるか否かだ。ある程度はそうかもしれない。だが、シェアリング・エコノミーの枠組みが、空間占有の高密度化と共生的層化、そして創造性のある社会・自然・物理環境に対する継続的、包括的かつ理にかなった再投資と合わさることによって、永続的な正のフィードバック・ループの推進に大いに役立つ可能性があり、この場合において創造性の衰退はサイクルの不可避的要素ではない。

現実には、創造性の縮小は、都市の提供物がそこで人生を築くために必要なエネルギーや労力を下回った時に起きる。創造的で開かれた自己編成型の理にかなった仕組みにおいて、そうした重要ポイントは本質的な必然ではなく、注意深い観察と必要なアクション、微調整の実行によって元に戻すことも可能である。

シェアリング・エコノミー

現代社会はこれまで疎遠化と断片化というお決まりのコースをたどってきた。そして現在採用されている空間政策はこの路線の継続を強いている。

21世紀の都市のカルチャーと機能に紐づいた新しい居住類型には喫緊のニーズがある。我々の視点において、新たな居住形態を定義するためには新たな社会形態を定義しなければならない。居住場所は人々の生息地として機能するからである。現在もそうであるように、時代遅れになった居住形態の表れであれ、より多くの場合は、ディベロッパーにとって最も実入りが良く、役人にとってコントロールしやすいとにかく何らかの居住形態に人々を強制的に落ち着かせるための思惑的計算の産物であれ、人々は硬直的な既存の居住形態を選択せざるを得ない。新たな居住形態を実現させるには、資源の共有に基づく居住形態について再度の

第 3 部　ポストポリティカル、ポストアーバン世界に現れ始めたカルチャー

取り決めや作り変えが必要になるかもしれない。

　現在の都市計画方針の関心は、主に住居の大きさや敷地・前庭・側庭の面積であり、住居の機能に目が向けられることは全くない。例えばロサンゼルスでは、「建蔽率を抑え、よって特大サイズの戸建て住宅を構える機会を抑えるための」大邸宅化抑制法が導入された。

　疑問は建物の建蔽率が真の問題であるのか、根底にある問題の方がより深刻なのではないかという点である。我々は、「特大サイズの戸建て住宅」の最大の問題は、一つにはこうした類の住居の建設施工には持続可能性がないこと、もう一つには当世では徐々に姿を消しつつある実在物、「一家族」の概念そのものであろう。広い家が共同生活に適した場を生み出すのは事実である。当然のことながら、こうした家は標準的特大邸宅と違ったさまざまな特徴を持つ場合があり、これをうまく機能させ、資源の共有という発想を文字通り尊重するためには、持続可能な方法で建設し、自らエネルギー供給し、屋外には目を楽しませたり、食料を栽培したりする庭も必要である。ただし、完全に持続可能な方法で建てられ、屋上に家と同程度に大きな庭が設置され、住宅以外の資源も共有する相当人数が暮らすさほど大きくはない敷地の広い家は結局、大半の時間を職場や通勤に費やすわずか 2 人が暮らす大きな敷地の小さな住宅よりも 1 人当たり二酸化炭素排出量がはるかに抑えられる。都市プランナーが氷山の先端のみに対処するその場しのぎの解決法ではなく、土地利用に関するより深い問題に取り組み始める時期と言えよう。

　密な活動ネットワークに関わる現代人であれば、家事労働や空間の共有によって、時間のかかる作業や経済的ストレスから実際に解放されることが可能だ。

　居住空間の共有のほかにも、うまく共有できる資源は数多くある。例えば、不動産、資金、投資から、さまざまなサービス、ガーデニングや食用植物栽培、料理や食事、衣服、事務所スペース・設備、輸送、保育、教育、高齢者介護、エネルギー、さらには互いの交流や笑いや悲しみ、抗議や賛美の共有などの社会的、感情的事柄に至るまで多種多様に考えられる。

　こうした資源共有形態の多くはすでに一般に行われていることであり、そしてその大半について、こうした共同社会のつながりに空間政策の変更は必要ない。とはいえ、政策変更には大きな利点があるだろう。断片化した空間は断片化した社会構造を作る傾向がある。であればプロセスを逆行させることができる。社会構造の融合、一体化に役立つより結合力のある空間パターンを編み出すことによ

284

って社会構造を作るのである。

　この機会に、このテーマに関する前回の論文執筆時以降、シェアリング・エコノミー分野において実に洞察に満ちた進展がいくつかあったことを指摘しておきたい。

　Uber や Airbnb（とその類似サービス）の登場と、その急速で見たところ不可逆的な成功は、シェアリング・エコノミーが少数異端者同士の片隅に追いやられた可能性ではなく、大々的な解決策であることを非常に明確、明白な表現で我々に示してきた。こうした共有プラットフォームの成功は、小さな変化が規模が拡大した場合に持ちうる影響力を実証している。ちなみに、本章の目的上、サービスと対価との交換である場合を含めて「共有する、共有された」という語を用いる。シェアリング・エコノミーについて取り上げるのは私的資源の共有であり、常ではないが多くの場合対価との交換だからである。

　例えば、電気自動車のドライバー・コミュニティでは、喜んで互いに助け合う（多くの場合無償で）サブカルチャーが築かれている。こうした人々はガソリンを使用しない自動車が世界にもたらしうる大義の信仰者だからである。コミュニティ・メンバーの多くは、この動きの中でことさら努力して他のコミュニティ・メンバーを助ける。そのために私道にある個人の電源を他の電気自動車ドライバーに無償提供したり、さらには所有者が不在な時であっても、電気自動車充電コミュニティ・アプリでドライバーに利用可能であることを知らせたりする。

　8年前の当時、将来、本職でもなく、面識もないパートタイムのドライバーがいつでもどこでも自家用車で送ってくれる状況が生まれようとは多くの人にとって想像もできなかっただろう。だが、我々の都市環境では、以前疑っていたよりも面識のない者同士の信頼が高まっていることが明らかになっている。事実、Uber、Lyft などは、このわずか数年で、移動パターンや通勤習慣に大規模に影響を与えている。ロサンゼルスのような広範囲に広がった都市でさえ、人々は進んでマイカー所有から卒業し始めている。もはやかつてのような方法でマイカーに頼ることがないからである。アーティストや学生、クリエイターなどフレキシブルなスケジュールを必要とするパートタイム労働者が数百万人増え、その一方で同乗者もドライバーも多様な文化にさらされ、多様な人々との人間関係を与えられることになった。現在、ライド・シェアリング・プラットフォームを魅力的にしているこうした点の一部は、Uber が将来的に使用を意図している自動運転車などの自動化が実現した未来には再び時代遅れになると我々は認識している。

短期的ハウス・シェアリングについては、Airbnbなどが、自宅を見知らぬ旅行客向けに宿泊場所として提供するという方法によって、普段なら手の届かない生活を手の届く価格で体験する機会を多くの人に提供している。これについても、見知らぬ人を信用し自宅に泊めてもかまわないと思う気持ちが人々の間に広まるとはかつて想像もつかなかったが、このコンセプトはすさまじい勢いで広がっている。多くの場合、宿泊場所提供者と宿泊者との間に個人的つながりが生まれ、時には長く続く友人関係が築かれるケースもある。これまでのバケーション・レンタル・プラットフォームの失敗の原因は、自らの経済的大成功にある。バケーション・レンタルによる高額収入の可能性を誘因に多くの人が住居全体の常時賃貸を始めるようになり、人気地区の住宅事情を解消どころか悪化させている。一部都市では現在、バケーション・レンタル事業を望ましくない影響を避けるためにハウス・シェアリングのみに規制している。ありとあらゆる新しい物事と同様、最も有益で共生的なシェアリング・エコノミーを構築するには、影響を受けるすべての人々や要素のためにいくつかの問題に対処し、いくつかのもつれを解消しなければならない。

　こうした新しいプラットフォームに欠点がないか、もしくは交通・住宅問題の解消につながるほど、都市環境におけるリソースの共有と互いを信頼するカルチャーの醸成の存続可能性が証明されることになる。

　また、こうしたプラットフォームは、シェアリング・エコノミーに有利な法規制が整備されていない場合でも、大きな経済的圧力と新しい概念を一般社会が広く受け入れれば、最終的に都市構成者の意思に法規制が甘んじることになる。

　最後に、空間、財、時間、知識、スキル、資金、食事、ケア、教育、輸送手段などの私有リソースの共有は、生活を楽にし、個人や集団が使い果たす資源を減らし、大勢の人にフレキシブルな分散型雇用を生み出す。前述したこうした有償シェア用プラットフォームの成功を追い風に、都市型シェアリング・エコノミーの今後数年の大きな前進が予想される。

都市型の自立：ショッピング・モールから都市農業まで

　食料の確保は今なお日常生活の一番の関心事であることは忘れられがちである。さらには、化学的に栽培・加工され、遺伝子組み換えされた食品が、がんから心血管疾患まで、肥満から偏頭痛までさまざまな種類の疾患と関係している事実への注目度が低いと我々は考えている。しかも、結局のところ毒入り食品と大差な

い物の危険を人々が認識している場合でさえ、実用的な代替品はほとんどない。価格の高い有機農産物を買う金銭的余裕がない場合は特にそうである。よって、懐にやさしく健康的なライフスタイルを送るための方法として食料の自家栽培が急速に広まっている。これには個人的メリット以外に、環境と経済にとっても非常に大きなリターンがある。密集した大都市に農業用地が増えることは、地域生態系の正しい機能を後押しするバランスのとれた土地利用への道筋となる。製造、保存、輸送(往々にして地球の反対側から)、保管、流通が必要となる工業的食品の量が少なくなれば、地球温暖化対策と省エネ対策に大きく寄与する。自分で作った食べ物を摂取し、植え付け・耕作・収穫のために必要な肉体労働を行うことで、予防医療の点でも極めて大きな効果が期待でき、持ちこたえられない水準にまで膨らんだ医療費の削減に役立つ。これまでは深刻な(多くの場合、すでに手遅れな)病気の高度な治療のための機器や薬、大病院に重きが置かれていたからである。さらには、これほど効果的に人々を一体化させることができ、共同体で食物を栽培し、それに関連して食事を作ったりシェアしたりするなどして人と自然とをつなげられるものはそうない。

　都市や社会に変化を与えるに足る規模の都市農業とは、単なる個人菜園の話ではない。共同体による事業である。自宅のバルコニーや窓台、前庭、裏庭を多大な労力と時間を要し、環境汚染の原因となる完璧な芝生の世話のためではなく、野菜栽培に活かすことは称賛に値する行為だが、一方の都市農業には、兼業、専業農家から成る協同組合向けの小さな専用区画が都市全体に必要であり、これと併せて適切な資金援助と技術も必要である。多くの大都市圏には潤沢な空き地がある。これは、ほとんどのケースで思惑的計画と関係している。なぜならこうした空き地は、ディベロッパーにとって条件が整った時、新たな成長にはずみをつけるために都市計画当局にプレッシャーをかけられるようになった時に、住宅または商業用途指定を与えられるのを待っている土地だからである。十分な政治的意思と、新しい総合的計画立案戦略があれば、大都市の随所にある多数の遊休地区画を都市農園に転換できる。こうした区画の一部は常設とし、別の区画は、遊牧民的な一時的都市農園に限定することができる。平均的に、アメリカの大都市地域での比較的大規模なプロジェクトが一通りの認可や許可を得て建設準備を整えるには3年から10年かかる。つまり、こうした遊休地は結局、環境負荷を生み出す原因になるのが落ちだ。たいていはフェンスで仕切られ、ゴミが散乱する。ゴミの投棄や犯罪行為を招き、夜間は暗く日中は見苦しく、通りの治安を悪化さ

第3部　ポストポリティカル、ポストアーバン世界に現れ始めたカルチャー

せるなど、地域社会にとっては害悪をもたらす。ディベロッパーにとっては、維持費や諸税がかかることに加え、ともすれば敷地内でギャングの違法行為が横行し法的問題の種になるなど、無駄な費用をくう負債である。そこで登場する一時的都市農園戦略は、全員にとって利益のある状況を生み出す。コミュニティには何年にもわたって都市農園とその場で収穫された正真正銘の地元野菜を売る直売所ができ、通りは美しく安全になり、近所の人々が集まったり、ひょっとしたら職を得られたりするかもしれない場が生まれる。ディベロッパーは、犯罪行為と違法投棄されたゴミの山に対処する悩みと費用から解放される。遊牧民的栽培者協同組合は、消費者市場の中間点で土地の維持作業の対価として無償で区画を利用でき、収穫品の保管や輸送の必要がなくなる。いくつかの制約がないわけではないが、野菜あるいは果樹、つる性植物を移動可能なコンテナの中で栽培・管理することは十分可能であり、土壌を慎重に管理でき、都市の多くの空き地で見つかる場合のある環境有害物質を排除できるなど、さまざまな意味でも有益である。

　都市農業戦略は事実、自己消費以上の価値をもたらす可能性もある。常設または一時的都市農園あるいは個人菜園で収穫された産物が、都市の総食品消費量のほんのわずかでも賄うことができれば、環境保護の観点から大きなプラスになる。また都市農園は、有機食品を近隣世帯や地元の飲食店のほか、宅配サービスを利用したりファーマーズ・マーケットの開催場所を増やしたりするなどしてさらに広範囲に提供することによって雇用や収益を生み出す可能性もある。

　都市農園は、栽培者、ボランティアが暮らすアーバン・ビレッジをともなう場合もあれば、店舗、飲食店などの商業活性化を生み出す可能性もある。

　このように、大都市は、都市の生産・サービス機能と共存する農園やビレッジが点在する状態へと変化できる。活用法の多様化によって、大都市は人々のニーズや要望の進化、そして市場や社会の変化に適応できるようになる。

人を中心にした土地利用パターン

　本章冒頭で述べた通り、今日の都市構築は、多くの場合1世紀近く前に導入された統制法や発想に基づいている。大半の国や地域では、そうした統制法は徐々に（ただし最低限の範囲で）改定されてはいるが、そうは言っても、有効性や現代のニーズ、価値観の反映の点から、法令の根本的な検証が行われたわけではない。社会や技術の進歩を予測することも、そうした進歩の一部が加速度的に起きると予測することも、近代都市計画法創始者たちの責任の範疇ではない。統制法が当

288

初作られた時、それらはその当時の手段と理解をもってその当時の問題に対処することを目的としていたのである。それら統制法が将来的にどのような結果になるかを示す70年あまりの経験的データなどなかったことは言うまでもない。

これら土地利用法に反映された価値観は、今日の大都市構成者の価値観、ライフスタイル、ニーズの大部分と一致しない。むしろ、多くにとって、あるいはおそらくは大部分にとって、実際の価値観や意見と正反対である。

これまで、技術が常に変化する一方で、都市の物理的環境とその機能が本質的に常に変わらない状態が受け入れられてきた。だが、それは都市のあるべき性質ではない。都市の「性質」を形作る構成者と互いに作用するのが統制法の性質である。

したがって、さまざまな統制法と都市構成者とのさまざまな相互作用によって、都市は全く異なる姿になり得る。

我々は、20世紀の都市計画の基本的構成要素について、意図、目的、実際の測定可能な記録・実績の点から再検証することを提案する。

我々の意図は規制緩和ではない。私有地開発を規制する法令を持たない世界中の数多くの大都市が実証する通り、公益のために空間や投資が取っておかれることはなく、同様に歩道が作られることもなく、公共インフラや歩行者の安全はほとんど存在しない。我々が提案するのは、必要に応じて手直しができ、透明性と本来の柔軟性、自己知性を備えた規制枠組みの構築である。つまり、情報マトリクスに収集データを加え続け、複合領域的経験データに基づきより的確な意思決定や結論づけができる仕組みを作ることを意味する。

その精神において、我々の前回の論文の中で、都市救済計画「Planning and Landuse Policies for Urban Quality of Life（都市のクオリティ・オブ・ライフのための都市計画・土地利用方針）」の一環として土地利用パターンにおける次の変化を列挙した。これらは、今なお検討する価値があると考える。

1 都市区画法は、パフォーマンス・ガイドラインへと変わっている。その結果、所定のパフォーマンス要件と既存の安全建築基準が満たされている限り、土地利用制限がなくなっている。パフォーマンス・ガイドラインは、以下の基準などがベースになっている。
- 環境的パフォーマンス／持続可能性
- 地域コミュニティに対する社会的品質

第3部　ポストポリティカル、ポストアーバン世界に現れ始めたカルチャー

- 経済的パフォーマンス／雇用機会
- 創造的価値

　都市区画法からパフォーマンス・ガイドラインへの転換によって、北米都市を中心に現在我々が抱える都市問題の多くをこれ単独で対処し得る。郊外の単調な景観を躍動的で活気あるコミュニティに変えられる。どのコミュニティも、ショッピング・モールの上のマンション暮らしといったトップ・ダウン型マスタープラン方式ではなく、自発的で多様な民衆に根差したさまざまな活用法に変えられる。パフォーマンス基準を守る限り、今や誰もがどこでもビジネスを始められるという事実は、真の付加価値を土台に地域経済の繁栄を生み出すコミュニティ起業家精神の新たな章の幕開けを意味する。こうした緩やかな変化は、個々のコミュニティに合わせて自動調整され、都市構造を現在形成しているマスタープランや都市区画法による画一的ソリューションではなく、その土地その土地に独自のアイデンティティを与えるものである。

　さらに、工場も公害産業ももはやパフォーマンス基準の適用を免除されない。建物の用途にかかわらず、パフォーマンス基準を満たさなければならない。

　2番目から5番目のポイントは、典型的なアメリカの都市の土地利用パターンの変化についてである。

2　前庭と側庭のセット・バックがなくなっている(構造物間に耐震性の仕切りの設置が義務付けられている場合もある)。各構造物に自然光、自然換気、緊急出入り口の設置が義務化され、また、出入りでき、使用できる一定面積のガーデン・スペースを設けなければならない。各住戸建物の間、周囲、屋上など。

3　最低区画面積が除外されている。

4　土地の区画、統合のための法的手続きが、現在のお役所仕事的手順から解放されている。

　上記3点は総じて都市構造に根本的影響を与えている可能性がある。こうした新しいルールに基づき、それぞれの土地所有者が売却する部分を判断できる。例えば、隣同士が間に挟まれている側庭と前庭の一部の売却に合意し、こうした細長い土地から新しい不動産物件を作りだすことによって新しい所有者に提供する

場合もあるだろう。新しい区画は手狭かもしれないが、新しい所有者がそこにはまる構造物を作るには十分かもしれない。さまざまな観点からこの利点を考えてみよう。

　経済的利点。敷地の一部売却は、両方の現在の持ち主にとってかなりの家計の助けになると同時に、新しい所有者にとっても機会と経済的な入手しやすさが生まれる。小さく価格的により手頃な区画が市場に出てくるからである。環境的利点。多用途プログラムのある密集したコミュニティになることで、地元住民の少なくない割合が地元コミュニティで働くことができ、移動の必要性が減り、それにともなう環境汚染や交通渋滞も緩和できる。近隣区域が密にまとまっていれば、都市の必要面積が小さくてすみ、オープンスペースの余地が生まれる。また、小さなすきまのような区画は、小さな構造物の推進に役立ち、不動産維持にともなう二酸化炭素排出量や環境汚染の低減につながる可能性がある。前庭芝生という旧態依然の考え方を止めれば、病虫害防除剤や除草剤、肥料など現在土壌や水を汚染している有毒物質を大幅に低減でき、水の無駄使いが減り、騒音と環境汚染の原因である芝刈り機や落ち葉集め送風機の使用も減らすことができる。それに代わり、パフォーマンス要件に従って、庭に菜園やコンポストを作ることが奨励され、小さな鶏舎なども設置できるかもしれない。社会的利点。新しい空間的密度は以前よりもはるかに統合された社会構造を可能にする。親戚や友人がご近所になることもでき、互いに必要な時に応えられる。つまり、互いの子どもを面倒みたり、互いに食事を用意し合ったり、全体として人との交流により多くの時間が生まれることを意味する。コミュニティ・カフェやミニ・レストラン、デイケア・センターなどの多数の新しいコミュニティ施設は、人々が集い、交わる場となり、一体感を与える。空間的利点：インフィル型建築は、各構造物と構造物に外観的つながりを与えることによって郊外の通りの外観的統一性のなさを変えることができる。最終的に、通りの外観に表現の多様性がありながらも連続性が生まれ、郊外特有の単調さが魅力的なアーバン・ビレッジへと生まれ変わる。

5　併設駐車スペース要件が削除され、任意になった(現在、アメリカの大都市圏では各戸建住宅に2台以上分のガレージ設置を義務付けている)。これに代わり、積み降ろし・乗り降りエリアや併設以外の指定駐車施設の規定が設けられている。

6　各区域で少なくとも一つの通りを歩行者専用区域に指定する。

第3部　ポストポリティカル、ポストアーバン世界に現れ始めたカルチャー

　　歩行者専用区域のありとあらゆる生きた手本が示してきた通り、これは活気あるご近所感を生み出すと同時に長期的に地域経済を押し上げる、最もシンプルな間違いのない方法の一つである。さらに、区域の QOL を大幅に高める。歩行者専用区域は近隣の活気ある中心地になり、毎週ファーマーズ・マーケットが開かれたり、その時々でストリート・フェアやフェスティバルが開催されたりする。歩行者専用道路沿いの施設、特にレストランやカフェ、ショップなどは、イベント時や通常時も売上がアップし、周辺住宅は不動産価値の上昇を享受できる。これは手間なく費用もかからない永続的な経済刺激策であり、どこでも応用できる。

7　既存の河川、雨水管、季節的に地表を流れる雨水が修復、解消され、連結的
　　都市公園になっている。

　　アメリカをはじめ世界の大半の都市には、フェンスに囲まれコンクリートで覆われた相当数の水路があり、自然、財政の観点からカバーを取り外す余地がある。都市の全域に及ぶこうした横断路の一つ一つが街を分断するのではなく結合組織の一部になるべきであり、マルチ・モーダル交通のセクションで論じた通り、自転車専用レーンや自転車専用レーン網をつなげ、補う自然遊歩道を付設すべきである。こうした線形公園は、物理的、精神的に近隣区域を結び付け、自然の資源をコミュニティにもたらし、保護区となって自然の生息環境が生まれるほか、高度化した現代の水害防止知識をもってすれば周辺区域の安全を守ることができる。

8　手作りの飲食物を提供する小さな店舗の営業許可手続きが簡素化されている。
　　その結果、小規模フードビジネスという全く新しい起業家クラスが生まれ、
　　さまざまなバックグラウンドの人々に経済的機会が与えられる。住民にとっ
　　ては、便利で健康的な食べ物の選択肢が自宅や職場から徒歩圏内に多数生ま
　　れることになる。また、ファストフード・チェーンとの真の競争が生まれる。
　　ファストフード・チェーンは、パフォーマンス・ガイドラインに基づき新規
　　出店するためには明らかに行いを改める必要があり、一定の猶予期間を過ぎ
　　て現在の資源枯渇的な方法で既存店の営業を続け、よって経済的に持続可能
　　性のない営業を悪化させる場合は課税される（現状は全く正反対）。

都市区画法からパフォーマンス基準への転換によって、小規模な手作りフードビジネスが自宅内から屋上まで、中庭から前庭までどこにでも出店できるようになり、その結果、区域に活気が生まれ、近隣住民が集い、交わる社交の場が誕生している。店舗を魅力あるエリアに設けたり、混雑した通り抜け道路を避けたオープンエアの席を設ける機会も生まれている。そのようなエリアは、アメリカの都市では現時点では商業・飲食店利用として区画された唯一の場所である。要するに、日常的な食事場所として魅力的な場が生まれ、より質の高く、健康的なメニューが利用者から近い場所で提供されることになる。

9　各区画(元の区画の一部を含む)の不動産売却税と、種類を問わず何らかの事業の事業税の何割かが直接的に地元コミュニティの財源になり、地元コミュニティが100％管理し、近隣区域や近隣住民のための直接的再投資として役立てられる。これによって、地元コミュニティに予算と、自己決定のための発言力が与えられる。植樹、コミュニティセンターや遊び場の建設、近隣駐車施設の改修、子どもたちをトラブルから守り、近隣区域の安全を保つための新しい若者向けプログラムの導入、そのいずれであってもそれぞれのコミュニティの優先事項がダイレクトに反映され、トップ・ダウンの役人支配による税金の無駄遣いがなくなる。選ばれた改善プロジェクトは、可能である場合は地元住民や地元企業をプロジェクトの指揮や建設に採用することによって地元コミュニティへの再投資が可能になる。その結果、正のフィードバック・ループが生まれ、区域の価値が上がり、ひいては企業や店舗、住民をさらに呼び込み、多くの資金が回収されて再びコミュニティへと還元される。そして、すべてのコミュニティがこのように機能すれば、すべてのコミュニティに正のフィードバック・ループが生まれ、真の価値観を土台にした真の経済的繁栄へとつながる。

　この節のまとめとして、都市密度とマルチ・モーダル交通システムとの本質的相互関係を指摘したい。この二つは、互いにどちらが欠けても機能しない。極めて低密度の都市郊外モデルでは、道路に指定されたエリアが膨大に存在する。したがって、持続不可能なレベルの高い経済的、環境的負担において自動車はかなり縦横無尽に走り回れる。密度が高まれば交通渋滞は必至である。このジレンマに該当しない大都市圏もあまねく、最終的には交通渋滞症状に悩まされる。低密

第3部　ポストポリティカル、ポストアーバン世界に現れ始めたカルチャー

度の区画割りであったとしても、大都市圏は時間の経過とともに当初構想したよりも密度が高まり、この経過にほぼ例外はない。この不可避的な高密度化と闘う代わりに我々が提案するのは、それを受け入れ、そのように設計することである。その一方で、マルチ・モーダル交通システムには、その構成輸送手段の多くに適度な距離が必要である。適度な距離にはやはりある程度の密度が必要である。これは垂直型にする必要性を意味するのではなく、単に空間を賢く使い、その質を最大に高め、いわゆる密集したアーバン・ビレッジを形成することである。

都市の情報収集

　情報収集は、これまで長くオンラインによる経済力増強法の一つであった。その力は営利主義の世界で十分認識され、人々に物を売り込むターゲットマーケティングの精度を大幅に高めてきた。その一方で、都市パターンに新しい共同的モデルを生み出すその潜在力はこれまで大規模に活用されていなかった。今日利用できるさまざまなテクノロジーをもってすれば、歩行者や自転車通行、車両通行・乗車率、公共交通機関の利用、交通・個人の安全（統計的と客観的に認識した安全の両方）、コミュニケーション、人同士のつながり、信頼、健康（個人と環境）、食品・食事の選択肢、教育の選択肢、不動産・賃貸価格、ビジネスの種類と規模などに関するパターンや傾向を評価するための匿名経験データを入手できるはずであり、よって我々はこうしたさまざまなパターン同士の関係性を真の意味で理解し始め、都市環境を構成する複雑な生きたシステムを効果的に醸成するために、情報に基づく意思決定を始めることができる。

　新しいビジネスや、輸送拠点、公園、密度の上昇、商業・教育センターなどの新しい要素や傾向が互いにどのようにつながり、近隣またはより広範囲の周辺環境に実際にどのような影響を与えているか、より総合的な視点からの理解が重要である。それによってコミュニティは、傾向を自分たちに理想的な方向で進展させるための具体的な成長触媒を取り入れる術を習得できると考える。

　情報に基づく賢明な都市成長の発想を真に実現するためには、規制は目的を土台とし、適応性と柔軟性を本質的に備えていなければならない。その結果、増え続ける経験データや情報と、都市構成者の変化するニーズや要望に応じて進化を続けられる。

　最後に、コミュニティ構成者がこうした統制法の中に自分たち自身が直接表現されていると感じられなければならない。そうすればそれぞれのコミュニティが

294

是が非でも自分たちの物理的、組織的環境の文脈の中でそれぞれに自らを表現できる。さまざまなモデルや触媒の成果を評価し、さまざまな環境でそれぞれに好みが違う人々が生活するための選択の自由を可能にするためには、特徴的なモデルの構築と、地域での自己決定感の醸成が唯一の手段であり、これによって真に活気ある多元・多極的都市が築かれる。

最後に

本章の狙いは、大都市圏または大都市とみなされる、特定の密度と規模を形成する周辺地域内で人間が共生するために、別の視点からの方法があること、事実無数にあることを提案することである。

よって、舗装の下の土に目を向け、人間の共生と互いの関わり合いについてパターンの再評価と仕組みの再設計を提案する。それは、柔軟に変化でき、創造性を受け入れ、進化する情報や継続的に増える経験データをベースにし、総合的で人生を肯定する方法で人間と生物系のために、人間と生物系によって構築されるものである。一体感と互いのつながり、創造性や多様な表現、地球への帰属意識、地球エコシステムへの一体的参加意識、平穏と憩いの場、健康、そして儀式や祝典、音、クリエイティブな混沌、火と同じように人生のサイクルに必要な体制への反抗心を求める人間のニーズの検討を提案する。

この新しいアーバン・パラダイムには、このすべてにとって十分な余地があると提案する。コミュニティを基盤とする自己決定、都市全域的で人を中心につながり合ったインフラ、公園を手段とする多極的都市の具現化は、人生そのもののように多元的、創造的、多様になり得る。

16 都市のパーツ買い?

サスキア・サッセン

　都市は複雑な生き物である。なおかつ、今日の世界では、ごく限られた基本的ロジックによってのみ形成されるリスクにさらされている。この事実はカムフラージュされたり、目に見えにくかったりすることも少なくない。都市の外見や社会秩序があまりにも多様だからである。こうした台頭するロジックの中でも以下の二つが突出している。積極的な利潤追求、そして環境に対する無関心である。この二つの影響は、グローバル企業がその力を強く発揮したり地域民主主義が衰弱したりする、あるいはメガプロジェクトの蔓延から通り、広場、青空市場が消滅するといったことまで幅広い。

　こうした古くからの都市形態のぐらつきがもう一つ意味するのは、今日の実証研究と概念的再符号化が同時に行われなければならない、互いに互いが必要であるということである[*1]。経験的事実に基づき、その現象が都市のように見える場合でも、実際は単に私有建物、私有道路の巨大な複合体である場合もある。これは、先の時代の外見的指標(構造物が密集していれば、それは都市に違いないという概念など)だけ見ていても、今日の都市を識別することは極めて難しいことの証拠である。今日の都市性とは何かを理解するためには別の指標が必要である。

　本章では、都市を私物化し、そこで長く暮らし、ビジネスを行ってきた多数の労働者と企業を立ち退かせる強大な勢力と能力をもって新たに出現したある傾向に着目する。それは、国内外の民間組織・企業による建物の大規模買収とその後の変容、大半は高級・高額物件への転換である。世界上位100位の都市での大型不動産買収データ(買収金額ランキング)によると、2015年には買収金額が優に1

兆ドルを超えている。この数字は500万ドル以上の物件のみを対象とし、これを
はるかに超える物件も多数含まれる[*2]。また、相当な国内外投資の対象ではある
が、新規開発と敷地開発への投資は含まれない。

　本章構成上の問いは、これが都市や都市性の概念に対して何を意味するかであ
る。以下では、こうした建築物の多くは都心部の都市性にそれほど寄与していな
いと仮定する。むしろ、極端な例では都市の脱都市化が起きている。それもまた、
いくぶん物議を醸す問いを投げかけたくなる点である。ひょっとすると都市性の
一部は、時に偏狭、同種の集まりとみなされる近隣区域化しているのだろうか。
そして都心部は、密度が増している場合でさえ脱都市化しているのだろうか。手
短に言って密度が高いが脱都市化している都心部は実際には都市ではないのだろ
うか。つまり、以前は都市の限界や境界を意味していた部分は今や都市の中心で
あり、結果として都心部に入ることは都市を出ることを意味しているのだろうか
(Sassen, 1991, ch. 7; Sassen, 2016)。

現状詳細

　グローバル都市をテーマに取り上げた過去の論文の中で、前述の不動産買収に
ついてすでに検証したことがある (Sassen, 1991)。しかしながら今回、その当時
と現在との違いを発見した。以前は、不動産買収が果たす実用的な機能が非常に
大きかった。例えば、ヨーロッパ以外の企業、あるいはヨーロッパの企業であっ
てもロンドンに金融拠点を置くことは実用上大きな意味を成した。ヨーロッパ全
域の富に手を伸ばす強力な基盤になるからだ。

　2008年の金融危機後数年して始まった現在の買収段階は、その実用的な機能
の弱さによって特徴づけられる。買収した建物の多くは十分活用されておらず、
買い手が将来の何らか新しい種類の可能性に備えて資本を蓄えているように見え
る。ならば疑問は、こうした買収が新しい種類のもくろみ、つまり企業による広
範囲な市街地買収を指し示しているかどうかである(Sassen, 2014；2016)。

　2008年の金融危機以降に始まった国内外企業による市街地の土地・建物の大
規模買収は、主要都市が新しいフェーズに移っていることの表れである。そして、
投資レベルは、一部都市で低下が見られるとしても、全体として上昇し続けてい
る。直近2年を見てみると、まず2013年半ばから2014年半ばまでの企業による
既存不動産の購入は、上位100位の該当都市で6000億ドルを超過し、2014年半
ばから2015年半ばにかけては前述の通り1兆ドルを超えた (Cushman &

Wakefield, 2016; Sassen, 2015b)。この数字には大型案件のみが含まれ（例えば
ニューヨーク市の場合は500万ドル以上）、敷地開発目的での市街地購入のため
の大型投資は除外されている[*3]。

これと同時に、アメリカを筆頭にハンガリーやドイツなど、低・中所得世帯の
不動産差し押さえが広がっている国が増加している。その一つの結果として、使
われていない市街地用地が大量に発生している[*4]。

現在の不動産買収規模を見れば、都市での所有パターンが体系的に変化してい
ることがわかる。そしてこれは、資産価値、民主主義、権利に関して、深く重大
な意味をもつ。多くの場合は地方自治体の支援を得てはいても、かつて小規模、
公共であったものが次第に大規模化、私有化しているという意味で影響は特に大
きい。国内・国外を問わず、ある所有者が一つか二つ市街区全体を買い占めた場
合に、「用地組み立て」という最も有害な開発が起き、市当局は、買い手の要求
に屈することになる。たいていは、通り、広場、公共建物などが排除され、さら
には多くはセキュリティ強化の名の下に壁状の囲いの類が設置されるケースが少
なくない。

これが都市空間を私有化、脱都市化する。こうした都市巨大症の蔓延を可能に
し、助長しているのは、世界の多くの国で1990年代以降に始まり、数回の中断
のみで以降続いている民営化と規制緩和である。この全体的影響は、公共建物の
減少と、たいていは強大な民間大企業による所有率の上昇である。その結果、そ
れまで一般市民が利用できた（単なる公共建物群以上の存在であった）空間の質感
や規模が低下し、かつて存在したさまざまな公的経済部門の規制や監視を取り扱
い、地元近隣住民の苦情に対応していた政府機関建物が、企業の本社や高級マン
ション、ショッピング・モールに変わってしまうかもしれない。

次に、この傾向を検証し、我々が何を新しい都市景観の構成物と考え得るかを
概念化し始めるが、それは新しい外見秩序の考え方を大きく超えている。それは
一部には新しい所有・統制秩序であり、権力のない者も権力のある者も実際に遭
遇する新たな考え方でもある。

主要都市に新しい段階の出現か？

なぜこの種の開発が重要であるのか。都市とは密度や建物が密集した環境に関
わるものではないのか。以下では、すべての密度が同じではないこと、都市組織
（小さな通り、広場、小規模利用の混在など）の排除によって一部では実際に都市

の脱都市化が起きていること、そして都市の区画全体が基本的には企業のサテライト・オフィスや高級マンション・タワーへと変わっていることを取り上げる。重要ポイントは、都市とは権力のない人々が歴史や文化を築き、それによって無力な者同士の集合体を作るチャンスを得る場であるということである。現在の大規模な不動産買収が続けば、我々の都市にこうしたコスモポリタニズムを与えたこの種の都市作りが失われるだろう。

　こう問いたくなるかもしれない。建築物の密度によって単純に識別できなければ、都市の定義とはいったい何か。だが、例えばロンドンは長きにわたって世界の一大金融拠点でありながら密度は低い[*5]。密度は重要な意味を持つが、都市性の指標としては徐々に適性が落ちている。民間が所有・管理する大規模なオフィス・パークは高密度な環境であるが、都市性を特徴とはしない。この点について、都市は複雑ではあるが不完全なシステムであることが鍵だと主張したい。（歴史を見ても、地域を見ても）この複雑さと不完全さの混在の中に、はるかに力があり、かつ完全に形式化された体制（大企業から国の政府機関まで）を乗り越える都市の力が存在する。ほんの数例だけでも、ロンドン、北京、カイロ、ニューヨーク、ヨハネスブルク、バンコクなどはさまざまな種類の支配者と企業を乗り越えてきた。

　さらに、この複雑さと不完全さの組み合わせの中に、権力のない者が「自分たちはここにいる」「ここが我々の街でもある」と主張できる可能性も存在する。別の言い方をすれば、ラテン・アメリカ都市で戦った貧困層の伝説的声明で述べられたこの言葉「estamos presentes（我々はここに存在する）」がある――「我々はここに存在する。我々が求めるのはお金ではない。我々は単にここは我々の街でもあることを知らしめているのだ」。多くのケースで、権力のない人々が文化的、経済的、社会的に大きくその痕跡を残した場所が都市であり、そのほとんどが近隣区域においてだったとしても、最終的にこうした痕跡の一つ一つがより広範な都市部へと「エスニック○○（料理、音楽、療法など）」として広がり得る。そして時間の経過とともに、これらの一部は、コスモポリタニズムのより抽象的な空間に入り込み、たとえ美しい衣装で着飾ることになるとしても、近隣区域のサブ・カルチャーの中にその根源の跡が残っている（Sassen, 2013を参照）。

　オフィス・パークでは、その密度にかかわらず、このいずれも起こり得ない。低賃金労働者が働くことはできても、何かを生み出すことはできない私的に管理された空間だからである。ますますあたかも軍事化されるプランテーションや鉱

第3部　ポストポリティカル、ポストアーバン世界に現れ始めたカルチャー

山でも不可能であるが、ただし過去には、これらの場所で権力のない労働者たち
が純然たる数の多さによって、その権力がないがゆえにそうした複雑さを生み出
したことがあった。よって今日、権力のなさの中に複雑さが発生し、歴史的痕跡
を残せる可能性があるとすればそれは都市において、乱雑である意味無秩序な大
都市においてである。それだけ多様な人々や交わりを完全支配することは何にも
不可能だからだ。

　今日のフロンティア・ゾーンはどこかと自問すると、私の答えは「大都市の
中」である。フロンティアとは、世界のさまざまな場所からやってきたステーク
ホルダーが確立された取り決めのない状態に遭遇する場所である。過去の歴史的
フロンティアでは、これが先住民との交渉や、多くは迫害や弾圧へと至った。今
日の大きく、種々雑多な都市としてのフロンティア空間にははるかに多くの選択
肢がある。ある程度の権力を持つ者は、貧困層に邪魔されるのを望まず、その場
合のやり方は往々にして相手の意思のままに放っておくことである。一部の都市
（アメリカやブラジルなど）では、激しい警察権力の行使が見られるが、にもかか
わらずこれが多くの場合社会問題となり、何がしかの形、おそらくは少なくとも
何らかの権利獲得に向けた長い道のりの第一歩になる。権利主張のための戦いの
多くは都市で起き、そして長期的にある程度成功を収めているのも都市である。

　権力のなさにおけるこの複雑さの可能性、歴史や文化を作り上げる力、そして
それ以外も、このいずれもが今日、企業による都市の大規模再開発の急増によっ
て脅かされている。こうした開発は、長きにわたって確立されたつつましい近隣
区域をその空間から押し出し、ささやかな住居の奪い合いを生み出し、近隣区域
を形成してきたこうした都市組織を大規模に喪失させる場合が少なくない*6。

　次は、この広範囲な文脈を念頭に、都市買収の新たな段階の内部に目を向ける。

都市のパーツ買い

　一部の都市では、外国人・外国企業による不動産買収が注目を集めているが、
そのプロセスはかなり広範囲に及び、そして多くの都市では、国内の投資家やデ
ィベロッパーがその大部分を形作っている。重要な問題は、外国の買い手対国内
の買い手ではなく、少額・小規模から高額・大規模へ、少額な公共財産から高額
な私有財産へといった所有形態の変化である。デリーのグルガオン、メキシコシ
ティのサンタフェ、ヨハネスブルクのサントンなどが、私有が拡大している地区
の例に挙げられる。

300

外国人・外国企業による都市内建物の購入は新規開発ではない。拙著「The Global City（グローバル都市）」の中で、初期グローバル段階にあった世界三大都市（ニューヨーク、ロンドン、東京）で1980年代後半に行われた、特に外国企業による建物や市街地区画の大規模買収について述べた[*7]。これらの不動産買収には、特にニューヨークとロンドンにおいては街のシンボル的建物も含まれ、もし当時知っていたとすれば一般住民はショックを覚えたことだろう。例えば、ロンドンのハロッズ、ニューヨークのロックフェラー・センター、サックス・フィフス・アベニューなどである。ロンドンでは、シティの建物の外国所有率が5割を超えた。手に入れたのは、主にヨーロッパ大陸の企業または日本企業だ。

私が強調したいのはこれらの目新しさではなく、その規模、そして都市構造、都市での日常生活、さらには都市部の社会的一体性に与える影響である。端的に言えば、その影響は機能的用途をはるかに超える。これらの不動産獲得は、単に企業やその従業員がその都市で暮らし、働くために必要なオフィスビルや住戸の購入ではない。大方は単なる獲得である。手堅いあるいは投機的な投資かもしれないし、2番目か3番目か何番目かの住居物件かもしれない。例えば、フィナンシャル・タイムズの掲載記事によると（Brooker, 2017; O'Murchu, 2014）、ロンドン中心部の住居・オフィス物件と、オックスフォード中心部の住居物件について二つの都市を調査したところ、相当数が過去数年の間に外国の企業、投資家あるいは一般家庭に購入されていた。

外国所有住居物件の一定割合は十分活用されていない傾向があり、全く使用されていない事例も複数報告されている（例えば、ロンドン、ハムステッド地区の極端な事例を参照［Booth, 2014］）。となればこれは、区画内の複数建物を含む規模が大きな場合は特に、ある種の脱都市化の助長を意味する。その結果、都市の建造環境から Richard Sennett が称するところの質感や多孔性（Sennett, 1996）が失われる。都市性に貢献することはなく、むしろそれを消滅させる。

最近では、いわゆる「スーパー・プライム（最高級）」不動産市場が誕生した（Sassen, 2014, ch. 3）。スーパー・プライム不動産市場は作られた（ひねり出された）市場であり、ここでの取り扱い物件には800万米ドル、2000万米ドルといった最低価格が設定され、ニューヨーク、ロンドン、香港などの都市では実際には1億米ドルもまれではない。私が確認できる限り、これら不動産にそれだけの金銭的価値はない。こうした最低価格の設定は、わかりきった壁に代わる排他的な基準の姿をした一種のゲートコントロールであり、それ以上になによりも巨大な

利益を生み出すための仕組みである。また、世界中の主要都市の特定空間同士を結び付け、長い歴史ある東西南北の区分を超越する富と特権による新しい地勢を強化するための国境を超えた地勢作りとも言える[8]。

このスーパー・プライム市場に含まれるのはヨーロッパ、アジアの主要都市などである[9]。主な特徴は、時に2000万ドルにも達する最低基準をクリアした不動産物件である。こうした最低価格の多くは、実際には提示価格のはるか下だ。もう一つ、国籍の構成がその都市によって大きく異なる。おそらくドバイと香港は10ある都市の中で最も特徴的であろう。

最後に、例えば、ニューヨーク市では外国人・外国企業による不動産買収に新しい波が起き、中でもカザフスタンや中国の買い手が目立つようになった。最大規模の買収は中国によるものだ。中国国内経済は減速傾向にあり、ヨーロッパは万全な体調でなく、南米は不安定、こうした状況において、ニューヨークは中国の不動産投資家にとって格好の狙いとなった。法が間違いなく富裕者を守ってくれるこの街は、投資家にとって資金の安全な避難先とみなされたのである[10]。

中国からの投資は大規模であり、中国最大の建築会社、中国建築工程総公司(China State Construction Engineering Corp.)も関与している。中国建築工程総公司は、ニューヨークを拠点に全米の商業・住宅地開発を手掛けるプラザ・コンストラクションを買収した。近年最大の投資をやってのけたのは上海の緑地控股集団(Greenland Holding Group)である。2013年12月に、ブルックリンで2億ドルをかけて大規模に行われるアトランティック・ヤード再開発プロジェクトについて70%の権益を取得した。プロジェクトでは、競技場施設「バークレイズ・センター」のほかに、14のマンション棟が建設される。投資家らは2020年前後のプロジェクト完了を心待ちにしている。

近年の企業による都市物件購入にみられる違い

2008年以降の投資急増を大差なしと説明するのは簡単である。結局のところ、ニューヨークやロンドンを中心とした国内外の買い手によるオフィスビルやホテル獲得の急増は1980年代後半にも見られた。この点については "The Global City" (グローバル都市)(1991, 2001, ch. 7)の中ですでに述べたが、この時期には特にシティ・オブ・ロンドン内建物の外国所有率が最高に達した[11]。日本やオランダをはじめとする各国の金融機関が、ロンドンのシティにヨーロッパ大陸の資本や市場への確固たる足がかりを置く必要があると考えたのである。

そして2008年以降に始まった現在の不動産獲得合戦には何やらおなじみ感がある。

しかし、現在の傾向を検証してみると、いくつかの顕著な違いが明らかになり、国内外企業による不動産獲得の特徴や論理が全く新しい段階にはいっていることが示されている。都市への影響という意味では獲得者が国内か国外かに大きな差はないと言い添えておく。ここでの重要な事実は、国内であろうとも国外であろうとも買い手がどちらも企業であり、大規模だという点である。これが重要である。

特に六つの特徴が挙げられる。

第1に建物の購入規模の大幅な拡大。ニューヨークやロンドンを筆頭に、以前からこうした投資の対象であった都市においてもこの現象が見られる。ニューヨークやロンドンなどの都市では、近年、主な買い手として中国の存在感が増している。現在、こうした不動産獲得の主な標的都市が世界でおよそ100ある。事実、その一部では不動産獲得の伸び率がロンドンやニューヨークよりもはるかに高い。後者の絶対的数値がトップランクに並ぶ都市群の中でもかなり高い場合でもだ。具体例を挙げると、2013〜2014年について外国企業による不動産購入はアムステルダム／ランドスタットで248％、マドリードで180％、南京で475％増加した。対照的に各地域主要都市の伸び率は、ニューヨーク68.5％、ロンドン37.6％、北京160.8％と比較的低い（Sassen, 2015b を参照）。

第2の顕著な特徴は、新規建設の多さである。1980〜1990年代にかけて主に行われたのは建物の取得であった。ロンドンのハロッズやニューヨークのサックス・フィフス・アベニューといった高級物件や、ニューヨークのロックフェラー・センターなどの優勝トロフィー的建物がその代表例である。その一方で、ロンドンと東京を中心にいくつかの大規模な新規開発も見られた。2008年以降の期間に行われた建物購入の大部分は、一旦壊して企業向けや高級志向の高層建物、基本的には高級オフィスや高級マンションへの建て替えを意図したものである。

第3の特徴は、小さな通りや広場、密集した路面店舗、大きくはないオフィスといった都市組織の多くを必然的に消滅させる大規模区画に及ぶメガプロジェクトの広がりである。こうしたメガプロジェクトは都市密度を高めはするが、実際は脱都市化を招く。結果として、都市に関する多くの解説書でよく見逃されている事実を浮き彫りにした。つまり、密度だけでは都市の形成に十分ではない。

第4の新しい特徴は、現時点ではいくつかの国に限られているが、ささやかな

所得の一般家庭が所有するささやかな不動産物件の差し押さえである。アメリカでは悲劇的な水準に達している。連邦準備銀行のデータによると、1400万を超える世帯が住居を失った (Sassen, 2014, ch. 3参照)。その一つの結果が、空き地または空き地混じりの土地の大量出現である。使い道はわからないが、事実存在する。

　第5の特徴は、高級住宅向けの全く新しい市場の誕生。人工的市場であり、最低価格が設けられ、限られた数の都市でのみ機能する市場である[*12]。これもまた別の立場から市街地の権利を主張する。

　第6の特徴は、活用不十分または廃れた工業用地の区画全体を敷地開発目的で取得する動き。買い手の支払い金額が非常に高額になるケースもある。ニューヨーク市内の広大な土地(アトランティック・ヤード)を中国最大手の建設会社が50億ドルで購入したことが一例に挙げられる。かつてこの地区には、いくつかのささやかな工場と工業サービス業の混在、ささやかな近隣地区、そして最近では高層マンション群の大規模開発によってマンハッタンから追いやられたアーティストのアトリエや活動拠点があった。こうしたいかにも都市的な構成の住人たちは退場させられ、代わりに偉大なる14の高級レジデンスタワーが誕生する。そして、実際は空間の脱都市化を招く密度の急上昇が起きる。中に大勢の人がいる、事実上「ゲートで囲まれた」空間の一種である。我々が都市とみなす基準となる用途や人々の種類の密なる混在ではない。この種の開発は多くの都市で始まっており、多くは仮想、時に本物の壁が設けられている。この種の開発における仮想的または実際の壁は、都市内の脱都市化要素に同様の影響を与えるはずである。

　こうした都市巨大症の蔓延を可能にし、助長してきたのは、世界の多くの国で1990年代以降に始まり、数回の中断のみで以降続いている民営化と規制緩和である。その全体的影響は公共建物の減少と、大企業による私有率の上昇である。その結果、それまで一般市民が利用できた(単なる公共建物群以上の存在であった)空間の質感や規模が低下し、かつてさまざまな公的経済部門の規制や監視を担当し、地元近隣住民の苦情に対応していた政府機関建物が、企業の本社や高級マンション、ショッピング・モールに変わってしまうかもしれない。

結語：これらの傾向をどう解釈すべきか

　すぐに頭に浮かぶおなじみの概念がある。特にゲーテッド・コミュニティと高級化である。この二つによって一部は説明がつくものの、何を都市の構成要素と

考えることができるのか、その答えに行きつくためにさらに探ってみたい。その一つが市街地、もう一つが都市間の取引が行われ、変化が起きる空間形成の大規模化である。

　買い手が外国であれ国内であれ、大規模な市街地買収によって、都市空間に積極的に公共と政治を築く作業が早急に必要になる。今日の大きく、複雑な都市は、グローバルであればなおのこと、新しいフロンティア・ゾーンの一種と言える。帝国の中心地から見たかつてのフロンティアは「植民地」の広大な土地に存在していたが、今日のそれはグローバル都市の奥深くに内在し、そのいくつかはかつての中心地である。そこにはさまざまな世界から関係者が集まり、ただし明確な取り決めはない。こうした関係者は多種多様な環境からやってくる。中国人投資家はイギリス人投資家と同じではなく、そしてまたオランダ人投資家ともカザフスタン人投資家とも違う。同様に、ささやかな近隣経済を新たに構築する人々も一様ではない。例えば、ジャマイカ人とバングラデシュ人とは違う。昔からの住民や昔からの大手企業も、近隣事業や世界の都市に投資する新しい外国人権力者とは違う。世界が都市へと向かっているのである。

　これらの都市は、北の先進国であっても南の発展途上国であっても、世界の企業資本にとって戦略的フロンティア・ゾーンになった。受入国政府に規制緩和や民営化、新しい財政・金融政策を推し進めさせた活動の多くは、かつてのフロンティアの古い軍事的「要塞」に匹敵するものを建設するための正式な手段作りと関係している。現代の「要塞」とは、自らが操るグローバル空間を確保するために世界中の都市という都市が必要とする規制環境である。

　これらの条件下での都市空間における社会・政治構築作業はかつて以上にその重要性が増している。市民、外国人投資家、移民起業家、古くからの影の実力者、世話焼き、専門家などなど複数のステークホルダーや複数の物の考え方が存在する。ステークホルダーの１人である大手ディベロッパーが相手である場合を想定して要点を考えてみよう。この場合の課題は、都市空間を売り買いし、取引できる商品または品物と認識している国内、国外の大手ディベロッパーをどう抑制、規制するかである。市民は、どこで暮らそうとも、都心の大型開発によって従来の公共の空間、通り、都市組織が吸収され、私的に建設され所有される大型ビルへと変わる場合には発言権を与えられなければならない。

　「経済開発」といううたい文句は、一部の大規模開発には十分かもしれないが、すべての大規模建設プロジェクトを正当化するには足らないはずだ。ジェラル

第3部　ポストポリティカル、ポストアーバン世界に現れ始めたカルチャー

ド・フラッグが「A Rule of Law for Cities（都市にとっての法の原則）」(Frug,
2010, p. 63)の中で次のように主張していたことが思い出される。

> 経済開発政策の競争性を切り拓く必要がある（中略）民主主義的に体系化された
> 制度のためである。制度とは街全体の人々を代表していなければならないと考
> える（中略）参加者には、その都市の経済成長戦略を作り上げるための権限が与
> えられなければならない。そして専門家が意思決定者になるのではなく、専門
> 家は意思決定者への助言者でなければならない。狙いは、支配的経済開発戦略
> の蚊帳の外に置かれてきた人々を組み入れることである。

　国の政治的空間において、官民を問わず、その都市やその国の人々に対してご
く最低限の責任しか負わない強靭なステークホルダーによる支配が増している場
合は、堅牢な都市公共空間を備えることが重要である。都市空間に起こる可能性
があり、地元住民や発言権のない人々の存在を浮き彫りにするために役立つある
種の「社会構築」作業がある。我々の（それでもなお）大きく複雑なグローバル都
市は、このための重要な空間の一つである。権力のない人々、不利益を被ってい
る人々、社会的孤立者、差別されているマイノリティにとっての今日の戦略的フ
ロンティア・ゾーンである。不利益を被り、締め出された人々は、こうした都市
で存在感を手に入れることができる。権力と向かい合った存在感、互いが向かい
合った存在感である[*13]。これが新しいタイプの政治的ステークホルダーを中心
に据えた新しいタイプの政治の可能性の前兆である。単に権力があるかないかの
話ではない。これらは行動の起点となるハイブリッド型の新しい基盤であり、権
力のない人々が権限を得ない場合でも歴史を築くことが可能な空間である。
　主要グローバル都市の中心で生まれるこうした新たなフロンティア空間は、都
市内部または都市間に堅牢な境界線が組み込まれ続ける中で出現する。ゲーテッ
ド・コミュニティがこうした境界線の顕著な例である。世界の企業資本による
「我々の」都市の利用も、こうした堅牢に組み込まれた境界線の一部である。30
年前と比べてはるかにボーダーレス化したというよくある主張は、国家間の仕組
みに従来存在する境界線のことを念頭に置き、なおかつ資本や情報、特定人口集
団の国境を超えた流れのみを指す場合に成立する。ボーダーレス世界への動きと
はかけ離れ、仮に経済や社会のいくつかのセクターの障壁の一部が取り除かれた
としても、その同じセクターが新しい種類の横断的かつ超えることのできない境

界線を積極的に作り始めると私は主張したい。この状況だからこそ、複雑なグローバル都市が政治的帰結のともなうフロンティア空間になるのである。

注記

*1——この提案が"The Quito Papers"プロジェクト (Clos, Sennett, Burdett, & Sassen, 2018) の根底にある。Greenspan (2016) などを参照。

*2——Cushman & Wakefield (2016)。この他、Real Capital Analytics, Oxford Economics, Guardian News and Media Ltd., The World Economic Forum, Urban Land Institute の情報に基づく。

*3——ニューヨークのアトランティック・ヤード権益取得が一例。Sassen (2015b) 全般を参照。

*4——The Making of Empty Urban Land: Foreclosures in the United States and in Europe. 米国連邦準備銀行の公表データより。Sassen (2014, ch. 3) では、Realty Track 提供のよりシンプルなフォーマットで示している。

*5——ロンドンの低密度は、世界の主要都市との比較において突出している (The Urban Age Archives [n.d.] 参照)。

*6——(子どもにもわかりやすい) 都市性の喪失に関する図示は、Sassen (2015a) などを参照。

*7——Sassen (1991, pp. 185–189)、Sassen (2001, pp. 190–195) 参照。

*8——Cities in a World Economy (Sassen, 2012) 第3章、第9章においてこの点に言及。

*9——Sassen (2014) 第3章、p. 139 の図を参照。

*10——Sassen (2015b) 全般を参照。

*11——1980年代の特徴的側面の一つは、ロンドン、ニューヨークの中心部土地価格と国内全体の経済状況との連動性が徐々に欠けていた点である。さらに、入札案件の場所が限られ、都市内の利用可能な空間全体には必ずしも広がらなかった。高値を付ける多くの外国の入札者は中心部を獲得するために過剰な高額も厭わず、ロンドンやニューヨークのそれ以外の場所には関心を示さなかった。こうした傾向のより詳しい説明は、Sassen (2001)、"The International Property Market" 第7章および国籍構成については表7.13を参照。このほか、Cities in a World Economy (Sassen, 2012) を参照。今日の投資の大半は必ずしも限定的ではない。

*12——The Super-Prime Market、Sassen (2014) 第3章を参照。

*13——別途 (Sassen, 2011)、都市の曖昧さの重要性を検証。都市には曖昧な空間が必要である。広く認識されているところの「通り」は、建物、動物園、アミューズメントパークなどと違い、曖昧さを与える重要空間の一つである。したがって、メガプロジェクトによって通りが失われれば、深刻な問題を伴う開発となる。

参照文献

Booth, R. (2014, January 31). Inside "Billionaires Row": London's rotting, derelict mansions worth £350m. *Guardian*. Retrieved July 4, 2017, from www.theguardian.com/society/2014/jan/31/inside-london-billionaires-row-derelict-mansions-hampstead.

Brooker, N. (2017, February 10). London's prime property bargains for foreign buyers. *Financial Times*. Retrieved July 14, 2017, from www.ft.com/content/47d30872-e89e-11e6-967b-c88452263daf.

Clos, J., Sennett, R., Burdett, R., & Sassen, S. (2018). *Towards an open city: The Quito papers and the New Urban Agenda*. London, UK; Routlesge Cushman & Wakefield (2016).

Cushman & Wakefield named to the Global Outsourcing. Retrieved July 12, 2017, from www. cushmanwakefield.com/en/news/2016/06/cushman-and-wakefield-named-to-the-global-outsourcing-100.

Frug, G. (2010). A rule of law for cities. *Hagar, 10*(1), 63.

Greenspan, E. (2016, October 19). Top-down, bottom-up, urban design. *The New Yorker.* Retrieved July 4, 2017, from www.newyorker.com/business/currency/top-down-bottom-up-urban-design?intcid=mod-latest.

O'Murchu, C. (2014, July 31). Tax haven buyers set off property alarm in England and Wales. *Financial Times.* Retrieved July 14, 2017, from www.ft.com/content/6cb11114-18aa-11e4-a51a-00144feabdc0.

Sassen, S. (1991). *The global city.* Princeton, NJ: Princeton University Press.

Sassen, S. (2001). *The global city* (2nd ed.). Princeton, NJ: Princeton University Press. (伊豫谷登士翁 監訳『グローバル・シティ：ニューヨーク・ロンドン・東京から世界を読む』, 筑摩書房, 2008年)

Sassen, S. (2011). The global street: Making the political. *Globalizations, 8* (5), 573–579.

Sassen, S. (2012). *Cities in a world economy* (4th ed.). Beverly Hills, CA: Sage Publications.

Sassen, S. (2013). Does the city have speech? *Public Culture, 25* (2), 209–221. Duke University Press. Retrieved July 4, 2017, from www.saskiasassen.com/PDFs/publications/does-the-city-have-speech.pdf.

Sassen, S. (2014). *Expulsions: Brutality and complexity in the global economy.* Cambridge, MA: Harvard University Press. (伊藤茂 訳『グローバル資本主義と〈放逐〉の論理──不可視化されゆく人々と空間』, 明石書店, 2017年)

Sassen, S. (2015a). "A monster crawls into the city" – an urban fairytale by Saskia Sassen. *Guardian.* Retrieved July 4, 2017, from www.theguardian.com/cities/2015/dec/23/monster-city-urban-fairytale-saskia-sassen?CMP=twt_gu.

Sassen, S. (2015b, November 24).Who owns our cities – and why this urban takeover should concern us all. *The Guardian.* Retrieved July 4, 2017, from www.theguardian.com/cities/2015/nov/24/who-owns-our-cities-and-why-this-urban-takeover-should-concern-us-all.

Sassen, S. (2016). The global city: Enabling economic intermediation and bearing its costs. *City & Community, 15*(2), 97–108.

Sennett, R. (1996). Flesh and stone: *The body and the city in Western civilization.* New York: W.W. Norton & Company.

The Urban Age Archives. (n.d.). LSE Cities. https://urbanage.lsecities.net/.

World Economic Forum. (2013). *Global risks 2013* (8th ed.). Geneva: World Economic Forum.

17 レジリエンスと公平性[*1]

スーザン・フェインスタイン

「レジリエンス」は今や桁外れに人気の言葉だ。ニューヨークタイムズの見出しではこう断言されている。"Forget sustainability. It's about resilience." (持続可能性は卒業、これからはレジリエンス)。この記事によると、レジリエンスを高める目的は、予期せぬ異常事態に適応できるよう弱者を助けることである。「持続可能性は世界を均衡状態に戻すことが目的であるが、レジリエンスは不均衡な世界の中でなんとかやっていくための方法を探すことである」(Curry, 2013; Zolli, 2012)。近年のこの言葉の蔓延を取り上げた別の報道記事では、「シナジー」や「ソーシャル・キャピタル」のように単に専門的流行語が一つ増えただけなのかを問うている (Carlson, 2013; Davoudi, 2012 などを参照)。ちなみに、「クリエイティブ・シティ」や、そのまた昔の「包括的プランニング」(かつて信用を落としたにもかかわらず、レジリエンスのための計画の旗印の下で復活した概念) を付け加えたい方もおられるだろう。レジリエンスへの関心が急激に高まった背景には、この10年に起きたハリケーンや地震の被害があるが、この言葉の守備範囲は自然災害を超えて経済危機や社会的な精神的苦痛の域にまで広がっている。

2013年の AESOP・ACSP[*2]合同会議への付託事項は、この言葉がカバーすることになった趣旨の幅広さを示している。会議の統一テーマであったレジリエンスは、「都市および地方の生存可能性を維持し、世界の経済的、社会政治的危機や気候変動の中でも住民の QOL を改善するため」の手段と定義づけされた。これだけ多くの称賛に値する目的を網羅しようとこの言葉を使用すれば、これにと

もなう代償や、負担と利点の配分を偽装することになる。例えば、海面上昇の抑制を目的に自然の緩衝物を設置することによって気候変動にかかわるレジリエンスを備えようとする取り組みには、結果として住民の立ち退きがともなう場合がある。誰が立ち退くのか、失われる住まいやコミュニティの代替としてどのような手段を講じるのかは、レジリエンスという言葉では捉えられていない重要な論点である。問題は、持続可能性の場合と同じように、この単語の使用によって、政策立案者が議論を引き起こす行為を正当化するための人畜無害なレッテルを求めようとしているのではないかという点である。この言葉は、特権領域を侵食する開発を防ぐために以前からエリート集団が用い、同時に急進派グループも魅力的な標語と捉え、その標語の下でより公平な結果を要求できると考えている。とはいえ、公平性を理由にした言わばごまかし的な振る舞いが果たして自己欺瞞以上の結果に至るのか、ただいぶかしく思う向きもあるかもしれない。レジリエンス賛成論は主に美辞麗句的手段として機能し、すべての挑戦がウィン・ウィンな解決策を生み出すといった聞こえのよい言葉遣いのプランニングに適している。しかしながら、公平な結果を狙いとする戦略ならば、誰が恩恵を受けるのかについての言明が必要であり、いくつかの集団が損失を負担することを受け入れ、そして通常は、その社会的状況が境界線を引く通り、一番の弱者に向けた合意と直接的資源配分がベースになることはない。

　本章ではまず、レジリエンスという言葉が現在どのように定義されているかを検証した上で、この言葉が権力関係をいかに曖昧にしているかを論じ、さらにマルクス主義者の枠組みの長所に触れ、参加呼びかけを通じて権力階層を迂回しようとする進歩的試みを批評する。現在使用されているレジリエンスは、社会プロセスの理想主義的形成に由来し、それは計画立案者に現実から切り離された危機対応を提案させるものだと私は主張する。また、その一方で、マルクス主義も従来受け入れられている進化論的レジリエンスのアプローチも実務指針にはならない。下段で述べる通り、レジリエントな実務を構築するための努力を行うには通常、複雑性理論において正当化されたビッグデータに基づく高度なリスク解析が必要である。こうした作業が多くの行うべきことを実務者に教えてくれるが、解析結果が潜在的な利害の不一致の特定以上に具体的行為を処方してくれることはない。

レジリエンスの意味とは

Holling (1973) は、進化論的レジリエンス・モデルの構築とレジリエンスが以前の均衡への回帰ではなく体制転換であるという主張について認めている。Forman (2008, p. 89) は次のような見解を述べている。

> 生態学者の語彙からは基本的に「自然の釣り合い」と「均衡生物群集」という語が抜け落ちている。彼らはむしろ自然の不均衡的性質を強調する。科学的証拠が、変化がごく当たり前であることをあまりにも浮き彫りにしているからだ(中略)事実、変動の抑制は変動そのものより脅威である。

この考え方においては、人間と物理的世界は、自然が客体化され、人間がその支配者として存在するものではなく、互いに影響しあう仕組みの一部である。Alexander (2013, p. 2710) は、国連によるレジリエンスの定義を取り上げ、この言葉にはさまざまな意味が組み込まれ、「例えば均衡の回復と、新しい体制への移行によるその状態からの脱却のように、意味の一部は矛盾の可能性があることは明白だろう」と述べている。

レジリエンスのための計画作業に進化を組み込むと、計画立案者がたいてい用いる線形外挿法の基盤にある安定状態という前提が揺るがされる (Davoudi, 2012)。自然界に当てはめる場合も経済に当てはめる場合も、この解釈には、地震、嵐、不動産バブルの崩壊、株式市場の暴落といった不可避的事象は不可避的に体制変更を生み出すという潜在的議論がある。レジリエンスを備えるには、こうした衝撃の抑制ではなく衝撃への適応が必要であり、公共政策についてはなおのことである。なぜならば、衝撃は複数の非協調的要因の相互作用の結果であり、どの政府機関にもそれをコントロールする力はない。

こうした被統治能力の欠如の観点と、リスク受容はリスク回避を試みるよりも害が小さいという信仰は、実際は、進化論的レジリエンスに関するこのところの議論よりもはるか前から存在する。Holling (1973) よりもずっと以前に、アメリカの政治科学者、ノートン・ロングは、"The Local Community as an Ecology of Games" と題した論説を公表し、その後広く引用されているが、この中に次の一節がある。

特定の地域コミュニティを観察すると、多数の一般目的のための包括的、全体的な組織は脆弱であるか、存在しないことが明らかになる。出来事の多くはただ起きているだけのようであり、偶然的傾向が時間の経過とともに累積し、誰もが意図しなかった結果が生まれている。コミュニティの活動の大部分は特定の社会構造による指導者不在の協力作業であり、各自が何かの目標を目指し、その中で誰かと意気投合する(中略)自然の生態系の場合と同様、成り行き上の調整と断片的イノベーションが[崩壊を防ぐための]一般的な対応方法である。地域的体制における全体的組織の欠如とそこに存在する脆弱さが、協調とは意識的、合理的な算段ではなく概ね生態学上のものであることを確かにしている。

(Long, 1958, p. 252)

この分析については、Gunderson & Holling(2002)が以前に「panarchy(パナーキー)」という概念を示している。つまり、非階層的に指揮された適応である。ロングの見方はこの当時の高度な多元的分析を反映しており、ロバート・ダールやその支持者らの著書の中にも組み込まれている。この目的は、発展を支配し得る権力エリートを特定したC・ライト・ミルズやフロイド・ハンターなどの学説の虚偽をあばくことであった。多元論者は、社会的生態系が存在し、社会、自然、建造環境間の関係性が形成、再形成される全体構造を資本主義がいかに設定するかを無視していた。マルクス主義の枠組みを完全採用せずとも、我々は知見を導き出し、レジリエンス学問から持ち上がった理論的論点に展開でき、そして実際の計画立案作業での障害の一部をより明確に理解することができる。次の節では、(1) 権力に関する政治的疑問、(2) 複雑な体制の描写に関する認識論上の疑問、この二つの重要な理論的疑問について論じる。この2点は、レジリエンスという言葉が受動性を招いたり、すでに恵まれた立場の人々に有利に働いたりする危険性を含め、計画立案の根拠としてレジリエンスを用いる場合の問題点を指摘するものである。

政治と権力

多くの理論家は、レジリエンスの根源として社会的生態系パラダイムを挙げる議論を、政治的権力と国の役割の問題への言及が不十分であり、保守的な政治的先入観が組み込まれると批判する (Swanstrom, 2008; Wilkinson, 2012などを参照)。図17.1にはさまざまなリスクの相関関係を生態学的手法から図示している

17 レジリエンスと公平性

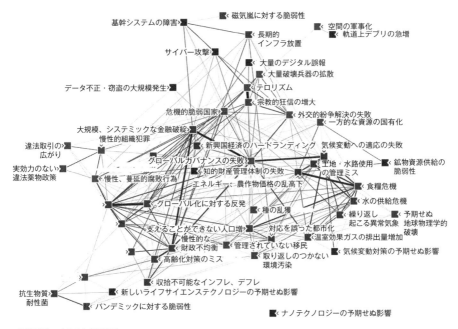

図17.1 リスク相関図

が、権力の問題がいかに回避されているかが容易にわかる。

　この図は、毎年ダボスで開かれ、各国の政府・企業リーダーが集まる世界経済フォーラムの2013年会議のために作成したものだが、さまざまな危機の全体像を示し、そしてこれらによって権力エリートの意図がくじかれることはないだろう。

　相互作用的プロセスをこのように図示することによって、すべての要素が別のすべての要素につながり、効果的アクションのための決定的な論理も因子も標的もないように見える。ブレダン・グリーソンの言葉を借りればこうだ。「自然な解釈のみに委ねれば、進化や均衡という言葉のあやは、社会的介入の意味を失わせるか、自滅的にさせる、法で縛られた都市生態環境を連想させる（中略）自然主義は、当然のことながら関係性を否定し、よって人間の営みと社会の可能性について代表の任を果たさない」(Gleeson, 2013, p. 13)。

　複雑性というレンズを通して社会現象を検証する場合、分析者には膨大なマッピング作業とモデル構築の難題が託されるが、決定則について得られるものはほとんどない。Swyngedouw (2010, p. 303) は次のように述べている。「予期せぬ変化は、外部性の影響（中略）またはカオス理論または複雑性理論によって理論化

313

第3部　ポストポリティカル、ポストアーバン世界に現れ始めたカルチャー

されているものなど、無限に複雑で極めて多種多様な構成へと陥る初期の関係性
から生じた破滅的混乱とみなされる」。スウィンヘダウにとっては、この見方は
環境保護主義の隠れた保守的イデオロギーが支持する社会生態学的支配関係の否
定を意味する。

　マルクス主義者の分析では、資本の論理の分析によって危機を説明する。マル
クス自身も、危機を純粋な経済用語の中で捉え、人間が自然を支配できるあるい
は支配すべきとする考え方を容認していたが (Harvey, 1996, p. 126)、マルクス
主義的流儀の範疇で研究を行う近年の理論家はこの見方を否定している。むしろ
分析を展開して、人間と「自然」界との関係性に関する相互作用説論者的理解を
複雑性理論家と共有している。ただし、そうした相互作用についての解釈は大き
く異なる。例えば、Smith (1984) は、自然は、資本主義の生産様式内に作られた
完全なる社会的創造物であると主張している。Harvey (1996, p. 131) は、18世
紀の政治経済学 (と、それと同様に近代の新自由主義) は、人間の自然界との関係
性の問題を「人間の幸福を目的とした希少資源 (性質上そうであるものを含め) の
適切な分配に関する技術的議論」に偽装していると主張する。また、環境的、社
会的影響を問わず、私有財産権に有利でないまたは保護的でないシステムはなお
ざりにされると論じている。アメリカ国民が炭素税の導入を拒んでいることが好
例である。

　マルクス主義的流儀によって形成された聡明な見解の鍵は、説明の決定要因と
してコミュニケーションではなくクラス関係に着目している点である。デビッ
ド・ハーベイはユルゲン・ハーバマスを、コミュニケーション行動を「言語的
散漫性の問題として」取り扱い、よって「いかに散漫的『瞬間』が (中略) 権力、
物質的実践、創造物、制度、社会的関係性の影響を内在化しているかの理解が非
常に弱い」という点で批判している (Harvey, 1996, p. 354)。ブルッキングス研
究所のブルース・カーツとジェニファー・ブラッドリーが発表し、話題を集めた
最近の著書では、構造的矛盾、企業支配、合意形成に関する極端に楽天主義的な
考え方に対するこの忘れがちな視点が示されている。

　　景気後退が公式な終焉を迎えてから4年、[アメリカ経済の] 耐久性のある実質
　　的再形成が、都市と大都市リーダーたちのネットワークに先導されているのは
　　明らかである。市長その他の選挙で選ばれた役職者はもちろん、企業、大学、
　　医科大学、大都市の経済団体、労働組合、市民団体、環境団体、文化団体、慈
　　善事業の幹部たちも含まれる。こうしたリーダーたちは、何が重要かを評価し、

314

それぞれの独自の強みに加えて、製造、イノベーション、テクノロジー、先進サービス、輸出といった実体経済での出発点を明らかにしている(中略)民間セクターで磨き抜かれたビジネスプランニングのスキルを活用している。市街地や都市郊外を住みよく、質が高く、経済的に暮らしやすく、持続可能性のあるコミュニティに作り変え、企業や世帯などに住居、輸送手段、仕事の選択肢を提供している。また、これらすべてを共同考案、共同生産によって行っている。

(Katz & Bradley, 2013, p. 3)

　この観点から考えると、大都市圏内に構造的矛盾はなく、資本と労働者、白人と黒人、産業主義者と環境保護主義者といったさまざまな利害関係者間の協力が、レジリエンス、持続可能性、経済発展を確かなものにすると見込まれる。

　明確に対照的なマルクス主義者の視点では、環境的略奪を不可避なものにする資本主義の生産様式における矛盾点を突き止め、生態学的危機の根本原因が資本主義者の権力であると指摘する。この考え方では、マルクス主義者以外も支持する、人間の活動が常に環境的危機の発端であることから、自然災害なるものは存在しないという議論を受け入れている (Hartman & Squires, 2006 を参照)。ただし、マルクス主義者は、非難を評価する意思が大いにあるという意味で自由主義者とは立場を異にする。マルクス主義者の考えは、複雑性理論とは異なり、徹底的に政治的である。計画立案者の視点から見たその弱点とは、現状の脅威に対応するにあたって政治的動員以外に弱点を守るための術が比較的少ない点である。さらに、裏付け証拠がほとんどない状態で、社会主義下では環境危機を引き起こす矛盾が除外されると想定している。しかしながら、こうした根拠を基にそれを単に捨て去ることはできない。資本蓄積の帰結に関する描写は概ね正当だからである。事実、多数の変数と多数のフィードバック効果のある複雑性理論にそれを超える実用性はなく、むしろ、政治的受容性と科学的装飾によって無視、軽視されるのを防いでいると言える。

変化のイデオロギー的枠組みと理論

　Davoudi (2012, pp. 302–303) は、進化論的レジリエンスの概念は、創造的破壊プロセスにおいて「体制の小規模な変化が増幅し、大規模なシフトへと連鎖できる」ことを意味すると述べている。Hegelian の見解において質的飛躍として特徴づけられているこの観念は、マルクス主義者的弁証法における社会的変化の

第3部　ポストポリティカル、ポストアーバン世界に現れ始めたカルチャー

理解も捉えている。ただしマルクスにとって飛躍とは観念的ではなく唯物論的である。弁証法的唯物論において歴史上変化しないものはなく、仮に変化が小さくても最終的に体制転換に至る。ゆえに、商人階級による富の蓄積は最終的に産業の資本化を引き起こし、農村農業による生産様式から都市工業による生産様式への飛躍へと至った。現代においては、西欧諸国での1970年代の財政危機が新国際分業のきっかけとなり、製造業が先進途上国へとシフトした。生産の外注とともに、環境汚染の外注が行われた。西欧諸国の規制と西欧以外の国々の貧困を背景に、公害産業が利益のためにその活動を継続できる場所へと移されたからだ。このように、戦後、環境保護と公共福祉を目的とした改革が主要産業国で積み重ねられ、この状態が収益性の危機と、新国際分業、生産のグローバル化、環境被害の新たな地理的分布を特徴とする生産の関係性の大変革が起こるまで続いた。

「創造的破壊」とはマルクス主義者とその批評家が新しい生態学的関係性へと至るプロセスを特徴づけるためによく用いる言葉である。「創造的破壊」に関するマルクス主義者とシュンペーター主義者の理解の違いは、その影響の規範的評価にある。後者は、進展の原動力として創造性とイノベーションを強調し、マルクス主義者の考えではコミュニティと生活様式の破壊に着目している。よって、マルクスは熟練職人の自立性の喪失を悲しみ、Harvey (2003) はオスマンの指揮下で行われたパリの労働者階級居住区の破壊を嘆く。しかし一方で、そのプロセスは資本主義者の利潤追求論理に起因し、一連の相互作用は全体として体制を揺るがす動力を生み出す。その結果、工業生産と大量消費はエネルギーと水資源の大量使用を招き、そして地球温暖化と水供給の枯渇へと至る。

同様に、複雑性理論のレンズを通せば、2007〜2008年の世界的金融危機を予期せぬ外部性と金融イノベーションから流れ出たフィードバック効果の結果と解釈できる。この観点から考えると、危機を悪化させた金融派生商品の開発を手段とする、リスクの容認ではなくむしろリスクの封じ込めの試みだったと言える。マルクス主義者の立場から見ると、資本主義者の関係性の金融化と、累積の危機を招くことになる負債へのますますの依存の結果である。

弁証法的唯物論は、新たな質的段階の識別を可能にする。社会的関係性を合意によるものではなく、相反的で本質的な力に動かされるものである、もしくは見えざる(そして暗黙的に情け深い)手の産物であると考える批判的社会科学の一画である。マルクス主義的流儀の理論家たちは、20世紀後半に収益性の危機に対する資本主義の変化を説明するレギュラシオン理論を構築した。脱資本主義段階へ

の飛躍はともなわない一方、こうした変化はそれでもやはりそれ以前からの大幅なシフトを明確に示していた。この理論によれば、ケインズ理論の福祉国家、大量消費のための大量生産、製造優位（「フォード方式」）が、第2次世界大戦終結直後数年間の裕福な西欧諸国の特徴であった。1970年代に始まった脱フォード方式の蓄積体制下で、金融資本がグローバル化された経済システムの中で優位となり、新国際分業が課され、そして民営化と規制緩和が社会福祉の維持における国家の役割を低下させた (Amin, 1994)。新自由主義という脱フォード方式を裏付けるイデオロギーのレッテルは、この種のアプローチに由来している。このアプローチでは資本主義による蓄積の継続的受容は、文化的、社会的、政治的慣習を含む調整システム内にそれが組み込まれた結果と考える (Brenner & Theodore, 2002)。レギュラシオン理論家は、従来の考え方は特定の蓄積体制を支えるメカニズムになると考える。環境汚染の権利のために市場を構築する場合（すなわち排出取引）と同様、市場メカニズムを環境保護の手段に用いようとする現在の試みは、新自由主義的考え方が、許容し得る政策対応の範囲を資本に資するものだけにいかに限定しているかを示している。同様に、不動産担保の差し押さえを押し止められなかったことに加え、金融危機対応における政府資金の銀行への資本再注入は、過度に偏った危機適応を示す。

　マルクス主義者の分析は、資本主義が持つ矛盾点と危機に陥りやすい性質の特定に至っている。主流経済学者が市場の失敗と呼ぶ、商品生産による環境への負の影響は、こうした矛盾点から生じており、避けることはできず、そして事実、危機を引き起こす。ただし、資本主義について、マルクスも予測していなかった注目すべき点は、その格段のレジリエンスである。マルクスは、資本主義の矛盾点が危機や体制の崩壊、労働者階級の権利向上を起こすと考えていた。そして事実、過剰蓄積、環境災害、反乱という危機が起きている。資本主義は、その誕生以降、金融バブルとその後のバブル崩壊、ゴースト・タウンやロンドン・スモッグとして現れた環境破壊、都市内の不衛生な環境を原因とする疾患の広がり、敵対する階層クラスや国を増加させた不均衡を特徴としてきた。なおかつ、過去に実際に存在した（そして自らの矛盾点に苦しんだ）社会主義への適応や勝利もあった。弁証法的思考では、観察者が体制内の関係性を目にすることはできても、複雑性理論よりも明確に最終結果を知ることはできない。そして事実、マルクスの目的論が欠けているため、最終結果は期待すべきではない。

第3部　ポストポリティカル、ポストアーバン世界に現れ始めたカルチャー

イデオロギー、レジリエンス、プランニング

　標準的な生態学的分析の脱政治的特徴は、レジリエンスという言葉を正当化する。よって社会経済的現状維持の擁護者にとって魅力的である。牧歌的郊外地域を密集した住居から守ることは、雨水を吸収する緑地の維持として正当化される。この牧歌的郊外地域と、地下水面や水質に負の影響を与えることが広く知られる中でも、手入れされた芝生やゴルフ・コースを呼び物とする郊外地域とは同一物である。今存在するものが正常とみなされ、そしてレジリエンスは一般に、破壊の後の新しい正常の創造と定義されている。正常は、財産所有者の利害の中にあるものである傾向がある。例えば、ベルリンを壁ができる前の状態に再構築しようとする取り組み（「我々は再び正常な街に戻る」と表現された）、またはアムステルダムでの公営住宅縮小の取り組み（計画立案責任者から受け取った知らせによると「我々はついに『正常な街』になります」）などである。「正常」に見えるものが、たとえそれ以外にとって不安感が悪化するとしても、多くにとっては存在論的安心感を生み出す。

　レジリエンスを目指したプランニングは、一般にリスク評価とその後の代替策の算定によって行われる。ただし、リスク計算からはどの程度のリスクが許容可能かを知ることはできず、誰にとってのリスクかという疑問に分解することもできない。リスク計算はむしろ、実際には不確実性がともなうにもかかわらず、正確な数字を出すことが目的である。

　　この10年の変化するエビデンス・ベースからの最も明確なメッセージは誤った正確さの危険に関係している(中略)洪水について、データは急速で基本的な変化にとりわけ支配され、確率論的数字に精製できるか、あるいは「安全な」地区か「リスクのある」地区かの明確な空間描写ができる範囲で問題を提示しているように見える。

(White, 2013, p. 110)

　そうはいっても、保険会社は引受基準を決めて保険料を算出するために、計画立案者は理想的な密度水準を判断するためにこうした数字を要求する。そして現在流行りの「エビデンス・ベース・プランニング」にはめこむ。同様に、経済予測者は、予測成長率や予測インフレ率について正確な数字を示す。国内の銀行が

それに合わせて利率を調整するためだ。しかしながら、利率の変更は勝者と敗者(変動金利型不動産ローン契約者など)を生み出し、後者の福祉は考慮されていない。

Healey (2012) は、「発想の移動」に言及し、1ヵ所で機能するとしても別の場所には適さない可能性のあるモデルやベスト・プラクティスの応用に慎重になるべきと警告している。自然災害に対する都市のレジリエンス強化策について現在広く普及している発想が二つある。一つは結果、もう一つはプロセスに関するものだ：(1) 生態学的プロセスを打ち負かそうとするのではなく、協調すること。例えば、水のための空間作りにおいては下草を燃やす森林火災は許容する。(2) 取り組みについて参加方式の合意に基づく取り決めに達すること。結びとして、すでに敷かれた枠組みにおいてこの二つの発想を検討、批評し、いくつかの妥当な提案を導き出したい。

自然作用への適応

オランダは水のための空間確保という手法の先駆者である。低地を守るために防壁を設ける代わりに洪水に適応する手段を取る。かつては周囲の海を拒むために大規模な公共事業に頼っていた過去がありながらもという点を除いては、言うまでもなくこの方法に特段の目新しさはない。事実、発展途上国では農業生産性の基礎として毎年起きる洪水に伝統的に頼っている。したがって、この手法の新規性は社会的歴史的位置づけにある。アメリカでも同様の声を耳にする。アメリカ陸軍工兵隊は、ミシシッピ・デルタのいくつかのダムを解体し、湿地を回復させている。ダムの解体地域について害はほとんどないだろうと考えるかもしれないが、それでも一部の土地所有者が得をし、それ以外は損をすることになる。都市では、居住区域が浸水エリアに区分されると苦難の可能性がはるかに大きくなる。そして、オランダといえども、水の流れに対して今後も主には人工的防壁に頼ることになるであろうし、ハイテクノロジーによる緊急対応も使用される。自然界モデルに関する知識を置き去りにすることなく手直ししながら使っている。

最も悪名高いニューオーリンズでの事例では、水のための空間確保が「グリーン・ドット」マップの根拠となり、都市計画専門家は市内の特定貧困地区を空き地に戻す場所として指定した。その結果起きた騒動によって計画は取り下げられ、従来の住民にその意思と資金がある場合に近隣地区に自宅の建て直しが認められることになった (Nelson, Ehrenfeucht, & Laska, 2007)。ニューオーリンズの事

第3部　ポストポリティカル、ポストアーバン世界に現れ始めたカルチャー

例は、すでに出来上がった地域内に水のための空間を確保する際の政治学を浮き彫りにしている。環境的に大きな問題のある土地には通常、そもそもほとんど選択肢のない低所得者が暮らし、その土地を居住前の状態に戻すことは、それを最も耐え難い人々に転居費用の負担を課すことになる。ウォーター・フロント地区が景観の美しさを求める高所得者住民の集落になっている場合ならば、その努力は主に彼らを守り、その場に居続けられるようにするために注がれる。仮に低所得コミュニティ「もろとも」、より健康的な区域への転居が可能だったとしても、この方法は費用がかさみ、社会の主流から取り残されたコミュニティに適用されるケースはめったにない。居住地を失った各世帯への簡易な補償はおそらく、元住民が環境的に有益な環境にある人並みの家に住むために必要な金額ではなく、引き裂かれてしまったコミュニティの関係性を再び築くものでもない。この状況は、社会生態学の標準的視点においては単にガバナンスのジレンマであり、より急進的な理論においては、人並みの家と適切な居住環境においてすべての人々を支えるための資源が提供されにくい新自由主義に基づく資本主義の帰結である。

　進歩的アプローチでは、戦略の判断に使用価値という基準を用いる。低所得コミュニティが転居を強いられる場合、新しい場所が用意されるまで転居する必要はなく、そしてコミュニティ構成員は全員で転居できるべきとする。環境的脅威への対処は、手の届く住居の提供というより広範な問いと切り離して考えるべきではない。従来の考え方では政府による住宅生産は非効率的で限定的な選択肢とされているが、低所得世帯に十分なシェルターを提供しているのは、大規模な公営住宅生産に取り組んだ国のみであることを経験的調査が示している。公平な結果のためには、市場プロセスへの依存から脱却し、国は住宅提供における支配的役割へと回帰しなければならない(Marcuse & Keating, 2006)。

参加型プロセス：専門家主導よりも高い成果を上げられるか

　ニューオーリンズの事例は、プロセスの課題も指摘している。参加によって最終的に導き出されたのは、都市は資源のある人々にとってほとんど以前と変わらぬ状態へと再建され、一方で金融資本や社会的資本を失った人々の多くは、そうすることを禁じられたわけではないにもかかわらず、回復も再建もできないという解決策であった。地域レベルの参加者は、たとえ自分たちが参加したことによってその場に留まってもよいという結果に至ったとしても、ニーズに関係した資金援助を要求することができなかった。ニューオーリンズには相当の連邦資金が

投入されたが、資産価値は使用価値ではなく交換価値に基づき算出された。民間
保険会社の計算方法も同様である。また、ハリケーンは市内の全公営住宅の取り
壊しの根拠にも用いられ、貧困層の住居者たちは以前にも増して選択肢を失った。
再建の姿を判断するにあたって専門家が課したトップ・ダウンの方針ではなく、
参加と市場原理が組み合わされたことによって、グリーン・ドット・マップと同
様、富裕層に有利な結果が生み出された。再建に十分な力のある組織や政治関連
組織に招集され得たのはわずかな貧困層近隣住民のみであり、ほとんどは元の状
態に戻ることはなかった。こうした結果は、資金のない参加は単なる空約束であ
ることを示している。

　結論として、ニューヨーク市の事例を用いて今回の論点を説明したい。ニュー
ヨークは近年の三つの危機の震源地である。2001年9月11日のワールド・トレ
ード・センターへのテロ攻撃、2007 ～ 2008年の金融市場の内部崩壊、2012年
のハリケーン「サンディ」の直撃である。2005年に出版された "*Resilient City*"
(Chernick, 2005) の中で、最初の事象がニューヨーク市経済に与えた影響が分
析されている。マイケル・ブルームバーグ市長が公表した将来的な騒乱の脅威に
備えるための計画のタイトルは、「A Stronger, More Resilient New York (より強
く、よりレジリエントなニューヨーク)」である。実のところ、ニューヨークは
いくつかの特定の意味においてレジリエントであることがかねてより証明されて
いたが、これらは金融セクターの幹部や不動産所有者、ディベロッパーに大きく
恩恵のあるレジリエンスである。連邦政府は9.11対応として、しぶしぶ対応に
乗り出したニューヨーク市に、1975年の財政危機後とは比べものにならないレ
ベルで資金を投入した。公正な立場で言うならば、かなりの額は建物内で犠牲に
なった人々の家族に対する補償であり、個人の収入に応じて金額が調整されはし
たものの、低賃金労働者にも公正に十分な金額が支給された。とはいえ、最大の
勝者はディベロッパーのラリー・シルバースタインである。シルバースタインは
一切の金銭的損失から保護され、その場所にビルを再建する権利を与えられた
(Sagalyn, 2005)。2007年のモーゲージ流通市場の崩壊後、連邦政府はニューヨ
ーク市に本部を置く金融機関の利益のために不良資産救済プログラム (Troubled
Assets Relief Program, TARP) をもって介入した (Gladstone & Fainstein, 2013)。
以降、ニューヨークの富裕層はなお一層富を増し、それ以外のすべての人々はさ
らに貧困化した (US Bureau of Census, 2013)。ニューヨークのレジリエンス強
化を狙ったブルームバーグ市長の提案には、ダウンタウンの金融地区に隣接する

第3部 ポストポリティカル、ポストアーバン世界に現れ始めたカルチャー

イーストリバーでの巨大な不動産新規開発による建設が含まれている。発表によれば、このメガ・プロジェクトは水面上昇に対する緩衝策としても機能し、経済を押し上げて、かつおそらくは採算が取れるらしい (New York City, Office of Mayor, 2013)。より公平なアプローチならば、市内の該当エリア、まずは多くの低所得者層世帯が脆弱な住居に暮らすクイーンズ沖の防波島とブルックリンのウォーター・フロント地区に着目することであろう。そうした住居を可能な範囲で改修するか、高地の新築住宅に転居させる。

　ニューヨークでも別の場所においても、公平性の問題により配慮した提案の場合は、一番の弱者の現状検証から始めるべきである。その上で大規模な騒乱が起きた場合にこうした弱者を最善の形で守るための代替策を編み出す。金融危機については、まず住居や仕事を失った人々全体の把握方法を考案する。前述したが、マルクス主義的分析は、危機の原因について重要な理論的知見を導き出すことはできても、今ここにある危機に対するプラン作りの意味ではさほど機能しない。マルクス主義者の言い回しは当世的ではなく、急進的に聞こえ、社会科学助成金提供者には受け入れがたい。ただし、災害復興の問題がいかに一般的な方法で対処されているかについて重要な事実を示す。本質的な問いかけもなく、資産価値の成長を重んじ、すでに最も恵まれている人々に直接恩恵を与えることによって成長を助長するための合意による取り決めへと帰する方法である。状況を正常化するための方法を問うことから始めるのではなく、災害後の理想的状況に関して潜在的利益相反がないと仮定するのでもなく、一番の弱者の生活を改善するためにどうするのが最善であるのか、その問いから始めるのであれば、また違った政策へと前進するはずである。

　中央以外の計画立案者は、資源の再配分を推し進める力に限界がある。主たる財源は国レベルだからである。それにもかかわらず、資本予算優先事項の計画や輸送システムのマッピング、区域割りは彼らの範疇にある (Fainstein, 2010, ch. 6)。公平性の高い都市ならば、低所得住民を高地に移転させるか、建物のかさ上げまたは浸水から守るための緩衝物設置によって水面上昇に対応するであろう。低所得層世帯が転居の必要性に同意し、最も有望な転居場所が中心地から距離があることを承諾するならば、アクセスを改善するための交通システムや、ソーシャル・サービス、地域の文化的施設を住居とともに整えなければならない。

　ロックフェラー財団は先頃、市当局に対して提案依頼書(RFP)を提出した。

322

官民セクターのリーダーたちに、レジリエンスの強化を望む声が高まっている。しかしその多くは、貧困層や弱者のニーズに応える方法で市全域を対象としたレジリエンス戦略を作り、実行するための技術的知識も財源も持ち合わせない。

(Rockefeller Foundation, 2013)

　ただし、技術的専門知識や財源が貧困層や弱者のニーズ対応に失敗したことの一番の弁明になるかは疑わしい。むしろそれは、なぜ不動産メガプロジェクトがレジリエンス強化の優先事項の一つであるのかを説明する政治力の欠如である。

　貧困層への大幅な予算投入を求める提案は、一般に政治的に不可能とみなされ、よって回避される。進化論的レジリエンスの議論、リスク分析における見かけ上の科学的正確さ、複雑性理論の魔力は、住民のうちどの集団が公的資源の支出から実際に利益を得るのかという真の問題と向き合い損ねる対話を可能にする。こうした対話は、レジリエンスが高まれば誰しもが利益を得ると仮定することによって意見の対立を回避する。そして、レジリエンスを得るためにともなう相当な複雑さを間接的に表現することによって、一体誰が何を手に入れるのかという問いの周囲に曖昧さの雲を作る。計画立案者は、環境保護や経済発展に関するなんらかの意思決定においてどのような利害関係があるのかを明確に示し、公平性のある政策を擁護する手元の情報を使って公平性のある都市に貢献できる。公平性の高い結果を阻む障害の克服に失敗する場合もあるだろうが、持続可能性やレジリエンスに関する議論の心地よい美辞麗句的特性に挑むことによって、政治の実現領域を押し広げることができるかもしれない。

注記

*1——Susan Fainstein, "Resilience and Justice,"、掲載元：*International Journal of Urban and Regional Research*（*IJURR*）、Wiley, Volume 39, Issue 1, January 2015, pages 157–167。Susan Fainstein氏、*IJURR*のご厚意により転載。

*2——計画立案を専門とする教職者で構成されたヨーロッパとアメリカの協会の略語。AESOPの正式名称はAssociation of European Schools of Planning、ACSPの正式名称はUS Association of Collegiate Schools of Planning。

参照文献

Alexander, D. E. (2013). Resilience and disaster risk reduction: An etymological journey. *Natural Hazards Earth Systems Science, 13,* 2707–2716. Retrieved May 3, 2014, from www.nat-hazardsearth-systsci.net/13/2707/2013/doi:10.5194/nhess-13-2707-2013.

Amin, A. (Ed.). (1994). *Post-Fordism: A reader.* Oxford: Blackwell.

Brenner, N., & Theodore, N. (Eds.). (2002). *Spaces of neoliberalism.* Oxford: Blackwell.

Carlson, S. (2013, May 10). After catastrophe. *The Chronicle Review*. Retrieved June 16, 2014, from http://chronicle.com/article/After-Catastrophe/138927/.

Chernick, H. (Ed.). (2005). *Resilient city*. New York: Russell Sage.

Curry, J. (2013, May 29). Forget sustainability - it's about resilience. *Climate Etc*. Retrieved July 2017, from https://judithcurry.com/2013/05/29/forget-sustainability-itsabout-resilience/.

Davoudi, S. (2012). Resilience: A bridging concept or a dead end? *Planning Theory & Practice, 13*(2), 299–307.

Fainstein, S. S. (2010). *The just city*. Ithaca, NY: Cornell University Press.

Forman, R. T. T. (2008). *Urban regions*. Cambridge, UK: Cambridge University Press.

Gladstone, D., & Fainstein, S. S. (2013). The New York and Los Angeles economies revisited. In D. Halle & A. Beveridge (Eds.), *New York and Los Angeles: The uncertain future*. New York: Oxford University Press.

Gleeson, B. (2013). Resilience and its discontents. *Research Paper, No. 1*, Melbourne Sustainable Society Institute. Retrieved May 3, 2014, from www.sustainable.unimelb.edu.au/content/pages/mssi-research-paperbrendan-gleeson-resilience-and-itsdiscontents.

Gunderson, L. H., & Holling, C. S. (Eds.). (2002). *Panarchy: Understanding transformations in systems of humans and nature*. Washington, DC: Island.

Hartman, C., & Squires, G. D. (Eds.). (2006). *There is no such thing as a natural disaster*. New York: Routledge.

Harvey, D. (1996). *Justice, nature and the geography of difference*. Oxford: Blackwell.

Harvey, D. (2003). *Paris: Capital of modernity*. New York: Routledge. (大城直樹 他訳『パリ；モダニティの首都 新装版』青土社, 2017年)

Healey, P. (2012). The universal and the contingent: Some reflections on the transnational flow of planning ideas and practices. *Planning Theory, 11*(2), 188–207.

Holling, C. S. (1973). Resilience and stability of ecological systems. *Annual Review of Ecology and Systematics, 4*, 1–23.

Katz, B., & Bradley, J. (2013). *The metropolitan revolution*. Washington, DC: Brookings Institution.

Long, N. E. (1958). The local community as an ecology of games. *American Journal of Sociology, 64*(3), 251–261.

Marcuse, P., & Keating, W. D. (2006). The permanent housing crisis: The failure of conservatism and the limitations of liberalism. In R. Bratt, M. Stone, & C. Hartman (Eds.), *A right to housing: Foundation for a new social agenda*. Philadelphia: Temple University Press.

Nelson, M., Ehrenfeucht, R., & Laska, S. (2007). Planning, plans, and people: Professional expertise, local knowledge, and governmental action in post-hurricane Katrina New Orleans. *Cityscape, 9*(3), 23–52.

New York City, Office of the Mayor. (2013). A stronger, more resilient New York. Retrieved May 3, 2014, from http://nytelecom.vo.llnwd.net/o15/agencies/sirr/SIRR_singles_Hi_res.pdf.

Rockefeller Foundation. (2013). 100 resilient cities centennial challenge. Retrieved May 3, 2014, from www.rockefellerfoundation.org/our-work/currentwork/100-resilientcities.

Sagalyn, L. B. (2005). The politics of planning the world's most visible urban redevelopment project. In Mollenkopf, J. H. (Ed.), *Contentious city*. New York: Russell Sage.

Smith, N. (1984). *Uneven development*. Oxford: Basil Blackwell.

Swanstrom, T. (2008). *Regional resilience: A critical examination of the ecological framework*. Working Paper 2008–07. Macarthur Foundation Research Network on Building Resilient Regions. Retrieved July 12, 2017, from http://brr.berkeley.edu/brr_workingpapers/2008-07-swanstromecological_framework.pdf.

Swyngedouw, E. (2010). Trouble with nature: "Ecology as the new opium for the masses." In P. Healey & J. Hillier (Eds.), *The Ashgate research companion to planning theory*. Farnham, UK: Ashgate.

US Bureau of the Census. (2013). American fact finder. Retrieved May 3, 2014, from http:// factfinder2.census.gov/faces/nav/jsf/pages/searchresults.xhtml?refresh=t#none.

White, I. (2013). The more we know, the more we know we don't know: Reflections on a decade of planning, flood risk management and false precision. *Planning Theory & Practice, 13*(1), 106–113.

Wilkinson, C. (2012). Urban resilience: What does it mean in planning practice? Planning Theory & Practice, 13(2), 319–324.

Zolli, A. (2012, November 2). Learning to bounce back. *New York Times*. Retrieved June 17, 2014, from www.nytimes.com/2012/11/03/opinion/forget-sustainability-its-aboutresilience. html?pagewanted=all&_r=0.

18 区域の社会的多様性と大都市での分離

エミリー・タレン

　20世紀のアーバニズム物語は、明らかな社会的分裂物語である。富裕層の強大化と中産階級の増加、安価な原油、高速道路、政府助成金、人種・民族・経済的線引きに基づく都市内での過剰な社会的選別を招く条件を作りだす人種的、階級的不寛容をともなう文化的権威の中央一元的認識を特徴とする。都市プランナー、政策立案者、コミュニティの活動家はこれまで幾度もこうした傾向の阻止を試みてきたが、不可避的に一般市民からの相反する態度に対峙することになる。それは「他者」に対する不安感であり、それが区域の社会的多様性が増すことを意味する場合は、社会的変化に対する積極的な抵抗が生まれることも少なくない。

　経験的問題として、経済的に多様な区域が次第に消滅している証拠が特にアメリカについて示されている (Fry & Taylor, 2012)。この現象を助長しているのが同質性の定着である。裕福な区域はずっと裕福、貧しい区域はずっと貧しく、中所得区域は上向いたり下向いたりするが、どちらの方向に変化するかは人種に大きく影響を受ける (Hwang & Sampson, 2014)。周囲の大部分も低所得世帯である低所得世帯は、1980年の23%から2010年には28%に増加し、周囲の大部分も高所得世帯である高所得世帯は、同じ期間に9%から18%へと倍増している。また、データによると、経済的に多様な区域の大半は、区域内構成者が比較的一様に富裕化するか、比較的一様に貧困化しているために当初の状態から変化している。1970年に経済的に多様な層が混在していた区域のうち、2000年にも同じ状態が保たれていたのはわずか18%である。こうした変化は、全体的な所得の不均衡によって悪化している。1980年から2010年の間に低所得中心区域に暮らす

低所得世帯と、高所得中心区域に暮らす高所得世帯の割合が大幅に高まった（Fry & Taylor 2012; Tach, Pendall, & Derian, 2014）。富裕層が他の層から切り離されると、裕福ではない都市や区域への公共投資への支持が薄れることを意味するためとりわけ問題である。高所得住民が裕福な区域内の住宅価格を押し上げる通り、所得の不均衡は、富の不均衡を継続させる（Albouy & Zabek, 2016; Reardon & Bischoff, 2011）。

　残念なことに、多様性の低下は徒歩で移動できる圏内の区域で加速している。不幸というのは、区域の多様性低下にともない、多くの文献に記されている徒歩圏域で生活するメリットも低下するからである（Riggs, 2016）。過去10年に発表された数百の査読付き論文をまとめた先頃の抄録によると、徒歩圏域、多様性という区域要素には、健康、社会的相互作用、安全の点で住民レベルのプラス影響があることを示す証拠が挙げられている（Talen & Koschinsky, 2014）。徒歩で移動可能であるという要素については、ある文献に示された複数の調査によって、徒歩圏域と身体活動との一貫したつながりが示されている（Durand, Andalib, Dunton, Wolch, & Pentz, 2011）[*1]。大半の調査において、徒歩で移動可能な区域形態とウォーキング、身体活動、最終的には肥満その他健康指標との重要な関係性が明らかになっている。徒歩移動可能な場所は、（物品やサービスを手に入れるために）出入りが多い傾向があり、その結果、肥満の低下、メンタルヘルスの向上、脳機能の高まりが示されている（Brown, Khattak, & Rodriguez, 2008; Erickson et al., 2010; Jack & McCormack, 2014; Kloos & Shah, 2009; Saelens & Handy, 2008）。ブライアン・セレンスとジェイムス・サリスは、区域ごとの身体活動の違いを取り上げた複数の調査結果をまとめている。徒歩移動可能性は、社会的相互作用やその土地への愛着感、共同体意識の高さにも関係している（Kim & Kaplan, 2004; Pendola & Gen, 2008; Saelens, Sallis, Black, & Chen, 2003; Sallis, Kraft, & Linton, 2002; Wood, Frank, & Giles-Corti, 2010）。調査では、社会資本を測定するためのロバート・パットナムの尺度を用い、徒歩で移動可能な区域と、社会資本、社会との関わり、社交性の高さとの関連性が示されている。また、徒歩移動可能な場所にはたいてい公共空間があり、所得水準が混在したエリアである場合は特に、社会的結びつきを促し、社会的相互作用に良い影響を与える気楽で自発的な交わりを助長する（Brown & Cropper, 2001; Leyden, 2003; Putnam, 2007; Roberts, 2007; Rogers, Halstead, Gardner, & Carlson, 2011; Skjaeveland & Garling, 1997; Wood, Frank, & Giles-Corti,

2010）。徒歩移動を前提とした土地利用の多様性は、情報、財、サービス、物品のやり取りを促す。公共・準公共設備と区域レベルの営利事業との混在は、社会的に多様なコミュニティの存続に欠かせない要素だと考えられている。家賃の値上げや立ち退きの不安にもかかわらず、再開発された区域の以前からの居住者がメリットを実感できるという調査所見の根底には便利さの向上がある。住民がよく集まる場所は「安全で社会性のある」区域作りに役立つ（Carlino, Chatterjee, & Hunt, 2006; Freeman, 2005; Glaeser, 2011; Hall & Hesse, 2012; Levasseur et al., 2015; Myerson, 2001; Nyden, Lukehart, Maly, & Peterman, 1998; Wood et al., 2008）。

区域の多様性を重視すべき理由

　所得の多様性の重要性は、その土地の活力、経済的健全性、社会的公正、持続可能性に関する概念と理論に基づく。社会的多様性をこれらすべての意味で人間の経験を高める生存様式の一つであるとする概念的議論を展開する文献は専門分野にも一般にも広範にある。都市計画専門家の間では、多様性はグローバル社会の原動力であり、人間の経験を高める生存様式の一つであるという考え方が広く浸透している。その理由の一つは、その土地の活力と関係している。都市は、違いや多様性の中心地であるがゆえに崇拝される。アラン・ジェイコブスとドナルド・アップルヤードは、その後広く引用されることになったある声明を発表したが、その中で、多様性と各種活動の統合は「都市生活のための都市構造」の必須要素であると主張している（Jacobs & Appleyard, 1987, p. 117）。ジェーン・ジェイコブスは、部品の寄せ集め以上の何かを生み出す力を持ち得る複合的な「用途の集まり」を形成する「さまざまな人々の日々の平凡な行い」に価値を置く（Jacobs, 1961, pp. 164–165）。

　ルイス・マンフォードは社会的、経済的混在の重要性を頻繁に取り上げ、「多面的都市環境」を「高度な形態の人間の成果」が生まれる可能性が高い環境であると述べ（Mumford, 1938, pp. 485–486）、都市の物理的設計段階において、成熟した都市の構築のためにできうる限りこれを醸成するのが計画立案者の本来の役割であると説く。「人、階級、活動の日常的な入り交じりを促さない計画は成熟の最大の利益に不利に働く」（Mumford, 1968, p. 39）。これらの発想はパトリック・ゲディスの見解に大きく影響を受けたものであり、両氏とも、都市の強みやプラスの刺激を「不調和や対立に対する基本的人間のニーズ」に応える手段と考えている（Mumford, 1968, p. 485）。「郊外地域の道徳観」をテーマにしたバ

ウムガートナーの調査では、同質的で私有化された社会のマイナス影響が明らかにされている。こうした社会では共同体内の対立がオープンに対処されるのではなく内在化したり、避けられたりする (Baumgartner, 1991)。

多様性は、都市のさまざまな構成要素間の相互作用を促すことから、都市の活力を生み出す一番の源泉と考えられている。用途のきめ細かな多様性は「継続的な相互支援」を生み出し、都市計画は、ジェイコブスの言葉を借りれば「こうしたキメ細かな作用関係に触媒作用を及ぼし、助長する科学であり技術にならなければならない」(Jacobs, 1961, p. 14)。よってアーバニズムを土地利用区分、高速道路の距離、オフィス・スペースの面積、1人当たり公園面積などの構成要素に分割した場合、こうした抽象的計算のすべてがマンフォードが名付けるところの「アンチ都市」へと至る (Mumford, 1968, p. 128)。同様に、都市プランナーたちが都市というものを「支離滅裂な複雑さ」の問題にしてしまったり、都市プランナーに自分たちが個々の部分を有効に操作できると誤解させてしまう一連の計算や測定可能な抽象概念と捉えたりすることをジェイコブスも厳しく非難する (Jacobs, 1961, p. 14)。

多様性は通常、無秩序または不規則たる概念ではない。ジェーン・ジェイコブスの見解では、社会的、経済的、物理的多様性は根底にある秩序の仕組みの中で有効に共存するものであり、ジェイコブスはこれを「体系的複雑さ」と呼んでいる。同様に、アリエル・サーリネンも、都市構成要素の多様性は、「律動的秩序という一つの全体像」に展開できると考える (Saarinen, 1943, p. 13)。メルヴァン・ウェバーは、自らの評論、"Order in Diversity" の中で、複雑さが無秩序と取り違えられていることを嘆く。ウェバー は、計画は、多様性に対応するために、「異種の個人や集団で構成される土地や空間に対する異種の要望に対応する」形で構築されなければならないと考えている (Webber, 1963, pp. 51–52)。

「その土地の活力」の下位区分にあるのが経済的健全性である。ジェイコブスは、都市の多様性、つまり都市の「規模、密度、混雑度」を「最も貴重な経済資産」になると考えていた (Jacobs, 1961, p. 219)。研究者らはこれまで、互いにつながり合った関係性と「交換の可能性」から成る経済ネットワークを刺激する上で所得の多様性がどのような役割を負っているかを調査してきたが、その中で「裕福に差異化した区域」は、景気停滞に対するレジリエンスが高いと考えられている。知識のスピルオーバーが起きるにあたっての多様性の役割については見解が分かれているが、近隣区域内で特定産業に集中しているよりも、産業が多様

化している方が成長を生み出すという見方は一般に受け入れられている。人間の多様性は、経済的資産の一つである。社内イノベーションが社外からのスピルオーバーによってもたらされる場合があるからである。スピルオーバーは、距離が知識の流れに影響するため、空間的近さにある程度左右される。どの程度の多様性の規模があればイノベーションや活力に寄与するスピルオーバーを生み出せるかは、どの程度の規模で異文化間の知識スピルオーバーが起こり得るかによって変わる (Florida, 2005; Glaeser, 2000; 2011; Glaeser, Kallal, Scheinkman, & Shleifer, 1992; Montgomery, 1998; Quigley, 1998; Sohn, Moudon, & Lee, 2012)。

　リチャード・フロリダは、経済的観点からの多様性の重要性を特に明確に主張してきたが、別の理論体系を取っている (Florida, 2002a)。フロリダの独創的資本理論では、従来の経済的視点における企業や産業の多様性ではなく、多様な人的資本の密集 (地域内の男性同性愛者世帯の割合を一つの指標としている) がイノベーションや経済的成長を促す原動力であるとしている。「ありとあらゆる種類の多様性」を受け入れる都市とは、「好調なイノベーションと高賃金経済成長を享受する」都市でもある。よって都市は、従来思考的な企業にとって有益ではなく、人にとって有益なものを重視し、人的資本を惹きつけなければならない。これが当然の帰結としてその土地の質の向上につながる。「優秀な人材はその地域に自然発生するものではない」からである (Florida, 2002b, p. 754)。

　多様性は、機会を生み出し、よって経済的健全性を促す。ジェイコブスの言葉を借りれば、都市が多様性を備えているならば、「数千の人々の構想に肥沃な土壌を提供する」(Jacobs, 1961, p. 14)。多様性が欠如した状態は、個人の成長の意味でも、経済発展の意味でも将来の拡大をほとんど期待できない。そして、階級分離を原因とする地域の経済成長低下が事実として示されている。多様性が欠如した場所は、多機能な人間の居住地を維持するために必要な幅広い雇用を支えることもできない。所得と教育水準の多様性は、地方自治体職員 (警察官、消防士、学校の教師) を含むサービス業に欠かせない人々、地元客にサービスを提供する店舗や飲食店で働く人々が就業のためにコミュニティ外へ移動する必要がないことを意味する (Ledebur & Barnes, 1993)。

　多様性のある区域の方が自己管理がしやすいという考え方もある。「裕福に差異化した区域」は景気停滞に対する「耐久性、レジリエンス」が高いが (Jacobs, 1961, p. 14)、その一方で、多様な人々同士の相互作用もまた、個々の成功に必要な接触を生み出すという意味で有益に働く。社会的多様性が低く、分離が進ん

でいる場合、こうした幅広い社会的ネットワークが築かれる機会が損なわれる可能性がある。所得水準が混在した、公営住宅を含む区域は、社会的つながりが弱く、脆弱感があることが明らかになっている一方(Chaskin, 2013; Clampet-Lundquist, 2010))、長期的な(安定した)多様性のある土地の場合はこうしたダイナミズムがたいした問題とならないことも考えられる。所得水準が多様な区域は、それ以前に貧困集中地区に暮らしていた低所得居住者の安心感が高まることがいくつかの事例において示されている(Briggs, 2010)。その土地の多様性は、社会的相互作用ネットワークが広がることによって「橋渡し」気質の人々という社会資本が築かれる可能性があるという意味で重要である(Putnam, 2000)。

　もう一つの誘因が、区域の多様性と社会的公正との結びつきである(Talen, 2008)。すべての社会集団がリソースを入手しやすくなる(いわゆる「機会の地理的視点」を促す)ことから、社会的多様性を公平とする考え方である(Briggs, 2005)。所得水準の多様性の欠如は、その区域に集中的貧困があることを意味し、建造環境への負の投資を招く。さらに、Sampson, Mare, & Perkins の主張によれば(2015)、こうした両極端のどちらか一方が集中し続けることによって、所得水準混在区域の推進が予想よりも困難になる可能性がある。劣悪な物理的条件と施設不足は、「アメリカ版アパルトヘイト」継続の一因となる。高所得の社会集団 が物理的な質が低く、施設が整備されていない場所に魅力を感じる可能性は低いからである。

　これと関連した別の認識では、多様性はユートピア的な理想と考えられている。この理想において、人口集団の混在はより良く、より創造的で、より寛容で、より平和で安定した世界の究極の土台となる。一つの目的の下で行われる資源配分やその入手性は公平性の問題である。2番目については、高所得者層さえも、違う経歴、所得水準、人種・民族グループが混在する場合に生じる創造性、社会資本、異種交配のメリットを享受できる。前者は機能性と物質的ニーズを論じ、後者は人間の精神の育成を論じている。

　計算された社会的混在を都市や街で実現しようとする発想(資力や経歴が異なる人々を、意図的に同じ一般地域に住まわせようとする試み)は、貧困層の生活環境を嘆かわしく思った理想家や社会評論家らが19世紀に編み出したものである。サミュエル・バーネットとヘンリエッタ・バーネット、オクタビア・ヒル、ジェーン・アダムスらが提唱したセツルメント・ハウスと組合制は、貧困者に対する教育と社会適合活動に加えて、都市部において意図的に社会的混在を作るこ

とによって富裕層の感度を高めることもその目的とし、これ以外は、空間計画や住宅設計によって社会・経済階級を意図的に混在させたユートピア的コミュニティの構築を重視していた。例えば、ボーンビルやエベネザーが考案したレッチワースのガーデン・シティズ、ウェリン・ガーデン・シティ、ウィゼンショーといった企業城下町などである。これらの街は、すべての社会集団の包含を意図し、ただし物理的近さはそれぞれ異なる。ハワードの混在の考え方は、ミクロレベルで比較的分離されたものであり、他方ボーンビルの言う混在はきめ細かい。とはいえ、ハワードの発想にさえ、アメリカでの従来パターンをはるかに超える水準の混在が盛り込まれており、職場、店舗、レクリエーションの場は短距離徒歩圏内にあった。ハワードのガーデンシティ論に物理的形状を与えた建築家、レイモンド・アンウィンは、都市計画では「さまざまな階級同士の完全分離を回避」しなければならないと述べている (Unwin, 1909, p. 294)。当然のことながら限界はある。「遠すぎず、近すぎず」。ホールは、アンウィンの社会的混在の試みをこう説明している (Hall, 2002, p. 104)。

　社会学者らは、人が集中的問題のある社会環境内に閉じ込められた場合、医療サービスの利用や雇用情報の入手などのさまざまな生活の機会が損なわれると主張する。社会科学者は、多くの場合、社会的、空間的隔離の間で作られる強力なつながりに注目し、社会問題の背景として近隣区域を重要視する。児童・生徒の成績は、教師だけではなくクラスメートやその家族が大きく影響するため、リソースが少ない区域で育った子どもは負の影響を受ける。研究者は、社会的に不利な条件の集中は、犯罪率の上昇を招くと結論づけている (Sampson, Raudenbush, & Earls, 1997のほか、Burtless, 1996; Chetty, Hendren, & Katz, 2015; Jargowsky, Crutchfield, & Desmond, 2005 も併せて参照)。集中的貧困は、経済的混乱や失業とも相関関係があり、ウィリアム・ジュリアス・ウィルソンが「The Truly Disadvantaged」の中で抗議している (Wilson, 1987)。

　失業などの集中的社会的条件を理由に分離された区域では不動産に対する負の投資、空き家、商業活動の撤退が起きる。労働者階級が暮らす区域を対象にしたケファラスの調査では、土地が荒廃すれば人種差別が悪化することが示され、「広範な社会的崩壊の紛れもない証拠として」スラム街の物理的荒廃が挙げられている (Kefalas, 2003, p. 52)。消費者所得の喪失は、消費者需要の喪失と小売部門の劣化を意味する。富裕層と貧困層とでは課税構造が異なるため、結果としてリソース水準も異なる。高所得住民は少しでも低い固定資産税率を望む一方、低

所得区域は、同等レベルのサービスを受けるためには重い税負担が必要になる (Massey & Fischer, 2003)。

統合は、利益の共有に基づく「多元共存主義的政治」の基礎を築くものでもあるが、実のところ多様性のない集中的貧困区域は、自力で公共支出を競うことになる。区域内の多様性は、「地域的に体系化された自己利益に基づく連立政治」という共通関心事項の基盤になる (Massey & Denton, 1993, pp. 14, 157)。多様性はこのように、複数の集団が利害を共有し、政治的有効性を築くために不可欠な要素である。この力を制限することによる社会的分離は、物理的改善、具体的には学校や公園などの施設整備のために資金が提供される可能性を制限することになる。区域内の公共施設が、所得水準が混在したコミュニティの持続のために重要な犯罪率低下に一役買っている事実がこれを裏付けている (Myerson, 2001; Peterson, Krivo, & Harris, 2000)。

区域内多様性の基準

アメリカでは、パーク、バーゲス、マッケンジーがおよそ1世紀前に「競争が連合的集団化を強いる」と明言するとともに指摘した類の区別、分離の必然性についてある種の受け入れが古くからある。パークとシカゴ学派は、1920年に開始されたコミュニティ・エリアごとの区画データを統合した Local Community Research Committee の膨大な作業を基に、「侵入と適応の連続過程」の結果、各階級の住居パターンとそれにともなう土地の価値、道徳観、「公共性」の程度が細分化されることを明らかにした。ある区域が「保守的で、順法精神、公共心あり」だとしても、別の区域は「気まぐれで、急進的」かもしれない。こうした区別や分離は、人種、言語、年齢、性別、所得の線引きに沿って築かれ、「自然地域」と名づけられた共同生活体を形成する (Park, Burgess, & McKenzie, 1925, pp. 78–79)。

分離に基づき区域を定義づける慣習はこのように始まった。区割りモデル、セクター・モデル、くさび型モデルは、類似性とパターン化を説明するために構築されたものであり、構成上一様と考えられ、かつ多くのケースで想定されている場合のある内的に統合されていると考えられるエリアを探す。数十年の時を経て、社会的同質性が常に第一の検索基準であるものの、空間的パターン化モデルは複雑化した。1970年代には、ホークスがボルチモア内351カ所の人口調査標準地域における社会的パターン化を説明する試みの中で、中心部からの距離について

第３部　ポストポリティカル、ポストアーバン世界に現れ始めたカルチャー

疑問を投げかけた。Hawkes モデルは、その後の研究者らが探すべきものを確立した。つまり「区域内住民に認められる空間上の一貫した違い」を探すことである (Hawkes, 1973, p. 1234)。地理学者による区域の標準的定義と似ていなくもない。「狭義の近隣区域とは、識別可能なサブ・カルチャーが存在し、域内居住者の多数がそれに順応している地域と定義される」とされている[*2]。

　重要な点は、シカゴ学派は近隣区域は有効に混在し得るという考え方をさほど支持していないことである。R. D. マッケンジーによると、「結束の絆として同族関係による近隣区域の支配」を示すのは、都市内の区域ではなく、自立型区域としての村である (McKenzie, 1921, p. 344)。村の社会構成、言い換えると「共通の刺激に対する共通の人間性」の結果には本来備わった普遍的な何かがあり (McKenzie, 1921, p. 348)、よって自然な社会的統合形態が染み込んでいる。対照的に、都市における区域にはそれがない。代わりに、経済、人種、文化の線引きによる区別に基づき成長を遂げた。

　この議論の結果として、多様性のある区域の根底にある要素に関する我々の理解はおおかた机上のものである (Grant & Perrott, 2011; Tomer, Kneebone, Puentes, & Berube, 2011)。とはいえ、区域の多様性を高める可能性がある三つの要素を仮定できる。(1) 建造環境と区域割り、(2) 住宅・経済開発政策、(3) 統制と制度の三つだ。以下では、多様性とウォーカビリティに関係する要素に特に注目する。

■ 建造環境と区域割り

　建造環境は、住宅タイプの混在(すなわち大きさ、保有条件、地区年数の違い)を許容する場合は、多様性に貢献すると考えられている。住宅タイプの混在は、家賃や住宅価格の混在が許されることを意味し、よって所得の多様性につながる。混在は、取り壊しや建て替え、または従来小さな集合住宅に分かれていた住宅の再建によって、低所得地域により広いまたはより価格の高い住宅が建てられた場合に成立し得る。区画の面積や形状、通りからの位置の混在も、ユニット・サイズやタイプ、よって価格の混在を促す場合がある。長年の理論では、住宅タイプの外観的違いが最小に抑えられ(例えば、集合住宅を大きな戸建住宅のような外見にするなど)、別の所得層にとっての住宅の設計や質の違いが最小である場合に、多様性が固定化されると仮定されている。密度は、多様性と徒歩移動可能性の維持に一役買うと考えられている。ただし、多様性の関係性が線形(密度が高

ければ便利さが高まり、需要が刺激されるため、密度は分離を悪化させる可能性がある）である傾向は低い。その一方で、低密度は、区域向け施設の提供と、雇用や都市サービスの入手性の意味で低所得者にとって重大な問題を課す。区域割りは、住宅タイプの混在、用途の混在を可能にし、開発が同質化するルール（最小区画面積、最大密度、最小セット・バック、その他多様な種類の開発を妨げる障壁）を排除することによって徒歩移動可能性と所得の多様性の両方を促進できる（Brophy & Smith, 1997; Hughes & Seneca, 2004; Jacobs, 1961; Lang & Danielson, 2002; Pendall & Carruthers, 2003; Talen, 2010; 2012を参照）。

■ 住宅・経済開発政策

安定的で、所得層が混在し、十分なサービスを受けられる区域作りに、さまざまな政策やプログラムが役割を果たし得る。住宅関連政策には、新しい所得層混在区域、分散型住宅、バウチャー、コミュニティ・ランド・トラスト（CLT）、中間所得層対象の住宅要件、税額控除、密度ボーナス、開発権の譲渡、分譲マンション転換条例、制限約款の使用制限などがある。家賃統制や中・高所得層区域の低所得層住宅への助成金制度など、政策の一部は、所得層の多様性を固定化させる作用のある中下層地域の再開発を制限する目的で立てられている。健全で公平な区域作りを促す経済発展政策には、TIF（Tax Increment Financing）、産業振興地域、ビジネス改善地区、コミュニティ施設への資金提供、または税制優遇策や助成金による区域内の事業支援政策などがある。小規模なインフィル型利用を推進する政策（適応型再利用、埋立地でのインフィル、高齢者または学生向けのニッチな住宅など）は、「部分的または小規模な中下層地域の再開発」を促す可能性があり、結果として固定的な所得層混在区域が生まれることになる。公共交通機関を支援するインフラ政策と雇用を支援する経済開発政策も、所得の多様性と結びついている。かつての産業用地が高級タウン・ホーム、分譲マンション、ショッピング・モールに変わった結果、所得混在区画の基盤になる場合もある（Kennedy & Leonard, 2001、次も併せて参照：Freeman & Braconi, 2004; Lee & Leigh, 2004; Orfield, 2002; Polese & Stren, 2000; Vigdor, 2002; Zuk & Chapple, 2016）。

■ 統制・制度

社会的多様性とその土地の質を維持する上での区域ベースでの自由な発想の重

第3部　ポストポリティカル、ポストアーバン世界に現れ始めたカルチャー

要な役割について十分練られた理論がある。一つの考え方は、住民が区域のあり方について自由に発送できないと、区域を維持するための前向きな投資に関する情報を踏まえた意思決定を妨げるというものである。一部区域では、安定した多様性の推進を意図して住民が考案した小規模、分散型の再活性化戦略が採用されている。複数の研究には一貫して、立ち退きのない改善努力の成功は「住民の結集力」、つまりローカルの住民を組織化、活性化し、区域ベース集団への参加を促す力によって鍛造される結集力の問題であると記されており、一部は、私的または政府が許可を与えた区域組合、区域諮問委員会、あるいは市議会の地区選出を含め、区域ベースの政治参加の重要性を強調する。長期的に多様性のある区域は、従来「集団の効力」を活用できている場所かもしれない。こうした場所では多様性が社会資本の橋渡しを起こす。社会学者は、「組織的インフラ」(非営利組織、集団的企業の多様性)の重要性を主張し、さまざまな区域に及ぶその区域の「制度基盤」の重要性も、所得水準が混在したエリア内の「地位が異なる者同士の強い結びつき」を作る上で特に重要だと考えている。区域の法的手段(ビジネス改善地区の徴税権、条例執行機関、区域サービスセンター、区域協議会)が権限を与え、都市ならではの疎遠化を抑制し、説明責任を維持し、徒歩移動可能性への関心を促すことができる (Clampet-Lundquist, 2010; Curran & Hamilton, 2012; McKnight, 2013; Miller, 2012; Morrish & Brown, 2000; Pearsall, 2012; Putnam, 2000; Rose, 2000; Sampson, 2011; Sampson, Morenoff, & Earls, 1999; Wenger, 2015; Wolch, Byrne, & Newell, 2014)。

区域内多様性の代替物

区域全体の多様性推進に逆行する提案もいくつか発表されている。その一つは、同質的区域の対外的つながりを重視する考え方である。この考え方の重要ポイントは、区域がより広範な大都市界、あるいは全世界といかにうまくつながるかであり、よって内的な同質性はさほど問題ではない。主流から外された社会集団にとって、こうした対外的つながりを築き損ねることは大変な事態を招きかねない。フランスでは、隔離された「banlieue(バンリュー：郊外)」には都市周辺の既存の自治町村との物理的、社会的つながりがなく、その結果、区域が辺境化したり、無関係扱いされたりして、現在では、「美しい都市モザイクの中の一つのタイル」として各区域の再統合を喫緊に求める声が上がっている (Picone & Schilleci, 2013, pp. 356, 363)。

336

ワシントン D.C. にあるアーバン・インスティテュートの研究者らは、これに関係する論を唱えている。区域そのものを小さな同質的区画群で構成された地区として定義すべきと主張し、この仕組みを「モザイク地区」と名付けている。地区で構成された区域は、公園や学校、商業地街路などの大きな施設・設備、言い換えれば、重要でありながら脆弱な社会的つながりを促す社会の縫い目として機能する資産を共有する。こうしたつながりは、所得、民族、人種によって結びついた、区域よりもさらに小さい範囲の隣人同士で生まれることのあるつながりとはおそらく別物である(Tach et al, 2014)。

区域内多様性を必須課題とする考え方への別の対応策は、民族的に集中した区域の標準化である。貧困集中的な区域分離がよいはずもないが、では、繁栄している民族囲繞地という形である場合はどうか。民族囲繞地とは、文化、民族、宗教の類似性に応じて自己選択によって集落化した人々の集まりを短く表現した言葉である。自己選択で形成され、よってゲットーやスラム街その他、外から課された分離とは大きく異なることを理由に民族的区域を肯定的に考えることはできるだろうか。年齢や収入など、他の側面については混在の傾向が高いことを理由に肯定的に考えることはできるだろうか。

結論

区域内多様性を推進する取り組みは必ずしも歓迎されない。社会的混在を狙いにした政策は時に「隠された社会的浄化計画」だと非難を浴び、こうしたケースでは中下層地域の再開発の際に代わりに「再生」や「持続可能性」のお題目が唱えられる (Lees, 2008, pp. 2451, 2452)。抵抗感は現場でも実感され、文献でも多数取り上げられている。ニューヨーク市では、デブラシオ市長が一見進歩的に見える住宅混在政策を発表した結果、開発全体を差し止めるための「罵り合い」を生み出し、手頃な価格の住宅であれ、道路整備であれ、一切の投資が行われなくなった。住民は、中下層地域の再開発問題にかなり慣れてしまったと見え、単に手頃な価格の住宅が保全されることを望んだ。建前上区域の多様化を狙いに新しく建設される住戸は、一部住民にとっては、高さ、密度、価格が上がっただけにしか見えない代物なのである(Yee & Navarro, 2015)。

別の批評家は、混在型区域が本来必要とするもの、具体的には区域へのリソース投入、社会的ネットワークの改善、地元経済の強化を本当に支える意味で経験主義の支援は単に不十分であると主張する。そして社会的混在が「むしろ薄く」、

「リソースが豊富な人々」がいる区域に居住することが、貧困者が職を見つけたり社会資本を増やしたりする助けにはならないことを裏付ける証拠をつかんでいる (Bolt & van Kempen, 2011, p. 362)。中下層地域の再開発の結果として混在度合が上がった場合、昔からの比較的貧しい住民が、新規住民が魅力に感じるであろう安全や文化的施設をよいと思う可能性もあるが、その反面疎外感も感じる。昔からの住民は、その区域にかつてあった地元らしいサービスがなくなったことを悲しむ（具体例は Dastrup et al, 2015を参照）。再開発された区域の住民は、共有している土地への帰属意識や、共通目的のための近隣住民力の活用という意味で、自分たちの意識の中にあったご近所感を失うようである。

　ロバート・サンプソンは、所得水準が混在した区域の根底にある「理論仮定」をまとめ：振る舞いや学業成績の手本として、低所得住民が高所得近隣住民から恩恵を受ける／プラスの相互作用や社会的支援は住宅の近さによる／高所得住民は、非公式の社会統制や組織的関与を通じた社会的支援の提供に前向きである／社会的かかわりや手本を示す行為が改善すれば、区域内住民の混在を図ろうとする試みから生じる区域内の不安定さが相殺される：これらの点について疑わしさを指摘している。またこれ以外にも、所得水準の混在政策が「介入効果について静的均衡を想定」し、「社会的仕組み」の観点からの区域間の「相互依存性」について説明しておらず、マクロレベルの政治的、社会的範囲を無視していると指摘する (Sampson, 2014)。

　道徳的必須課題としての区域内多様性の価値に関する一般的な議論はすでに1世紀にわたって繰り広げられているが、これ以外にも、区域内多様性と、その実現を狙いにした政策の価値に関する批判への重要な反論点が二つある。まず、貧困層区域の大部分は今なお、投資がほぼ行われないという正反対の問題に悩まされている。よってどう考えても、再開発や立ち退きの危機にさらされてはいない。貧困区域は、あまりにも強固で打ち破ることが極めて難しい不利な状況の悪循環に囚われている。再開発によって一部近隣区域の住民が立ち退きを迫られることは事実であるが、全体としては、その問題は区域内の比較的小さな割合に限定される。1970年の高貧困区域のうち、2010年までに国の平均値を下回る程度まで貧困率が下がったのは10%未満である (Cortright & Mahmoudi, 2014)。社会的混在による投資の増加が歓迎すべき転換になると考えられる。

　二つ目は、あまりにも多くの批判が、区域の基本的機能性ではなく、区域レベルの社会的相互作用を標的にしている。社会的区域が区域議論のあまりにも多く

の部分に影を落としているがために、区域内の社会的混在政策への反対論は、区域内の社会的混在が区域内の基本的便利さや住みやすさの改善を優先的狙いとする場合に、社会的相互作用や「コミュニティ」の目標を達成できないレベルに弱まる傾向がある[*3]。所得水準混在的住宅は、受容可能性とそのすべての含み(機能性、アクセス、安全性、アイデンティティ、美しさ)の問題として捉えられる場合、社会的仕組みの範囲外にある多数の目的に寄与する。であれば、社会的混在に関する議論が、あたかも社会的混在がもたらす場所や機会に意味がない(物理的区域がもはや重要でないように捉えられる)かのように「貧困に対する空間的解決策」の却下へと帰す必要はないという論理が生まれて然るべきである[*4]。社会的混在によって投資や政治資本の流入が起き、区域の形状や機能性が改善する範囲において、これは社会的混在政策の十分強力な支持と言えるであろう。

　社会的混在と便利さの二つの目標が組み合わされる場合、これは「持続可能」な都市という枠組みになる。Beatley & Manning (1997, p. 36) は、持続可能な場所を、所得と人種による分離が存在しない場、住民が「基本的または必須のサービスと設備」を平等に利用できる場と定義している (Steiner, 2002 も併せて参照)。ケープタウンしかり、北京しかり、サンティアゴしかり、世界の広範囲の政策立案者が都市の持続可能性実現を追求してきたが、これまでに行われた評価研究の大半はアメリカを拠点にしている。想定成果に関する見解は一様ではない。一部評価では、所得水準混在型区域政策は、人種差別廃止の点では封じ込め政策(都市開発境界線など)のようにはうまく機能しないと結論づけられている。これと相反する研究では、封じ込め政策が住宅価格を押し上げ、結果として社会的混合によいはずがないと主張する[*5]。ある研究者は、封じ込めが差別に十分立ち向かえているか(よってアメリカがあるべき姿の国になるために封じ込めが役立っているか)を探究し、一つの答えを見つけることはまさに不可能と主張する。成果は、密度、地域、政治、都市から農村部の間のどの位置にあるかによって変わる (Dierwechter, 2014)。

　おそらく、社会的に混在した区域について、さらにニュアンス、感度、調整が考えられることは誰しもが合意するところであろう。我々は、貧困区域に高級分譲マンションを新規建設したり、そうでなくても裕福な区域の住宅建設に助成金を与えたりするなどの方法で混在型区域を築こうとしてきたこの数十年にわたる試みから学び、それを基に策を磨く必要がある。入居者である富裕層がさっさと自宅内に閉じこもってしまう周囲から浮いた新規物件、利用しづらく、無為無策

第3部　ポストポリティカル、ポストアーバン世界に現れ始めたカルチャー

な設計の公共スペース、実行されることのないサービスなど、物理的形式は有用とは言えなかった[*6]。それでもなお多くの人は、こうした失策が、全員が富裕者または全員が貧困者である区域の相関的問題に対するひとりよがりの表れであるはずがないと希望を抱いている。ジョー・コートライトが主張する通り、我々は「緩やかで不恰好であるとしても我々を正しい方向へと前進させる真の変化を悪魔化するのを止める」べきである (Cortright, 2015)。

　我々は、多元的、統合的社会を構築するには、距離的近さだけでは十分でないことを学んできた。多様性のある環境にある人々は、これとは別の空間的でない維持方法を見出す。ロバート・パークが呼ぶところの「社会的距離」だ。かつてこれは、「オスマンが提唱したパリ市街のように『上の階と下の階』、エンゲルスが提唱したマンチェスター市街のように『表通りと裏通り』、ベルリンの賃貸兵舎 (Mietskasernen) のように『表側建物と裏手建物』」の形状を取っていた (Marcuse & van Kempen, 2002, p. 23)。現代においては、社会的距離は、低所得または白人以外の区域の美的感覚や機能性を阻止する住宅所有者組合のルールによって維持されている。例えば、建設資材(外壁や屋根)は安っぽいものであってはならず、洗濯用ロープ(私物の公然陳列)は禁止、前庭や通りでの軽トラックの駐車禁止(労働者階級とわかる用具が表に見えないようにする)、「一見してわかる商売」の表示禁止、バスケット・コート禁止などである (Maher, 2004)。小さな物理的要素は実質的に人を妨げる障壁になり得る。ホームセキュリティ・システム、壁、門、フェンス、あるいはサイバー・スペースでさえ、階級分離を符号化する「都市の脅威論」である (Ellin, 1997; Low, 2003)。

　また、我々は社会的混在が文化的背景によって大きく異なることも学んできた。例えば、ラテン・アメリカ系住民は、平均的アメリカ人以上に近隣区域内の親しいつきあいを求める。「ラテン・アメリカ系住民の生活習慣においてコミュニティ内での交流が重要要素である」からだ。よって「生き生きと活気あるコミュニティ集会所」の必要性が生まれる。ラテン・アメリカ系住民にとって「動的であるほど、多様性」が育まれるため、多文化、多社会、多世代、多収入源、多保有条件、多用途、住宅の多種類、多密度、多建築様式、多技術など「多元」的区域が好まれる (Cisneros & Rosales, 2006, pp. 90, 95)。

注記
[*1]——最近の論評については、次を参照：Carlson et al. (2016); Grasser, Van Dyck, Titze, and

Stronegger (2013); Kerr et al. (2014).

★2——米国商務省、国勢調査局、1980 Census of Population and Housing, Census Tracts. 現在の区画定義については次を参照：www.census.gov/geo/refer-ence/gtc/gtc_ct.html; "Defining Neighborhood." *National Civic Review, 73*, no. 9 (1984), 428–429. doi:10.1002/ncr. 4100730902. p. 429.

★3——Lees (2008) が提唱した社会的混在に関する幾分辛辣な批判の主な根拠。Cheshire (2006) も併せて参照。

★4——反空間・場所議論については、Goetz & Chapple (2010)を参照。引用はp. 229より。

★5——Contrast Nelson (2013)、Pozdena (2002)のほか、Dreier, Mollenkopf, & Swanstrom (2013)を言い換えて説明しているDierwechter (2014, p. 692)も参照

★6——こうした設計制限が調査において明確に示されている：Davidson (2010).

参照文献

Albouy, D., & Zabek, M. (2016). *Housing inequality* (No. w21916). National Bureau of Economic Research. Social Science Research Network. http://ssrn.com/abstract=2721777.

Baumgartner, M. P. (1991). *The moral order of a suburb.* New York: Oxford University Press.

Beatley, T., & Manning, K. (1997). *The ecology of place: Planning for environment, economy, and community.* Washington, DC: Island Press.

Bolt, G., & van Kempen, R. (2011). Successful mixing? Effects of urban restructuring policies in Dutch neighbourhoods. *Tijdschrift voor economische en sociale geografie, 102*(3), 361–368.

Briggs, X. de Souza. (2005). *The geography of opportunity: Race and housing choice in metropolitan America.* Washington, DC: Brookings Institution.

Briggs, X. de Souza. (2010). *Moving to opportunity: The story of an American experiment to fight ghetto poverty.* New York: Oxford University Press.

Brophy, P. C., & Smith, R. N. (1997). Mixed-income housing: Factors for success. *Citiscape: A Journal of Policy Development and Research, 3* (2), 3–31.

Brown, A. L., Khattak, A. J., & Rodriguez, D. A. (2008). Neighbourhood types, travel and body mass: A study of new urbanist and suburban neighbourhoods in the US. *Urban Studies, 45*(4), 963–988.

Brown, B. B., & Cropper, V. L. (2001). New urban and standard suburban subdivisions: Evaluating psychological and social goals. *Journal of the American Planning Association, 67*(4), 402–419.

Burtless, G. (1996). *Does money matter: The effects of school resources on student achievement and adult success.* Washington, DC: Brookings Institution.

Carlino, G. A., Chatterjee, S., & Hunt, R. M. (2006). *Urban density and the rate of invention.* Working Paper, No. 06–14, Federal Reserve Bank of Philadelphia.

Carlson, J. A., Remigio-Baker, R. A., Anderson, C. A., Adams, M. A., Norman, G. J., Kerr, J., … & Allison, M. (2016). Walking mediates associations between neighborhood activity supportiveness and BMI in the Women's Health Initiative San Diego cohort. *Health & Place, 38*, 48–53.

Chaskin, R. J. (2013). Integration and exclusion: Urban poverty, public housing reform, and the dynamics of neighborhood restructuring. *The Annals of the American Academy of Political and Social Science, 647* (1), 237–267.

Cheshire, P. C. (2006). Resurgent cities, urban myths and policy hubris: What we need to know. *Urban Studies, 43* (8), 1231–1246.

Chetty, R., Hendren, N., & Katz, L. F. (2015). The effects of exposure to better neighborhoods on children: New evidence from the Moving to Opportunity experiment. *The American Economic*

Review, 106(4), 855–902.

Cisneros, H. G., & Rosales, J. (2006). *Casa y comunidad: Latino home and neighborhood design.* BuilderBooks.com.

Clampet-Lundquist, S. (2010). "Everyone had your back": Social ties, perceived safety, and public housing relocation. *City & Community, 9*(1), 87–108.

Cortright, J. (2015, October 29). Truthiness in gentrification reporting. *City Observatory.* Retrieved July 5, 2017, from http://cityobservatory.org/truthiness-in-gentrificationreporting/.

Cortright, J., & Mahmoudi, D. (2014). Lost in place: Why the persistence and spread of concentrated poverty - not gentrification - is our biggest urban challenge. *City Observatory.* Retrieved July 5, 2017, from http://cityobservatory.org/wp-content/uploads/2014/12/LostinPlace_12.4.pdf.

Curran, W., & Hamilton, T. (2012). Just green enough: Contesting environmental gentrification in Greenpoint, Brooklyn. *Local Environment, 17*(9), 1027–1042.

Dastrup, S., Ellen, I., Jefferson, A., Weselcouch, M., Schwartz, D., & Cuenca, K. (2015). *The effects of neighborhood change on New York City Housing Authority residents.* New York: NYC Center for Economic Opportunity, Office of the Mayor.

Davidson, M. (2010). Love thy neighbour? Social mixing in London's gentrification frontiers. *Environment and Planning A, 42*(3), 524–544.

Dierwechter, Y. (2014). The spaces that smart growth makes: Sustainability, segregation, and residential change across Greater Seattle. *Urban Geography, 35*(5), 691–714.

Dreier, P., Mollenkopf, J. H., & Swanstrom, T. (2013). *Place matters: Metropolitics for the twenty-first century* (2nd rev. ed.). Lawrence: University Press of Kansas.

Durand, C. P., Andalib, M., Dunton, G. F., Wolch, J., & Pentz, M. A. (2011). A systematic review of built environment factors related to physical activity and obesity risk: Implications for smart growth urban planning. *Obesity Reviews, 12*(5), 173–182.

Ellin, N. (1997). *Architecture of fear.* Princeton, NJ: Princeton Architectural Press.

Erickson, K. I., Raji, C. A., Lopez, O. L., Becker, J. T., Rosano, C., Newman, A. B., ⋯ & Kuller, L. H. (2010). Physical activity predicts gray matter volume in late adulthood: The Cardiovascular Health Study. *Neurology, 75*(16), 1415–1422.

Florida, R. (2002a). *The rise of the creative class.* New York: Basic Books. (井口典夫 訳『クリエイティブ資本論：新たな経済階級の台頭』, ダイヤモンド社, 2008年)

Florida, R. (2002b). The economic geography of talent. *Annals of the Association of American Geographers, 92*(4), 743–755.

Florida, R. (2005). *Cities and the creative class.* New York and London: Routledge. (小長谷一之 訳『クリエイティブ都市経済論：地域活性化の条件』, 日本評論社, 2010年)

Freeman, L. (2005). *There goes the hood: Views of gentrification from the ground up.* Philadelphia: Temple University Press.

Freeman, L., & Braconi, F. (2004). Gentrification and displacement: New York City in the 1990s. *Journal of the American Planning Association, 70*(1), 39–53.

Fry, R., & Taylor, P. (2012). The rise of residential segregation by income. *Pew Research Center's Social & Demographic Trends Project.* Retrieved January 28, 2015, from www.pewsocialtrends.org/2012/08/01/the-rise-of-residential-segregation-by-income/.

Glaeser, E. (2000). The future of urban research: Nonmarket interactions. *Brookings Wharton Papers on Urban Affairs,* 101–150.

Glaeser, E. (2011). *Triumph of the city: How our greatest invention makes us richer, smarter, greener, healthier, and happier.* New York: Penguin Press. (山形浩生 訳『都市は人類最高の発明である』,

NTT 出版, 2012年)

Glaeser, E. L., Kallal, H. D., Scheinkman, J. A., & Shleifer, A. (1992). Growth in cities. *Journal of Political Economy, 100* (6), 1126–1152.

Goetz, E. G., & Chapple, K. (2010). You gotta move: Advancing the debate on the record of dispersal. *Housing Policy Debate, 20* (2), 209–236.

Grant, J., & Perrott, K. (2011). Where is the café? The challenge of making retail uses viable in mixed-use suburban developments. *Urban Studies, 48* (1), 177–195.

Grasser, G., Van Dyck, D., Titze, S., & Stronegger, W. (2013). Objectively measured walkability and active transport and weight-related outcomes in adults: A systematic review. *International Journal of Public Health, 58* (4), 615–625.

Hall, P. (2002). *Cities of tomorrow: An intellectual history of urban planning and design in the twentieth century* (3rd ed.). Oxford: Blackwell.

Hall, P. V., & Hesse, M. (2012). *Cities, regions and flows* (Vol. 40). London: Routledge.

Hawkes, R. K. (1973). Spatial patterning of urban population characteristics. *American Journal of Sociology, 78* (5), 1216–1235.

Hughes, J. W., & Seneca, J. J. (2004). *The beginning of the end of sprawl?* Rutgers Regional Report, Issue Paper No. 21. New Brunswick, NJ: Edward J. Bloustein School of Planning and Public Policy.

Hwang, J., & Sampson, R. J. (2014). Divergent pathways of gentrification racial inequality and the social order of renewal in Chicago neighborhoods. *American Sociological Review, 79*(4), 726–751.

Jack, E., & McCormack, G. R. (2014). The associations between objectivelydetermined and self-reported urban form characteristics and neighborhood-based walking in adults. *International Journal of Behavioral Nutrition and Physical Activity, 11*(1), 71.

Jacobs, A., & Appleyard, D. (1987). Toward an urban design manifesto. *Journal of the American Planning Association, 53* (1), 112–120.

Jacobs, J. (1961). *The death and life of American cities.* New York: Vintage Books.

Jargowsky, P. A., Crutchfield, R., & Desmond, S. A. (2005). Suburban sprawl, race, and juvenile justice. In D. F. Hawkins & K. Kempf-Leonard (Eds.), *Our children, their children: Confronting racial and ethnic differences in American juvenile justice.* Chicago: University of Chicago Press.

Kefalas, M. (2003). *Working-class heroes: Protecting home, community, and nation in a Chicago neighborhood.* Berkeley: University of California Press.

Kennedy, M., & Leonard, P. (2001). *Dealing with neighborhood change: A primer on gentrification and policy choices.* A discussion paper prepared for the Brookings Institution Center on Urban and Metropolitan Policy. Washington, DC: The Brookings Institution.

Kerr, J., Norman, G., Millstein, R., Adams, M. A., Morgan, C., Langer, R. D., & Allison, M. (2014). Neighborhood environment and physical activity among older women: Findings from the San Diego Cohort of the Women's Health Initiative. *Journal of Physical Activity and Health, 11* (6), 1070–1077.

Kim, J., & Kaplan, R. (2004). Physical and psychological factors in sense of community: New urbanist Kentlands and nearby Orchard Village. *Environment and Behavior, 36* (3), 313–340.

Kloos, B., & Shah, S. (2009). A social ecological approach to investigating relationships between housing and adaptive functioning for persons with serious mental illness. *American Journal of Community Psychology, 44* (3–4), 316–326.

Lang, R. E., & Danielson, K. A. (2002). Monster houses? Yes! *Planning, 68,* 24–26.

Ledebur, L. C., & Barnes, W. R. (1993). *All in it together: Cities, suburbs and local economic regions.*

Washington, DC: National League of Cities.

Lee, S., & Leigh, N. G. (2004). Philadelphia's space in between: Inner-ring suburbs evolution. *International Journal of Suburban and Metropolitan Studies, 1*(1), 13–30.

Lees, L. (2008). Gentrification and social mixing: Towards an inclusive urban renaissance? *Urban Studies, 45* (12), 2449–2470.

Levasseur, M., Généreux, M., Bruneau, J. F., Vanasse, A., Chabot, É., Beaulac, C., & Bédard, M. M. (2015). Importance of proximity to resources, social support, transportation and neighborhood security for mobility and social participation in older adults: Results from a scoping study. BMC *Public Health, 15* (1), 503.

Leyden, K. M. (2003). Social capital and the built environment: The importance of walkable neighborhoods. *American Journal of Public Health, 93*(9), 1546–1551.

Low, S. M. (2003). The edge and the center: Gated communities and the discourse of urban fear. In S. M. Low & D. Lawrence-Zuniga (Eds.), *The anthropology of space and place: Locating culture* (Vol. 4). Oxford: Blackwell.

Maher, K. H. (2004). Borders and social distinction in the global suburb. *American Quarterly, 56*(3), 781–806.

Marcuse, P., & van Kempen, R. (2002). *Of states and cities: The partitioning of urban space.* Oxford: Oxford University Press.

Massey, D. S., & Denton, N. A. (1993). *American apartheid: Segregation and the making of the underclass.* Cambridge, MA: Harvard University Press.

Massey, D. S., & Fischer, M. J. (2003). The geography of inequality in the United States, 1950–2000. In W. G. Gale & J. R. Pack (Eds.), *Brookings-Wharton Papers on Urban Affairs* (pp. 1–40). Washington, DC: The Brookings Institution.

McKenzie, R. D. (1921). The neighborhood: A study of local life in the city of Columbus, Ohio. II. *American Journal of Sociology, 27* (3), 344–363.

McKnight, J. (2013). Neighbourhood necessities: Seven functions that only effectively organized neighbourhoods can provide. *National Civic Review, 102* (3), 22–24.

Miller, S. R. (2012). Legal neighborhoods. *SSRN Scholarly Paper.* Rochester, NY: Social Science Research Network.

Montgomery, J. (1998). Making a city: Urbanity, vitality and urban design. *Journal of Urban Design, 3* (1), 93–116.

Morrish, W. R., & Brown, C. R. (2000). *Planning to stay: Learning to see the physical features of your neighborhood.* Minneapolis, MN: Milkweed Editions.

Mumford, L. (1938). *The culture of cities.* London: Secker & Warburg. (生田勉 訳 『都市の文化』, 鹿島出版会, 1974年)

Mumford, L. (1968). *The urban prospect.* New York: Harcourt, Brace & World.

Myerson, D. L. (2001). Sustaining urban mixed-income communities: The role of community facilities. A Land Use Policy Report prepared for The Urban Land Institute, *Charles H. Shaw Annual Forum on Urban Community Issue*, October 18–19. Chicago.

Nelson, A. C. (2013). *Reshaping metropolitan America: Development trends and opportunities to 2030.* Washington, DC: Island Press.

Nyden, P., Lukehart, J., Maly, M. T., & Peterman, W. (1998). Chapter 1: Neighborhood racial and ethnic diversity in US cities. *Cityscape*, 1–17.

Orfield, M. (2002). *American metropolitics: The new suburban reality.* Washington, D.C.: Brookings Institution.

Park, R., Burgess, E. W., & McKenzie, R. D. (1925). *The city: Suggestions for the study of human nature in the urban environment*. Chicago: University of Chicago Press.

Pearsall, H. (2012). Moving out or moving in? Resilience to environmental gentrification in New York City. *Local Environment, 17* (9), 1013–1326.

Pendall, R., & Carruthers, J. I. (2003). Does density exacerbate income segregation? Evidence from US metropolitan areas, 1980 to 2000. *Housing Policy Debate, 14*(4), 541–589.

Pendola, R., & Gen, S. (2008). Does "Main Street" promote sense of community? A comparison of San Francisco neighborhoods. *Environment and Behavior, 40*(4), 545–574.

Peterson, R. D., Krivo, L. J., & Harris, M. A. (2000). Disadvantage and neighborhood violent crime: Do local institutions matter? *Journal of Research in Crime and Delinquency, 37*, 31–63.

Picone, M., & Schilleci, F. (2013). A mosaic of suburbs: The historic boroughs of Palermo. *Journal of Planning History, 12* (4), 354–366.

Polese, M., & Stren, R. (Eds.). (2000). *The social sustainability of cities: Diversity and the management of change*. Toronto: University of Toronto Press.

Pozdena, R. J. (2002). *Smart growth and its effects on housing markets:* The new segregation. Washington, DC: The National Center for Public Policy Research.

Putnam, R. D. (2000). *Bowling alone: The collapse and revival of American community*. New York: Simon & Schuster. (柴内康文 訳『孤独なボウリング：米国コミュニティの崩壊と再生』, 柏書房, 2006年)

Putnam, R. D. (2007). E pluribus unum: Diversity and community in the twenty-first century: The 2006 Johan Skytte Prize Lecture. *Scandinavian Political Studies, 30* (2), 137–174.

Quigley, J. M. (1998). Urban diversity and economic growth. *The Journal of Economic Perspeclives, 12* (2), 127–138.

Reardon, S. F., & Bischoff, K. (2011). Income inequality and income segregation I. *American Journal of Sociology, 116* (4), 1092–1153.

Riggs, W. (2016). Inclusively walkable: Exploring the equity of walkable housing in the San Francisco Bay Area. *Local Environment 21* (5), 527–554.

Roberts, M. (2007). Sharing space: Urban design and social mixing in mixed income new communities. Planning *Theo1y & Practice, 8*(2), 183-204.

Rogers, S. H., Halstead, J.M., Gardner, K. H., & Carlson, C.H. (2011). Examining walkability and social capital as indicators of quality of life at the municipal and neighborhood scales. *Applied Research in Quality of life, 6* (2), 201–213.

Rose, D. R. (2000). Social disorganization and parochial control: Religious institutions and their communities. *Sociological Forum, 15*, 339–358.

Saarinen, E. (1943). *The city. Its growth. Its decay. Its future.* New York: Reinhold Publishing Co.

Saelens, B. E., & Handy, S. L. (2008). Built environment correlates of walking: A review. *Medicine and Science in Sports and Exercise,40* (7 Suppl), S550.

Saelens, B. E., Sallis, J. F., Black, J. B., & Chen, D. (2003). Neighborhood -based differences in physical activity: An environment scale evaluation. *American Journal of Public Health, 93* (9), 1552–1558.

Sallis, J. F., Kraft, K., & Linton, L. S. (2002). How the environment shapes physical activity. *American Journal of Preventive Medicine, 22* (3), 208.

Sampson, R. J. (2011). Neighborhood effects, causal mechanisms, and the social structure of the city. In P. Demeulenaere (Ed.), *Analytical sociology and social mechanisms* (pp. 227–250). Cambridge and New York: Cambridge University Press.

第 3 部　ポストポリティカル、ポストアーバン世界に現れ始めたカルチャー

Sampson, R. J. (2014). Notes on neighborhood inequality and urban design. *The City Papers, 7* (23).

Sampson, R. J., Mare, R. D., & Perkins, K. L. (2015). Achieving the middle ground in an age of concentrated extremes: Mixed middle-income neighborhoods and emerging adulthood. *The Annals of the American Academy of Political and Social Science, 660* (1), 156–174.

Sampson, R. J., Morenoff, J. D., & Earts, F. (1999). Beyond social capital: Spatial dynamics of collective efficacy for children. *American Sociological Review, 64* (5), 633–660.

Sampson, R. J., Raudenbush, S., & Earls, F. (1997). Neighborhoods and violent crime: A multilevel study of collective efficiency. *Science, 277*, 918–924.

Skjaeveland, 0., & Garling, T. (1997). Effects of interactional space on neighbouring. *Journal of Environmental Psychology, 17* (3), 181–198.

Sohn, D. W., Moudon, A. V., & Lee, J. (2012). The economic value of walkable neighborhoods. *Urban Design International, 17* (2), 115–128.

Steiner, F. R. (2002). Foreword. In F. Ndubisi (Ed.). *Ecological planning: A historical and comparative synthesis* (pp. ix-xi).Baltimore: Johns Hopkins University Press.

Tach, L., Pendall, R., & Derian, A. (2014, January 24), Income mixing across sales: Rationale, trends, policies, practice and research for more inclusive neighborhoods and metropolitan areas. *The Urban Institute.* Retrieved July 5, 2017, from www.urban.org/publications/412998.html.

Talen, E. (2008). *Design for diversity: Exploring socially mixed neighborhoods.* London: Elsevier.

Talen, E. (2010). The context of diversity: A study of six Chicago neighborhoods. *Urban Studies, 47* (3), 486–513.

Talen, E. (2012). *City rules: How regulations affect urban form.* Washington, DC: Island Press.

Talen, E., & Koschinsky, J. (2014). Compact, walkable, diverse neighborhoods: Assessing effects on residents. Housing *Policy Debate, 24* (4), 717–750.

Tomer, A., Kneebone, E., Puentes, R., & Berube, A. (2011). *Missed opportunity: Transit and jobs in metropolitan America.* Washington, DC: The Brookings Institution.

Unwin, R. (1909). *Town planning in practice: An introduction to the art of designing cities and suburbs.* London: T. Fisher Unwin.

Vigdor, J. L. (2002). Does gentrification harm the poor? *Brookings-Wharton Papers on Urban Affairs* (pp. 133–182). Washington, DC: The Brookings Institution.

Webber, M. M. (1963). Order in diversity: Community without propinquity. In L. Wingo (Ed.), *Cities and space: The future use of urban land* (pp. 23–54). Baltimore: Johns Hopkins University Press.

Wenger, Y. (2015, May 10). Saving Sandtown-Winchester: Decade-long, multimilliondollar investment questioned. *Baltimoresun.com.* Retrieved July 5, 2017, from www.baltimoresun.com/news/maryland/baltimore-city/west-baltimore/bs-md-cisandtown-winchester-blight-20150510-story.html.

Wilson, W. J. (1987). *The truly disadvantaged: The inner city, the underclass and public policy.* Chicago: University of Chicago Press.

Wolch, J. R., Byrne, J., & Newell, J. P. (2014). Urban green space, public health, and environmental justice: The challenge of making cities "just green enough." *Landscape and Urban Planning, 125*, 234–244.

Wood, L., Frank, L. D., & Giles-Corti, B. (2010). Sense of community and its relationship with walking and neighborhood design. *Social Science & Medicine, 70*(9), 1381–1390.

Wood, L., Shannon, T., Bulsara, M., Pikora, T., McCormack, G., & Giles-Corti, B. (2008). The anatomy of the safe and social suburb: An exploratory study of the built environment, social capital and residents' perceptions of safety. *Health & Place, 14*(1), 15–31.

Yee, V., & Navarro, M. (2015, February 3). Some see risk in de Blasio's bid to add housing. *New York Times.* Retrieved July 5, 2017, from www.nytimes.com/2015/02/04/nyregion/an-obstacle-to-mayor-de-blasios-affordable-housing-plan-neighborhood-resistance.html.

Zuk, M., & Chapple, K. (2016). *Housing production, filtering and displacement: Untangling the relationships* (Urban Displacement Project). Berkeley, CA: Institute of Governmental Studies.

19 単独、連座、そして新種の集合体
ローマでの非公式アーバニズム

マイケル・ニューマン｜ナディア・ヌアー

序論

　都市のグローバル化が進む中、多くが繁栄する一方で一部は苦戦し、あるいは衰退している。同じことが都市内の地区や区域にも言え、公正と持続可能性の問題が次第に都市域の政治・政策、経済分野を特徴づけ始めている。都市関連の計画、政策、設計は高度化し、そして成長や経済発展と足並みが揃うことでその成功度合や有効度はさらに高まる。一方で、貧困、衰退、経済的・社会的格差、環境汚染などが執拗に改善を妨げる事例も多数存在する。この後者は、飴(奨励策)であろうが鞭(抑止策)であろうが幅広い政策・計画手段に当てはまる。インフラ投資、設計の改良、社会プログラム(奨励策)、規制、関税(抑止策)などである。こうした問題に対処する上で制度面での計画や政策作り以外に(より)有効な手段はあるだろうか。

　一つの方法が、積極的または活動家の市民や集団が自力で変化を起こすことによって自分たちでなんとかすることである。都市の社会運動を含む、都市の変化のための草の根運動は、何世代にもわたる記録が残されている (Castells, 1983)。ただし多くは、初期の運動から姿を変え、グローバル化、気候変動、テロリズム、難民その他の移民、インターネット、不均衡などの動向がことごとく都市や都市生活に強い痕跡を残している。巨大都市の出現とかつてない規模の都市化が、アーバン・センチュリーとしての20世紀、21世紀を特徴づけている。動きの遅い計画、政策、政治、規制制度は落伍しないよう必死であるが、後れをとったり、日

増しに市民を失望させたりしていることを示す証拠が挙がっている。

こうした空虚感の中、市民の間では自分たちの将来や近隣区域を自らの手で作り上げようとする傾向が高まっている。市民や利益団体が公的な計画作業に協力する制度的な参加型プランニングが一部成功しているにもかかわらずこうした流れが生まれている (Healey, Khakee, Motte, & Needham, 1997; Innes, Gruber, Neuman, Thompson, 1994)。市民の直接的行動は、参加型プランニングの失敗にもかかわらず、あるいはおそらくはそのせいでも起きる。支配的利害関係者が市民を吸収するか、政府が参加型を見せるだけみせて、意思決定の段になると考慮に入れないケースである (Huxley & Yftachel, 2000; Legacy, 2016; Neuman, 2000)。

新種の市民による直接的行為(「タクティカル・アーバニズム」、「DIY(do-it-yourself)アーバニズム」、「Better Block」など)が先頭に立ち、新境地を切り開いている。ほんの数例ではあるが、ダラス、サンフランシスコ、ニューヨーク、アムステルダムなどの都市は、以前から市民主導に関心を寄せ、部分的にそれによっている。こうした動きは、そのレベルに至ると地域の条件に応じて違った形になる。条件とは、文化、政治、市民社会、現行制度の有効性、リーダーシップなどである。市民主導による計画・設計のこれまでの実績と将来の有望性を踏まえると、より持続可能で有効な結果を生み出すことができる方法、理由、条件について、これらの事例を詳しく探究する価値がある。

本章では、ある都市、具体的にはイタリア、ローマの活動家市民が、自分たちが直面しているさまざまな危機にどのように対応したかを取り上げる。2007〜2008年の危機の始まり以降、イタリアは、重なり合い、互いに強め合い、そして経済を悪化させ続けている複数の状況に攪乱されている。失業、貧困、ホームレス、負債、難民の流入、若年層や優秀な専門的人材の国外流出を中心とする政治経済のほか、財政状況を含むこれにともなう政府全階層の政治危機などである。この状況は衰えることなく10年間続き、未だ明るい兆しは見えない。こうした危機の結果の中には、政府が実行すべきリソースがかつてなく逼迫し、政府への信頼や、国民の利益のための政府の行為能力が史上最低レベルにあることも含まれる。よって異常な国内情勢の最中での通常通りの政治は無駄だと人々が考える傾向が高まり、改革は何の成果もあげていない。

危機が始まった2007年時点で30歳未満の若者のこうした厳しい環境への一般的反応はさまざまだ。収入、資産、将来への期待のない状況を踏まえ、若者たち

は次の選択肢を選んでいる。

1　親と同居する
2　密集した環境にある小さな(多くの場合標準以下の)共同住宅に住む
3　職や高等教育を求めて国外に出る
4　別の種類の生活を始めるために農村部に転居する
5　高等教育に居続けるまたは戻る。したがって、労働力外となる
6　その都市の元からの場所で全く違う生活スタイルを設計する

　本章では、この六つの方法を取り上げ、分析する。これ以外の方法は、今回の主役たちが解決策として見ていないか、または短期的で心もとないと考えているからである。そしてより重要なポイントは、最初の五つの方法はどれも、選ばれる率が圧倒的に高いにもかかわらず、危機的状況の根本原因に対処できる、あるいは長期的で持続可能な解決策になるとは考えられていない。

　これらの根本的状況は、主流の制度に深く根づき、ゆえに大幅に変えたり、改善したりすることが難しい。ただし、ローマには、新しい種類の職、新しい種類の生活環境や住居形態、そして集団または個人での生産・消費、愉しみのための新しい空間を作り上げる重複的ネットワークを通じて協調的に活動する情熱的、献身的、独創的な人々が多数存在する。言い換えると、彼らは根本的に新しい様式の都市生活、新しい様式のアーバニズムを作り上げている。「Commoning(共有化)」は、本章で取り上げるローマでのケース・スタディを説明する際に用いる一つの用語である。

　彼らのやり方には注目に値するいくつかの特徴がある。実利的に協力する、集団で共有する、公平、公正、連帯感、持続可能性などの運営上の価値観を重視するなどである。特に顕著な特徴は、実用的代替案を編み出すことによって意図的に主流の外で機能する点である。新しい生活を形作る中でこうした社会的起業家が用いる集団内の語彙は、文字通り言葉遣いの意味でも、比喩的に新しい手法の意味でも試されておらず、脆弱で、矛盾や不安定さをはらんでいる。それでも彼らは、たとえその道のりで障害に遭遇しても、政府やメディアを含むその他主流機構から向かい風が吹いてもひるむことなく前に進み、自分たちの試みをやり抜く。これは(自分たちにとって)実行可能な選択肢が他に見当たらないからであり、自分たちの大義に専心し、傾倒しているからである。

イタリアのローマをはじめとする北部地中海都市では、政治・制度改革が本当の変化をもたらさない、より良い将来に向けた希望をもたらさないことに若者たちがまっさきに気付き、そして出した答えが、「問題を自分たちでなんとかする」である。単なる DIY アーバニズムではなく、DIY 生活である*1。本章後段では、ローマで近年行われたまたは現在進行中のさまざまな活動を取り上げ、分析する。ローマ以外での活動の参考になるかもしれない。少なくともローマでは、危機が状況を左右しているため、この地で現在起きている出来事が今後大きな意味を持つ可能性がある。いわゆる先進社会には広がらないかもしれないが、どこかには広がる。先進社会を含めた多くの都市にやってくるであろう状況の前兆と考えられるからだ。比喩的な言い方をすれば炭鉱のカナリアである。

「Scup!」――市民のための草の根教育組織

「Scup!」と、この 10 年、ローマで起きている草の根都市社会運動を理解するためには、その背景情報を知ることが欠かせない。大きく影を落としたのが、ギリシャとスペインを除き、他国が経験したことのないレベルでの 2008 年の危機である。イタリアでは危機は広範囲に及び、金融、経済、社会、政治、環境などさまざまな側面が影響を受けた。Scup! (Sport e Cultura Popolare) による最初の占拠が行われたのは 2012 年、危機が深刻な状態で続いていた時である。地方政府に対する民衆の不信感が急激に高まっていた。当時、右派の市長と組織犯罪とのつながりが次第に明らかになるなど (つまり、その 2 年後の Mafia Capitale*2 [首都マフィア] スキャンダル)、市内の社会的対立が激化していた。直近の 2016 年を含め、その後の選挙によって市議会の政治構成が変わったにもかかわらず、危機の政治的側面は現在も続いている。

不公平な富の分配は悪化し、その結果生じた階級の二極化が、新しい不安定な立場のあやふやさに耐えようとしている中産階級の縮小を招いた。中産階級はこれまで社会の中で活発に活動していたが、現在は社会の片隅に追いやられている。この二極化の特徴は、金融資本がますます富裕層の手中に収まり、その一方で中産階級の消費が減っていることである。

継続する経済危機は、GDP 成長率や購買力に影響するだけでなく、より広範な意味で政治システム全体の危機であり、社会の社会的、経済的バランスを次第に危うくさせ続けている。政府、とりわけ地方自治体は、新しく生まれる多くの公共ニーズ (市場ニーズではなく) に対応する力をほぼ完全に失っている。さらに、

第 3 部　ポストポリティカル、ポストアーバン世界に現れ始めたカルチャー

(今なお)民主主義の基盤である政治参加は、もはや常識ではなくなった。持続可能で公平な成長は淡い憧れのようである。よって地方行政から国の福祉制度に至るまで、この国は市民とのつながりを失ってしまっている。

　継続する危機が作り出し、悪化させるこうしたかつてない不安定な状況において、戦後民主主義の時代に手に入れた市民参加と自己決定の意識が今、根本的に刷新した政治を構築するための強力な手段へと変わりつつある。これは新しい社会運動の中で形として表され、中でも Scup! の活動は我々が分析対象として取り上げた二つの事例の1番目である。もう一つは、「Communia」だ。

　より急進的な左派イデオロギーに明らかに基づいていたこれまでのローマでの占拠やスクワット(無断居住)のやり方とは違い、Scup! は、主に2008年の危機勃発以降広がった、空間再占有行為のニューウェーブにおける画期的スタイルの代表例である。

　過去数十年間、ソーシャル・センター (CSOA - Centri Sociali Occupati Autogestiti) による運動がローマの商業化やその不公平・不公正な開発への反応を代表してきたが、最終的には、非暴徒的活動家の広範なネットワークとの協力関係を広げられず、政治に関心のない市民とのつながりを築くことができなかった[*3]。危機の勃発以降、「代替都市」の様相は変わり、新しい現実が浮上した。政治システムに対するバリケードは、今や緊縮財政策に対してもっとましな生活を求める声に変わった。こうした要求を行使するために、幅広い市民が新しいやり方の直接的行動を起こしている。スクワットは、住宅問題と移民問題を同時に解決しようとする多民族的、試み的実験室へと姿を変えた (Nur & Sehtman, 2016)。従来政治色の強かったソーシャル・センターは進化し、次第に一般市民、労働者、地元住民など多様な人々が加わるようになった。彼らは力を合わせ、公共資産の私有化と不動産投機に対抗することによって、公共サービス不足、空間不足に立ち向かった(Della Ratta, 2013)。

　ローマでの都市社会運動に示されるこうした新しい実利主義は、Scup! が最初に占拠した建物に明らかに見てとることができる。この建物は、ローマ中心部にほど近い住宅・商業地区であるサン・ジョヴァンニ地区と、多民族が暮らすエスクイリーノ地区の間に位置する。周囲は異種混合的であり、上流階級の経営者、コミュニティ・ベースの組織、観光旅行者、巡礼者、労働者などさまざまな社会経済セグメントに属する人々とともに暮らす中産階級住民を基本構成者とする、しばしば両立しない社会構造を持つ。また、中心部であることを主な理由に、こ

のエリアは数多くのホームレスやロマを引き寄せている。さらに、不動産投機と商業志向の政策が行われ、その結果、弱者に分類される住民(高齢者、移民)はもとより、中産階級住民の生活環境にも影響が及んでいる。

交通省が所有していた車両登録を取り扱う行政本部が以前ノーラ通りにあったが、Scup! が占拠した時には使用されていなかった。占拠を主導したのは、浄化と再建を決意した若い活動家、スポーツ・インストラクター、近隣住民の一団である。

この公共建物は、2004年に物価安定政策と公共財産の売却を狙いとする公共不動産基金の対象に加えられた。その後2010年にその目的のためだけに設立された民間不動産会社に売却され、2012年に占拠されるまで使用されないまま放置された。占拠以降、建物は再収用され、同一地区内の別の空き建物とともに共有の市街地資源として新しい命を与えられた。例えば、イタリア銀行が所有するある建物は、2005年以降 CSOA Sans Papier に占拠され、別の建物は Action が占拠し、2015年に立ち退かされるまで300人が暮らしていた。

Scup! の占拠は、公共空間の喪失と、都市空間のますますの私有化に対する市民の反応であるが、それ以上に中産階級の日常生活に及んだ危機の影響の表れである。住宅、交通機関、食糧、教育、福祉などの基本的ニーズは今なお、都市で起きる社会的闘争の大半の理由である。しかも、(継続的危機の結果として)新たに貧困に陥ったローマの中産階級にとっては、社会的、文化的活動、スポーツ、健康、レジャーは家計の中で真っ先に削られる項目である。これらは、この新しい究極の禁欲生活時代において、「余分のニーズ」として公共政策ではもはや基本事項と考えられていない。その結果、これらが民間部門へと差し戻され、よって多くの人にとって費用的に手の届かないものになっている。

基本的サービスと「余分」なサービスの欠落を招いた原因は、禁欲生活に基づく公的資金不足だけではない。公共政策作りへの市民参加をなくし、意思疎通、近づきやすさ、信頼、信用の意味で市民の要求に応える能力を政策立案者から失わせる原因となった政治危機も考慮に入れる必要がある。こうした状況の中、Scup! は、満足のいく生活を得るための手段として都市共有物を共同利用することについて市民の対話を始め、広げることによって、市民の意識や行動に火を付けたのである。

これらを背景に、空き建物を占拠したのがスポーツ・インストラクターや学生、失業者・潜在失業者、活動家、別のソーシャル・センターに属する占拠者たちで

第 3 部　ポストポリティカル、ポストアーバン世界に現れ始めたカルチャー

あり、こうした人々の計画や狙いが新しい種類の集団行動へと一体化されていった。「実践共同体」として活動することによって、「コミュニティ・ベースの福祉とサービスの生産、親しみやすいスポーツや手頃な文化活動の自己収入と振興、同じ都市共同空間内の集会・話し合い・組織のための公共空間の実現」を狙いにした多機能、多文化的実験室を生み出したのである (Costanza, 2016, p. 256)。

Scup! の共同管理によって、さまざまな社会階級や年齢層の人々を惹きつけた一連の活動が組織され、近隣住民の社会的再組成に寄与した。さらに、Scup! の活動家は近隣の別の占拠空間の居住者と協力し、居住を交渉したり、無断居住者や移民の統合を図る中で居住者たちとの仲介役として機能した。相互作用のための共同空間作りに重要な役割を担ったのである。

Scup! の活動は多数あるが、すべてコストゼロまたはかなりの低コストで行われ、物質的から知的、余暇的まで、あるいは基本的からプラスαに至るまで満足のいく生活に関係する多種多様なニーズに対応している。例えば、

- ヨガ、太極拳、カポエイラ、ボクシング、バイオ・エナジェティックス、キックボクシングなどのクラスを提供する人気ジム
- 自主運営図書館ネットワークに従って運営される5000冊を所蔵する公共図書館
- 文化イベント、本の発表、コンサート、一般市民集会、ディベート、セミナー、ワークショップ
- 心理的サポート、自助グループ
- 言語講座
- 子どものためのレクリエーション・スペース
- 音楽・ダンスクラス
- Sans Papier ソーシャル・センターの活動家と共同運営するウェブラジオ局「Radio Sonar」
- フリー・インターネット・アクセス・ポイント
- 居酒屋、バー
- オーガニック・フード、手工芸品、リサイクル用品を販売する月に一度のマーケット「Ecosolpop」。アーバン・ラボラトリー「Reset」(Riconversione per un'Economia Solidale, Ecologica e Territoriale) と共同運営

こうした異種混合的活動を運営できることによって、Scup! は近隣区域内の比較基準となり、違法であるにもかかわらず、「共有化」「シェアリング・エコノミー」「新しい姿の福祉」のための手法を人々が実験できる、階級・文化横断的な受け皿と認識された。

こうした協力的世界において、人々は自我を意識しながら、機能する共有物を作るために必要な下から上への協調、議論、交渉、社会的慣習、倫理観という共有化プロセスに関わる。こうした共有物は、社会システムとして［エリノア］オストロムが述べた共有物原型に類似するが、それをはるかに上回っている。

(Bollier, 2016)

さまざまな活動を踏まえた上での Scup! の主な成果は、市場対共同利益、必須対余暇、公的対私的という図式を超えて運営される潜在的変革力のある「共有部門」(Bollier, 2016) の構築に寄与したことである。Scup! は、活動家、組合のほか、暴徒的運動に必ずしも属さずに街の再占有を目指す人々で構成されるネットワーク内で機能する。

2015年、Scup! は立ち退きを命じられ[*4]、活動家集団はトッスコラーナ駅近くの別の建物の占拠を決めた。立ち退いた建物からそれほど遠くはないが、テリトリー内の関係性を明らかに失わせるくらいには十分遠かった。この立ち退きをきっかけに Scup! と脅威にさらされていた別のいくつかの占拠場所を支援する大規模運動が起き、市民、居住者、組合、集合体、占拠者たちがノーラ通りに集結し、自然発生的デモ集会、集団ランチ、アート・スポーツ・パフォーマンス、通りでの本の交換、「#iosonoscup」を付けた自撮り写真を投稿するソーシャル・メディア・キャンペーンなどさまざまな形態の立ち退き反対活動を行い、ローマ市議会に立ち退きの差し止めを求めた。Scup! の再占拠は、活動家と組織で構成された草の根ネットワーク、「social Rome」の大勢の力によって強化され、このネットワークがレジリエンスとレジスタンスのための集団的支援をバックアップした。

Scup! が始めた活動やサービスはすべて現在も続いているが、社会的、地域的環境は、サン・ジョヴァンニ地区に以前存在していた環境とは様変わりした。現在のサン・ジョヴァンニ地区の状況は、社会的排除、社会的剥奪がさらに顕在化したと特徴づけられる。街の中心部から比較的距離があり、最寄りが小さな鉄道駅であり、そして基本的に居住区域であることから、この区域は観光客や住民以

第 3 部　ポストポリティカル、ポストアーバン世界に現れ始めたカルチャー

外の人々にとっての魅力が薄い。その結果、Scup! そのものと同様、都市への広範なつながりが次第に弱まっている。

Communia：緊縮財政に対する相互扶助

　近年、緊縮財政政策、福祉計画の欠如、新自由主義的アーバニズムに立ち向かうための政治的実践行為としてスクワットが再び見られるようになった。居住の権利は、まさにスクワット運動が浮き彫りにした重要課題であり、2013 年にはいわゆる「Tsunami Tour」が行われた。ツアーは、Action-Diritti in Movimento、Blocchi Precari Metropolitani、Coordinamento di Lotta per la Casa の各組織が段取りした一連の占拠であり、ローマ市内の 30 以上の手つかずになった公有、私有建物をターゲットにし、およそ 2000 人のシェルターとして提供された。この活動の一環として、活動家の一団がサン・ロレンツォ地区に市当局が所有する空き倉庫を占拠し、トーマス・ミュンツァーが提唱した有名なスローガン、「Omnia sunt communia（すべてのものは共有である）」を思い起こさせる「Communia」と名付けた。

　Communia による占拠は Ripubblica が始めた道筋の単なる一歩にすぎない[*5]。Ripubblica は、水資源のための全国的運動の経験を土台にした社会的集団ネットワークであり、ローマにあるチネマ・アメリカの占拠を続けた。活動家の狙いは、その空間を再び公共スペースに戻すことであり、アルゼンチンの労働者所有工場モデルに従い、投機的不動産措置の発動を回避することであった。数カ月後、以前の建物に有害物質が含まれていることがわかると活動家らは旧 Bastianelli Foundries への移動を決めた。新たな占拠は、活動家、学生、有志、近隣住民、そしてなによりも空間の再構築に貢献したサン・ロレンツォ・フリー・リパブリック・ネットワーク（詳細は後述）による支援を受けて行われた。ただし、数カ月後に立ち退きを命じられた。人員動員が近隣区域で再開され、サン・ロレンツォ・フリー・リパブリック・ネットワーク、その他の組合、地元グループ、居住者らの合意を得て、Communia の活動家は別の場所を占拠した。現在 Communia が占拠する以前のピアッジオ社のガレージは、高級住宅を新たに建設するための投機的不動産計画が開始された地区の一画にある。ガレージは占拠者たちによって完全に現代風に改修されている。

　街の中心部の東境界線にあるサン・ロレンツォは、長きにわたって政治的関与の伝統が続く区域である。反ファシスト抵抗組織の拠点であったことから、今な

356

お左派または共産主義地区として認識されている。かつての労働者階級の住居には、現在は古くからの居住者と、ヨーロッパでも最大級の学生数を誇るローマ・ラ・サピエンツァ大学があることから国内の別の地域から来た学生が主に暮らしている。社会構成の変化や不動産価格の上昇、夜の遊び場への変貌にもかかわらず、この区域には今なお政治色が残り、自治空間の出現に向けた一体的、参加的姿勢が見られる。さらに、学生がソーシャル・センターの活動に次第に加わるようになり、彼らは無断居住を賄いきれない家賃に対する一つの解決策だと考えている。高額な家賃のせいで学生たちはブラックマーケットの賃貸に頼るようになっているのだ（Martinez, 2013）。スクワットは、卒業後も故郷に帰るのではなく大都市に居続けるための（時として唯一の）方法と考えられている場合も少なくない（Di Feliciantonio, 2016a）。学生のかなり多くは、卒業後に職を得る機会がほとんどないイタリア南部出身者だ。さらに、故郷の家族に影響が及んでいる経済危機も、ローマで学業を終わらせる機会を狭めている。

　多くの活動家や占拠者は学生であるため、Communia は学生、スクワット、ソーシャル・センター間の連結点として機能する。ディ・フェリシアントニオが Communia 闘争者を対象に実施した調査（Di Feliciantonio, 2016b）の回答者のおよそ 80% は、大学生または大学院生だと申告している。緊縮財政政策、住宅不足、経済危機、大学から提供される学生向けサービスの縮小は、学生と占拠者たちが同じ運動の中で一体化している理由の一部にすぎない。不安定さが加速しているこの状況において[*6]、Communia の自治空間は学生や若者たちが全般的に置かれている全般的物質環境の悪化に対する集団的反応を示している。

　サン・ロレンツォのスカロ通りにある相互扶助スペースでは以下が提供されている。

- 学生向けサービス。学生が運営する夜間まで開いている図書館、読書／自習室など
- 難民が運営する仕立て屋。衣類の自己生産と「fuori mercato」販路（地元の自己組織マーケットなど）での 流通のため
- 市民権や労働者の権利に関するインフォメーション・デスク。各種団体や労働組合の協力を得て運営される「Infofuturo」プロジェクトの一環として
- シアターラボラトリー
- 外国人向けイタリア語講座、その他言語のラボラトリー

第3部　ポストポリティカル、ポストアーバン世界に現れ始めたカルチャー

- 自己生産した飲み物が提供されるバー（自主運営工場、Rimaflow で生産されるリモンチェッロなど）

　幅広い自主運営サービスを提供する Communia は、親しい交わりの中で近隣住民と関係性を築き、緊縮財政に対抗するための新しい共同使用資源作りをバックアップし、よって新しい共同社会の考え方を切り拓いている (Di Feliciantonio, 2016b)。Communia 活動の基盤にある相互扶助の考え方は、より広範な国レベルの相互扶助プログラムと「市場から離れた」自己生産ラボラトリー（fuori mercato）へと変化し、各種団体、グループ、委員会、個人、無断居住者、学生を含む Communia ネットワークへと広がった。

　市場の仕組みを離れた生産と、生産空間の活性化による区域経済の再活性化という考え方が、Communia、SOS Rosarno、Rimaflow が中心となって組織したネットワーク、Fuorimercato の基盤になっている。課題は、「equonomic（平等、自主運営）」の視点に基づき、（社会的、経済的に）持続可能性のある市場システム代替手段を構築することである。

　Communia ネットワークの経験とそれにつながるその他ネットワークが実証する通り、主に都市レベルで打ち立てられた共有化の実践は、日常生活での物質環境の継続的悪化に関係した多種多様な要求を包含している。したがって、イタリアの事例では、国の緊縮財政政策に対してより広範に組織された抗議へと発展することはなかったとはいえ、その政治的潜在力は一地域の規模を超える。

ネットワーキング：レジリエンスのための手段

　Scup! と Communia の活動の枠組みとなったネットワークは、都市空間を「共有物」へと変えるための再配分の道筋作りを目的とする共通プロジェクトに参加する別の占拠空間、ソーシャル・センター、団体、集合体を中心に構成されている。ネットワーキングも政治を再設計し、都市運動を計画するための手段の一つであり、レジリエンス力を高める。ここでのレジリエンスとは、敵対的政策への対抗力、不安定な制度環境への順応力、目標や理想の再構成力、再配分パターンの再構成力、暫定的枠組みの中での活動力を意味する。

　ローマでの占拠は、立ち退きを有効化する決議によって市当局からの周期的攻撃を受け続けた。攻撃は、空きスペースの使用を認める調停と交互に行われる。本章執筆時点で、多くの占拠・「共有化」空間は、前市長が承認した市議会審議

358

No. 140 ／ 2015 に脅かされている。この審議は、市所有財産の再構成と、この不動産の収益性評価が目的である。過去にも例があるが、この決議の結果広がる可能性のある一連の立ち退きは深刻に、そしておそらく意図的に、危機と、危機にともなって導入された緊縮財政措置に対する反応として近年立ち上げられた団体、ソーシャル・センター、自治コミュニティから成る特別なネットワークを衰えさせ、解体させる可能性がある。

これは、ローマ（はもとよりこの国）の政治的、社会的構造の根本的変化も、抵抗と積極行動主義の新しいポスト・ポリティカル形態もコントロールできないであろう公共政策に直面する中で起きる。そして、危機に影響を受けた全部門の人々に触媒作用を及ぼし、従来の公共部門による福祉の欠如の中で自治的福祉形態が始動される。この状況において、自治コミュニティと占拠空間は時に、例えば、区域文化施設などの地域の公共財が十分に提供されていないといった「古典的な市場の失敗または国の失敗として現れる可能性のある問題を解決する」（Bowles & Gintis, 2002）。

これまで取り上げてきたローマでのこうしたネットワークの目的は、制度的権力に対抗する市民社会というロマンチックな発想からは遠く離れ、一般大衆の民主主義能力を広げ、過度に組織的で、そしておそらく「違法な」環境といえどもなお新しい政治を築く「可能性」があることを示すことである。占拠はイタリアの法律では違法行為である。

「Decide Roma」キャンペーン[*7]の枠組みの中で作成された Roma Comune の憲章から読み取れる通り（www.decideroma.com）、権利は国の権威の産物と考えられるべきではなく、実践と利用から生じるものである。よって、公的制度による正当なものとして認識されるべきである。憲章は、共有物の原則と実務に従い街をルール化する基盤作りのために、作成作業が今も進められている。新しい都市政治が根底から改めて描かれることになる。

共有化手法の制度化に関する別の試みとして（Costanza, 2016）、DeLiberiamo Roma 、Patrimonio Comune ネットワークがかつて実現した事例が挙げられる。前者は、水の管理、土地利用、知識・教育、財政に関する問題に対処するための市議会への一連の提案を土台としている。後者は、共有物を対象とする圧力運動として始まり、社会事業経済と Scup! その他による「新しい福祉」を目指すネットワーク内の一つのネットワークと説明できる。こうした運動では、居住の権利、ローカル・コミュニティを構築する権利、芸術や文化などを振興する集合体を組

第 3 部　ポストポリティカル、ポストアーバン世界に現れ始めたカルチャー

織する権利を求める。

　我々の分析では、近隣区域との関わりが市政府への抵抗や自己運営空間のレジリエンスのための基盤であることがわかっている。Repubblica di San Lorenzoは、公的集会の組織、地区内デモ集会の組織、占拠に対する合意形成や実際の支援の提供によって Communia のレジリエンスに重要な役割を果たした。自己統治 (autogoverno) を求める意見運動を共同で立ち上げた、占拠者、住民、活動家、区域委員会、その他社会的組織で構成されたネットワークは、Nuovo Cinema Palazzo の活動家が構築したものであり、ローマにおいて数年間、最も活気ある自己組織による社会的、文化的空間の一つであった。2011 年の占拠は、サン・ロレンツォの区域委員会が支援し、委員会は、この古い映画館をコミュニティ・ベースのカジノとソーシャル・センターに変える案に対抗して積極的に参加した。

　Communia ネットワーク (www.communianet.org) は、工場や放棄された空間の占拠・再建の経験を基盤にしている。ミラノの Rimaflow やローマの最初の Communia などである。ネットワークは、悪化する債務や経済的不安定さと闘うさまざまな集合体の合流場所であり、フェミニスト・LGBT 運動と一体化している。ネットワークのそれぞれの結節点は主に各地域であるが、運営は国全域に広がっている。

　活動家コミュニティを主流経済の中心である「生産主義的」アプローチから解放しているという意味で、Communia のネットワーク自体がレジリエンスの枠組みを提供する。一般に、運動には傾向としてライフサイクルがある (Prujit, 2003)。ただしこのライフサイクルは必ずしもその運動が終わりを迎えなければならないことを意味するのではないが、ローマを除くイタリア国内のエビデンスが、反乱者の勢いは弱まる場合があることを示している。ローマは例外であるようだ。構造変化、細分化、社会的、政治的状況への順応にもかかわらず、草の根運動と集合体の新しいネットワークには弾性がある。ネットワークは、制度や代表民主制を全体として拒みたいわけではないようであり、むしろ、過剰な制度から自立した地域そのものとの強い結びつきにおいて、より積極的、参加的な方法による政治理解を助ける新しい重要手法をもたらしたのである。

注記

★1──アーバニズムそのものが「一つの生活様式」と理解されない限り。Wirth (1938) 参照。

★2──Mafia Capitale のスキャンダルは 2014 年に勃発。司法調査によってローマを実際に「支配」し、社会的緊急事態を采配していた犯罪者、公務員、政策立案者が絡む組織が発覚 (Mondo di mezzo 調査）。腐敗行為、詐欺、談合入札など、主な告訴内容にはマフィアが関係。市民はこれに対して、「Spazziamoli（一掃せよ）」を叫ぶ2日間にわたるデモ集会を組織。二つのマフィア対抗組織、Libera と DaSud が推進。

★3——イタリアのCSOAを特徴づける二つの動き：自らの政治的、文化的役割を認識することによって大都市社会に融合する。ただしその一方で、ある種のゲットーになることを選択する。

★4——2016年に、Action による同じエリア内の占拠は立ち退きを命じられ、300人が別の居住施設に転居。この措置の結果、サン・ジョヴァンニ地区の自治空間が消滅。本章執筆時、この地区で稼働していたのはSans Papier ソーシャル・センターのみ。ただしそこもローマ市議会審議No. 140により立ち退きの危機にある。

★5——Ri-pubblica は「repubblica」（republic（共和国））のもじり。「ri」は再びの意、「pubblica」は公共の意。

★6——不安定さは、雇用環境の不安定さだけでなく、住宅事情、社会関係、将来への希望といった日常生活のさまざまな側面も含む。

★7——過去の「共有化」の制度化の試みは、Constitution of the Teatro Valle bene comune。現在でもマイルストーンとなっている。詳しくは、www.teatrovalleoccupato.it を参照。

参照文献

Bollier, D. (2016). Transnational Republics of Commoning. Retrieved July 5, 2017. from http://bollier.org/blog/transnational-republics-commoning.

Bowles S. & Gintis H. (2002). "Social capital and community governance" *The Economic Journal* 112 (483), F419–F436.

Castells, M. (1983). *The City and the Grassroots: A cross-cultural theory of urban social movements* (No.7). Berkeley: University of California Press. （石川淳志 監訳『都市とグラスルーツ——都市社会運動の比較文化理論』, 法政大学出版局, 1997年）

Costanza, S. (2016). *Economic Crisis, Role of Public Authorities and the Commons: Rome and the Governance of Urban Resources.* PhD Thesis at Sapienza University, Faculty of Political Science, Rome.

Della Ratta, D. (2013). "Occupy" the Commons. *Al Jazeera,* Retrieved July 5, 2017. from www.aljazeera.com/indepth/opinion/2013/02/2013217115651557469.html)

Di Feliciantonio, C. (2016a). Students migrants and squatting in Rome at times of austerity and material constraints. In P. Mudu & S. Chattopadhyay (Eds.), *Migration, squatting and radical autonomy: Resistance and destabilization of racist regulatory policies and b/ordering mechanisms*, London: Routledge.

Di Feliciantonio, C. (2016b). The reactions of neighborhoods to the eviction of squatters in Rome: An account of the making of precarious investor subjects. *European Urban and Regional Studies.* doi: 10.1177/0969776416662110.

Healey, P., Khakee, A., Motte, A., & Needham, B. (Eds.), (1997). *Making strategic spatial plans: Innovation in Europe.* London, University College London Press.

Huxley, M. & Yftachel, O. (2000). New paradigm or old myopia? Unsettling the communicative turn in planning theory, *Journal of Planning Education and Research, 19* (4), 333–342.

Innes, J., Gruber, J., Neuman, M. & Thompson, R. (1994). Coordinating growth and environmental management through consensus building. *Report to the California Policy Seminar*, Berkeley, CA.

Legacy, C. (2016). Is there a crisis of participatory planning? *Planning Theory*, doi: 10.1177/1473095216667433

Martinez, M. A. (2013). The squatters movement in Europe: A durable struggle for social autonomy in urban politics, *Antipodes, 45* (4): 866–887.

Neuman, M. (2000). Communicate this: Does consensus lead to advocacy and pluralism? *Journal of Planning Education and Research, 19* (4), 343–350.

Nur, N. & Sehtman, A. (2016). Migration and mobilization for the right to housing: New urban frontiers? in P. Mudu & S. Chattopadhyay (Eds.), *Migration, squatting and radical autonomy: Resistance and destabilization of racist regulatory policies and b/ordering mechanisms.* London: Routledge.

Prujit, H. (2003). Is the institutionalization of urban movements inevitable? A comparison of the opportunities for sustained squatting in New York City and Amsterdam. *International Journal of Urban and Regional Research, 27* (1), 133–157.

Wirth, L. (1938). Urbanism as a way of live. *The American Journal of Sociology, XLIV*, 1.

20 レジリエンスとデザイン
人新世（Anthropocene）に向けた
ポストアーバン型景観インフラ

ニーナ-マリー・リスター

　歴史上初めて、世界74億の人類のうち半数以上が都市部で暮らしている。ホモ・サピエンス・サピエンスは、地表から海、気候に至るまで、さらにその延長線上で考えると地球上の人間以外のすべての種の将来に至るまで、この惑星の方向性を決める唯一の優勢種になった。人新世（Anthropocene）時代の到来である。人新世時代は、前例のない急速な社会的、技術的変化を特徴とし、この変化が世界のほぼすべての都市における居住パターンや形態学からその意味や象徴に至る都市空間の姿を変えてきた。こうした変化によって、多くの都市空間は以前の機能を失い、場合によってはその形状も失った。こうした社会的、技術的かつ構築形態を持つ変化は、大規模な生態系や気候変動に対する正のフィードバックによって歯止めのかからない状態で結びつき、激化の一途をたどっている。端的に言えば、ポストアーバン世界は我々の手にかかっており、新しい様式のプランニングや設計が求められている。

　2013年12月21日、500万人が暮らすトロント市とその大都市圏（ニューヨーク州の北側、オンタリオ州南部の相当エリア）は、季節外れの温かな冬の嵐に見舞われた。嵐は街に30mmを超える冷たい雨を降らせ、およそ36時間、氷点前後の気温が続いたかと思うと、突如としてマイナス25℃まで急激に下がり、膠着状態になった。街は約2週間にわたって氷に覆われたまま凍てつき、50万人以上の住民が冬至を過ぎても凍った暗い世界で過ごすことになった。氷の重みで市内に1000万本あった木の20%以上が倒れ、その過程で送電線やケーブルが損傷したことから数千世帯が停電し、クリスマスやその後のホリデー・シーズンまで

電気や暖房、照明のない生活を送った。トロント市だけで撤去作業や救急サービスの費用は推定1億600万カナダドルに及び、2013年の北米東部着氷性暴風雨は、カナダの歴史上最悪な自然災害の一つとして記録されている（2014年、トロント市より）。しかし、注目に値するのは、この数字がグリーンインフラの価値喪失と、市内の成木による日よけの5分の1を失ったことにともなう生態系サービスを考慮していない点である。トロント市は土壌浸食の悪化や、洪水防止・炭素隔離・都市熱軽減の効果低下などにより長期的にこの暴風雨の影響を受け続けることになる。

　ただし、この着氷性暴風雨は孤立した事例ではない。1998年2月、同様の着氷性暴風雨が最終的に2週間以上続いてケベック州全域の大規模な停電を引き起こし、極度の低温状態の中で5万世帯以上が影響を受けた。1998年と2012年のレッド川洪水は、ウィニペグ市、ミネアポリス市、セントポール市の機能を麻痺させ、2012年にアルバータ州で起きたボウ川洪水は、カルガリー市とトランス・カナダ・ハイウェイを1ヵ月以上にわたって事実上閉鎖状態にした。これらは近年起き、大規模な被害を引き起こした多数の局地的暴風雨のほんの数例である。2005年にニューオーリンズに壊滅的被害をもたらしたハリケーン・カトリーナや、マンハッタンのミッドタウンの半分が1週間以上停電した2011年のスーパーストーム・サンディといったよく知られた「モンスター級暴風雨」は、世界的にもかなり大きな災害である。これらの暴風雨は、主要都市の中心部にも到達し、影響を与えたことから、環境的都市計画や沿岸防御、都市の脆弱性、さらにはアーバニズムやプランニング、生態学と紐付いた関連政策対応に関する研究の新たな波が生まれるきっかけとなった。

　こうした暴風雨にともなう経済的、社会的、環境的コストのほかにも、これらの事象がポストアーバン環境や概ね陳腐化した統制、プランニング・システムに重大な課題を課すとの認識が高まっている。大型暴風雨の影響度や頻度の増大は、人間が引き起こした地球の気候変動の証拠であるという現実に世界中の都市が今まさに直面し、そしてこの現実によって、生態系の変化や脆弱性に対処するための新たな設計手法が必要であることも含め、我々の生存システムに対する課題がさまざまに増え続けている（Steiner, 2011などを参照）。気候変動に関する政府間パネルが世界の脅威の一つと特定し、長期的持続可能性と紐付いたさまざまな政策関連研究の土台となっている気候変動は今や受け入れられた事象であり、この適応策を編み出し、地方自治体から国全体に至る規模で導入することが必須課題

である[*1]。

　長期的な環境持続可能性には、混乱から立ち直り、変化に対応し、健康な状態で機能するための能力、つまりレジリエンス力が必要である。この意味において持続可能性とは、人間の長期的な生存と繁栄に必要な人間の営みの社会文化的、経済的、生態学的領域間に本来備わる動的バランスを言う。アン・デイルは、この動的バランスを地球上の原始の自然と文化的資産の根底にある個人的、経済的、生態学的必須課題間に必要な調停行為と説明している (Dale, 2001)[*2]。ダイルはこうした従来の「持続可能な開発」からの脱却によって、人間の活動領域における長期的持続可能性の責任を明確に設定し、人間の行為から離れた対象物として環境そのものを管理する究極的に不可能な領域から然るべく切り離した。

　ますます蔓延する大型暴風雨への対応が広がることによって、長期的持続可能性の必要性にまつわる政治的美辞麗句が生まれている。具体的に言えば、脆弱性に直面した時のレジリエンスである。ヒューリスティック概念としてのレジリエンスは、蔓延する環境的条件の変化に耐え、吸収する生態系の能力を指す。経験主義的意味では、生態系が吸収できる変化や混乱の大きさであり、それをもって、変化が引き起こした事象の後に、システムがその構造、機能、フィードバックの大半を保持した明らかな安定状態に戻ることを言う (Holling, 1973)。どちらの文脈においても、レジリエンスは、生態系研究において十分確立された概念であり、資源管理、ガバナンス、戦略的プランニングに関する確かな文献が発表されている。ただし、この研究の20年を超える歴史にもかかわらず、レジリエンスに関する政策戦略の策定やプランニングへの応用が始まったのは比較的最近のことである。2011年のスーパーストーム・サンディと2013年の着氷性暴風雨の発生以降、政治分野でのレジリエンス・プランニングの必要性が強く求められる一方、協調的ガバナンスや確立されたベンチマーク、実際に導入された政策応用が不足し、気候変動適応に関する経験的成功基準が(存在したとしても)ほとんどない状態が広く残っている[*3]。こうした背景状況の中で美辞麗句のレベルを超えてレジリエンスを理解し、解明し、醸成する必要性を唱えた批判的な分析や非難はこれまでほとんどなかった。本章では、レジリエンスという言葉には、ニュアンスとコンテクストを加味した批判的分析が必要であるとともに、レジリエンスをエビデンスに基づいて科学的に理解すべきであると主張する。これはつまり、複雑さ、不透明さ、脆弱性に直面する中で適応性と生態学的対応力を備えた設計を行うために役立つエビデンス・ベースのアプローチが必要であることを意味する。

第3部　ポストポリティカル、ポストアーバン世界に現れ始めたカルチャー

端的に言えば、レジリエントな世界の姿を問い、その世界の機能の仕方を問い、ポストアーバン世界のレジリエンスを我々がどのように計画し、設計すべきかを問うものである。

なぜ今、なぜレジリエンスか

　美辞麗句的発想としてのレジリエンスの登場は、気候変動の現実が現れたことだけでなく、生態学、景観設計、アーバニズム各分野における研究・政策対応同士に重要なシナジーが生まれ、高まっていることとも紐付いている。二度目の1000年の変わり目以降に起きたいくつかの顕著な同時発生的変化の影響を大きく受けたシナジーである。最も注目すべきは、世界の人口の変化である。現代の居住パターンは人新世の特徴である大規模な都市化へと進んでいる。前世紀は、ますます大型化する都市部への大量の人口流入を顕著な特徴とし、その結果として「巨大都市」とそれにともなう郊外地域、準郊外地域が誕生し、現代の大都市景観という現象が生まれた[*4]。世界の人口の大部分にとって、都市での景観の実感は急速に単一的になっている[*5]。

　北米、特にアメリカでは、このアーバニズムの変化が、逆説的に、都市の物理的インフラの質と機能の低下の広がりとともに起きている。主要都心部のために19世紀後半から20世紀初めにかけて建設された道路、橋、トンネル、下水道の老朽化や倒壊が進み、場合によっては、時代遅れになりながらも欠かすことのできないこの公共インフラを再建するための政治的意思も公的資金も消滅しつつある。さらに重要な点は、こうしたインフラの老朽化が進み、頻度と影響度が増した暴風雨に直面した際に壊滅的機能停止に陥る脆弱性が増し、よって災害にともなう損失や影響の範囲が悪化の一途をたどっていることである（図20.1）。

　新しい方向性と力説点を持った生態学の登場は、アーバニズムの変化と気候変動の現実に基づく新たな重要かつ付随的変化を示している。

　生態学分野はこの数十年の間に、ダイナミックな体系的変化とそれにともなう不確実性、適応性、レジリエンスの現象のより現代的な理解を支持し、安定性、確実性、予測可能性、秩序に対する古典的な還元主義的懸念から離れた。生態学的理論と複雑系研究におけるこれらの概念は次第に意思決定全般、特に景観設計に対するヒューリスティックとしての有用性が明らかになり（Lister, 2008）、これが強固な学問・実用領域を新たに生み出している。応用科学として、持続可能性の文脈における変化の管理の構成概念としての生態学的知識を情報源とする領

図20.1　ハリケーン・カトリーナ襲来による大雨とドン川の氾濫後のトロント市内主要幹線道路の崩壊箇所を写した四つの写真。カトリーナは2005年8月29日にトロントを襲い、熱帯暴風雨に縮小
出所：Carmela Liggio、Nina-Marie Listerによるフォトコラージュ、2005

域である。変化に対するレジリエンスのための、変化に対するレジリエンスを備えたプランニング手法はそれ自体で概念的設計モデルである (Reed & Lister, 2014などを参照)。

　この新たな生態学的アプローチが、レジリエンス思考に必要なシナジー創出に別の大きなシフトを生み出した。過去20年間続く学問領域と応用として、学術領域、応用専門領域でのプランニングと建築学との(再)統合としての景観ルネッサンスである。景観研究者は、脱工業化時代の都市景観の登場を突き止めるとともに、景観理論と応用の再出現のための触媒としての不確定性と生態学的プロセスに着目している[6]。今日、芸術、設計、生態学の材料科学が結びついた学際的分野として理解される、景観研究と応用には、現在は都市空間内での新たな実用専門分野が含まれている (Reed & Lister, 2014)。

　気候変動と脆弱性の時代にあることと合わせて考えると、アーバニズム、景観、生態学に関する総体的理解におけるこうした変化が、現代の大都市圏に当てはめる新しいプランニング・設計手法のための強力なシナジーを生み出している。このシナジーは、美辞麗句的発想としてのレジリエンスの出現の重要な触媒として

機能してきたが、エビデンス・ベースのレジリエンス戦略・計画・設計に向けた進化のためにまだやるべき課題は多く残る。2005年のハリケーン・カトリーナや2011年のスーパーストーム・サンディといった北米を襲った巨大暴風雨の規模や影響度合いが、災害対策全般と特に洪水管理計画における新種の政策やプランニング、イニシアティブが生まれる有効なきっかけになった。自然災害に対する従来の政策・プランニング手法は長い間、自然の力と闘うために考えられた力ずくの工学的対策を用いた防壁、外装、補強などの沿岸部の防御対策に見られる通り、「抵抗」と「制御」という言葉に根差していた[*7]。それと対照的に、新しい設計・プランニング手法が参照しているのは、「レジリエンス」と「適応型管理」という融通性と柔軟性に関係する言葉である。その結果、動的条件と自然の力に適応する建築的材料と生態学的材料のハイブリッド型技術が用いられるようになった（Lister, 2009などを参照）。大型暴風雨襲来後の最近の沿岸管理政策と洪水管理計画には、ニューオーリンズの水管理方針しかり、ルイジアナの沿岸管理計画しかり、ニューヨーク市の設計による再建プログラムしかり、トロントの雨天下水基本計画しかり、レジリエンスの語があふれている。これらの事例は、変化促進作用のある暴風雨の発生や気候変動に対する（事前、事後）対策として注目に値するが、ただし、その大部分は推論的で試されたことも実践されたこともないまま、経験や文脈、科学に由来するのではなくヒューリスティックで概念的なレジリエンスという言葉に依存している。

　レジリエンスの一般的概念の起源は、少なくとも四つの研究・応用領域（心理学、災害復旧・軍事防御、工学、生態学）にまたがっている。レジリエンス政策をざっと見渡すと、この概念がいくつもの元の領域に関連して幅広く汎用的に定義づけられるとともに、柔軟性と適応性という心理学的特性にあまねく注目していることがわかる。例えば、ストレス期間後に既知の常態に「すぐに回復」し、ストレス下でも健やかな状態を維持し、変化や困難に直面した時に適応できるストレス対応力を持つことである[*8]。しかしながら、この一般化された文脈でのレジリエンスの使用は、どの程度の変化が許容可能であるか、どの「常態」が理想的で達成可能なのか、どのような条件なら既知の「常態」に戻ることが可能なのかという重要な運用上の問いを回避している。レジリエンスが持つこうした定義の幅広い心理的側面に左右される政策においては、適応性と柔軟性が変革をもたらし、よって根本的で突然の大規模な体系的変化に直面した時に最終的にある程度の規模の変化推進力が求められる場合があることについて明確な認識がほぼあ

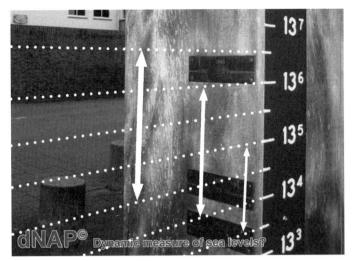

図20.2 アムステルダム標準水位(Normaal Amsterdams Peil, NAP)は、海面上昇を測定し、固定的「標準」水位に基づき国の政策、法規制を立てるための尺度。対して、この図に示された動的アムステルダム標準水位(Dynamic Normaal Amsterdams Peil, dNAP)は、季節的洪水を反映させるなど、水の管理体制の適切な改善を目的として、動的水位が認められるオランダ・デルタ地帯の海水面を尺度とすることが提案されている
出所:Kimberly Garza、Sarah Thomas 両氏の提供図、2010年

るいは全くない。

　例えば海水面の使用について、季節的常態の範囲での自然な水面の上昇・低下を受け入れられるのであれば、持続可能ではない一つの固定(究極的に言えば不安定な)状態よりも、許容できる「常態」勾配を受け入れる方が得策かもしれない(図20.2)。レジリエンスに関するもっと批判的で堅牢な体系志向の議論によって、難しいけれども避けては通れない問いに全関係者がいやおうなく対峙できるだろう。まだ認識できない何かに変わり、別の実体としてすべてがまとまって機能する前に、個人やコミュニティ、生態系がどの程度変化できるか、である[*9]。仮にレジリエンスが応用に便利な概念であり、特に設計・プランニング方針の情報源になるのであれば、変化に完全に抵抗する方法ではなく、安全に変化できる方法を最終的に我々に教えてくれるものでなければならない。現行の政策とその結果の設計方針は、最終的には持続できない常態に「すぐに戻る」という誤った重点を強調するあまりレジリエンスの潜在力を危うくする。

第 3 部　ポストポリティカル、ポストアーバン世界に現れ始めたカルチャー

レジリエンスの解明

　レジリエンスの応用戦略やその指標を設計、プランニングに取り入れる前に、レジリエンスが生態学に登場した歴史、理論、概念発達を紐解くことが有用であり、ほぼ間違いなく必要である。生態系生態学から主に派生し、そして特に天然資源管理の研究応用に基づき十分確立された社会科学文献を参照することにより、その作業を批評眼をもって行うことができる。複雑系生態学に関する数十年の研究と社会生態学的システムの検討と実践が、レジリエンスの研究と応用に幅広いヒューリスティックで経験的な文脈を与える。従い、長期的持続可能性を持たせるためには、レジリエンスの構成概念と尺度の両方を政策と設計に組み込み、応用し、確かめることが重要である。持続可能性の必須能力としてのレジリエンスの応用は、アメリカの生態学者であるハワード・T・オダムが初めて発表し、その後カナダの生態学者、クロォード・スタンレイ・ホーリングが発展させた複雑系生態学における研究に由来する[*10]。だが、レジリエンス思考の基盤はもっと以前に構築されていたことを特筆しなければならない。複雑系という語が生態学に採用されるはるか前、20世紀初頭の環境保全論者運動がすでに自然系の健全性を懸念しており、自己再生から治癒、均衡までさまざまに概念化され、管理手法に影響を与えた。例えば、アルド・レオパルドは、その土地の自己再生能力（本質的に言えばレジリエンス）を意味する「土地の健康」という概念を用いたが、レオパルドは、経済成長を目的とした土地と資源の野放しの利用によって土地の健康が脅かされ、そうした利用とは相容れないと考えていた[*11]。同様に、ギフォード・ピンコットも注意深い資源採取が必要だと考えていたが、功利主義によって自然と景観の変化に対応した適応型管理の初期版が誕生した[*12]。1960年代には、現代環境保全主義が生まれたことによって、慎重さの必要性がより切迫感をもって呼びかけられた。この中でも注目すべきは、自然をレジリエントで変わりやすく、予測不可能と特徴づけたレイチェル・カーソンの説である。「生命の構造(中略)繊細で壊れやすい一方、不思議にも強靭でレジリエントであり、予期せぬ方法で反撃する力がある」(Carson, 2002, p. 297)。

　1970年代後半から1980年代前半にかけては、生態学分野の進展における大きな理論的変化の始まりと特徴づけられる。生態学研究はその規模にかかわらず全般として、終わりのなさ、不確定性、柔軟性、適応性、レジリエンスを持つより有機的なモデルへと移行し、（たいていは機械的な）クローズド・システムのため

370

の工学モデルをベースにした安定性・制御性の決定論的予測モデルから脱却していた。生態系は現在では、本質的に多様性と複雑さを有し、ある程度予測不可能な方法で機能するオープンな自己組織システムとして理解されている。

オダム兄弟の初期の生態学分析に影響を受けたこの変化（エウゲン・Pとハワード・T）はその後、20世紀後半を通じた複雑性科学の台頭と、イリヤ・プリゴージン、ルドウィグ・フォン・ベルタランフィー、C.ウェスト・チャーチマン、ピーター・チェックランド、その他システム研究者らによる画期的研究へと続いた。生態学研究は、生態系の大規模でクロス・スケール（結合的）な機能とプロセスに着目することによって、生物学や動物学とは別の独自の分野を確立した。複雑系研究の成果と、（高解像度衛星写真などの新しい手段が可能にした）景観生態学とこれにともなう空間解析という新たな学問領域の出現の結果、生態系生態学は土地利用計画におけるマルチ・スケールの学際的、統合的手法へと進化した。1970年代にハーバード・ボーマンとジーン・リケンズがハバード・ブルック実験流域について初めて生態系に基づく研究を行ったことに端を発する、長期的生態学的研究プログラム（LTERP）は、1980年代から1990年代にかけて確立されて影響を与え、生きた階層的景観の本質であり欠かすことのない動的プロセスと、内部の構造と機能が相互に関係し、スケールに依存するオープンで複雑なシステムとしての生態系の理解が認識され、広まった（Bormann & Likens, 1979）[13]。

動的生態系モデルは、生態学における重要な進展であり、20世紀の学問的思考を支配していた従来の線形生態系モデルからの大幅な脱却となった。レジリエンスは、この進展から生まれた重要な概念である。生態遷移のプロセスと定義される線形モデルは、生態系は次第に着実に安定した最高点の状態へと至り、その後はそのシステムの外部からの力によって妨げられない限り、慣行的に移行することはないと考えられていた[14]。老生林はその典型例であり、森林が十分に成長するとその状態が永久に続き、したがってその状態からの何らかの逸脱は異常とみなされる。しかしながら現在では、こうしたシステムに加えられる変化だけでなく、場合によっては生態系が成長や再生の変化の影響を受けることが知られている。例えば、火災に依存する森林には、種子を放出し、まき散らすため、そして森林の再生を促進するため、時に大規模火災後に種の補完に変化を起こすために火災の過剰な熱を必要とする樹木種が含まれる。世界中の多種多様な状況での長期的研究に基づく動的生態系モデルは、すべての生態系が四つの共通段階（急速な成長、保全、解放、再編成）を持つ循環サイクルを経ると主張する。適応

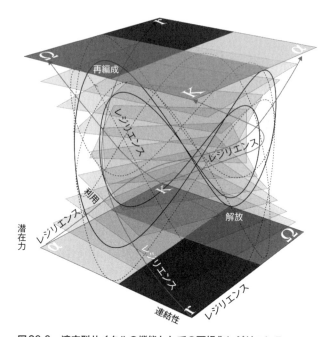

**図20.3　適応型サイクルの機能としての可視化レジリエンス
：ホーリングのFigure 8修正版**
出所：Thomas Folch、Chris Reed、Nina-Marie E. Listerによる再解釈、
Reed and Lister(2014)の再作成

型サイクルまたはホーリングのFigure 8として知られるこの一般化パターンは、生態系が時間の経過とともに自らをどのように組織し、変化に対応するのかを示す有用な概念図である[*15]。生態系の適応型サイクルは、それぞれに異なり、状況の影響を受ける。各システムがある段階から次の段階へどのように移行するかは、それぞれの規模、状況、内部関係、柔軟性、レジリエンスに左右される(図20.3)。

　生態系は、大小の緩やかまたは急速な変化によって常に進化し、断続であったり一様でなかったりすることも多い。生態系の一部の状態は安定して見えるが、安定性は数学的意味では等しくはなく、むしろ静的状態についての人間の尺度的または時間限定的な認識といえる。C.S. ホーリングは、資源管理への応用におけるこの概念の先駆者であり、生態系を「変化する安定状態のモザイク」であると表現した。安定性はまばらであり規模に依存し、そして時間や空間のある一時点でのシステム全体を定義づける一定不変のものでも現象でもないことを意味す

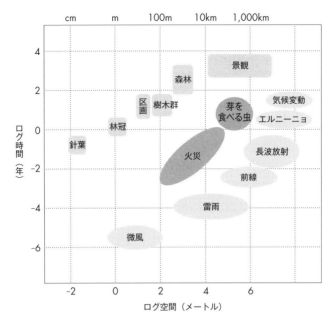

図20.4　時間と空間の複数尺度において生態系力学が観察される
出所：Marta Brocki が改作、Holling の図(2001, p. 393)を再作成

る(Holling, 1992)。重要な点は、生態系がさまざまな規模で機能し、その一部は緩やかに、別の一部は密につながっているが、すべてはさまざまなスピードの変化に影響を受け、さまざまな条件下にある。我々が人間の生涯の中で安定と認識する生態系は、より長い尺度で見れば一過性であり、そしてこの認識は、その生態系の管理、計画、設計方法をどう選ぶかに深い意味を持つ(図20.4)。

　安定性、変化、レジリエンス(すべての生きたシステムに内在する一特性であり、そのシステム独自の適応型サイクルの一機能)には重要なつながりがある。レジリエンスには、心理学、生態学、工学を起源とするヒューリスティック的側面と経験的側面の両方がある。ヒューリスティックまたは基本概念としてのレジリエンスは、蔓延する環境条件の変化に耐え、それを吸収するとともに、こうした変化事象後に、システムの構造、機能、フィードバックの大半が保持される安定と認識できる状態(または通常の周期状態の一つ)に戻る生態系の能力を言う。

　工学における経験的構成概念としてのレジリエンスは、生態系(通常は小規模で既知の変数をともなう)が、変化事象後に、その構造や機能を含め既知の認識

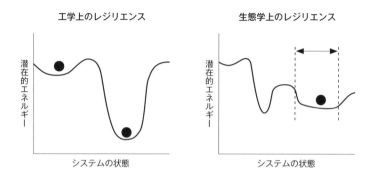

図20.5 レジリエンスに関する二つの対照的見方：
　　　(左)クローズド・システムにおける工学上のレジリエンス（限定的な不確実さと既知の変数）
　　　(右)オープン・システム（本質的な不確実さと無限の変数）における生態学上のレジリエンス
出所：Nina-Marie Lister、Marta Brocki が改作、Holling の図(1996, p. 35)を再作成

できる状態に戻る「スピード」を言う。妨害（ホーリングは戦略的に「驚き」という日常語で読んでいたが）とみなされる変化事象は、通常の生態系力学の通常部分であり、ただし予測不可能でもある。その意味でシステムに突然の混乱を引き起こす（Holling, 1986）。例えば森林火災、洪水、害虫の発生、季節的暴風雨などがこれにあたる。

　システムがある尺度での突然の変化に耐える能力は、そのシステムの振る舞いが定常状態を含む安定した状態内に止まることをそもそも前提にしている。しかしながら、生態系がある安定状態から別の状態に突然変化した場合（「レジーム・シフト」と呼ばれるある状態から別の状態への転回を経た認識段階において）、生態系力学のより具体的な評価が必要になる。この文脈において、「生態学的レジリエンス」は、システムが一つの状態から別の状態、つまり、従来とは異なる一連の機能や構造によって維持される別の状態に移行するために必要となる変化または混乱の大きさの評価方法の一つである（図20.5, 20.6, 20.7）[*16]。

　レジリエンスのこうしたニュアンスのある側面のそれぞれが重要である。何が「常態」であり、ひいてはどの規模でのどの程度の変化が許容できるのかを定義づける作業につきこの社会文化的、経済的課題をこれらが明確に示すからである。

　我々が暮らす生態系を理解する重要性は増し、生態系固有の不確実さを踏まえると、経験的、観察的、実験的など、理解するためのさまざまな手法を組み合わ

20 レジリエンスとデザイン　人新世（Anthropocene）に向けたポストアーバン型景観インフラ

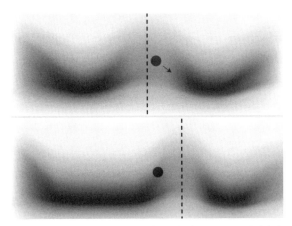

図20.6　社会生態学的システム状態の一機能としてここに示される
　　　　レジリエンスは、変化するくぼみの中の丸として比喩的
　　　　に表示されている。くぼみは、類似機能、構造、フィード
　　　　バックを共有する一連の状態を表す。丸が同じ位置に止
　　　　まっても、周囲の条件の変化が状態の変化をもたらす
　　　　出所：Marta Brockiが改作、Walkerらの図（2004, p. 4）を再作成

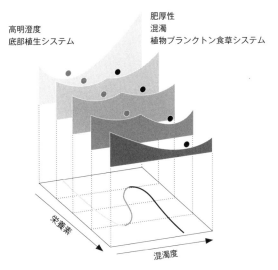

図20.7　生態学における複雑系の観点からのこの初期的図表におい
　　　　て、淡水生態系のできるかぎりのさまざまな状態を可視化
　　　　出所：執筆者が学生として受講したウォータールー大学での1994年の科
　　　　目「システム設計工学」の講義で描かれたもの。James J. Kay氏のご厚
　　　　意により。Marta Brockiが改作、Kay and Schneider（1994）の図を再
　　　　作成

375

第3部　ポストポリティカル、ポストアーバン世界に現れ始めたカルチャー

せる必要がある。事実、何らかの生態系に複数の状態が想定されるのであれば、促進する、あるいは抑止するために選ぶ唯一のものとしての唯一の「正しい」状態は存在しないことになる。明らかにこれは科学の問題ではなく、社会的、文化的、経済的、政治的側面の問題であり、そして設計・計画の問題でもある。レジリエンス研究の道筋はこれまで、生きたシステム内に固有のパラドックス(安定と混乱、不変と変化、予測可能性と予測不可能性の間の綱引き状態)と、土地の管理、計画、設計に対するこれらの意味合いの探究に役立ってきた。レジリエンスとは、端的に言えばブライアン・ウォーカーが明言する通り、「概ね、変化させないためにどう変化するかを学ぶこと」である[17]。

美辞麗句から戦術まで：レジリエントな設計に向けて

　最近では、応用生態学が、どれが安定と認識できる生態系の状態であるのか、どの規模で機能するのか、我々にとってどの程度有用であるのかの理解に取り組んでいる。変化が普遍的な善でも悪でもないのと同様、安定性はプラスにもマイナスにもなり得ると認識することが重要である。従い、設計者は理想的安定性(市民の大部分が手頃な費用で食糧や健康状態を手に入れられるなど)の推進を望むと同時に、異常な安定性(慢性的失業や戦争、独裁状態など)は避けたがるが、このアプローチは管理、計画、設計にとって大きな意味合いがある。人間はどの生態系にとっても部外者ではなく、むしろ生態系を解明する参加者であり、それを設計する主体者であるという認識に基づいているからである。

　この文脈において、1990年代に構築された都市生態学の下位科学が、レジリエンスのニッチな領域を新たに生み出した(Pickett, Cadenasso, & Grove, 2004などを参照)。互いにつながった自然景観の名残が中で成長するかもしれないより健全な都市の設計・計画のために、都市設計、環境計画、景観設計関連手法が異花受粉されている。環境学者の研究(ウィリアム・コーニン、キャロリン・マーチャント、デヴィッド・オーレなど)は、景観設計の実践(アンネ・ウィストン・スピム、フェドリック・R・スタイナー、ジェイムス・コナーなど)とともに都市の採用物に自然を効果的に持ち込み、人間対自然の序列的二元性に異を唱えている(Corner, 1997; Cronin, 1996; Merchant, 1981; Orr, 1992; Spirn, 1984; Steiner, 1990)。かつては明確に区分されていた「街」と「田舎」の概念は、絡み合い、混成的に発展し、都市と未開地の境界線は曖昧になっている。この境界線の曖昧さは、多様性が必須であり不確実さが当たり前である複雑で動的

なオープン・システムとしての現代の生態学的自然パラダイムとともに、生態学上の決定論と、自然の均衡という幻想によって支えられている永遠の安定性に関する独創性を欠いた追求から大きく離脱したことを示している[18]。文化的生態学と自然生態学の交配が進むことによって、思考と実践におけるレジリエンスの進展に強力な隙間が生じ、その隙間によって、社会生態系科学の学際的研究を通じた新しい設計領域が形成的に構築されている。そこでは、自然の「中」にある人間の結合システムが常態である[19]。

　レジリエンスのための設計とはどのようなものであろうか。ポストアーバン世界の計画立案者や設計者はレジリエンスを実現するためにどのような戦術を用いる必要があるだろうか。こうした設計モデルを作動させるために、全般としては適応型複雑系の、具体的にはレジリエンスの重要原則をまとめる方法がある[20]。まず、変化は緩やかな場合も、急速な場合もあり、尺度もまちまちである。つまり、空間にしろ時間にしろ一つ以上の尺度で見ること、生態系を理解するためのさまざまな手段を用いることが重要である。緩やかな変数は、急速な変数よりも理解する重要性がおそらく高い。前者は必要な安定性を示し、そこを起点に少し離れたところから安全に変化を研究できるからである。ただし、普遍的なアクセスポイントや理想的視点は存在しえない。各種の理解する方法やさまざまな手段を用いた複数の視点からのそのシステムのマッピング、図示、解析が欠かせない。不確実さを減らせない、または予測可能性が限られる場合は、従来の専門家の役割も同様に限られる。設計者の役割は、ファシリテーターやキュレーターと類似した役割へと変化している。

　次に、さまざまな尺度間の一部の連結性またはモジュール性が重要であり、フィードバック・ループは密でもあり、緩やかでもなければならない。レジリエントなシステムは、急速かつ破壊的に移行するシステム全体で衝撃を乗り切ることはできないという意味でそれほど密な連結ではない。例えば、子どもは免疫力を付けるためにある程度のウイルス曝露が必要であるが、長期的な健康を危険にさらすほど影響範囲が広すぎてはならない。同様にレジリエンスのための設計戦略も構造と機能の点で新規と重複を考えるべきである。有用な例が公園内の遊歩道である。遊歩道は、明瞭で効率的な階層的小道を使って幾分つながっているが、生息環境を損なったり、二つ折りになったり、自発的探検を妨げるほど密につながってはいない。

　3番目に、生態系が機能できる状態が複数ある場合でも、唯一の正しい状態と

いうものは存在しない。興味のあるシステムが適応型サイクルのどこにあるのか
を判断することが重要である。そうすれば、意思決定者や設計者がパターンを知
り、変化を（予測はできずとも）前もって考慮することができる。最終的に、どこ
かの段階で認識された安定性は終わり、システムは適応型サイクルの次の段階へ
と移行する。システムの進展におけるさまざまな段階内で振動または変化する複
数の状態を包含する非線形設計手法は変化の推進に役立つ。例えば、季節的に浸
水する地形の設計や短期間に急速に変化する水位勾配沿いの設計に理想的といえ
るかもしれない。

　最後に、レジリエントなシステムは、多様性と本質的で元に戻すことのできな
い不確実性を特徴とする。レジリエントな設計のための有効な戦略には、現場経
験的で生態学的な応答性のある safe-to-fail（失敗しても安全）な手法による多様な
戦術を用いると同時に、fail-safe（安全に失敗）を誤って想定した手法を避けるこ
とが必要である（Lister, 2008）。　この区別は重要である。従来の工学では、fail-
safe 設計の理想的条件を想定するために予測と確実さに依存しているが、しかし
ながら、予測可能性がせいぜい一つの注目尺度に限られる、生態学的、社会的複
雑さを有する動的状況の下ではこれは不可能である。たとえ一つの尺度をあます
ところなく理解し、そのために具体的にひたすら算段したとしても、システムの
全体的機能とレジリエンスが損なわれる可能性がある。一つの尺度で得た知識を
使い、それをシステム全体に適用することによる、還元主義者の「スケール・ア
ップ」の警告は、複数の尺度が入れ子になっている複雑系には機能し得ない。レ
ジリエンスを支え、推進するための設計戦略は、例えば、生態学的構造とその機
能を模倣した生きたインフラを使ってその特性を手本にする必要がある。そして
それらを設計してテストし、モニターした上で、変化する条件を学び、その適応
策を設計に盛り込む。設計の実験が失敗した場合は、長期的健康を損なうのでは
ない限られた規模の安全な失敗でなければならない。

　これらやその他新たに登場するレジリエンスのための設計手法は、その基盤に
ある理論的パラダイムシフトの特徴を反映する傾向がある。これらは多くの場合
学際的であり、建築、工学、生態学、特に人文科学が幅広く組み合わさっている。
さまざまな尺度を自由に異花受粉し、驚くべき斬新な方法で交配する[21]。防潮
堤をやわらげ、土壌を定着させ、屋上に生息環境を作り、暴風雨水を浄化し、洪
水による出水を吸収・維持し、高速道路上で動物を安全に横断させる[22]ための
生きた「ブルー」インフラ、「グリーン」インフラの利用増加は（Green, 2015 な

どを参照）、我々に刺激を与え、我々を支える生きたシステムを模倣し、手本に
し、体現する独創的作業を行う新種の都市・景観設計者の誕生を示す楽観的証拠
が蓄積されている証である。ただし、レジリエンスを作動させるには、繊細で慎
重な設計手法が必要である。それは背景情報に基づく、明瞭さとニュアンス、応
答性のある手法であり、規模は小さいが累積影響は大きい手法である。こうした
敏感さのある変化設計において、我々は、レジリエンスのカルチャーと長期的持
続可能性のための適応・変革力を養い始めている。現在の我々の姿を定義づける
ポストアーバン景観の変化に基づき、ただ生存するのではなく繁栄する力である。

謝辞

　本章は Nature and Cities : The Ecological Imperative in Urban Design and
Planning（F. Steiner, G. Thomson, & A. Carbonell, eds., 2016, published by
Lincoln Institute of Land Policy, Cambridge, MA）に「Resilience Beyond
Rhetoric」（第13章）として掲載された原文の改作である。調査と本章に掲載した
図の収集に協力してくれた Marta Brocki と、ここにまとめた発想の具体化に役
立った議論や独創的設計について景観設計の仲間たちに感謝する。

注記

*1——気候変動に関する政府間パネル（IPCC）、*IPCC Fifth Assessment Report*（*AR5*）, Geneva,
　　　Switzerland: IPCC, 2013: www.ipcc.ch/report/ar5/mindex.shtml. 補強証拠は、カナダの保
　　　険業界内独立協会、*Institute for Catastrophic Loss Reduction*（www.iclr.org）が公表した情報。
　　　気候変動に対する地方自治体の戦略は Robinson and Gore（2015）の中で評価されている
*2——本章においては、「管理」という語は、Dale による持続可能性の定義の文脈で使用。つまり、
　　　環境と客体と考えるのではなく、環境内での人間の活動の管理という文脈において。
*3——次などを参照：*The Post-Sandy Initiative: Building Better, Building Smarter - Opportunities for
　　　Design and Development*（May, 2013）、American Institute of Architects、New York
　　　Chapter（AIANY）、AIANY's Design for Risk and Reconstruction Committee（DfRR）が着
　　　手、実行。参照先：http://postsan dyinitiative.org.
*4——国連の予測によると、2030年には50億人が都市に居住し、そのうち4分の3が世界の最貧国
　　　に暮らす。国連データを参照：“World Urbanization Prospects: 2011 Revision,” available at
　　　http://esa.un.org。1950年時点では居住者が800万人を超える都市はニューヨークとロンド
　　　ンのみであったが、現在ではアジアを中心に20以上の巨大都市が存在する。Chandler
　　　（1987）、Rydin, Kendall-Bush（2009）を参照。
*5——世界保健機関（WHO）の予測によると、都市居住者の割合は1990年の40%未満から2050年
　　　には70%に増加。次を参照：“Global Health Observatory: Urban Population Growth,”
　　　World Health Organization、掲載先：www.who.int/gho/urban_health/situation_trends/urban
　　　_population_growth_ text/en/.
*6——Corner（1997, 1999）、Waldheim（2006）らが明言、詳述する通り。

第3部　ポストポリティカル、ポストアーバン世界に現れ始めたカルチャー

★7──この現象はMathur & da Cunha (2009)によって明言されている。

★8──北米をはじめ各国のレジリエンス政策事例などを参照:http://resilient-cities.iclei.org/
resilient-cities-hub-site/resilience-resource-point/resilience-library/examples-of-urban-
adaptation-strategies/. アメリカ国務省が公表した *Deployment Stress Management Program*
(www.state.gov/m/ med/dsmp/c44950.htm)には心理社会学的文脈におけるレジリエンスが
定義され、同じレジリエンスという語がレジリエンスに言及した政策文書に頻繁に用いられ
ている。

★9──Brian Walker, Chair of the Resilience Alliance and research fellow at the Stockholm
Resilience CentreがWalker (2013)が示したレジリエンスのこの側面をうまく概説している。

★10──重要な参照文献として、Holling (1973)、Odum (1983)。

★11──Berkes、Doubleday、Cumming (2012)による議論の通り。

★12──Johnson (2012)による議論の通り。

★13──この先駆的研究に基づく継続研究は www.hubbardbrook.org を参照。

★14──遷移はある生態系のコミュニティが次第に別のものに置き換わる一プロセス。

★15──適応型サイクルはHolling (1986)が最初に説明。Gunderson & Holling (2002)、最近では
Reed & Lister (2014)が改良。

★16──Holling (1996)、さらにWalker、Holling、Carpenter & Kinzig (2004)において展開。

★17──Brian Walker のレジリエンスの見方についてはWalker (2013)を参照。

★18──Ellison (2013)による議論の通り。

★19──ケース・スタディ分析によって裏付けられた社会生態系科学の発展は、Berkes, Colding, &
Folke (2008)、Gunderson & Holling (2002)、Waltner-Toews, Kay, & Lister (2008)にた
どることができる。

★20──システムの特性、主義、特徴としてさまざまに記述されたこれら原則の関連異型は、
Gunderson & Holling (2002)、Waltner-Toews et al. (2008)、最近ではWalker & Salt (2012)
に詳述されている。

★21──さまざまな設計事例はSteiner, Thomson, & Carbonell (2016)を参照。

★22──野生生物の異種交配基盤に関するさまざまな事例はhttps://arcsolutions.org/ を参照。

参照文献

Berkes, F., Colding, J., & Folke, C. (Eds.). (2008). *Navigating social-ecological systems: Building
resilience for complexity and change.* Cambridge, UK: Cambridge University Press.

Berkes, F., Doubleday, N. C., & Cumming, G. S. (2012). Aldo Leopold's land health from a
resilience point of view: Self-renewal capacity of social–ecological systems. *EcoHealth, 9* (3),
278–287.

Bormann, F. H., & Likens, G. (1979). *Pattern and process in a forested ecosystem.* New York:
Springer-Verlag.

Carson, R. (2002) *Silent spring.* New York: Houghton Mifflin. (Originally published 45 1962). (岡
昌史 訳『ランドスケープ・アーバニズム』, 鹿島出版会, 2010年)

Chandler, T. (1987). *Four thousand years of urban growth: An historical census.* Lewiston, NY: St.
David's University Press.

City of Toronto (2014, January 8). Impacts from the December, 2013 Extreme Winter Storm
Event. Staff Report to City Council: 2. Retrieved July 13, 2017, from www.toronto.ca/legdocs/
mmis/2014/cc/bgrd/backgroundfile-65676.pdf.

Corner, J. (1997). Ecology and landscape as agents of creativity. In G. F. Thompson & F. R. Steiner
(Eds.), *Ecological design and planning* (pp. 80–108). New York: John & Wiley & Son.

380

Corner, J. (1999). Recovering landscape as a critical cultural practice. In J. Corner (Ed.) *Recovering landscape: Essays in contemporary landscape theory* (pp. 1–26). Princeton, NJ: Princeton Architectural Press.

Cronin, W. (Ed.). (1996). *Uncommon ground: Rethinking the human place in nature*. New York: W. W. Norton.

Dale, A. (2001) *At the edge: sustainable development in the 21stCentury*. UBC Press, Vancouver.

Ellison, A. M. (2013). The suffocating embrace of landscape and the picturesque conditioning of ecology. *Landscape Journal, 32* (1), 79–94.

Green, J. (Ed.). (2015). *Designed for the future: 80 practical ideas for a sustainable world*. New York: Princeton Architectural Press.

Gunderson, L., & Holling, C. S. (Eds.). (2002). *Panarchy: Understanding transformations in human and natural systems*. Washington, DC: Island Press.

Holling, C. S. (1973). Resilience and stability of ecological systems. *Annual Review of Ecology and Systematics, 4,* 1–23.

Holling, C. S. (1986). The resilience of terrestrial ecosystems: Local surprise and global change. In W. C. Clark & E. Munn (Eds.), *Sustainable development of the biosphere*. Cambridge, UK: Cambridge University Press.

Holling, C. S. (1992). Cross-scale morphology, geometry and dynamics of ecosystems. *Ecological Monographs, 62* (4), 447–502.

Holling, C. S. (1996). Engineering resilience versus ecological resilience. In P. C. Schulze (Ed.), *Engineering within ecological constraints* (pp. 51–66). Washington, DC: National Academy Press.

Johnson, A. (2012). Avoiding environmental catastrophes: Varieties of principled precaution. *Ecology and Society, 17*(3).

Kay, J. J., & Schneider, E. (1994). Embracing complexity: The challenge of the ecosystem approach. *Alternatives Journal, 20* (3), 32–39.

Lister, N. M. (2008). Sustainable large parks: Ecological design or designer ecology. In J. Czerniak & H. George (Eds.), *Large parks* (pp. 31–51). Princeton, NJ: Princeton Architectural Press.

Lister, N. M. (2009). Water/front. *Places, Design Observer Online.* Retrieved July 13, 2017 from https://placesjournal.org/article/waterfront/.

Mathur, A., & da Cunha, D. (2009). *SOAK: Mumbai in an estuary*. Mumbai, India: Rupa & Company.

Merchant, C. (1981). *The death of nature: Women, ecology, and scientific revolution*. San Francisco, CA: Harper and Row.

Odum, H. T. (1983). *Systems ecology: An introduction*. New York: John Wiley & Sons.

Orr, D. W. (1992). *Ecological literacy: Education and the transition to a postmodern world*. Albany, NY: State University of New York Press.

Pickett, S. T. A., Cadenasso, M. L., & Grove, J. M. (2004). Resilient cities: Meaning, models, and metaphor for integrating the ecological, socio-economic, and planning realms. *Landscape and Urban Planning, 69* (4), 369–384.

Reed, C., & Lister, N. M. (Eds.). (2014). *Projective ecologies*. Cambridge, MA: Harvard University Graduate School of Design.

Robinson, P., & Gore, C. (2015). Municipal climate reporting: Gaps in monitoring and implications for governance and action. *Environment and Planning C: Government and Policy, 33* (5), 1058–1075.

Rydin, Y., & Kendall-Bush, K. (2009). *Megalopolises and sustainability*. London: University College

London Environment Institute. Retrieved July 5, 2017, from www.ucl.ac.uk/btg/downloads/ Megalopolises_and_Sustainability_Report.pdf.

Spirn, A. W. (1984). *The granite garden: Urban nature and human design.* New York: Basic Books. (高山啓子 訳『アーバン エコシステム—自然と共生する都市』, 公害対策技術同友会, 1995年)

Steiner, F. R. (1990). *The living landscape: An ecological approach to landscape planning.* New York: McGraw-Hill.

Steiner, F. (2011). *Design for a vulnerable planet.* Austin: University of Texas Press.

Steiner, F., Thomson, G., & Carbonell, A. (Eds.). (2016). *Nature and cities: The ecological imperative in urban design and planning.* Cambridge, MA: Lincoln Institute of Land Policy.

Waldheim, C. (Ed.). (2006). *The landscape urbanism reader.* Princeton, NJ: Princeton Architectural Press. (岡昌史 訳『ランドスケープ・アーバニズム』, 鹿島出版会, 2010年)

Walker, B. (2013, July 5). *What is resilience?* The Stockholm Resilience Centre. Retrieved July 5, 2017, from www.project-syndicate.org/commentary/what-is-resilience-by-brian-walker.

Walker, B., Holling, C. S., Carpenter, S., & Kinzig, A. (2004). Resilience, adaptability and transformability in social–ecological systems. *Ecology and Society, 9*(2).

Walker, B., & Salt, D. (2012). *Resilience practice: Building capacity to absorb disturbance and maintain function.* Washington, DC: Island Press.

Waltner-Toews, D., Kay, J. J., & Lister, N. M. E. (2008). *The ecosystem approach: Complexity, uncertainty, and managing for sustainability.* New York: Columbia University Press.

21 スマートで持続可能な未来のための共有型都市

ダンカン・マクラーレン｜ジュリアン・アーギュマン

序論

　本章では、都市で行われる共有行為について現代における範囲、論点、変化を探求し、グローバル規模で互いにつながりあったポストモダン文化融合型世界に適した形態での社会的一体性を再構築するためにこれらをどのように活用し得るか、その説明を試みる。現在、持続可能性や公平性の実現に資する方向で価値観や行動を作り変える新しいテクノロジーやビジネスモデルが登場している。しかしそれは同時に、破壊的で不公平な経済利益に吸収されやすい方向でもある。市民による慈善的な共同体的共有に関する経験・知識と、商業的シェアリング・エコノミーから学ぶことによって、都市は都市共有物の認識、保護、発展に基づき都市生活と社会慣習の「共有パラダイム」的理解を取り入れ、戦略やアクションの指針としてこれを活用できると我々は主張する。

　世界の人口の約半数がすでに都市部に暮らし、2050年までにはこの割合が3分の2を超えると見込まれている。金融・経済の都市中心部としてますます互いのつながりを強める「グローバル都市」(Sassen, 2001)と、不況にあえぎ衰退する(それにもかかわらず労働者と資源の供給元として重要な役割を負い続ける)地方との間の経済的、政治的不公平はすでに深刻である。従い、都市化の継続はどちらにとっても大きな課題であると同時に、共有パラダイムを踏まえると大きな機会でもある。都市空間の性質が共有を可能にし、必須とする。共有が進むほど、不公平を減らし、社会資本を増やし、資源利用を減らすことによって(少なくと

383

第3部　ポストポリティカル、ポストアーバン世界に現れ始めたカルチャー

も理論上は）「公平な持続可能性」(Agyeman, Bullard, & Evans, 2003) をさらに高めることができる。共有に注目することによって、都市の未来を理解し、形作るための新たな方法が生まれる。

本章は次の構成で進める。次の節「共有の起源」では、共有手法、その進化の起源、都市での歴史的所産の幅広さを概説する。その上で、共有が従来の進化した共同体的形態から仲介的商業形態に変わっている昨今の変容を説明し、理論化する。「シェアリング『エコノミー』を超えて」では、商業的共有を超えた都市型共有形態を取り上げ、社会的アーバニズムなどの概念における都市共有物に注目し、論じる。その次の「共有、社会的一体性、反体制文化」では、反体制文化の認識と尊重を含めた社会的一体性と多文化主義が共有パラダイムにともなう価値観と規範の変化の中心に据えられている方法を取り上げる。「都市共有物の政治学」節では、共有型都市において実現し得る新型、復活型集団的政治を（スマート・シティのポストポリティカル傾向と簡単に比較しながら）探究する。最後の「共有型都市の構築」では、真の意味でスマートで持続可能な共有型都市を構築するための実用的手段のいくつかを概説する。

共有の起源

この節では、共有手法、その進化の起源、都市での歴史的所産の幅広さを概説する。特化が進み、サプライ・チェーンがかつてなく長くなり、環境負荷がかつてなく広がった現代の都市において、人々の相互依存はその数も深さも増している。都市と地方の二分は徐々に失われ、言うなれば「ポストアーバン」的空間相互依存状態を生み出している。

相互依存に対して人類がとった反応の進化系が共有である。協力しながら狩猟を行い、獲物を共有していた狩猟採集民としての人類の初期の頃から、庭の塀やキッチンのテーブルごしに食べ物や種、レシピを隣人と共有するなど、共有行為は以前から人間が「共に」生きるための本質的部分である (Sennett, 2013)。歴史を通じて、都市は共有空間（市場、教会、公共の広場など）や共有インフラ（道路、上下水道など）、共有サービスを中心に構築されてきた。ただし、インフラ、公共空間・サービス、社会的機会、文化間の相互関係といったこうした重要な「都市共有物」は、市当局の計画または投資の結果としての市民による共有創造物でもある。

我々の「共有」の理解は辞書の定義に従っており、それによると何かを複数の

384

利用者で分割するプロセス、または何かを1人以上の他者と共同で使用、占有、楽しむプロセスとある。物質資源や生産設備からサービス、経験、能力に至るまで幅広い共有可能物が認識されているが、これには実生活の慣習や「共有」「共有する」という語が一般的に使用されている状態が反映され、そこには公平という明確かつ共有が目指すところの道徳的要素も含まれている。

　人間は実際に、さまざまな物を驚くほどさまざまな方法で共有する。自動車や本などの物を共有し、教育、医療、コワーキングスペース、睡眠スペースなどのサービスを共有し、考え方や価値観、活動や経験(政治からレジャーに至るまで)を共有する。共有できるものはこれだけに止まらない。共有は物的・仮想的、あるいは有形・無形もありえ、消費や生産を目的にすることもできる。公共スペースのように時間的に同時の場合もあれば、リサイクル材料のように順次的の場合もある。カー・シェアリングのように競争的の場合もあれば、オープン・ソース・ソフトウェアのように非競争的の場合もある。そして共有の分配は、小分けによる共有かもしれないし(ケーキを分ける時のように)、順番による共有かもしれない(自転車のように)。共有の機会はもっとある。別の個人との共有、集団での共有、あるいは市民として国が提供した資源やサービス(緑地、衛生設備、市の自転車、保育など)を使用する場合もある。共有できるものはさらに幅広くある。

　共有とは、形態いかんを問わず、社会性動物としての人間の進化した性質の産物である。その一方で現代の進化論的科学は (Pagel, 2012)、種族の中で協力する能力や、社会集団の中で他者を信用したり他者からの好意に報いたりする能力に根差した、生物学的進化と同じくらいの文化的進化であると説明する。進化した共有の性質は、今日まで廃れることなく続く社会文化的共有の伝統の根底を成し、人間同士のやり取りの大きな刈り跡を残している。拡大家族内の伝統的共有は、世界での大部分で今も当たり前のこととして続き、地方か都市かにかかわらず、地域社会でのお互いの社会的義務に基づく贈り物経済が、水、衣食住・医療といった生活の基本的必要物を支えている。

　しかしながら、現代の都市、特に北の先進国都市では、社会的断片化のみならず、公共部門の商業化と共有インフラ・サービスの民営化によって、社会文化的共有形態が次第に失われている。社会の断片化、商業化、民営化、個別化の傾向が、資本主義のある種の「勝利」と、国家の共産主義体制に体現され、多くの人が受け入れがたいとするレベルの国の統制・監視をともなう大規模な共有に対す

第3部　ポストポリティカル、ポストアーバン世界に現れ始めたカルチャー

る国民の拒絶を示していると言えるかもしれない。しかしながら、共有によって
社会的公正を高め、資源を保全するという狙いに動機づけされた農業共同体、国
有産業、幅広い公共サービスなど、社会主義体制の遺産は、広い国民の支持によ
り、特にヨーロッパで根強く残っている。例えば、スカンジナビア諸国都市での
共有施設は、子どもの遊び場からアパート区画内の洗濯室や保管庫まで幅広く、
ヨーロッパ域内の福祉国家では、多くの場合に提供地点で無償での利用ができる
医療や教育を含む共益サービスの財源として税制を用いている。

　自由主義的資本主義の広がりが社会文化的共有と国主導的共有の両方に大きな
打撃を与える変化を引き起こしたが、同時に、より大きな個人の平等のための新
しい自由と可能性ももたらした。伝統的コミュニティは社会的マイナス面と無縁
ではない。多くの場合、性別に偏りがあり、違いを誤認し、マイノリティにとっ
て不当に厳しい。都市は長い間、伝統的コミュニティの制限や圧迫から逃れるた
め、あるいは自分を見失い、自分を見つけるため、そして自分のアイデンティテ
ィの物語を編み直すための経済的、社会的機会を人々に与えてきたが、にもかか
わらず、都市の新来者は伝統的共有がなお欠かせない新しいコミュニティを形成
することが少なくない。民族文化または国民的移民文化においては特にその傾向
がある。よって、社会資本の侵食 (Putnam, 2000)、医療、教育、その他社会的
協力関係や交流のニーズを支えるコミュニティまたは公的支援構造や集団能力の
喪失の広がりは深刻な問題である。新自由主義的、個人主義的市場は議論の余地
なくそうしたニーズを満たすことはできず、にもかかわらず、熱心な広告主やブ
ランド・マネージャーはそうではないと我々の説得に努めている。

共有の変容

　この節では、共有が従来の進化した共同体的形態から仲介的商業形態に変わっ
ている昨今の変容を説明し、理論化する。

　都市内の高度にネットワーク化された物理的空間とサイバー・スペースの交差
点に登場している新しいピアツーピアや共有形態は、興味深く、胸が躍る。これ
によって資源と機会の配分が効率化するだけでなく、交流や協力関係という人間
の基本的ニーズを満たすことができ、そして社会全体に展開できる新しい多文化
的共有様式や新しい共有規範が確立される。現代の大規模な共有は、20世紀半
ばに広がった社会的、政治的、技術的基盤に依存することなく、国と市場という
かび臭い二元論を超越する可能性がある。それにもかかわらず、国が仲介する社

386

会主義的共有と同様、そして多くの「オンライン」またはウェブ介在行為と同じく (Bernal, 2014)、監視とプライバシーを懸念する声が非常に多く挙がっている。「スマート・シティ」アプローチに関係する場合はなおのことである。

Botsman & Rogers (2010) の後、「協力的消費」の急速な拡大に四つの実現・推進要素が見て取れる。その1：仲間同士のオンライン・ソーシャル・ネットワークとリアルタイム・テクノロジーを形態とするテクノロジーの変化。重要な新規テクノロジーとは正確にはインターネットではなく、つながったオンライン・アイデンティティと、簡易なオンライン決済システムを備えたモバイル・インターネットである。その2：消費者行動に（特にマイカー所有などの行動に関して）重大な疑問を投げかけるきっかけとなった世界的景気後退。その3：気候変動を代表例とする未解決の環境問題への関心の高まり。物質が共有され、繰り返し再生利用される「循環経済」における省資源化への関心を高めている (Ellen MacArthur Foundation, 2012)。その4：新しい形態でのコミュニティの価値の復活。多くの場合はオンラインであり、新しいブランディング、マーケティング手法によって推進、支援される (Cova, Kozinets, & Shankar, 2007)。

サンフランシスコは、協力的消費ブームの先頭に立ち、Airbnb（宿泊施設）、Dropbox（ウェブストレージ）、Lyft（ライド・シェアリング）などのハイテクを利用したシェアリング・サービス企業が続々と誕生している。こうしたプラットフォームは通常、「シェアリング・エコノミー」の「仲介者」である。何らかの方法で仲間を集め、リソースの共有、物品の入手、サービスの提供を効率化する。こうした「仲介された」共有形態はビジネスである必要はなく、政府や非営利組織も提供可能である。だが、サンフランシスコでは、シリコンバレー生まれのテクノロジーやソフトウェア、リスクに貪欲なベンチャーキャピタルファンドがバックアップするビジネスモデルを活用した商業モデルが主流である。「スマート・シティ」という美辞麗句 (Lee & Hancock, 2012) に従ったこの街は、シェアリング・エコノミーが広く支持され、ただし、かなり無干渉主義的ではある。商業モデルが優勢であるがゆえに、この街は商業的シェアリング・エコノミーのマイナス面に対する法的、社会的抵抗勢力の温床でもある。Uber や Airbnb のビジネスモデルに対する法的異議申し立ては、シェアリングビジネスが労働者を正規から臨時雇用に変え、従業員を契約者と定義することによって不安定さが増し、あるいは社会的に有用なリソース（賃貸住宅など）を、シェアリング・エコノミーの対象になることで貧困層の手の届かないものになるかもしれないという実に現

実的な予想を反映している。懸念は共有によって生じる環境負荷へも及んでいる。例えば、ライドシェアリングによって通行車両が増えるなど、商業の力が有害なリバウンド作用を招くことも考えられる。

ただし商業型共有はリスクと同時にメリットももたらす。存在はするが社会的に十分役立てられていない資源が市場に流通することになれば社会的に最も有益である。すでに市場が支配した社会の場合は、社会的一体性のある方法や「コスモポリタン」な方法で信頼やコミュニティの価値観を回復させるかもしれない。こうしたコスモポリタン的共有は、コミュニティ内の資本の結びつけを強めるのと同様、コミュニティ同士の資本の橋渡しも強める。直接的に相互義務に対してというよりも、つながりの弱いコミュニティを通じた先払いの発想に負うところが大きい。社会文化的共有が相互的利他主義を反映するとすれば、コスモポリタン的共有は、因果応報的利他主義と表現できるかもしれない。参加者は誰があるいはいつ自分に善行を施してくれるのかわからないが、必要な場合には潜在的な幅広い支援ネットワークを頼みにできると期待できる。商業的共有単独ではそうしたネットワークは築けないが、人々が頼りにする共有された公共部門や都市共有物も、すべての好調な都市経済の基盤であるハードまたはソフトインフラもまたしかりである。

AirbnbやUberなどの成功を遂げている起業家的ビジネスは、ほぼ不可避的に賛否両論を巻き起こす。だが、こうした企業がすべてシェアリング・エコノミーのために存在すると仮定したり、シェアリング・エコノミーがすべて共有型社会の中に存在し得ると仮定したりするのであれば、我々は解釈を誤ることになる。都市型共有の変化する性質には持続可能性、連帯感、公正に関する機会とリスクのどちらも存在し、そしてこれらは関係するモデルや制度の詳細と文脈に左右される。例えば、カー・シェアリングやライドシェアリングの環境的利点は、それが何と置き換わるのか(公共交通機関やマイカー)、全体的な移動や車両使用が増えるか否かに左右され、あるいは、マイカー所有が減り、車両使用の限界費用がもっと現実的になれば、使用量も減る。その社会的影響は、新しいサービスを誰が得ることになり、運転者の力が高まるのか、それとも食い物にされるのかに左右される。シェアリング・サービス企業が採用する所有権如何とビジネス・モデル、そして都市や企業がその部門を規制・指導するために用いるガバナンス・モデルのどちらも大きな影響力を持つ。(仲間売りか上場に備えて収益性の高いモデルの構築に奮闘するプレッシャーを負った)ベンチャー・キャピタルが推進す

る商業的共有モデルは、何らかの社会的目的を最も見落としやすく、単に自らの資産、基本的には参加者を経済化し、酷使しようとしているように見える。

その一方で、ファイル・シェアリングやフリー・オープンソース・ソフトウェアのアンチ企業精神と、共同体的共有の社会的目的や利他主義的基盤を合わせて考えると、画期的シェアリング・エコノミーが商業的であることは極めてまれである。多くのシェアリング・サービス起業家は、何よりもまず社会的起業家である。さらに、社会文化的共有は長い間、互いに提供する無償のケア、支援、養育を非公式に促してきた。共有行為と商業経済の線引きが曖昧になっているのと同様、公共部門と共有行為のぼやけた境界線部分が、画期的共同生産手法の増殖場所になっている。協力的または集団的シェアリング・プラットフォーム・モデルもまた、既存の社会資本にあまりダメージを与えずにコスモポリタニズムを増大させる。参加者により大きな力を与え、そしてそれに比べて(一般には)プラットフォーム所有者に与えられる力が小さいからである。有意義な共有型都市の概念は、「シェアリング・エコノミー」を超える必要があり、商業的よりも文化的、経済的よりも政治的、なおかつ共同構築した都市共有物としての幅広い都市の理解に根差した手法を探究しなければならない。

我々は「共有パラダイム」(McLaren & Agyeman, 2015) を提案する。共有パラダイムは、社会文化的共有手法から仲介的手法への移行を現代都市における根幹的変容と認識するとともに、共同体的モデルから商業的モデルまでの二次スペクトルにも注目している(図21.1参照)。

それぞれの組み合わせまたは「フレーバー」がさまざまな機会を与え、それぞれに適した環境が異なり、統制に対する影響が異なる。我々の狙いは、どれか一つのカテゴリーに特権を与えることではなく、支払い能力によってでもなく公平性のある資源の共有、人間の能力を直接高めるための資源利用、文化や社会の集団的共有物の醸成、そして、こうした資源、こうした共有物、さらには自然界を共有遺産であり共有財産として扱うことを重視する新たな考え方のきっかけ作りをすることである。物理的・仮想資源、空間、インフラ、サービスの集団的共有物を構築し、利用する新しい方法を提供するものとして共有パラダイムが理解されるならば、単に従来の財やサービスの入手性を配分するための目新しい経済ツールとしての共有行為への注目は明らかに狭すぎる。

第3部 ポストポリティカル、ポストアーバン世界に現れ始めたカルチャー

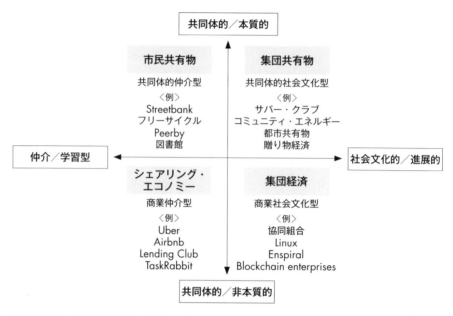

図21.1 シェアリングの四つのフレーバー

シェアリング「エコノミー」を超えて

　この節では、商業的共有を超えた都市型共有形態を取り上げ、社会的アーバニズムなどの概念における都市共有物に注目し、論じる。

　「シェアリング・エコノミー」という広く行き渡った言葉と議論は、最初の見た目よりもその重要性を増し、そして役に立たない。

　シェアリング・エコノミーは、共有行為を社会的、文化的、政治的活動というよりもむしろ経済活動として枠組みする。そして、人間社会は経済を基盤とし、経済によって縛られている(その反対ではなく)、環境は人間や人間社会、文化が進展し、共存してきた基本的空間ではなく、単に経済資源の源であるという神話を永遠のものにする。さらには、経済の枠組みと推進力の制約の中で、市場や貨幣化された交換、財・サービスの生産と消費に関する問題の解決策探しに入れ知恵をし、都市にシリコンバレーの起業家やベンチャー・キャピタル出資者に共有のノウハウを求めるよう促し、庶民、協同組合、図書館から交通システムに至る公共サービスの市当局担当者が持つ長年の経験の価値を下げる。

表21.1　共有範囲

共有領域(共有の対象物)	一般的概念	例
物質	産業エコロジー	循環経済、廃物利用・再生利用、ガラス・紙バンク・収集、くず鉄回収場
生産設備	協力的生産	ファブラボ、コミュニティ・エネルギー、ワーク・シェアリング、オープンソーシング、信用組合、クラウド・ファンディング
製品	再分配市場	フリー・マーケット、チャリティショップ、フリー・サイクル、物々交換・無償提供プラットローム
サービス	製品サービスシステム	ライド・シェアリング、メディア・ストリーミング、衣類・玩具レンタル、図書館
経験	協力的ライフスタイル	便利屋ネットワーク、民泊、カウチ・サーフィン、スキル・シェアリング
能力無形物	集団共有物	インターネット、セーフ・ストリート、参加型政治、SOLEs、ベーシック・インカム

　もちろん、共有には経済的側面もある。自ら所有する必要がなく、財やサービスを提供できるのであれば、実用性を提供できる。ただしこれは、人間の繁栄のために共有がいかに貢献し得るかの理解の第一歩にすぎない。所有せずとも消費できる利点を得られることを理解することによって、その上でニーズ、健やかな生活、そして満足のいく人生が何を意味するのかを再考し始めることができる（表21.1参照）。

　有効な経済は、物質を製品に変え、製品を人々が価値を置くサービスに変える。だが、重要な問題は、これらのサービスが、人間が経験として知っている満足のいく生活や幸福へといかに変わるかであり、結果としてそれは自分が価値づけできる理由がある形で人生を生きるための自分の能力次第である（Nussbaum, 2011; Sen, 2009）。

　変化させる能力がなければ、物質も財もサービスも必ずしも満足のいく生活を提供しはしないし、ニーズを満たしもしない。従い、共有パラダイムは、共有の方法と共有される資源がいかにより直接的に我々の能力を高めることができるかという問いから始まる。

　だが、この目的で共有という手法を用い、共有資源を用いることは簡単ではない。推進のためのルール・規則の類以上のものを必要とし、サンフランシスコをはじめとする都市では、それらが企業と市当局の交渉から現れていることが認め

られる。それよりもむしろ、世界初の公式「シェアリング・シティ」である韓国のソウルに見られる通り、強い政治的リーダーシップと一般市民の積極的参加が必要である。ソウルは、市が予算を拠出する「シェアリング・シティ」プロジェクトを通じて、社会一体的なシェアリング・カルチャーの醸成に積極的に取り組んでいる。公共物と市民レベルの両方を対象とし、シェアリング・サービスを行う企業や組織に対する一般社会の信頼形成を手段とする。このプロジェクトの目的は、物理的、デジタル型シェアリング・インフラの拡大、シェアリング・エコノミー・ベンチャー企業の育成・支援、遊休公的資源の活用である。シェアリング構想をさらに社会全体に広げるために、高齢者や貧困者に無償で中古スマートフォンを提供し、周囲と同じサービスやアプリを利用できるよう取り計らっている。

　ソウルでのシェアリングは、「ほとんど知らない者同士の成り行きの親切」(The Korean, 2008)を促す集団的連帯感を指す、韓国特有の「jeong」という文化的概念を反映しており、この点が、さまざまな文化において地位や認識の解釈がそれぞれに違うことを思い出させてくれる。共有型社会において最も価値ある可能性の一つは、私たちが共有プロセスの中でアイデンティティや認められている状態を見つけ、何を消費するかよりも誰と消費するかを見つけられることである。多くのシェアリング・エコノミーのモデルやプラットフォームが消費者の平均水準やブランド・アイデンティティを積極的に高めているように見えるかもしれない。例えば、Rent the Runway は、一流のファッション・ブランドを一時的に手に入れるためのサービスを提供しているが、単に流行の物を欲しがる人の欲望をあおっているだけのようにも見える。その一方で、こうした製品のシェアが選択肢を増やすことは事実であり、低収入の人が自己所有物として手に入れるよりももっと早くイメージを変え、見かけ上のステータスを得ることが可能になる。現代の生活の変化のスピードに合わせて素早くイメージやアイデンティティを変えられるこうしたビジネス・モデルは、心理的自己認識のためにはよいかもしれない。

　さらに、ブランド力に依存した商業的共有は最終的には自滅的である。共有されるモデルが人気になりよく知られるようになると、それまでの高級ブランドに付随していた威信が必然的に希薄化するからである。よって共有行為は、自分のアイデンティティを形成するための消費・所有依存を追いやることを我々に求める。共有行為自体が共同体的であればあるほど、規範や価値観を変化させる。

図書館からストリート・カーニバルまで、ファブラボから協同組合まで、共有は生活のための新しいモデルや規範を提供する。例えば、おもちゃ図書館は無駄をなくすだけでなく、社会的一体性を高めるとともに、親たちが持続可能性や節約といった価値観を共有し、子どもたちに共有規範に触れさせる助けとなる。また、子どもたちに(特に性別に偏りのあるおもちゃに付随する)文化的アイデンティティを試させ、挑ませることができる(Ozanne & Ballantine, 2010)。

そうした共有のアイデンティティの確立は、ソウルで見られるように、共有と協力が消費活動を超えて生産や統制へと広がる場合にその実現性が高まるようである。ソウルでは、開かれた政府や参加型予算編成イニシアティブのほか、政府と第3セクターとの共同生産が保育、医療、図書館サービス、ごみ処理を含む幅広い公共サービスの提供に役立っている。こうしたさまざまな方法において、ソウルは、都市そのもの、全体としての共有を都市統治の目的とする共有パラダイムの聖杯へと手探りで進んでいる。

コロンビアの第2の都市、メデリンでは、「シェアリング・エコノミー」の概念または議論を明確に取り入れることなく、同じ目標が認識されている。ここでは「urbanismo sociale」(共有された公共部門における社会的一体性)が、かつて世界の殺人都市であったこの街の目覚ましい変貌の背景として重要な推進役を果たしてきた。過激で強力な麻薬密売組織、マデリンカルテルのリーダー、パブロ・エスコバルが1993年に殺されたことをきっかけに、街の指導者たちやコミュニティの活動家グループ、住民が協力して街の再出発を図り、再貧困区域を皮切りに市民のエンパワーメントが重点的に取り組まれた。Parque Biblioteca España などの図書館公園が市内の主流から取り残された地区に建設され、コンピューター、情報テクノロジー、教育クラスのほか、文化活動やレクリエーションのための空間が無償で利用できるようになった。市は、貧困層が暮らす丘陵地のコミュニティ(commuña)と都心部とをつなげるためにバス高速輸送やケーブルカー9路線、大型屋外エスカレーターを含め、共有型の公共交通機関やインフラに重点的投資を行った。医療センターや学校などの公共施設はケーブルカー駅付近に建設されている。主要プロジェクトの資金は、市の公共サービス会社、Empresas Públicas de Medellín (EPM) が拠出し、コミュニティが加わった参加型計画プロセスによって計画された。このプロセスは現在、オンラインのマデリン市共同構築プラットフォーム、「Mi Medellín」へと拡大され、これまでに1万5000を超える市民からの提案が生み出されている。

第 3 部　ポストポリティカル、ポストアーバン世界に現れ始めたカルチャー

共有、社会的一体性、反体制文化

　社会的一体性は、階級あるいは所得だけでなく民族性や先住性を考慮する必要のあるマデリン市の変貌推進力であった。このセクションでは、反体制文化の認識と尊重を含めた社会的一体性と多文化主義が共有パラダイムにともなう価値観と規範の変化の中心に据えられている方法を取り上げる。

　アムステルダムもまた、さまざまな意味において、違いと文化的多様性の許容を土台とする共有型都市共有物を築いてきた。多様なエスニックマイノリティが市民のほぼ半数を占めるにもかかわらず、空き建物を使用する友好的無断居住者の歴史の「結果」と、公営住宅配置における積極的混在政策によってゲットーが存在しない。社会的混在は、社会資本と近隣住民の信頼関係の維持に貢献している。この点には、公共空間における前向きな異文化相互作用の実証済みの効果、つまり参加者だけでなく、傍観者の間でも偏見が軽減される効果が反映されている (Allport, 1954; Christ et al., 2014)。

　アムステルダムでは、都市と都市の公共空間をさまざまな文化的、社会経済的集団の間で健全に共有するための多文化主義の可能性に注目している。これが結果として信頼を築き、新しい仲介型共有手法の導入を容易にする。共通の規範や価値で結ばれた都市内の比較的安全な空間で自分と違った文化にさらされることによる「見知らぬ人ショック」は、物の見方や同じ道徳を共有する集団の幅を広げることに役立つ (Sennett, 2013)。従来の社会文化的共有は集団内の絆を強めるが、仲介型の「見知らぬ人との共有」は他者への共感力を広げ、その結果社会集団同士、あるいは社会と社会とのつながりを強めることも期待できる。

　残念なことに、極右政党が台頭する近年は、移民や無断居住者に対するアムステルダムの制度的に開かれた姿勢は弱まっている。それでも、無断居住者などの非公式的共有者は、オンライン世界の反体制文化が共有型社会を変化させているのと同様、共有型都市の象徴である。音楽やソフトウェアに関するオンライン上の規範は、消費者主義に挑み、新しい共有物を作り、関係する人々のアイデンティティの定義を変える「海賊行為」によって急速に変化している。無断居住者による土地や建物の直接的占拠を形態とする都市での海賊行為は通常広くは歓迎されないが、スラム地区の集団には多くの場合土地の権利がなく、水や電気の供給に非公式あるいは違法なコネに依存することが少なくない南の都市を中心に広がっている。コミュニティでの土地権利の獲得など、集団的コミュニティ開発のた

めの画期的アプローチによって、共有の考え方を支えながらの無断居住者の支援
が期待できる。

　北についても、都市計画専門家、Martinez (2014) が主張する、無断居住土
地・建物は、「その存在意義、つまり活発に包含されたり除外されたりする「共
有物」のまさに中核である画期的社会的中心地として認識し、支援すべきであ
る」という結論に賛成する。コペンハーゲンでは、クリスチャニアの歴史が、無
断居住の矛盾と可能性を例証している。長年、事実上の自治を続けてきたフリー
タウン、クリスチャニアは、1971年、コペンハーゲン中心部の使われていなか
った軍用地を不法占拠することによって形成された。不法占拠の当初の動機の一
つは、手の届く住宅が市内に不足していたことである。1994年以降は、クリス
チャニアの900人ほどの住民は税金と公共サービス料金を支払い、2012年には
住民共同体として、市価を大幅に下回る金額で敷地を購入する取引についてデン
マーク政府と合意に達し、クラウド・ファンディングによって資金を調達した。
それまでの間、住民は代替現地通貨を確立し、建物を改修し、住宅を新築し、共
同無政府主義統治モデルに基づき社会的、民族的に多様な地区を統制していた。
現在のクリスチャニアは、デンマークの独創性と寛容さのシンボルである。
Freston (2013) はこう記している。「自分たちの家を建て、数十年にわたって政
府や犯罪分子に抵抗し、貧困層や社会的弱者を組み込み、環境に優しく、誰より
も人種的に多様であった人々である」。

　無断居住のような反体制文化的共有行動は、時の権力の届かない自治的または
「隙間空間」に発生する。その結果として、クリスチャニアのように、社会的変
容や再構築のための破壊的アプローチの生誕地になり得る。破壊的変化は、主流
利害関係者からの(一時的)支援を勝ち取ることのできる介入によって価値を生み
出す。例えば、潜在的労働力を拡大したい雇用側が支援した女性の権利がそうで
ある。再構築はどちらかと言えば、従来の経済の余白部分に代替物を作ろうとす
る行為である。無断居住からタイム・ドルまで、コミューンやトランジション・
タウンにおける再構築者は、既存のシステムの規範やルールの影響を受けず、文
化的勢いを得られる方法でニーズを満たす。社会的変化へと至る共有の潜在力に
ついて議論する場合、「持続可能な消費」という一部で最近はやりのニッチ的ト
リクルダウン理論ではなく、破壊的ボトムアップ型(同時に反体制文化的、多文
化的な)消費の再構築を議論しているのであり、それは基本的ニーズを満たすサ
ービスや製品の共同的、共有的、アイデンティティ再定義的共同生産である。

第3部　ポストポリティカル、ポストアーバン世界に現れ始めたカルチャー

都市共有物の政治学

　このセクションでは、共有型都市において実現し得る新型、復活型集団的政治を(スマート・シティのポストポリティカル傾向と比較しながら)探究する。

　共有によって促される集団的政治の2つの特徴的表現を考える。一つ目は、文化的範囲内またはそれを超えた共有手法が繰り返されることによって生じる市民関与の累積的発生、二つ目は、スペインの占有運動と Las Indignadas といったその先駆活動に特徴づけられるより破壊的な形態による活動家による抵抗である。通常は既存政党だけでなく従来の政治をも拒否し、そして多くの場合商業利害関係者による政治掌握に対する懸念を発端とするこれらの運動は、代替通貨や統合的協同組合などの新しい共有制度を生み出し、信用組合などの既存制度を後押しした。アフリカや中東からの難民を支援する共有プラットフォームやツールを導入し、一部事例では、共有や連帯性の新しい政治的表現の刺激剤となった。その顕著な例がスペインの左派政党ポデモス、ギリシャの急進左派連合(スィリザ)の台頭であるが、ただしこうした政党は運動の中でしばしば議論の的になる。

　都市は、全体として共有に取り組むことによって、好循環の構築を後押しすることができる。信頼や協力に向けた価値観や規範の変化が可能になり、市民関与と政治的行動主義の両方が可能になり、政治活動の場としての共有された都市共有物を再構築できる。ただし、あいにく共有の潜在力は偉大なまでに大きい。なぜならそれは、純粋なる抵抗やレジリエンスの教義ではなく、即座のメリット(資源の効率的利用、労働力の柔軟性など)を権力エリートにさえアピールできつつ、なおかつ実際には政治的に表現された場合に既存の権力関係を変革し得る価値観や規範を再構築するものだからである。経済上破壊的であるだけでなく、政治上も体制転覆的と言える。

　公権力が率いるか、市民社会組織(あるいは企業)が率いるかは問わず、共同体的共有は市民の道徳を再構築し、現在「スマート・シティ論」の中で再製されている個人主義者的、ポストポリティカル的、テクノクラート的新自由主義に挑む。さらに集団的政治の公共広場として、コミュニティの積極的行動主義や非従来型政治参加が強化され、よって持続可能性と共有インフラのための投資に対する合意形成が容易になり (Portney & Berry, 2010)、そうした投資は結果としてさらなる共有やさらに強固な社会資本を生み出すことができる。そうした都市共有物の共有された性質を見失うと、都市はその価値を低く評価し、創造的、生産的経

済を支援するその潜在力をも害することになり、これは都市が社会的基準と環境保護に関する「底辺への競争」に足を踏み入れざるを得なくなることを意味する。基幹経済の共通基盤ではなく、国際競争に影響を受けやすい経済部門に目を向けているからである。痛ましくも、こうした誤った方向の努力は、「スマート・シティ」の宣伝や議論によって加勢され、けしかけられてもいる。

　IBMやシーメンスをはじめとする企業が推進するようなスマート・シティの議論は、将来への技術的道筋が二つであり、国や都市はそれに沿ったスピード争いをしなければならないことを想定している。したがって、国や都市は戦略や手段に限定された開かれた姿勢をもって、民営化や私有地の囲い込みといった新自由主義的イデオロギーに賛同し、そして多くの場合、本質的な政治的課題への解決策として「ポストポリティカル的」技術依存を提唱するよくある大義を見つける。すべての所有物とすべての時間の瞬間を貨幣化しようとする世間でいうところの「シェアリング」ビジネスは協調主義的スマート・シティに合致する。その一方で機能、学習、コミュニティの再構築をテーマとする共有アプローチは、居場所探しに苦戦することになる。最悪のケースとして、ゼロから構築する独立型マスダール・モデルにおけるスマート・シティは富裕層のみを対象とした排他的プライベートサービスを約束し、巨大都市からのエリート専用フライトを可能にする。スマート・シティのための真のスマートプランは、経済主導でもテクノロジー主導でもありえず、社会的、道徳的に導かれたものでなければならない。都市とテクノロジーは人を軸に形成されるべきであり、その反対はない。

共有型都市の構築

　この最後の節では、真の意味でスマートで持続可能な共有型都市を構築するための実用的手段のいくつかを概説する。

　都市が、仲介型商業的共有手法の増殖に直面する中で、関わりを積極的に変革的にし、共有行為の指針となる規範や規則、財務を形作るために我々は五つの重要原則を提案する。まず、関係する計画、空間、プラットフォームは、個人または集団の信頼や共感力の醸成に役立つとともに、利用者が信頼性や評判を得たり、示せる方法で設計されたりしなければならない。2番目に、本質的な動機を活用し、刺激することは一般に、非本質的(金銭的)報いや罰則に力を入れるよりも共有を通じたコミュニティの再構築により効果的である。3番目に、システムは利用者に参加するかしないか、あるいはどの程度参加するかをコントロールする権利と、

システムの全体的設計とルールに影響を行使する権利の両方を与えるものでなければならない。4番目に、システムは高水準の市民の自由、プライバシーの保護、個人情報の保護を確保し、適切である場合は匿名性を可能にしなければならない。5番目に、そして最も重要な点であるが、システムは、最初から多文化社会における公正と一体性を意識した設計でなければならない。さまざまな集団や文化の人々、特に配慮しなければ不利な立場に立たされる人々にとって平等に利用でき、平等に魅力的でなければならない。

これらの原則は、明確な社会的使命と方向性に根差した戦略的目的と、都市環境の多様性を認識した参加方式の出現とのバランスを反映させることを狙いにしている。これらのガイドラインは、都市が共有の機会を広げ、共有に対する理解を広げる中で一般に適用できる。したがって、本当の空き物件の無断居住を可能にするためにルール、規範、財務を正しく整備することは、Airbnb のためにそれらを正しく整備するのと同様に重要である。公共交通機関やウォーキング、サイクリングのための安全な道路とライドシェアリング、信用組合とクラウド・ファイナンス、フード・バンクやコミュニティ・ガーデンとサパー・クラブ、学生向け学習環境と大規模オンライン・コース、図書館と Craigslist などの再利用市場、そして一般にオンライン・プラットフォームだけではない協同組合や組合、これらはどちらも重要である。

これが現実に何を意味するだろうか。向上心にあふれた共有型都市であれば、公共サービスに積極的投資を行い、市が主導するサービスの共同生産を可能にし、税金や保険料の納付によって賄われる公共共有資源、インフラ、サービスを保護し、強化する。共有における信頼や実務を確立するための教育や能力開発を支援する。例えば、参加型予算編成など、一般市民を統治に参加させる。また参加を可能にし、反乱者の反体制文化、多文化主義のための物理的、仮想型、精神的空間を作り出す方法で公共部門に投資する。通常の共有型都市も、その街での協力的経済活動を可能にし、税制、計画立案、許認可などの各領域で政策改革を行い、所有する資本、土地、資源を投資する。社会的一体性と、労働者の臨時雇用化対策を中心とする参加者の適切な社会的保護を確保するための規制を整備する。非営利の共同体の共有を、直接的または後押し的仲介者または推進者として直接的に支援する。そして、共有拠点として機能し、場合によってはすべての住民が利用できるオープンで手頃な高速(モバイル)インターネットを使い、市民からの評判を集計、保証する。共有型都市はまた、別の共有型都市とネットワークを築き、

共有プラットフォームのローカル・カスタマイゼーションを行ったり、効果的な相互運用性を実現したりする。

　共有型都市は、都市にとっての新しいパラダイムであり、国と市場の間にある真の第3の道を切り拓く。ただし、社会的解放や変革に関する過去の多くの努力とは違い、現在の時代精神と古くから受け継がれた人間性の両方と渡り合わなければならない。共有は、それが人間にとって何を意味するかを定義づける重要な指標である。共有の性質を十分に表現することによってのみ、「人間性の時代」における繁栄を望むことができる。ここに提案した原則と方針を導入することによって、共有型都市は、不確実な将来のポストアーバン世界に向け、真の意味で公正で、正真正銘、持続可能な道筋を提供するのである。

参照文献

Agyeman, J., Bullard, R. D., & and Evans B. (Eds) (2003) *Just sustainabilities: Development in an Unequal World*, Cambridge MA: MIT Press.

Allport, G. W. (1954) *The nature of prejudice.* Cambridge, MA: Addison-Wesley.

Bernal, P. (2014). *Internet privacy rights: Rights to protect autonomy.* Cambridge, UK: Cambridge University Press.

Botsman, R., & Rogers, R. (2010). *What's mine is yours: The rise of collaborative consumption.* London: Harper Business.

Christ, O., Schmid, K., Lolliot, S., Swart. H., Stolle, D., Tausch, N., … & Hewstone M.. (2014), Contextual effect of positive intergroup contact on outgroup prejudice, *Proceedings of the National Academy of Sciences, 111* (11), 3996–4000.

Cova, B., Kozinets, R. V., & Shankar, A. (2007). Consumer tribes. London: Routledge.

Ellen MacArthur Foundation (2012), *Toward the circular economy: Economic and business rationale for an accelerated transition.* Retrieved 6 July 2017, from https://www.ellenmacarthurfoundation.org/publications/towards-a-circular-economy-business-rationale-for-an-accelerated-transition

Freston, T., (2013). You are now leaving the European Union. *Vanity Fair, 9* (12). Retrieved 6 July 2017, from http://www.vanityfair.com/politics/2013/09/christiana-forty-years-copenhagen

The Korean. (2008, April 25). Super special Korean emotions? *Ask a Korean*, Blogspot, Retrieved 6 July 2017, from http://askakorean.blogspot.co.uk/2008/04/super-special-korean-emotions.html

Lee, J.-H., & Hancock, M. G.. (2012). *Toward a framework for smart cities: A comparison of Seoul, San Francisco & Amsterdam*, Yonsei University. Seoul: Korea and Stanford Program on Regions of Innovation and Entrepreneurship. Retrieved 6 July 2017, from http://iisdb.stanford.edu/evnts/7239/Jung_Hoon_Lee_final.pdf

Martinez, M., (2014). Squatting for justice, bringing life to the city, *ROARMAG*. Retrieved 6 July 2017, from http://roarmag.org/2014/05/squatting-urban-justice-commons/

McLaren, D., & Agyeman, J. (2015). *Sharing cities: A case for truly smart and sustainable cities.* Cambridge, MA: MIT Press.

Nussbaum, M., (2011). *Creating capabilities: The human development approach.* Cambridge MA: Harvard University Press.

Ozanne, L. & Ballantine, P. W. (2010). Sharing as a form of anti-consumption? An examination of toy library users. *Journal of Consumer Behaviour, 9*(6), 485–498.

Pagel, M., (2012). *Wired for culture: The natural history of human cooperation*. London: Allen Lane.

Portney, K. E. & Berry, J. M. (2010). Participation and the pursuit of sustainability in U.S. cities. *Urban Affairs Review, 46*(1), 119-139.

Putnam, R. D. (2000), *Bowling alone: The collapse and revival of American community*. New York: Simon & Schuster. (柴内康文 訳『孤独なボウリング：米国コミュニティの崩壊と再生』, 柏書房, 2006年)

Sassen, S. (2001). *The global city: New York, London, Tokyo*. Princeton, NJ: Princeton University Press. (伊豫谷登士翁 監訳『グローバル・シティ：ニューヨーク・ロンドン・東京から世界を読む』, 筑摩書房, 2008年)

Sen, A. (2009). *The Idea of Justice*. London: Allen Lane. (池本幸生 訳『正義のアイデア』, 明石書店, 2011年)

Sennett, R. (2013). *Together: The rituals, pleasures and politics of cooperation*. London: Penguin.

編著者

ハンス・ウェストルンド(Hans Westlund)
スウェーデン王立工科大学教授。アメリカ西部地
域学会元会長(2013 〜 2014年)。欧州連合(EU)、
スウェーデン統合男女同権省、スウェーデン農業
庁などの委員を歴任。専門は都市地方研究。

ティグラン・ハース(Tigran Haas)
スウェーデン王立工科大学准教授。同大公共空間
の未来に関する研究センター長。専門は都市デザ
イン・都市計画。

監訳者

小林潔司(こばやし・きよし)
京都大学大学院名誉教授。同大経営管理大学院長、
土木学会会長、国土交通省スーパー・メガリージ
ョン構想検討会委員などを歴任。

訳者

堤 研二(つつみ・けんじ)
大阪大学大学院文学研究科共生文明論講座および
人文地理学講座教授。大阪大学総長補佐。日本地
理学会評議員・人文地理学会理事などを歴任。

松島格也(まつしま・かくや)
京都大学大学院准教授。土木学会論文賞、同論文
奨励賞、応用地域学会坂下賞などを受賞。専門は
土木計画学・インフラ経済学。

ポストアーバン都市・地域論
スーパーメガリージョンを考えるために

2019年11月20日　第1刷発行
2022年　3月20日　第2刷発行

編著者————ハンス・ウェストルンド
　　　　　　ティグラン・ハース

監訳者————小林潔司

訳者————堤 研二
　　　　　　松島格也

発行者————江尻 良

発行所————株式会社ウェッジ
　　　　　　〒101-0052東京都千代田区神田小川町1-3-1
　　　　　　NBF小川町ビルディング3階
　　　　　　http://www.wedge.co.jp/
　　　　　　電話　編集：03(5280)0526
　　　　　　　　　営業：03(5280)0528
　　　　　　振替　00160-2-410636

装幀————松村美由起

印刷・製本所——図書印刷株式会社

©Kiyoshi Kobayashi 2019 Printed in Japan by WEDGE Inc,
ISBN 978-4-86310-217-0　C3051
定価はカバーに表示してあります。
乱丁・落丁本は小社にてお取り替えします。
本書の無断転載を禁じます。